“十三五”普通高等教育本科规划教材

建筑环境与能源应用工程概论

主　编　刘丽莘　徐　硕
副主编　王　娜　安笑媛　周　乾
编　写　于晓丹　李佳阳　卞彩侠　齐海英　张淑秘
主　审　张治江

中国电力出版社
CHINA ELECTRIC POWER PRESS

内 容 提 要

本书为“十三五”普通高等教育本科规划教材。书中主要介绍了建筑环境及建筑内的给水、排水、供热、通风、空气调节、冷热源、供燃气、供电、照明等设备的基础知识和实用技术，通过介绍使建筑工程技术人员对建筑环境专业涉及的设备有一个全面的了解。

本书可作为高等院校建筑环境与能源应用工程专业教材，也可供相关专业技术人员参考阅读。

图书在版编目（CIP）数据

建筑环境与能源应用工程概论/刘丽莘，徐硕主编.
—北京：中国电力出版社，2017.1
“十三五”普通高等教育本科规划教材
ISBN 978-7-5123-9784-2

Ⅰ.①建… Ⅱ.①刘… ②徐… Ⅲ.①建筑工程-环境管理-高等学校-教材 Ⅳ.①TU-023

中国版本图书馆 CIP 数据核字（2016）第 219642 号

中国电力出版社出版、发行
（北京市东城区北京站西街 19 号 100005 http://www.cepp.sgcc.com.cn）
北京天宇星印刷厂印刷
各地新华书店经售
*
2017 年 1 月第一版 2017 年 1 月北京第一次印刷
787 毫米×1092 毫米 16 开本 18.75 印张 459 千字
定价 **38.00** 元

前　言

建筑环境与能源应用工程专业（简称建环专业）是土木类二级学科。近年来，随着理论更新和材料技术的迅猛发展，建环专业涉及的领域也不断拓宽。本书在建环专业新规范、新技术、新产品的基础上，结合各课程特点深入浅出地介绍了专业基础知识（流体力学、工程热力学、传热学、建筑环境）和专业知识（建筑给排水、消防给水、热水供应、供热工程、通风工程、空气调节、燃气输配、冷热源、建筑电气），主要适用对象为土木类、建筑类、管理科学与工程类、设计学类等专业。本书弱化理论计算的相关内容，注重实用技术、施工方法等的介绍，内容简洁明了，使得各专业技术人员可以更好地理解和掌握建环专业设备概况。

本书推荐学时为24～64学时。书中各章自成体系，可根据授课对象不同，按照人才培养方案及专业特点，自行取舍相关内容讲授。

本书由长春工程学院刘丽莘、长春建筑学院徐硕主编。其中第一章由卞彩侠、刘丽莘编写，第二章由李佳阳、刘丽莘编写，第三章由于晓丹编写，第四、第八章由徐硕编写，第五章由王娜、刘丽莘编写，第六章由王娜、张淑秘编写，第七章由安笑媛、周乾编写，第九章由齐海英编写。全书由张治江教授审阅。

本书在编写过程中得到了许多专家的指导和帮助，在此表示衷心的感谢！限于编者水平，对书中存在的不足之处，望同行和读者批评指正。

编　者

2016年12月

目　录

第一章 基 础 知 识

第一节 流 体 力 学

流体力学作为力学的一个重要分支，主要研究流体在静止与运动状态下的力学规律，及其在工程中的应用。

一、流体的定义

具有流动性的物体是流体。自然界物质存在的主要形态有固体、液体和气体，其中液体和气体统称为流体。

1. 流体与固体的区别

固体静止时既能承受压力，也能承受拉力与剪切力，流体只能承受压力，一般不能承受拉力，任何一个微小的剪切力都能使流体发生连续的变形。

2. 液体与气体的区别

液体的流动性小于气体；气体易于压缩，而液体难于压缩；液体具有一定的体积，并取容器的形状，存在一个自由液面；气体充满任何容器，而无一定体积，不存在自由液面。

3. 液体与气体的共同点

两者均具有易流动性，即在任何微小切应力作用下都会发生连续变形或流动。

二、流体的主要物理性质

1. 流动性

在任意微小剪切力作用下会发生连续变形的特性称为流动性。流动性是区别流体和固体的基本力学特征，是便于用管道、渠道进行输送，适宜作供热、供冷等工作介质的主要原因。

2. 质量密度

单位体积流体的质量称为流体的质量密度。

3. 黏性

流体流动时产生内摩擦力阻碍流体质点或流层间相对运动的特性称为黏性，内摩擦力称为黏滞力。平板间液体速度变化如图 1-1 所示。

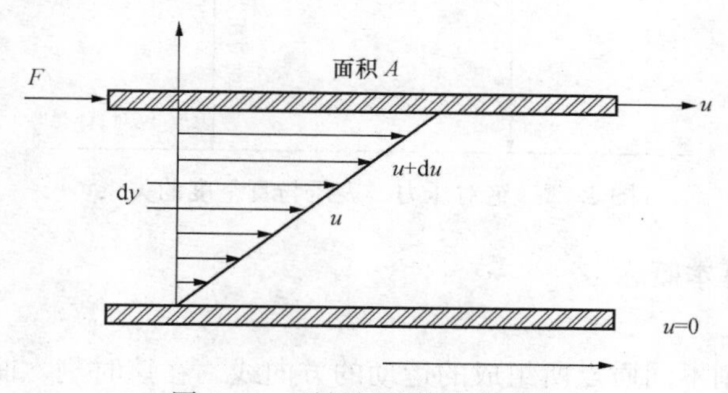

图 1-1　平板间液体速度变化

实验证明，对于一定的流体，内摩擦力 F 与速度梯度 $\frac{\mathrm{d}u}{\mathrm{d}y}$ 成比例，与流层的接触面积 A 成比例，与流体的性质有关，即

$$F=\mu A\mathrm{d}u/\mathrm{d}y \tag{1-1}$$

式（1-1）称为牛顿黏性定律，其中 μ 为动力黏滞系数，与流体的种类和温度有关，μ 值越大，流体的黏性越大；$\frac{\mathrm{d}u}{\mathrm{d}y}$ 表征流体流速在法线方向上的变化率。

4. 压缩性和膨胀性

流体体积随着压力的增大而缩小的性质，称为流体的压缩性。流体体积随着温度的升高而增大的性质，称为流体的膨胀性。液体的压缩性和膨胀性都很小，一般忽略不计；气体具有显著的压缩性和膨胀性。

5. 静压力与静压强

处于相对静止状态下的流体，由于本身的重力或其他外力的作用，在流体内部及流体与容器壁面之间存在垂直于接触面的作用力，这种作用力称为静压力。

单体面积上流体的静压力称为流体的静压强。

若流体的密度为 ρ，则液柱高度 h 与压力 p 的关系如下

$$p=\rho gh \tag{1-2}$$

6. 绝对压强、表压强和大气压强

以绝对真空为基准测得的压力称为绝对压力，它是流体的真实压力；以当地大气压为基准测得的压力称为表压或者相对压力。

绝对压强是以绝对真空状态下的压强（绝对零压强）为基准计量的压强；表压强简称表压，是指以当时当地大气压为起点计算的压强，它们的关系如图 1-2 所示。

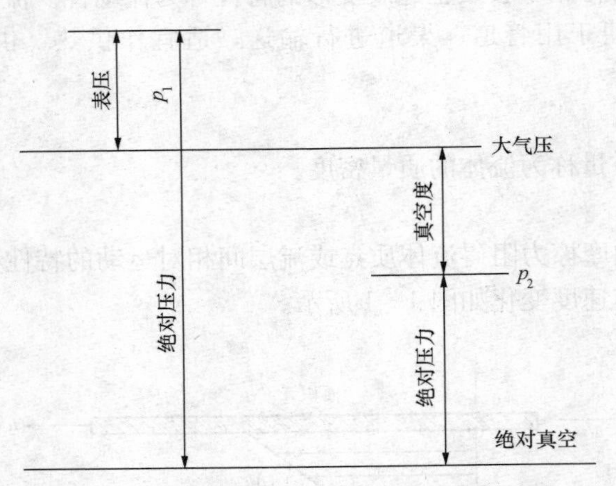

图 1-2　绝对压力、表压与真空度的关系

三、流体运动的基本概念

1. 流线和迹线

流线是指同一时刻不同质点所组成的运动的方向线。在该时刻，曲线上所有质点的速度矢量都与这条曲线相切，如图 1-3 所示。

迹线是指流体质点某一时段的运动轨迹。

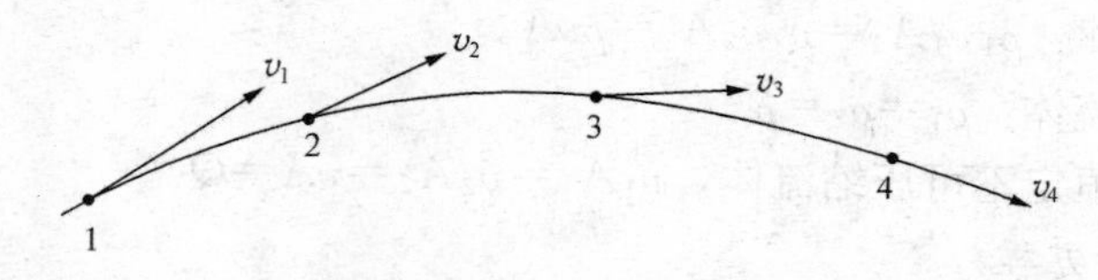

图 1-3 某时刻流线图

流线与迹线是两个完全不同的概念。非恒定流时流线与迹线不相重合；在恒定流中，流线不随时间变化，流线上的质点继续沿流线运动，此时，流线与迹线在几何上是一致的，两者重合。

2. 流管、过流断面、元流和总流

在流场内作一非流线且不自闭相交的封闭曲线，在某一瞬时通过该曲线上各点的流线构成一个管状表面，称为流管。

过流断面是在流束上作出的与流线正交的横断面。过流断面不一定是平面，只有在流线相互平行的均匀流段才是平面。

若流管的横截面无限小，则称其为流管元，亦称元流。

流体运动时，过流断面内所有元流的总和称为总流。

3. 流量

流体流动时，单位时间内通过过流断面的流体体积称为流体的体积流量，一般用 q_V 表示，单位为 L/s 或 m^3/h。

单位时间内流经管道任意截面的流体质量称为质量流量，以 q_m 表示，单位为 kg/s。

体积流量与质量流量的关系为

$$q_m = q_V \rho \tag{1-3}$$

体积流量、过流断面面积 A 与流速 v 之间的关系为

$$q_V = Av \tag{1-4}$$

四、流体运动的分类

1. 恒定流与非恒定流

恒定流是指流场中各空间点的运动要素（速度、压强、密度等）皆不随时间变化，只与空间位置有关的流动；反之，称为非恒定流。

2. 均匀流与非均匀流

在给定的某一时刻，各点速度矢量都不随位置而变化的流体运动称为均匀流，否则为非均匀流。

3. 有压流与无压流

流体过流断面的周界为壁面包围，没有自由面者称为有压流，一般供水、供热管道均为有压流管道。有自由液面存在的管道称为无压管道，无压管道中的流体称为无压流，如河流、明渠排水管网系统等。

五、几个基本方程

1. 连续性方程

(1) 过流断面：A_1、A_2、…

(2) 对应平均流速：v_1、v_2、…

(3) 质量守恒定律：$\rho_1 v_1 A_1 = \rho_2 v_2 A_2 = \rho v A$。

(4) 对不可压缩流体：$\rho_1 = \rho_2 = \rho$。

(5) 适用条件：恒定不可压缩流体，$v_1 A_1 = v_2 A_2 = vA = Q$。

2. 恒定总流能量方程

恒定总流能量方程（1－5）的适用条件为：恒定流；不可压缩流体；断面为渐变流断面；无能量输入或输出。

$$z_1 + \frac{p_1}{\rho g} + \frac{\alpha_1 v_1^2}{2g} = z_2 + \frac{p_2}{\rho g} + \frac{\alpha_2 v_2^2}{2g} + h_{l1-2} \tag{1-5}$$

式中：z_1、z_2为选定的1、2流断面上任一点相对于选定基本面的高程；p_1、p_2为相应断面同一选定点的压强；v_1、v_2为相应断面的平均流速；α_1、α_2为相应断面的动能修正系数；h_{l1-2}为1、2断面间平均单位水头损失。

六、沿程损失和局部损失

1. 流动阻力和能量损失的分类

(1) 沿程阻力：沿程能量损失（沿程水头损失），指发生在均匀流（缓变流）整个流程中由流体的沿程摩擦阻力造成的损失。

(2) 局部阻力：局部能量损失（局部水头损失），指发生在流动状态急剧变化的急变流中的能量损失，即在管件附近的局部范围内主要由流体微团的碰撞、流体中产生的漩涡等造成的损失。

2. 能量损失的计算公式

(1) 沿程水头损失

$$h_f = \lambda \frac{l}{d} \frac{v^2}{2g} \tag{1-6}$$

(2) 局部水头损失

$$h_m = \xi \frac{v^2}{2g} \tag{1-7}$$

式中：h_f为单位重力流体的沿程能量损失，m；h_m为单位重力流体的局部能量损失，m；λ为沿程损失系数；ξ为局部阻力系数；l为管道的长度，m；d为管道内径，m；$\frac{v^2}{2g}$为单位重力流体的动压头，m。

3. 总能量损失

整个管道的能量损失是分段计算出的能量损失的叠加，即

$$h_{l1-2} = \sum h_f + \sum h_m \tag{1-8}$$

在给采暖工程，给排水、空调水系统，风系统的水力计算中，确定管路系统中流体的水头损失是进行工程计算的重要内容之一，也是对工程中有关的风机、水泵等动力设备和管路管径进行选择的重要依据。

七、层流与紊流、雷诺数

流体在流动过程中，呈现出两种不同的流动形态——层流和紊流。

1. 雷诺实验及其装置

雷诺实验及其装置如图1－4所示。不断投加红颜色的水于液体中，当液体流速较低时，

将看到玻璃管内有股红色水流的细流，像一条线一样，如图 1-4（b）所示，此时水流成层成束流动，各流层间并无质点的掺混现象，这种水流型态称为层流。如果加大管中水的流速，红颜色的水随之开始动荡，呈波浪形，此时为过渡状态，如图 1-4（c）所示。继续加大管中水的流速，将出现红颜色的水向四周扩散、质点或液团相互掺混的现象，流速越大，掺混程度越剧烈，这种水流型态为紊流，如图 1-4（d）所示。

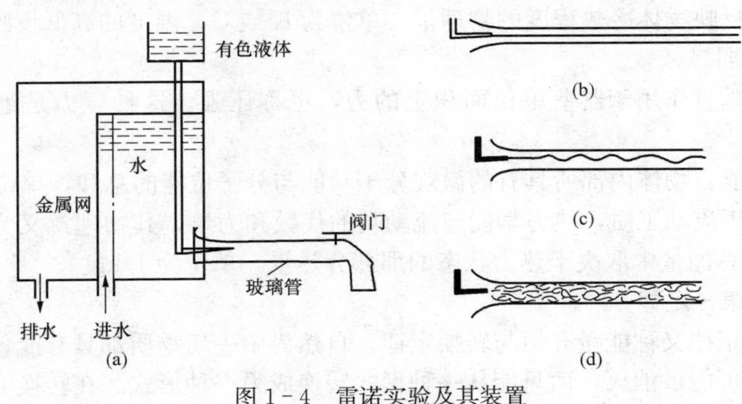

图 1-4 雷诺实验及其装置

(a) 实验装置；(b) 层流；(c) 过渡态；(d) 紊流

2. 沿程损失与流动状态

沿程损失与流动状态有关，故计算各种流体通道的沿程损失，必须首先判别流体的流动状态。

3. 流态的判别准则——临界雷诺数

临界雷诺数计算公式如下

$$Re = \frac{vd}{\nu} \tag{1-9}$$

式中：Re 为临界雷诺数；ν 为运动黏度；d 为管径。实际工程中，临界雷诺数通常取 2000 作为判别流态的标准。雷诺数小于 2000 时，流动为层流；雷诺数等于 2000 时，流动为临界流；雷诺数大于 2000 时，流动为紊流。

第二节 工程热力学

工程热力学是从工程的角度出发，研究物质的热力性质、能量转换以及热能的直接利用等问题。它是设计计算和分析各种动力设备、制冷机、热泵空调机组、锅炉及各种热交换器的理论基础。

工程热力学部分主要内容可以分为两个方面：基本理论和基本理论应用。基本理论包括工质的性质、热力学第一定律及热力学第二定律。基本理论应用主要是将热力学基本理论应用于各种热力装置的工作过程，并对气体和蒸汽循环、制冷循环、热泵循环、喷管及扩压管等进行热力分析及计算，探讨影响能量转换效果的因素，以及提高转换效率的途径和方法。

一、工质的性质

1. 热力状态

工质的热力状态反映工质大分子热运动的平均特性。工质状态是不断变化的，不同的变化过程存在不同的能量变化规律。

2．状态参数

状态参数一旦确定，工质的状态也就确定了，状态参数是热力状态的单值性参数。

工程热力学中常用的状态参数有压力、温度、体积、热力学能、焓、含湿量、湿球温度和露点温度等，其中可以直接测量的状态参数有压力、温度、比体积，称为基本状态参数。

（1）温度：反映物体冷热程度的物理量，单位为K或℃。温度的高低反映物体内部微观粒子热运动的强弱。

（2）压力：垂直作用于器壁单位面积上的力，也称压强。这种压力是绝对压力，单位为Pa。

（3）热力学能：物体内部所具有的微观分子动能与分子位能的总和，单位为J。

（4）焓：对于流动工质，热力学能与流动功的代数和为焓，其物理意义为：流动工质向流动前方传递的总能量中取决于热力状态的那部分热量，单位为J/kg。

二、热力学第一定律

热力学第一定律又称能量守恒与转换定律。自然界中一切物质都具有能量，能量既不可能被创造，也不可能被消灭，而只能从一种形式转换成另一种形式。在转换的过程中，能量的总量保持不变。

在工程热力学中，热力学第一定律可描述为：机械能转换成热能，或热能转换成机械能时，它们之间的比值是一定的。不花费能量就可以产生功的第一类永动机是不可能制造成功的。

热力学第一定律在工程上有着广泛的应用，如蒸汽轮机、汽轮机、压气机、水泵、热交换器、喷管等。

三、热力学第二定律

热力学第二定律有各种不同的表述，其中，克劳修斯说法为：热量不可能自发地不花代价地从低温物体传向高温物体。开尔文-普朗克说法为：不可能制造循环热机，只从一个热源吸热，将之全部转化为功，而不在外界留下任何影响。热力学第二定律告诉我们，自然界的物质与能量只能沿着一个方向转换，从有效到无效，从可利用到不可利用，说明了节能的必要性。

四、卡诺循环和逆卡诺循环

1．卡诺循环

卡诺循环是工作于温度分别为 T_1 和 T_2 的两个热源之间的正向循环，由两个可逆定温过程和两个可逆绝热过程组成。工质为理想气体时的 $p-V$ 图和 $T-S$ 图如图1-5、图1-6所示，图中4-1为绝热压缩，1-2为定温吸热，2-3为绝热膨胀，3-4为定温放热。

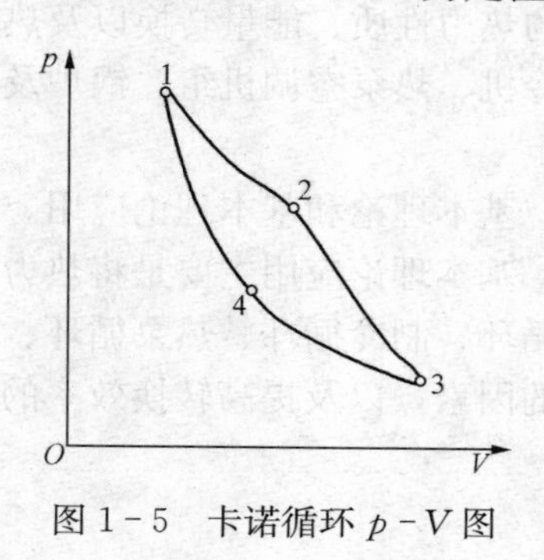

图1-5　卡诺循环 $p-V$ 图

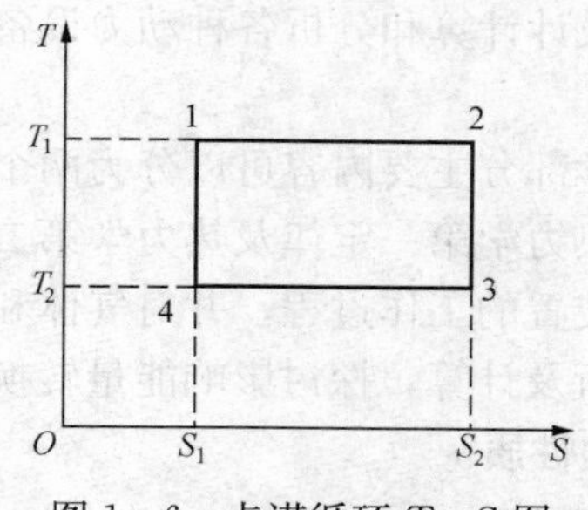

图1-6　卡诺循环 $T-S$ 图

2. 逆卡诺循环

逆卡诺循环按与卡诺循环相同的路线而循反方向进行。如图 1-7、图 1-8 所示的 1-4-3-2-1，它按逆时针方向进行。各个过程中功和热量的计算与卡诺循环相同，只是传递方向相反。图中：4-3 为定温吸热，3-2 为定熵压缩，2-1 为定温放热，1-4 为定熵膨胀。

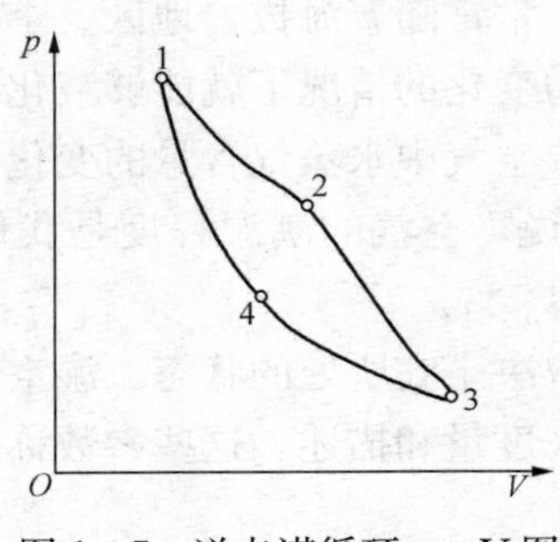

图 1-7 逆卡诺循环 $p-V$ 图

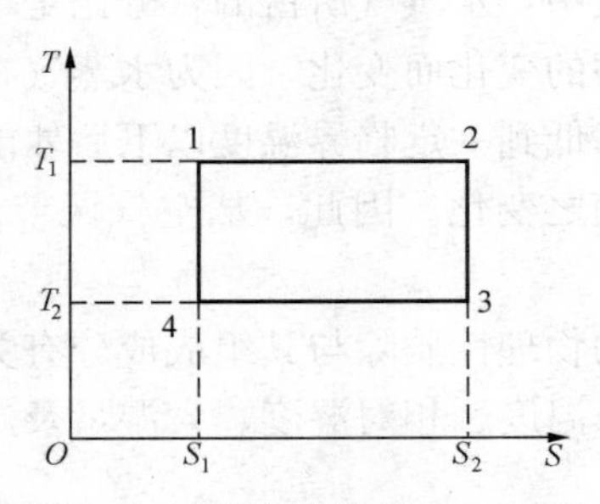

图 1-8 逆卡诺循环 $T-S$ 图

逆卡诺循环的制冷系数为

$$\varepsilon_1=\frac{q_2}{q_1-q_2}=\frac{T_2(S_2-S_1)}{T_1(S_2-S_1)-T_2(S_2-S_1)}=\frac{T_2}{T_1-T_2} \quad (1-10)$$

逆卡诺循环的制热系数为

$$\varepsilon_2=\frac{q_1}{q_1-q_2}=\frac{T_1(S_2-S_1)}{T_1(S_2-S_1)-T_2(S_2-S_1)}=\frac{T_1}{T_1-T_2} \quad (1-11)$$

3. 卡诺定理

在两个不同温度的恒温热源间工作的所有热机，以可逆热机的热效率为最高。

在相同温度的高温热源和相同温度的低温热源之间工作的一切可逆循环，其热效率都相等，与可逆循环的种类无关，与采用哪种工质也无关。

在同为温度 T_1 的热源和同为温度 T_2 的冷源间工作的一切不可逆循环，其热效率必小于可逆循环热效率。

4. 逆卡诺循环结论

(1) 逆卡诺循环的性能系数只取决于热源温度 T_1 及冷源温度 T_2，它随 T_1 的降低及 T_2 的升高而增大。

(2) 逆卡诺循环的制冷系数可以大于 1，也可以小于 1，但其供热系数总是大于 1，两者之间的关系为 $\varepsilon_2=1+\varepsilon_1$。

(3) 在一般情况下，由于 T_2 大于 T_1-T_2，因此，逆卡诺循环的制冷系数也大于 1。

(4) 逆卡诺循环可以用来制冷，也可以用来制热，这两个目的可以单独实现，也可以在同一设备中交替实现，即冬季作为热泵用来采暖，夏季作为制冷机用来制冷。

因此，作为空调制冷专业的基础课，逆卡诺循环原理是很重要的，像我们后面在专业课中要学到的热泵工作原理、空调工作原理，其实都是逆卡诺循环的工作原理，只不过附加了设备，使这些工作原理成为实际工作设备。

五、湿空气的焓湿图

湿空气是指干空气和水蒸气的混合气体，凡含有水蒸气的空气就是湿空气。在空调工程中，研究与改造的对象是空气环境，所使用的媒介物往往也是湿空气，因而需要对空气的物理性质有所了解。

（一）湿空气的物理性质

在湿空气中，水蒸气所占的百分比是不稳定的，常常随着海拔、地区、季节、气候、湿源等各种条件的变化而变化，因为水蒸气在仅有压力变化的情况下就能够液化，而干空气只有在其温度降低到一定临界温度以下后才能液化。湿空气中水蒸气含量的变化又会使湿空气的物理性质随之变化。因此，从空气调节的角度来说，空气的潮湿程度是我们十分关心的问题。

湿空气的物理性质除与其组成成分有关外，还取决于它所处的状态。湿空气的状态通常可以用压力、温度、相对湿度、含湿量及焓等参数来度量和描述。这些参数称为湿空气的状态参数。

1. 大气压力

大气压力是指大气层在地球表面单位面积上形成的压力称为大气压力。在空调系统中，空气的压力常用仪表测定，但仪表指示的压力是表压力，而空气的绝对压力才是空气的一个基本状态参数。工作压力与绝对压力的关系为：压力＝当地大气压力＋工作压力。需要说明的是，凡是没有特别指明是工作压力的，均应理解为绝对压力。

2. 水蒸气分压力

水蒸气分压力是指湿空气中水蒸气的分压力，是指湿空气中的水蒸气单独占有湿空气的体积，并具有与湿空气相同温度时所具有的压力。水蒸气分压力的大小反映了水蒸气含量的多少。

在一定温度下，空气中的水蒸气含量越多，空气就越潮湿，水蒸气分压力也越大，如果空气中水蒸气的数目超过某一限量时，多余的水蒸气就会凝结成水从空气中析出。因此，湿空气中含水蒸气的分压力大小，是衡量湿空气干燥与潮湿程度的基本指标。由干空气和过热蒸汽组成的湿空气称为未饱和空气；由干空气和饱和水蒸气组成的湿空气称为饱和空气，相应的水蒸气分压力称之为饱和水蒸气分压力。

3. 含湿量

含湿量是指对应于 1kg 干空气的湿空气中所含有的水蒸气量，单位为 g/kg。根据定义，有

$$d=\frac{m_{\mathrm{q}}}{m_{\mathrm{g}}} \tag{1-12}$$

4. 相对湿度

湿空气的绝对湿度 ρ_{v} 与同温度下饱和空气的饱和绝对湿度 ρ_{s} 的比值称为相对湿度，相对湿度反映了湿空气中水蒸气含量接近饱和的程度。根据定义，有

$$\varphi=\frac{\rho_{\mathrm{v}}}{\rho_{\mathrm{s}}}\times 100\% \tag{1-13}$$

由式（1－13）可知，φ 值小，说明湿空气距离饱和状态甚远，空气干燥，吸收水蒸气的能力强；φ 值大，说明湿空气接近饱和状态，空气潮湿，吸收水蒸气的能力弱。当 $\varphi=0$

时，空气为干空气；当 $\varphi=100\%$ 时，空气为饱和状态空气。

相对湿度和含湿量都是表示湿空气含有水蒸气多少的参数，但两者的意义却不相同：相对湿度反映湿空气接近饱和的程度，却不能表示水蒸气的具体含量；含湿量可以表示水蒸气的具体含量，但不能表示湿空气接近饱和的程度。

5. 干、湿球温度和露点温度

根据空气温度形成的过程和用途不同，可将空气的温度区分为干球温度、湿球温度和露点温度。

干球温度是指干球温度表所指示的温度，一般用 t 表示。

湿球温度是指湿球温度表所指示的温度。用带有水分的湿纱布包在温度计的感温球上，这样的温度计就叫做湿球温度计，所测出的温度就叫做湿球温度，是纱布中的水与周围空气进行热、湿交换达到最终稳定状态时的温度，用 t_s 表示。湿球温度的形成过程在实际工程中可看成等焓过程。

露点温度是指在大气压力一定、某含湿量下的未饱和空气因冷却达到饱和状态时的温度，用 t_L 表示。在冬天的玻璃窗上或夏季的自来水管上常常可以看到有凝结水或露水存在，这一现象可以用露点温度形成来解释。空调工程中的很多除湿过程，就是利用结露规律进行的。

（二）焓湿图

焓湿图是以 1kg 干空气为基准，并在一定大气压力 B 下，取焓 h 和含湿量 d 为坐标绘制而成的。为使图面开阔、清晰，h 和 d 坐标之间呈 135°夹角，如图 1－9 所示。

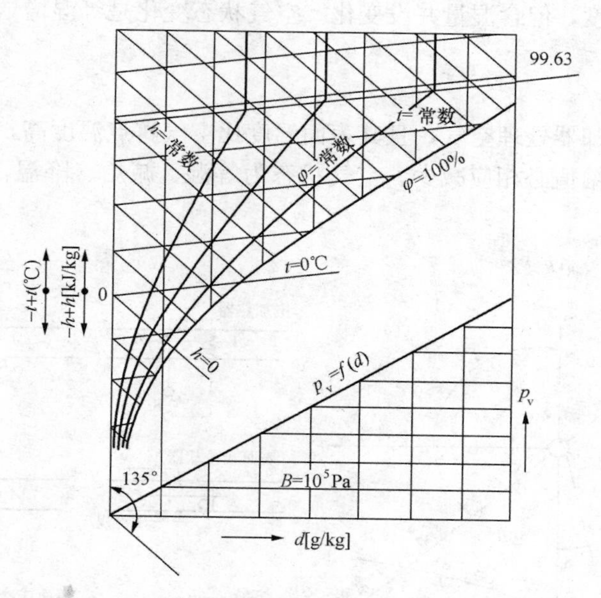

图 1－9 湿空气的焓湿图

1. 等温线

等温线是根据公式 $h=1.01t+d(2500+1.84t)$ 绘制的，当空气的干球温度 T 不变时，h 和 d 呈线性关系，给定不同的温度就可得到一系列等温线。由于 T 值不同，等温线的斜率也就不同，因此，严格地讲等温线不是一组平行的直线。

2. 等相对湿度线

等相对湿度线是根据公式 $d=0.662\varphi p_s/(B-\varphi p_s)$ 绘制的，是一组从坐标原点散发出来的曲线。式中 φ 为相对湿度，p_s 为水蒸气饱和分压力。

3. 水蒸气分压力线

公式 $d=0.662\varphi p_s/(B-\varphi p_s)$ 可以变换为 $p_v=\dfrac{Bd}{622+d}$。当大气压力 B 为定值时，水蒸气分压力随含湿量而变化。

4. 等湿度线

等湿度线是一组与纵轴线平行的直线。在同一根等湿度线上，不同的点具有相同的湿度值，它的数值可以在辅助水平上读出来。

5. 等焓线

等焓线是一组与横轴平行的直线。在同一根等焓线上，不同的点所代表的湿空气的状态不同，但都有相同的焓值，其值可以在纵坐标上读出来。

（三）焓湿图的应用

利用焓湿图不仅能够确定空气的状态和状态参数，而且可以表示空气的状态变化。下面介绍几种典型的过程。

1. 等湿加热过程

空气调节中常用表面式空气加热器（或电加热器）来处理空气。当空气通过加热器时获得了热量，提高了温度，但含湿量并没变化。空气状态变化是等湿增焓升温过程，过程线为 $A\rightarrow B$。

2. 等湿冷却过程

如果用表面式冷却器处理空气，且其表面温度比空气露点温度高，则空气将在含湿量不变的情况下冷却，其焓值必相应减少。空气状态为等湿、减焓、降温，如图 1-10 中 $A\rightarrow C$ 所示。

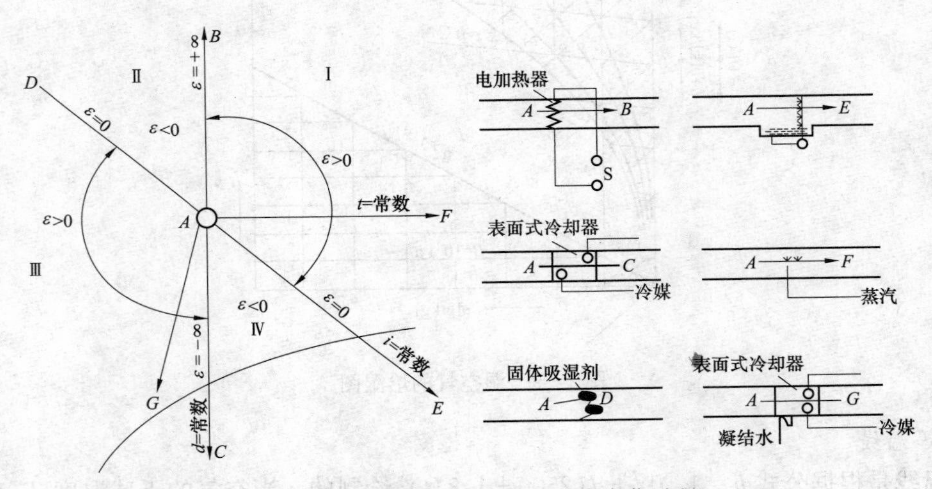

图 1-10 几种典型湿空气的状态变化过程

3. 等焓减湿过程

用固体吸湿剂（如硅胶）处理空气时，水蒸气被吸附，空气的含湿量降低，空气失去潜热，而得到水蒸气凝结时放出的汽化热使温度增高，但焓值基本没变，只是略微减少了凝结水带走的液体热，空气近似按等焓减湿升温过程变化，如图1-10中$A \rightarrow D$所示。

4. 等焓加湿过程

用喷水室喷循环水处理空气时，水吸收空气的热量而蒸发为水蒸气空气失掉显热量，温度降低，水蒸气到空气中使含湿量增加，潜热量也增加。由于空气失掉显热，得到潜热，因而空气焓值基本不变。所以称此过程为等焓加湿过程，如图1-10中$A \rightarrow E$所示。

5. 等温加湿过程

如图1-10中$A \rightarrow F$过程所示。这是通过向空气喷蒸汽而实现的，空气中增加水蒸气后，其焓和含湿量都将增加，焓的增加值为加入蒸汽的全热量。

6. 减湿冷却过程

如果用表面冷却器处理空气，当冷却器的表面温度低于空气的露点温度时，空气中的水蒸气将凝结为水，从而使空气减湿，空气的变化过程为减湿冷却过程，此过程线如图1-10中$A \rightarrow G$所示。

湿空气焓湿图在空气调节、通风等工程中有着很广泛的应用，而上述典型处理过程是以后学习的基础。因此，要熟练掌握湿空气焓湿图的应用。

第三节 传 热 学

传热学是研究热量传递过程规律的科学。

凡是有温度差存在，就有热量自发地从高温物体传到低温物体。热量传递是一种极普通的物理现象，故而传热学的应用领域也就十分广泛。建筑设备中更是不乏传热问题，例如热源和冷源设备的选择、配套和合理有效的利用，供热通风及空调产品的开发、设计和实验研究，各种供热设备管道的保温材料及建筑围护结构材料等的研制及其物理性质的测试、热损失的分析计算，各类换热器的设计、选择和性能评价，建筑物的热工计算和环境保护等。在这种情况下，为了解有关建筑设备的专业内容，学习一些传热学方面的基本知识显得非常必要。因此，本节主要介绍导热、对流换热、辐射换热及稳定传热的基本概念和基本计算方法。

一、导热

导热是指物体各部分无相对位移或不同物体直接接触时依靠分子、原子及自由电子等微观粒子的热运动而进行的热量传递现象。导热的发生不需要物体各部分之间有宏观的相对位移。导热过程可以在固体、液体及气体中发生。

1. 基本概念

(1) 温度场。温度场是某一时刻空间中各点温度分布的总称。一般来说，温度场是空间坐标和时间的函数，即$t=(x, y, z, \tau)$。

(2) 等温面与等温线。同一时刻，温度场中所有温度相同的点连接构成的面叫做温度面。不同的等温面与同一平面相交所得到的一簇曲线为等温线。同时刻两条不同等温线不会彼此相交。在任何时刻，标绘出物体中所有等温面（线），即描绘出了物体内部温度场。

(3) 温度梯度。有温差存在才有热量传递，故在等温面（线）上不可能有热量传递。所以，热量传递只能发生在不同的等温线之间（或称不同等温面之间的两点）。事实证明，两条等温线之间的变化以垂直于法线方向上温度的变化率最大。这一温度最大变化率称为温度梯度，用 grad$t$ 表示，其表达式为

$$\text{grad}t = n \lim_{\Delta n \to 0} \frac{\Delta t}{\Delta n} = n \frac{\partial t}{\partial n} \tag{1-14}$$

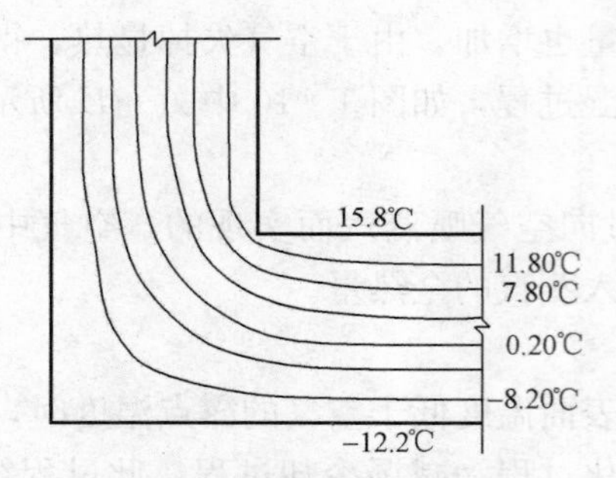

图 1-11 用等温线描述的温度场

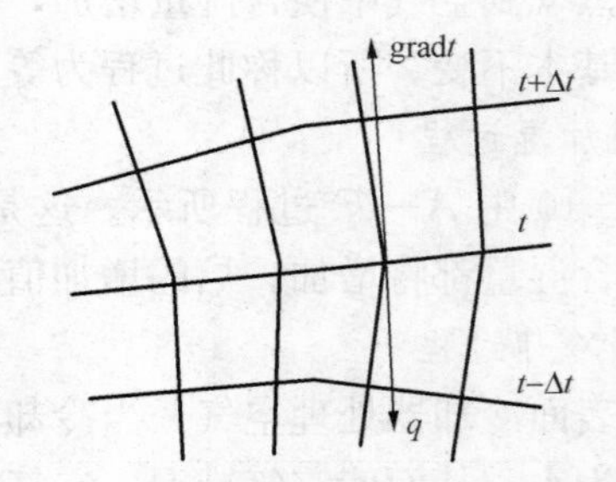

图 1-12 热流密度和温度梯度

2. 导热定律

热量传递只能发生在不同的等温线之间（或称不同等温面之间的两点）。单位时间内通过单位给定截面的导热量称为热流量，记作 q，单位为 W/m^2。

1882 年，法国数学家、物理学家傅里叶提出热流量与温度梯度有关，导热基本定律的数学表达式如式（1-15）所示，也称傅立叶定律。

$$q = -\lambda \, \text{grad}t \tag{1-15}$$

热流量是一个向量（热流向量），它与温度梯度位于等温面同一法线上，但指向温度降低的方向。式（1-15）中的负号就表示热流量和温度梯度的方向相反，永远顺着温度降低的方向。

3. 热导率

热导率定义式可由式（1-15）得出，即

$$\lambda = -\frac{q}{\text{grad}t} \tag{1-16}$$

由上可知，热导率在数值上等于温度降度为 1℃/m 时单位时间内单位导热面积的导热量，单位为 W/（m·℃）。热导率是材料固有的热物理性质，其数值表示物质导热能力的大小。表 1-1 列出了 273K 时物质的热导率。

表 1-1 **273K 时物质的热导率** W/（m·℃）

物质名称		物质名称	
金属固体：		非金属固体：	
银（最纯的）	418	方镁石（MgO）	41.6
铜（纯的）	387	石英（平行于轴）	12.1
铝（纯的）	203	刚玉（Al_2O_3）	10.4
锌（纯的）	112.7	大理石	2.78
铁（纯的）	73	冰	2.22
锡（纯的）	66	熔凝石英	1.21
铅（纯的）	34.7	硼硅酸耐热玻璃液体	1.0

续表

物质名称		物质名称	
水银	8.21	气体：	
水	0.2	氢	0.17
二氧化硫	0.211	氦	0.141
氯代甲烷	0.178	空气	0.0243
二氧化碳	0.10	戊烷	0.0128
氟利昂	0.0728	三氯甲烷	0.0068

4. 稳态导热

只有在密实的固体中才存在单纯的导热现象，而一般的建筑材料内部或多或少地总有一些孔隙，在孔隙内除存在导热现象外，同时还有对流及辐射换热现象。但因对流及辐射换热所占比例很小，故在建筑热工计算中，对通过围护结构实体材料层的传热过程，均近似看作导热过程来考虑。

（1）经过平壁的稳态导热。设有如图 1－13 所示的一块大平壁，壁厚为 δ，一侧表面面积为 A，两侧表面分别维持均匀恒定温度 t_{w1} 和 t_{w2}。实践表明，单位时间内从表面 1 传导到表面 2 的热量 Q（热流量）与导热面积 A 和导热温差 $t_{w1}-t_{w2}$ 成正比，与厚度 δ 成反比，写成等式为

$$Q=\lambda A\frac{\Delta t}{\delta}=\lambda A\frac{t_{w1}-t_{w2}}{\delta}=\frac{t_{w1}-t_{w2}}{\frac{\delta}{\lambda}}A \tag{1-17}$$

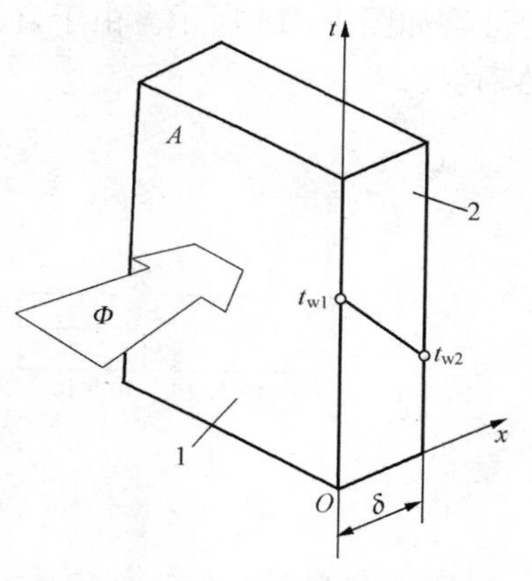

图 1－13 通过平壁的导热过程

（2）典型的通过墙壁传热。热量传递过程中要经历三个阶段：首先，热量由室内空气以对流换热和物体间辐射换热的方式传给墙壁的内表面；其次，墙壁的内表面以固体导热的方式传递到墙壁外表面；最后，墙壁外表面以对流换热和物体间辐射换热的方式把热量传递给室外环境。供热工程、空气调节、锅炉与锅炉房设备等专业课中经常会涉及相关知识，因此，要掌握上述知识。

二、对流换热

1. 热对流

依靠流体的运动，把热量由一处传递到另一处的现象称为热对流。热对流是传热的另一种基本方式。工程中大量遇到的是流体流过一个固体壁面时发生的热量交换过程，叫做对流换热。例如，房间中暖气片加热空气的过程，以及高温烟气与对流管束的换热过程。单纯的对流换热过程是不存在的，在对流的同时总伴随着导热。

流体各部分之间由于密度差而引起的相对运动称为自然对流，由于机械（泵或风机等）的作用或其他压差而引起的相对运动称为强迫对流（或受迫对流）。

2. 对流换热

对流换热的计算公式称为牛顿冷却公式，具体如下

$$\Phi = h(t_w - t_f)A = h\Delta tA \tag{1-18}$$

式中：h 为对流换热表面传热系数，$W/(m^2 \cdot K)$；t_w 为固体壁面温度，℃；t_f 为流体温度，℃；A 为对流换热表面面积，m^2。通常 h 是给定的，只需要确定固体壁面温度和流体温度便可以计算出对流换热量。对流换热量的确定是换热器、散热器计算的基础，因此在以后的设备选择计算中，都要用到对流换热量的计算。

三、辐射换热

1. 热辐射

依靠物体表面向外发射热射线（能产生显著热效应的电磁波）传递热量。自然界中所有物体只要温度高于绝对零度，其表面都在不停地向四周发射辐射热，同时又不断地吸收其他物体投射来的辐射热。

2. 热辐射的本质

发射辐射能是各类物质的固有特性。当原子内部电子受激和振动时，将产生交替变化的电场和磁场，发出电磁波向空间传播，这就是辐射。由于激发的方式不一样，所产生的电磁波波长不同，它们投射到物体上产生的电磁波波长也就不同，从而所产生的效应也不同。电磁波谱如图 1-14 所示。由于自身温度或者热运动的原因而激发产生的电磁波传播，就称为热辐射。

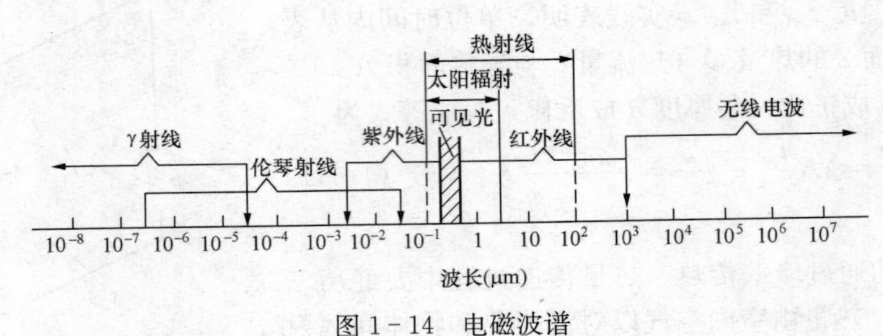

图 1-14 电磁波谱

3. 热辐射过程的三个特点

(1) $T<0K$ 的一切物体都会发射热射线。

(2) 不依赖物体的接触而进行热量传递。

(3) 辐射换热过程伴随能量的两次转化，热能转化为电磁能，电磁能再次转化为热能。

4. 基本概念

(1) 吸收、反射和投射。设投射到物体上全波长范围的总能量为 G，被吸收的部分为 G_α，反射的部分为 G_ρ，投射的部分为 G_τ，根据能量守恒定律可得

$$G_\alpha + G_\rho + G_\tau = G \tag{1-19}$$

若式（1-19）两边同时除以 G，上式可化简为

$$\alpha + \rho + \tau = 1 \tag{1-20}$$

式中：α 为吸收率，$\alpha=1$ 时，称为黑体；ρ 为反射率，$\rho=1$ 时，称为白体；τ 为投射率，$\tau=1$时，称为透明体。

(2) 辐射强度和辐射力。

1) 辐射强度：在某给定辐射方向上，单位时间、单位可见辐射面积，在波长附近的单位波长间隔内、单位立体角所发射的能量为该方向的辐射强度。

2）辐射力：单位时间内，物体的每单位面积向半球空间所发射的全波长的总能量，称为辐射力。

5．基本定律

（1）普朗克（M. Planck）定律。普朗克（M. Planck）定律从量子理论出发，揭示了黑体单色辐射力 $E_{b\lambda}$ 和波长 λ、热力学温度 T 之间的函数关系，即

$$E_{b\lambda}=\frac{C_1\lambda^{-5}}{e^{\frac{C_2}{\lambda T}}-1}\quad [\mathrm{W/(m^2\cdot\mu m)}] \tag{1-21}$$

其中 $C_1=3.743\times10^8\mathrm{W\cdot\mu m^4/m^2}$，$C_2=1.439\times10^4\mu\mathrm{m\cdot K}$。

（2）维恩位移定律。维恩位移定律是指黑体的峰值波长 λ_{max} 和热力学温度 T 之间的函数关系。随着温度 T 升高，最大单色辐射力 $E_{bl,max}$ 所对应的峰值波长 λ_{max} 逐渐向短波方向移动。

（3）斯蒂芬—玻尔兹曼（Stefen - Boltzmann）定律。斯蒂芬—玻尔兹曼定律说明黑体的辐射力和热力学温度的四次方成正比，其表达式为

$$E_b=\int_0^{\infty}E_{b\lambda}\mathrm{d}\lambda=\sigma_b T^4 \tag{1-22}$$

（4）兰贝特（Labert）余弦定律：兰贝特定律表述1：黑体和漫辐射表面，在半球空间各个方向上辐射强度相等，即

$$I_{\theta1}=I_{\theta2}=\cdots=I_n \tag{1-23}$$

式（1-23）说明，黑体在任意方向上的辐射强度与方向无关。

兰贝特定律表述2：黑体和漫辐射表面，定向辐射力随方向角 θ 按余弦规律变化，法线方向的定向辐射力最大，即

$$E_\theta=I\cos\theta=I_n\cos\theta=E_\theta\cos\theta \tag{1-24}$$

（5）基尔霍夫（Kirchhoff）定律。基尔霍夫定律表明，在热平衡条件下，表面单色定向发射率等于它的单色定向吸收率，即

$$\varepsilon_{\lambda,\theta}=\alpha_{\lambda,\theta} \tag{1-25}$$

6．任意位置两黑表面间的辐射换热

（1）角系数：角系数表示表面发射出的辐射能中直接落到另一表面上的百分数。例如：X_{12} 表示 A_1 辐射能量中落到 A_2 上的百分数，称为 A_1 对 A_2 的角系数。角系数表达式为

$$X_{12}=\Phi_{A_1-A_2}/\Phi_{A_1} \tag{1-26}$$

（2）黑表面间的辐射换热（见图1-15）。任意放置的两非凹黑表面，辐射换热量计算式如下

$$\Phi_{12}=(E_{b1}-E_{b2})X_{12}A_1=(E_{b1}-E_{b2})X_{21}A_2 \tag{1-27}$$

两个黑表面包容 $A_1<A_2$，$X_{12}=1$，$X_{21}=\frac{A_1}{A_2}$

$$\Phi_{12}=\frac{E_{b1}-E_{b2}}{R_{12}}=\frac{E_{b1}-E_{b2}}{\frac{1}{X_{12}A_1}} \tag{1-28}$$

$$\Phi_{12}=(E_{b1}-E_{b2})A_1=\sigma_b(T_1^4-T_2^4)A_2 \tag{1-29}$$

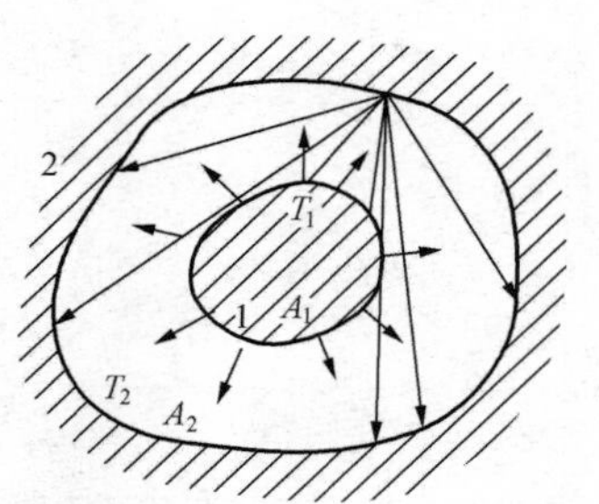

图1-15 两个外包黑表面辐射换热

7．灰表面间的辐射换热

（1）有效辐射（见图1-16）

$$J_1=\varepsilon_1 E_{b1}+\rho_1 G_1=\varepsilon_1 E_{b1}+(1+\alpha_1)G_1 \tag{1-30}$$

$$\frac{\Phi_1}{A_1}=J_1-G_1=\varepsilon_1 E_{b1}+\rho_1 G_1=\varepsilon_1 E_{b1}-\alpha_1 G_1 \tag{1-31}$$

对漫灰表面，$\alpha_1=\varepsilon_1$，有

$$\Phi_1=\frac{E_{b1}-J_1}{\frac{1-\varepsilon_1}{\varepsilon_1 A_1}}=\frac{E_{b1}-J_1}{R_1} \tag{1-32}$$

(2) 组成封闭腔的两灰表面间的辐射换热（见图 1-17）为

$$\Phi_{12}=\frac{E_{b1}-E_{b2}}{\frac{1-\varepsilon_1}{\varepsilon_1 A_1}+\frac{1}{X_{12}A_1}+\frac{1-\varepsilon_2}{\varepsilon_2 A_2}}=\frac{E_{b1}-E_{b2}}{R_1+R_{12}+R_2} \tag{1-33}$$

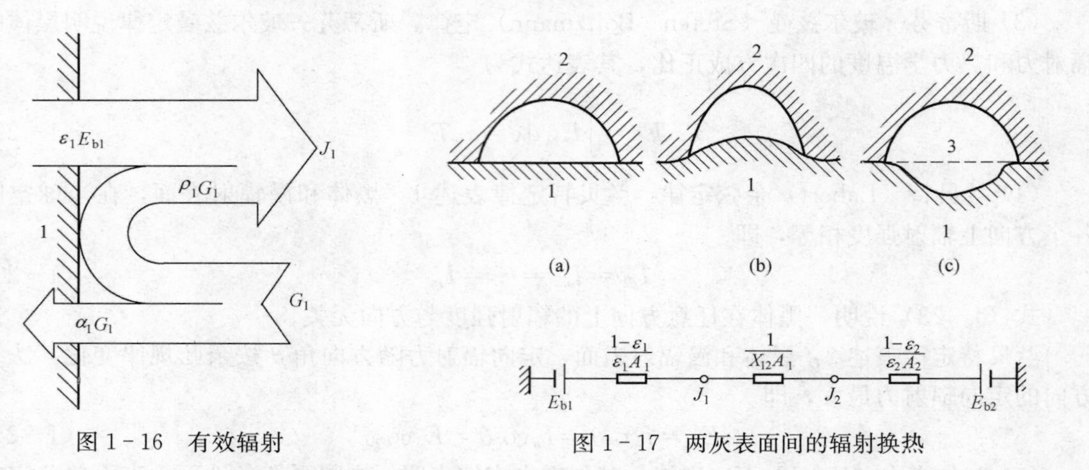

图 1-16　有效辐射　　图 1-17　两灰表面间的辐射换热

(3) 两无限大平行灰平壁的辐射换热。两无限大平行灰平壁 $A_1=A_2=A$，$X_{12}=X_{21}=1$。辐射换热量计算公式如下

$$\Phi_{12}=\frac{E_{b1}-E_{b2}}{\frac{1-\varepsilon_1}{\varepsilon_1 A_1}+\frac{1}{X_{12}A_1}+\frac{1-\varepsilon_2}{\varepsilon_2 A_2}}=\frac{E_{b1}-E_{b2}}{R_1+R_{12}+R_2}=\frac{A(E_{b1}-E_{b2})}{\frac{1}{\varepsilon_1}+\frac{1}{\varepsilon_1}-1}=\varepsilon_s A\sigma_b(T_1^4-T_2^4) \tag{1-34}$$

上述辐射换热计算，特别是灰体的辐射换热计算更接近于实际物体的辐射换热，是太阳能利用方面、热负荷计算及锅炉炉膛内烟气辐射换热计算的基础。

第二章 建筑环境学

建筑环境学，就是在建筑房间内、在满足使用功能的前提下，研究如何让人们在使用过程中感到舒适与健康的一门学科。根据使用功能的不同，从使用者的角度出发，研究室内的温度、湿度、气流组织的分布、空气品质、采光性能、照明、噪声和音响效果等及其相互间组合后产生的结果，并对此做出科学评价，为营造一个舒适、健康的室内环境提供理论依据。

建筑活动受到环境与科学技术条件发展的影响，根据各种环境的特点，其发展经历了营造方式—图式理论—建筑空间理论几个阶段。而人又是环境的主体，人与环境成为建筑创作的中心课题，人也是建筑创作的主体，建筑设计的发展已从经营构图、组织空调扩大到创造环境。

当前，人们已从建筑适应环境（根据自然环境来设计改善自己的居住环境）发展到主动地创造和控制室内环境。随着新设备、新材料的使用，建筑设计不但要求造型新颖美观、功能合理，还必须把它提高到人工环境的角度上来，以满足人们的需求。使用科技手段，与建筑设计有机地结合，创造出舒适、健康的室内环境是现代建筑设计质量的保证，是现代建筑创作的有机组成部分。

建筑环境学在可持续发展战略中面临的问题：

1. 如何解决满足室内环境舒适性与能源消耗、环境保护之间的矛盾

目前，建筑能耗（主要指采暖、空调、热水供应、炊事、照明、家用电器、电梯、通风等方面的能耗）在我国能源总消费中所占的比例已经达到27.6%，且仍将继续增长。建筑能耗中，空调占50%，照明占33%。研究和制定合理的舒适标准，以便有效、合理地利用能源，是建筑环境学的一项艰巨而紧迫的任务。

2. 室内空气品质研究的迫切性

（1）室内环境是人们接触最频繁、最紧密的环境。据统计，人们约有90%以上的时间在室内度过，室内空气品质是引起病态建筑综合征的主要因素。

（2）室内污染物的种类、来源增多，对人的危害越来越严重。

通过以上问题的提出，作为改善人类室内环境的一门学科，建筑环境学的研究越发重要。这里主要介绍建筑外环境、室内空气品质、热湿环境及人体对热湿环境的反应、建筑声环境、建筑光环境几个方面的知识。

第一节 建筑外环境

建筑物所在地的气候条件，会通过围护结构直接影响室内的环境。要营造良好的室内气候条件以满足人们生活和生产的需要，必须了解当地各主要气候要素的变化规律及其特征。

一个地区的气候是在许多因素的综合作用下形成的。与建筑密切相关的气候要素有太阳

辐射、大气压力、地层温度、空气温度、空气湿度、风、降水等。

1. 太阳辐射

地球上的太阳辐射能量由三部分组成：

(1) 直射辐射：太阳直接照射到地面的部分，为可见光（波长 380～760nm）和近红外线（波长 760～3000nm）。

(2) 散射辐射：被大气中的水蒸气和云层散射，为可见光和近红外线。

(3) 大气长波辐射：大气（水蒸气和 CO_2）吸收后再向地面辐射，为长波辐射。在日间比例很小，可以忽略。

2. 大气压力

大气压力随海拔而变：同一位置，冬季大气压力比夏季大气压力高，变化范围在 5%以内。海平面大气压力称作标准大气压，为 101325Pa 或 760mmHg。

3. 地表温度

地表温度的变化取决于太阳辐射和地面对天空的长波辐射，可看作是周期性的温度波动。在地面上，白昼因为受到太阳辐射而获得热量，地表温度高于地下土壤；夜间，地面因对天空的长波辐射而冷却，地表温度低于地下土壤。这种以 24h 为周期的日温度波动影响深度只有 1.5m 左右，当深度大于 1.5m 时，日温度波动可以忽略不计。除日温度波动外，土壤温度还随着年气温变化而波动，但当达到一定深度时，土壤温度将接近一个恒定值，称为恒温层。一般以 15m 作为恒温层的分界线，深度小于 15m 的地层称为浅层，大于 15m 的地层称为深层。

4. 空气温度

一般指距地面 1.5m 高，背阴处的空气温度。

(1) 气温的日较差：一日内气温的最高值和最低值之差。

(2) 气温的年较差：一年内最冷月和最热月的月平均气温差。

(3) 年平均温度：向高纬度地区每移动 200～300km 降低 1℃。

(4) 空气温度的日变化：一天中最高气温一般出现在下午 2～3 时，最低气温一般出现在凌晨 4～5 时。

(5) 空气温度的年变化：一年中最热月一般在 7、8 月，最冷月一般在 1、2 月。

5. 空气湿度

空气湿度是指空气中水蒸气的含量。这些水蒸气来自江河湖海的水面、植物及其他水体的水面蒸发，一般以绝对湿度和相对湿度来表示。

一天中绝对湿度比较稳定，而相对湿度则有较大的变化。因为相对湿度的日变化受地面性质、水陆分布、季节寒暑、天气阴晴等因素的影响。相对湿度日变化趋势与气温日变化趋势相反（见图 2-1）。晴天时空气湿度的最高值出现在黎明前后，此时虽然空气中的水蒸气含量少，但温度低，所以相对湿度最大；最低值出现在午后，此时空气中的水蒸气含量虽然较大，但由于温度已达最高，所以相对湿度最低。

6. 风

风是指由于大气压差所引起的大气水平方向的运动。地表增温不同是引起大气压差的主要原因，也是风形成的主要原因。风可以分为大气环流和地方风两大类。

(1) 大气环流：照射在地球上的太阳辐射不均匀，造成赤道和两极温差存在，由此引发

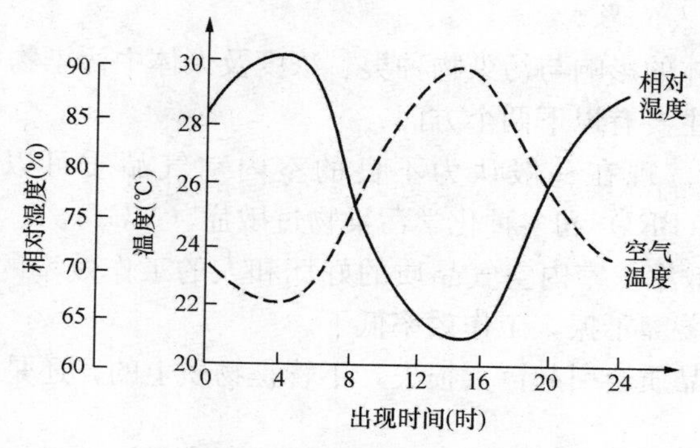

图 2-1 室外空气湿度的变化

大气从赤道到两极和从两极到赤道的经常性活动，称为大气环流。

(2) 地方风：是由于地表水陆分布、地势起伏、表面覆盖等地方性条件不同所引起的。

7. 降水

从大地蒸发出来的水进入大气层，经过凝结后又降落到地面上的液态或固态水分，称为降水。雨、雪、冰雹都属于降水现象。

影响降水分布的因素很复杂。首先是气温。在寒冷地区水的蒸发量不大，而且由于冷空气的饱和水蒸气分压力较低，不可能包容很多的水蒸气，因此寒冷地区可不能有大量的降水。此外，大气环流、地形、海陆分布的性质及洋流也会影响降水性质，而且它们之间相互作用。我国的降水量大体是由东南往西北递减。因受季风的影响，雨量都集中在夏季，变化量大，强度也客观。

第二节 室内空气品质

室内空气品质的定义近 20 年来经历了许多变化。最初，人们将室内空气品质几乎完全等价于一系列污染物浓度指标。近年来，人们认识到这种纯客观的定义已不能涵盖室内空气品质的内容。

1989 年，国际室内空气品质讨论会上，丹麦的 Fanger 教授提出了一种空气品质的主观判断标准：空气品质反映了人们的满意程度。如果人们对空气满意，就是高品质；反之，就是低品质。

实际上，两种定义各有所长，又各有局限。室内空气品质的客观定义由于没有和人的感知相结合，因此不能充分反映室内空气品质对人的影响。室内空气品质的主观定义反映了人的感觉和室内空气品质对人的影响，但有些有害成分由于无色无味，因此人们很难在短时间内给出评价，又不能以牺牲人的健康为代价去评价。

如何缓解这一矛盾呢？美国供热制冷空调工程师协会 1998 年颁布的标准 ASHRAE62-1989《满足可接受空气品质的通风》中兼顾了室内空气品质的客观与主观的评价，其给出的定义为：良好的室内空气品质应该是“空气中没有已知的污染物达到公认的权威机构所确定的有害物浓度指标，且处于这种空气中的绝大多数人（≥80%）对此没有表示不满意。”

1. 室内空气品质对人的影响

室内空气污染对人体的影响与污染物种类、浓度及人体中污染物中的暴露时间有关。室内空气品质对人的影响主要有以下两个方面：

(1) 危害人体健康。现在一般认为不良的室内空气品质可以引起病态建筑综合征(SBS)、建筑相关疾病（BRI）和多种化学污染物过敏症（MCS)。

(2) 影响人的工作效率。室内空气品质的好坏和人的工作效率的高低有着密切的联系。空气品质低下，常使人萎靡不振，工作效率低下。

因此，不良的空气品质会引起巨大损失，不管是物质上的，还是精神上的，所以必须引起足够的重视。

2. 室内空气品质的评价方法

(1) 暴露评价。暴露是指人体与一种或一种以上的物理、化学或生物因素在时间和空间上的接触。暴露评价是对暴露人群中发生或预期将要发生的人体危害进行分析和评估。这是一种客观评价方法，它包括两个方面：对人体暴露进行定性评价和对进入机体内的有害物剂量进行定量评价。

(2) 主观问卷调查。室内空气品质的好坏和人们的主观感受联系密切，因此，可用人的主观感受来评价室内空气品质。人对室内空气品质最敏感的是嗅觉，但人们对气味的敏感和识别能力随着暴露时间的增加而减弱。同时，受空气条件的影响，人在干冷空气中的嗅觉敏感性下降。与湿热环境相比，人们在污染物浓度相同的干冷环境中容易觉得空气清新、空气品质好。

3. 室内空气污染控制的方法

为了有效地控制室内污染，改善室内空气品质，需要对室内污染过程有充分的认识。室内空气污染物由污染物散发，在空气中传递，当人体暴露于污染空气中时，污染会对人体产生不良的影响。室内空气污染控制可通过以下三种方式实现：①污染物源头治理；②通新风稀释和合理组织气流；③空气净化。

(1) 污染物源头治理：①消除室内污染源。最好、最彻底的污染物源头治理方法就是消除室内污染源。②减少室内污染源的散发强度。③污染源附近局部排风。

(2) 通新风稀释和合理组织气流。通新鲜空气是改善室内空气品质的一种行之有效的方法，其本质是提供人体所必需的氧气，并用室外污染物含量低的空气来稀释室内污染物含量高的空气。

(3) 空气净化。目前空气净化的方法主要有过滤器过滤、活性炭吸附、纳米光催化降解 VOCs、臭氧法、紫外线照射法、等离子体净化法等。其中，过滤器是新风机组和空调处理机组当中最常用的，有初效过滤器、中效过滤器、高效过滤器和静电集尘器等多种类型。

第三节 建筑环境中的热湿环境

热湿环境是建筑环境中最主要的内容，主要反映在空气环境的热湿特性中。建筑室内热湿环境形成的最主要原因是各种外绕和内扰的影响。外扰主要包括室外气候参数，如室外空气的温度和湿度、太阳辐射、风速、风向以及邻室空气的温度和湿度，均可以通过围护结构进入室内，对室内热湿环境造成影响。内扰主要包括室内设备、照明、人员等室内热湿源，如图 2-2 所示。

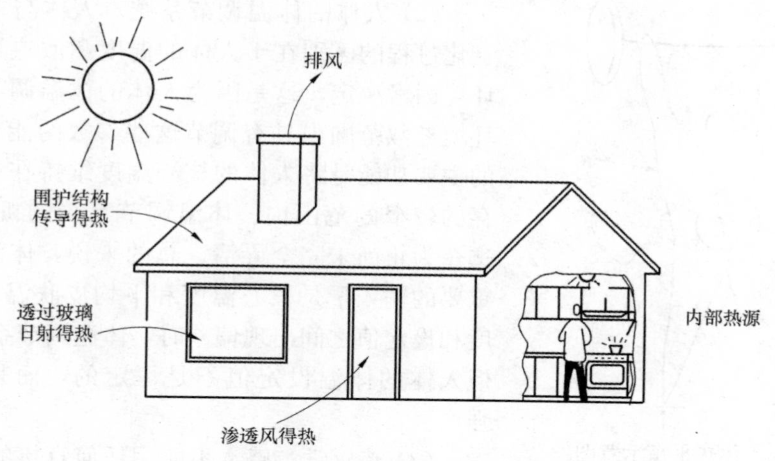

图 2-2　建筑物热湿环境影响因素

1. 建筑围护结构的热湿传递与得热

由于热惯性的存在，通过围护结构的传热量和温度的波动幅度与外扰波动幅度之间存在衰减和延迟的关系。衰减和滞后的程度取决于围护结构的蓄热能力。室内热源形成的总热量比较容易求得，基本取决于热源的发热量，与室内空气参数和室内表面状态无关。但是，通过围护结构的总得热量却和很多条件有关，不仅受室外气象参数和室内空气参数的影响，而且与室内其他表面的状态有显著的关系。

这部分得热量在供热工程和空气调节中关于热负荷、冷负荷的计算部分会详细讲到，这里仅分析热量的来源。

2. 其他形式进入室内的热湿量

其他形式进入室内的热湿量包括室内产热产湿量和因空气渗透带来的热湿量两部分。

(1) 室内产热湿量。室内产热湿量一般包括人体、设备和照明设施。人体一方面会通过皮肤和服装向环境散发显热量，另一方面通过呼吸、出汗向环境散发湿量。工业设备的散热和散湿取决于工艺过程的需要。照明设施向环境散发的是显热。

(2) 空气渗透带来的热湿量。由于建筑的门窗和其他类型的开口，室外空气可能进入房间，直接带入热量和湿量，并即刻影响到室内空气的温度和湿度。

空气渗透是指由于室内外存在的压力差，从而导致室外空气通过门窗缝隙和外围护结构上的其他小孔或洞口进入室内的现象，也就是所谓的无组织进风。一般情况下，空气的渗入和渗出是同时出现的，由于渗出的是室内状态的空气，渗入的是外界的空气，所以渗入的空气量和空气状态决定了室内得热量，因此在冷、热负荷计算时只考虑空气的渗入。

3. 人体对热湿环境的反应

(1) 人体的热平衡。人体靠摄取食物得到能量，同时人体也会通过对流、辐射等方式失掉或得到环境的热量。人体的生理机能要求体温必须维持接近恒定才能保持人体的各项功能正常，所以人体的生理机能要求尽量维持人体重要器官的温度相对稳定。

人体为了维持正常的体温，必须是产热和散热保持平衡，如图 2-3 所示。

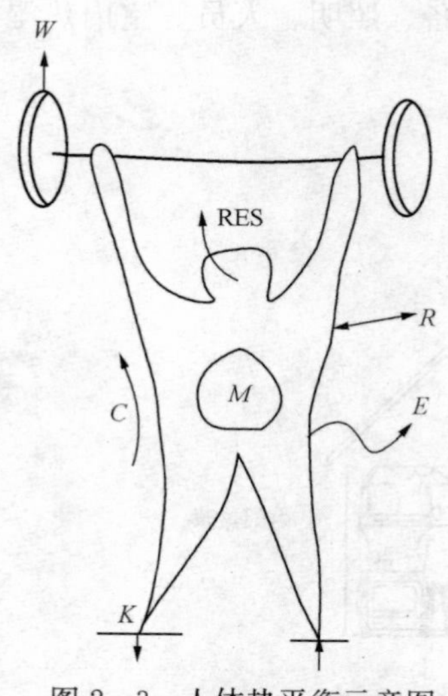

图 2-3 人体热平衡示意图
（单位：W/m^2）
M—代谢量；W—机械功；
C—对流热损失量；R—放射热损失量；
E—蒸发热损失量；S—人体蓄热量；
RES—呼吸热损失量；K—传导热损失量

人体的热平衡方程

$$M-W-C-R-E-S=0$$

(2) 人体的体温调节系统。人体与非生物体的热变化过程的区别在于人体的温度和散热量并不完全由环境因素决定，这是因为人体的体温调节系统中一定环境参数范围内具有调节这些参数的能力。体温调节的主要功能是将人体的核心温度维持在一个适合于生存的较窄的范围内。体温调节系统的机能相当复杂，迄今为止尚未完全弄清。总的来说，体温调节系统最重要的输入量是核心温度和平均皮肤温度。当核心温度和设定值之间出现偏差时，体温调节系统开始工作。但人体的体温设定值不是恒定的，而是取决于工作强度。

(3) 热感觉。感觉不能用任何直接的方法来测量。热感觉是人对周围环境是“冷”还是“热”的主观描述。尽管人们经常评价房间的冷暖，但实际上人是不能直接感觉到环境温度的，只能感觉到位于自己皮肤表面下的神经末梢的温度。

(4) 热舒适。人体通过自身的热平衡和感觉到的环境状况，综合起来获得是否舒适的感觉。舒适的感觉是生理和心理上的。热舒适是指人体对热环境表示满意的意识状态。Bedford 的七点标度把热感觉和热舒适感合二为一。Gagge 和 Fanger 等人均认为热舒适指的是人体处于不冷不热的中性状态，即认为中性的热感觉就是热舒适。

4. 人体对稳态热环境反应的描述

(1) 热舒适方程。Fanger 于 1982 年提出了描述人体中稳态条件下能量平衡的热舒适方程，它的前提条件是：第一，人体必须处于热平衡状态；第二，皮肤平均温度应具有与舒适相适应的水平；第三，为了舒适，人体应具有最适当的排汗率。

(2) 预测平均评价（predicted mean vote，PMV）。Fanger 在收集了 1396 名美国和丹麦受试者的冷、热感觉资料后，得出人的热感觉与人体热负荷之间关系的回归公式

$$PMV=[0.303\exp(-0.036M)+0.0275]TL$$

其中人体热负荷 TL 的定义为人体产热量与人体向外散出热量之间的差值。

PMV 指标同样采用了 7 级分度，见表 2-1。

表 2-1 **PMV 热感觉标尺**

热感觉	热	暖	微暖	适中	微凉	凉	冷
PMV 值	+3	+2	+1	0	−1	−2	−3

PMV 指标代表了同一环境下绝大多数人的感觉，但是人与人之间存在生理差别，因此 PMV 指标并不一定能够代表所有个人的感觉。为此，Fanger 又提出了预测不满意百分比（predicted percentage of dissatisfied，PPD）指标来表示人群对热环境不满意的百分数，并

利用概率的分析方法，给出了 PMV 与 PPD 之间的定量关系，见图 2-4。

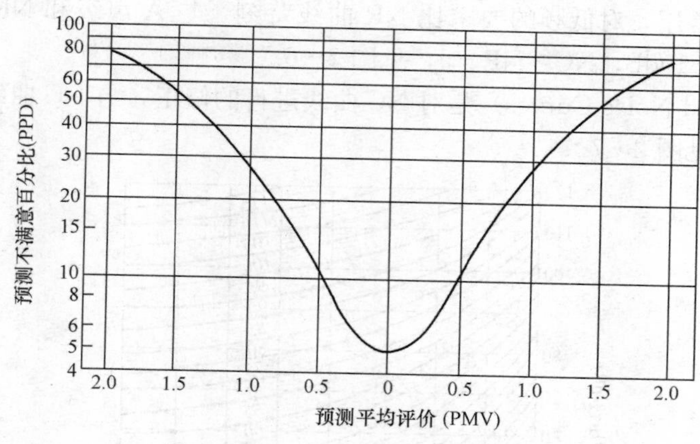

图 2-4　PMV 与 PPD 的关系曲线

1984 年，国际标准化组织提出了室内热环境评价与测量的新标准化方法 ISO7730。对 PMV 的推荐值在−0.5 和+0.5 之间为热舒适指标。

第四节　建筑声环境

地球上到处存在着声音，人对外部世界信息的感觉，30%是通过听觉得到的。但并非所有的声音对接收者而言都是需要的，有些声音令人厌烦，对人有干扰，甚至是有害的，称之为噪声。我们学习的重点就是研究建筑环境中的噪声控制问题。

1. 声音的产生与传播

声音的产生与传播包括三个基本因素：声源、传播途径和接收者。

声源（通常是振动的物体）向其周围的介质（通常是空气）辐射声源，声波通过传声途径传播，最后通过空气传到接收者的耳朵，引起听觉而被感知。

2. 噪声及噪声评价

人们不愿意听到的任何声音称为噪声。噪声评价是对各种环境条件下的噪声作出其对接收者影响的评价，并用可测量计算的评价指标来表示影响的程度。

测量声音响度级和声压级时所使用的仪器称为声级计。在声级计中设有 A、B、C、D 四套计权网格。A 计权网络是参考 40 方等响曲线，对 500Hz 以下的声音有较大的衰减，以模拟人耳对低频不敏感的特性。而通常人耳对不太强的声音的感觉特性与 40 方的等响曲线很接近，因此在音频范围内进行测量时，多采用 A 计权网络。

(1) A 声级 L_A。用 A 计权方式测得的噪声级称作 A 声级，是一个综合叠加得到的单一的数值。通过 A 计权网络直接读出，用 L_A 表示，单位是 dB（A）。对于稳定噪声，可以直接测量 L_A 来评价。

(2) 噪声评价曲线 NR（Noise Rating）和 NC、PNC。国际标准化组织提出的 NR 噪声评价曲线，是一组使用最广泛的、用于评价公众对户外噪声反应的评价曲线，也是用于工业噪声治理的限值，见图 2-5。图中每一条曲线用一个 NR 值表示，确定了 31.5～8000Hz 功 9 个倍频带声压级值。

NC（Noise Criterion）曲线由 Beranek 于 1957 年提出，1968 年开始实施。ISO 推荐，英国、美国、日本常用，对低频的要求比 NR 曲线苛刻。与 A 声级和 NR 曲线有以下近似的关系：LA＝NC＋10dB，NC＝NR－5，见图 2－6。

PNC（Preferred Noise Curves）是对 NC 曲线进行的修正，与 NC 曲线有以下近似关系 PNC＝3.5＋NC，见图 2－7。

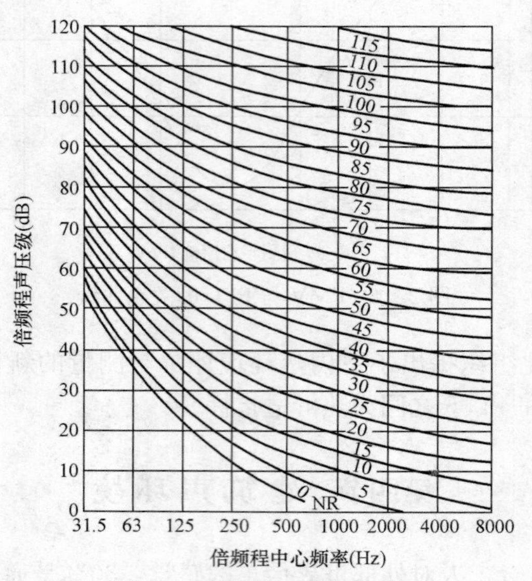

图 2－5 噪声评价曲线 NR

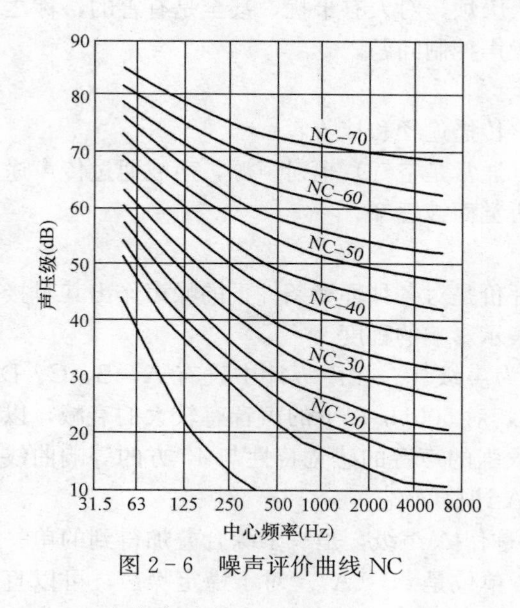

图 2－6 噪声评价曲线 NC

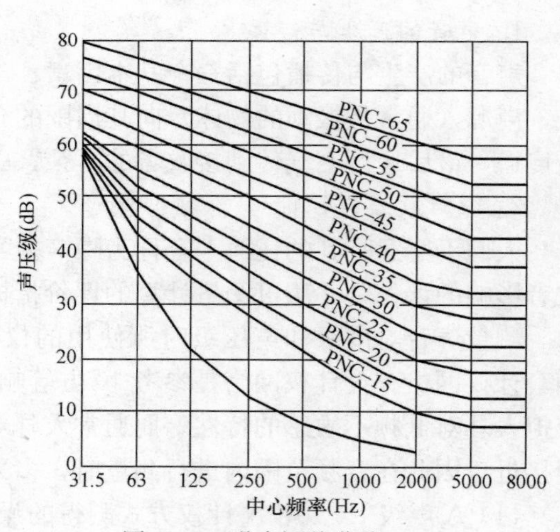

图 2－7 噪声评价曲线 PNC

3. 噪声的控制与治理方法

（1）噪声的控制原则和方法。噪声污染是一种造成空气物理性质变化的暂时性污染，噪声源停止发声，污染立即消失，噪声的防治主要是控制声源的输出和噪声的传播途径，以及对接收者进行保护。

（2）治理方法。用吸声降噪、隔声、减震和隔振、隔声罩、消声器、掩蔽效应等方法来控制噪声。

第五节 建筑光环境

建筑光环境也是建筑环境中的一个重要组成部分。人们对光环境的需求与所从事的活动有密切关系。在进行生产、工作和学习的场所，适宜的照明可以振奋人的精神，提高工作效率，保证产品质量，保证人身安全与视力健康。因此，发挥人的视觉效能是营造这类光环境的主要目标。

为了营造令人满意的室内光环境，同时又要避免过高的建筑能耗，就必须充分了解不同类型的采光、照明设备和方法的性能特点与能耗特点。

1. 光的基本性质

光是以电磁波形式传播的辐射能。日光和灯光都是由不同波长的光混合而成的复合光。复合光中，不同波长光参数的量值关系形成了光谱。光的基本参数如下：

(1) 光通量（Φ）。光源在单位时间内以电磁辐射的形式向外辐射的能量称辐射功率或辐射通量（W）。光源的辐射通量中被人眼感觉到的光的能量（波长 380～780nm）称为光通量。

(2) 光强度（I）。光源在照射方向上单位立体角内发出的光通量（和距离无关）称为光强度。光通量相同，发光强度却不同，其值与灯具性质有关。

(3) 光亮度（L）。光亮度是将某一正在发射光线的表面的明亮程度定量表示出来的量。在光度单位中，它是唯一能引起眼睛视感觉的量。物体表面在各个方向的物理亮度不一定相同。

(4) 光照度。光照度是受照平面上接收的光通量的面密度。

2. 颜色的基本概念

物体颜色是由于光照射到物体表面后，因物体表面对不同波长光的吸收率不同所致。物体吸收率较差的波长（即反射率较高）所对应的颜色便是物体呈现的颜色。颜色的特性体现在以下几个方面：

(1) 色调 H（色别、色的相貌）：各彩色彼此区分的视感觉的特性，它取决于光的波长。

(2) 明度 V（明暗、深浅程度）：相对明暗的视感觉的特性，它是物体反射比大小的度量，反射比大的物体明度则高。明度主要取决于物体反射率的高低。

(3) 彩度 C（饱和度）：色彩的纯洁度（即色彩的饱和度或鲜艳度），混合色成分越多，其彩度就越低。彩度主要取决于物体反射率光谱选择性。

3. 天然光环境设计基础

(1) 采光设计：通过采光窗的面积和布置等的设计，计算采光系数，预测由此所营造的室内光环境是否符合标准规定的各项指标。

(2) 采光计算：主要指采光系数的设计计算和校核计算，前者是预测，后者是验证，目的是修正采光设计或改造设计。

(3) 天然光环境设计：包含采光设计，同时还包含室内各表面的亮度、色彩等的规划与设计，室内光的遮光、控光以及眩光避免等的设计。

4. 人工照明

(1) 热辐射光源：白炽灯、卤钨灯等。

(2) 气体放电光源：荧光灯、节能灯、高压汞灯、金属卤化物灯、高/低压钠灯等。

(3) 光谱特点：非连续和多峰值。

5. 电光源的选择

根据所需的光环境选用合理的电光源性能参数，以创造舒适的光环境，在获得同样的发光能力的同时，选择高效节能灯，在满足舒适的光环境与光效的同时，降低一次投资成本。

6. 天然光与人工光比较

天然光优于人工光可从视觉功能曲线中看到，其视觉工作能力在 100～5000lx 时高 4%～10%,见图 2-8。

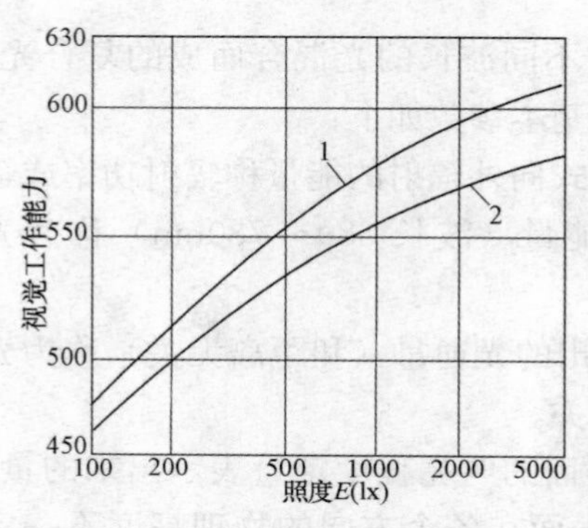

图 2-8 天然光与人工光的视觉工作能力比较
1—天然光；2—人工光

天然光光谱连续，健康、连续的单峰值光谱能满足人的心理和生理需要，视觉效果好。人工光可能非连续、多峰值，色差不平衡，易产生视觉疲劳。

天然光难以调节和控制，受环境、时间和建筑设计的制约。人工光源则可以根据需要调节和控制。

7. 人工照明的节能措施

为满足对照明质量和视觉环境条件的更高要求，应充分运用现代科技手段提高照明工程设计水平和方法，提高照明器材效率来实现照明节能，而不是靠降低照明标准来实现节能。实际中可参考下列方法来节能：

(1) 节能照明设备的选择。

(2) 合理的照明工程设计。

(3) 充分利用天然采光。

(4) 照明系统与空调系统的结合。

(5) 照明设备运行管理。

第三章 建筑给排水工程

第一节 建筑内部给水系统

建筑给水系统是将城镇给水管网或自备水源给水管网的水引入室内，经配水管送至生活、生产和消防用水设备，并满足用户对水量、水压和水质要求的冷水供应系统。

一、建筑给水系统的分类、组成和给水方式

（一）建筑给水系统分类及其组成

1. 建筑给水系统的分类

根据用户对水质、水压、水量的要求，并结合外部给水系统情况将建筑给水系统分为：

(1) 生活给水系统。生活给水系统又可分为生活饮用水系统、管道直饮水系统和生活杂用水系统。

1) 生活饮用水系统：供饮用、烹饪、盥洗、洗涤、沐浴等用水，水质应符合《生活饮用水卫生标准》(GB 5749) 的要求。

2) 管道直饮水系统：供直接饮用和烹饪用水，水质应符合《饮用净水水质标准》(CJ 94) 的要求。

3) 生活杂用水系统：供冲厕、绿化、洗车或冲洗路面等用水，水质应符合《城市污水再生利用—城市杂用水水质》(GB/T 18920) 的要求。

(2) 生产给水系统。供给各类产品生产过程中所需的用水、生产设备的冷却、原料和产品的洗涤及锅炉用水等的给水系统。生产用水对水质、水量、水压及安全性的要求随工艺要求的不同，而有较大的差异。

(3) 建筑消防系统。供给各类消防设备扑灭火灾用水的给水系统，主要包括消火栓、消防软管卷盘和自动喷水灭火系统等设施的用水。消防用水用于灭火和控火，其水质应满足《城市污水再生利用　分类》(GB/T 18919) 中消防用水的要求，并应按照建筑防火规范的要求保证供给足够的水量和水压。

上述三类基本给水系统可以独立设置，也可根据各类用水对水质、水量、水压的不同要求，结合室外给水系统的实际情况，经技术经济比较或兼顾社会、经济、技术、环境等因素的综合考虑，设置成组合各异的共用系统，如生活、生产共用给水系统，生活、消防共用给水系统，生产、消防共用给水系统，生活、生产、消防共用给水系统。此外，还可按供水用途的不同、系统功能的不同，设置成饮用水给水系统、杂用水（中水）给水系统、消火栓给水系统、自动喷水灭火给水系统、水幕消防给水系统，以及循环或重复使用的生产给水系统等。

2. 建筑给水系统的组成

建筑给水系统如图 3－1 所示，一般由下列各部分组成：

(1) 引入管。对于一幢单体建筑而言，引入管是由室外给水管网引入建筑内管网的管段，一般又称进户管。引入管上一般设有水表、阀门等附件。直接从城镇给水管网接入建筑物的引入管上应设置止回阀，如装有倒流防止器，则不需要再装止回阀。

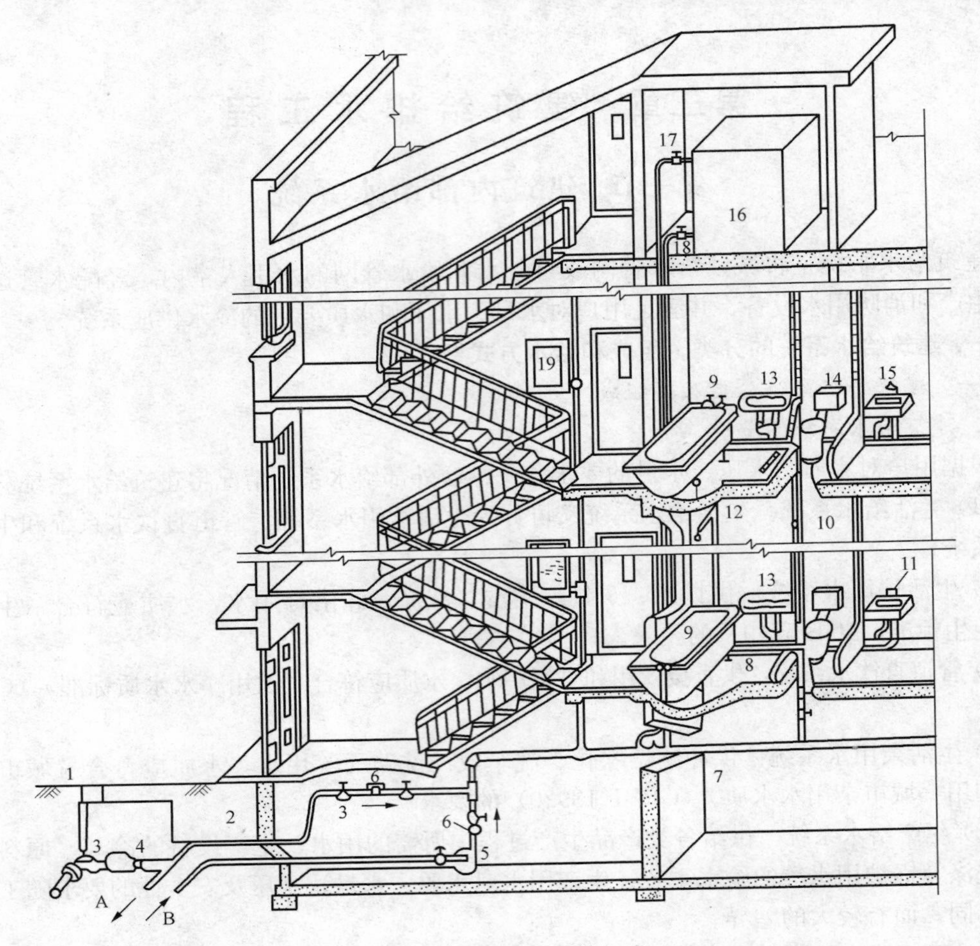

图 3-1 建筑给水系统组成

1—阀门井；2—引入管；3—闸阀；4—水表；5—水泵；6—止回阀；7—干管；8—支管；9—浴盆；10—立管；11—水龙头；12—淋浴器；13—洗脸盆；14—大便器；15—洗涤盆；16—水箱；17—进水管；18—出水管；19—消火栓；A—入贮水池；B—来自贮水池

(2) 水表节点。水表节点是安装在引入管上的水表及其前后设置的阀门和泄水装置的总称。水表前后的阀门用于水表检修、拆换时关闭管路，泄水口主要用于系统检修时放空管网中的余水，也可用来检测水表的精度和测定管道水压值。

(3) 给水管网。给水管网包括水平干管、立管、支管和分支管，用于输送和分配用水至建筑内部各个用水点。

1) 干管：又称总干管，是将水从引入管输送至建筑物各区域的管段。

2) 立管：又称竖管，是将水从干管沿垂直方向输送至各楼层、各不同标高处的管段。

3) 支管：又称分配管，是将水从立管输送至各房间内的管段。

4) 分支管：又称配水支管，是将水从支管输送至各用水设备处的管段。

(4) 给水控制附件。给水控制附件指管道系统中调节水量、水压，控制水流方向，改善水质，以及关断水流，便于管道、仪表和设备检修的各类阀门和设备，如各种阀门、水锤消除器、过滤器、减压孔板等。

1）常用阀门。给水管道上使用的各类阀门的材质，应耐腐蚀和耐压。根据管径大小和所承受压力阀门的承压等级及使用温度，可采用全铜、全不锈钢、铁壳铜芯和全塑阀门等。

阀门选用原则：

a. 调节阀、截止阀：用于调节流量、水压。截止阀阻力大，适用于管径不大于 50mm 的管道，水流需双向流动的管段上不得使用截止阀。

b. 闸板阀、球阀、半球阀：用于要求水流阻力小的部位。闸板阀阻力小，宜用于管径大于 50mm 的管道，但水中若有杂质落入阀座，易产生磨损和漏水。

c. 蝶阀、球阀：用于安装空间小的场所。蝶阀结构紧凑、体积小，宜在管径大于 50mm 的管道上使用。

2）其他阀门及附件：

a. 多功能阀：宜用在口径较大的水泵出水管上。

b. 止回阀：可阻止管道中水的反向流动。关闭后密闭性有要求时，宜选用有关闭弹簧的止回阀。

c. 倒流防止器：由止回部件组成的可防止给水管道中水倒流的装置。管道回流水可通过阀体上单独的排水口排到管外，排水口应间接排水，不应安装在有腐蚀性和污染的环境中。

d. 液位控制阀：用于控制贮水设备的水位，以免溢流，如浮球阀、液压水位控制阀等。

e. 安全阀：为避免管网、密闭水箱等超压破坏的保安器材，有弹簧式、杠杆式、重锤式和脉冲式等。

f. 减压阀：用于给水管网的压力高于配水点允许最高使用压力的减压，可分为比例式减压阀和可调式减压阀。阀后压力允许波动时宜用比例式减压阀，阀后压力要求稳定时宜用可调式减压阀。减压阀前应设置阀门和过滤器。

g. 过滤器，用于保护仪表和设备。在减压阀、总水表、自动水位控制阀、温度调节阀等阀件前应设过滤器；水泵吸水管上、水加热器进水管上、换热装置的循环冷却水进水管上、分户水表前宜设过滤器。

h. 真空破坏器：可导入大气，以消除给水管道中因虹吸而使水流倒流的装置，有压力型和大气型两类，用于防止回流污染。

表 3－1 列出了建筑设备工程常用阀门的名称、型号、适用介质及其温度。

表 3－1　常用阀类型号及其基本参数

类型	阀门名称	型号	适用介质及温度（℃）	公称直径 DN（mm）	类型	阀门名称	型号	适用介质及温度（℃）	公称直径 DN（mm）
闸阀	内螺纹暗杆模式闸阀	Z15T－10 Z15W－10	水、蒸汽，120 煤气，100	15～70 15～70	闸阀	明杆平行式双闸板闸阀	Z44T－10 Z44W－10	水、蒸汽，200 煤气，100	50～400
	明杆模式单闸板闸阀	Z41T－10 Z41W－10	水、蒸汽，200	50～450		内螺纹截止阀	J11X－10 J11W－10 J11T－16 J11W－16	水，60 水、蒸汽，200 煤气、水，100	15～70

续表

类型	阀门名称	型号	适用介质及温度（℃）	公称直径DN（mm）
闸阀	法兰截止阀	J41X-10 J41T-16 J41W-16 J41T-25 J41H-25	水，60 水、蒸汽，200 煤气、水，100 水、蒸汽，300 水、蒸汽，300	25~70 15~150 15~150 25~80 25~80
止回阀	内螺纹升降式止回阀	H11T-16	水、蒸汽，200	15~70
止回阀	法兰旋启式止回阀	H44X-10 H44X-10 H44T-25	水，60 水、蒸汽，200 蒸汽，250	50~600 50~600 200~500
旋塞	内螺纹旋塞	X13W-10 X13T-10	煤气，100 水、蒸汽，200	15~50 15~50
旋塞	法兰旋塞	X43W-10 X43T-10	煤气，100 水、蒸汽，200	25~150 25~150

类型	阀门名称	型号	适用介质及温度（℃）	公称直径DN（mm）
安全阀	外螺纹弹簧或安全阀	A27W-10T	空气，120	15~20
安全阀	外螺纹弹簧式带扳手安全阀	A27H-10K	水、蒸汽、空气，200	10~40
安全阀	弹簧带扳手安全阀	A47H-16 A47H-16C A47H-40	水、蒸汽、空气，200 水、蒸汽、空气，350 蒸汽、空气，350	40~100 40~80 40~80
安全阀	外螺纹弹簧封闭式安全阀	A21H-16C A21H-40	空气、氨水、氨液，200	10~25 15~25
减压阀	活塞式减压阀	Y43H-10 Y43H-16 Y43H-16Q Y43H-45	蒸汽、空气 200 300 300 450	45~50 65~100 20~200 25~200

（5）配水设施。配水设施是生活、生产和消防给水系统管网的终端用水点上的设施，如生活给水系统的配水设施主要指卫生器具的给水配件或配水嘴，如图 3-2 和表 3-2 所示；生产给水系统的配水设施主要指与生产工艺有关的用水设备；消防给水系统的配水设施主要指消火栓、消防软管卷盘、自动喷水灭火系统的各种喷头等。

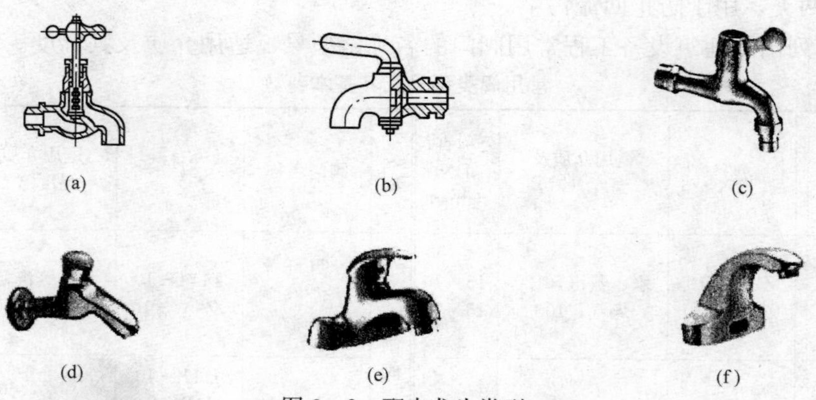

图 3-2 配水龙头类型

(a) 旋启式水龙头；(b) 旋塞式水龙头；(c) 陶瓷芯片水龙头；
(d) 延时自闭水龙头；(e) 混合水龙头；(f) 感应式水龙头

表 3-2 常用水龙头类型及规格

名称	公称直径 DN (mm)	公称压力 (MPa)	适用温度 (℃)
普通水龙头（铁钢）	10 15 20 25	0.59	<50
单把肘开关带淋浴头水龙头	20	0.59	
热水龙头	10 15 20 25	0.098	≤100
接管水龙头	15		
螺口水龙头	20 25	0.59	<50
长脖水龙头	15 20	0.59	<50
YZG 延时自闭式节水型水龙头	15	0.59	≤60
停水自闭水龙头	15 20	0.59	

(6) 增压和贮水设备。增压和贮水设备是指在室外给水管网压力不足时，给水系统中用于升压、稳压、贮水和调节的设备。增压设备主要有水泵、管网叠压供水设备，同时起到增压和贮水作用的有气压给水设备。贮水设备主要有水池和高位水箱。

1) 水泵及泵房：

a. 水泵的选择及设置要求。水泵是给水系统中的主要增压设备。在建筑给水系统中，一般采用离心式水泵，它具有结构简单、体积小、效率高且流量和扬程在一定范围内可以调节的优点。选择水泵应以节能为原则，使水泵在给水系统中大部分时间保持高效运行。水泵的流量-扬程（$Q-H$）特性曲线，应是随流量的增大，扬程逐渐下降的曲线。对 $Q-H$ 特性曲线存在上升段的水泵，应加以分析，只有当运行工况中不会出现不稳定的工作时方可采用。

离心泵的工作原理，是靠叶轮在泵壳内旋转，使水在离心力的作用下甩出，从而得到压力，将水送到需要的地方。离心泵由泵壳、泵轴、叶轮、吸水管、压力管等部分组成。

生活加压给水系统的水泵机组应设备用泵，备用泵的供水能力不应小于最大一台运行水泵的供水能力。水泵宜自动切换，交替运行。

水泵宜自灌吸水，卧式离心泵的泵顶放气孔、立式多级离心泵吸水端第一级（段）泵体可置于最低设计水位标高以下，每台水泵宜设置单独从水池吸水的吸水管。吸水管口应设置喇叭口，喇叭口宜向下，低于水池最低水位不宜小于 0.3m；当达不到此要求时，应采取防止空气被吸入的措施。吸水管喇叭口至池底的净距，不应小于 0.8 倍吸水管管径，且不应小于 0.1m；吸水管喇叭口边缘与池壁的净距不宜小于 1.5 倍吸水管管径；吸水管与吸水管之间的净距，不宜小于 3.5 倍吸水管管径。

当水池水位不能满足水泵自灌启动水位时，应有防止水泵空载启动的保护措施。变频调速泵组电源应可靠，并宜采用双电源或双回路供电方式。

b. 泵房。民用建筑物内设置生活给水泵房时，不应毗邻居住用房或在其上层或下层，水泵机组宜设在水池的侧面、下方，其运行的噪声应符合《民用建筑隔声设计规范》（GB 10070）的规定。

建筑物内设置水泵时，应采取以下措施：首先，选用低噪声水泵；其次，水泵机组、吸水管上和压水管上应分别设隔震装置，管道支架、管道穿墙和穿楼板处，应采取隔震防声传递措施；必要时，在建筑上还可以采取隔声吸音措施，但消防专用水泵可以除外。水泵房的通风和采光应良好，并不致冻结。泵房内应有地面积水排除措施。设有消防水泵时，应符合建筑防火规范的规定。水泵机组的布置间距应符合图 3－3 的要求。

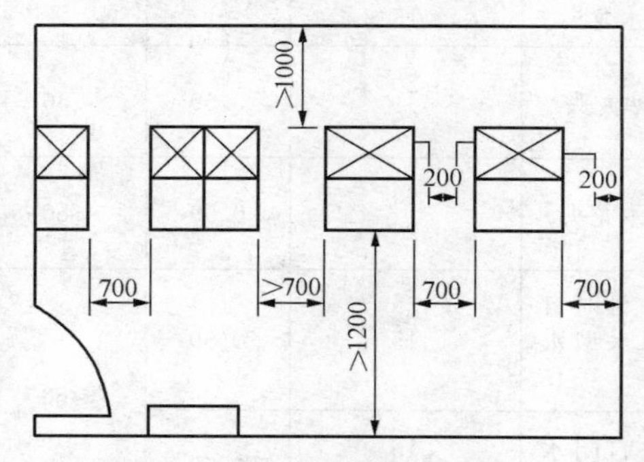

图 3－3 水泵机组的布置要求

水泵机组的基础侧边之间和至墙面的距离不得小于 700mm。对于电动机容量小于或等于 20kW 或吸水口直径小于或等于 100mm 的小型水泵，两台同型号的水泵机组可共用一个基础，基础的一侧与墙面之间可不留通道。不留通道的机组突出部分与墙壁间的净距及相邻两机组的突出部分的净距，不得小于 200mm。

水泵机组的基础端边之间和至墙面的距离不得小于 1000mm，电动机端边至墙的距离还应保证能抽出电动机转子。

水泵机组的基础至少应高出地面 100mm。

2）气压给水设备。气压给水设备升压供水的理论依据是波义耳-马略特定律，即在定温条件下，一定质量气体的绝对压力和它所占的体积成反比。它是利用密闭贮罐内空气的可压缩性进行贮存、调节、压送水量和保持水压的装置，其作用相当于高位水箱或水塔。按气压给水设备输水压力稳定性，可分为变压式和定压式两类；按气压给水设备罐内气、水接触方式，可分为补气式和隔膜式两类。各类气压给水设备均由水泵机组、气压水罐、电控系统、管路系统等部分组成；除此之外，补气式和隔膜式气压给水设备分别附有补气调压装置和隔膜。

气压给水设备的优点是：灵活性大，设置位置不受限制，便于隐蔽，安装拆卸都很方便；成套设备均在工厂生产，现场集中组装，占地面积小，工期短，土建费用低；实现了自动化操作，便于维护管理。气压水罐为密闭罐，不但水质不易受污染，同时还有助于消除给水系统中水锤的影响。其缺点是：调节溶剂小，贮水量少，一般调节水量仅占总容积的 20%～30%，压力容器制造加工难度大。变压式气压给水设备供水压力变化较大，对给水附件的寿命有一定的影响。气压给水设备的耗电量较大，一是由于调节水量小，水泵启动频繁，启动电流大；二是水泵在最大工作压力和最小工作压力之间工作，平均效率低；三是为保证气压给水设备向给水系统供水的全过程中均能满足系统所需水压 H 的要求，气压水罐的最小工作压力 p_1 是根据 H 确定的，而水泵的扬程却要满足最大工作压力 p_2 的需求，所以 $\Delta p = p_1 - p_2$ 的电耗是无用功，因此与水泵、水箱的系统相比，增加了电耗。

根据气压给水设备的特点，它适用于有升压要求，但又不适宜设置水塔或高位水箱的小区或建筑内的给水系统，如地震区、人防工程或屋顶立面有特殊要求等建筑的给水系统，以及小型、简易和临时性给水系统和消防给水系统等。

气压给水设备是一组合式的成套设备，可设置在底层、地下室、辅助用房内，也可根据给水方式设置在顶层或高层建筑的技术层内。气压给水设备中应装设安全阀、压力表、泄水管，对于其中的水泵，同样需做好减震措施；放置气压给水设备的房间也同样需设置排除积水的措施。

3）贮水池。贮水池是贮存和调节水量的构筑物。当一幢（特别是高层建筑）或数幢相邻建筑所需的水量、水压明显不足，或者用水量很不均匀（在短时间内特别大），城市供水管网难以满足时，应当设置贮水池。

贮水池的有效容积应根据生活（生产）调节水量、消防贮备水量和生产事故备用水量确定，可按下式计算

$$V \geqslant (Q_b - Q_j)T_b + V_f + V_s \tag{3-1}$$

$$Q_j T_t \geqslant T_b(Q_b - Q_j) \tag{3-2}$$

式中：V为贮水池有效容积，m^3；Q_b为水泵出水量，m^3/h；Q_j为水池进水量，m^3/h；T_b为水泵最长连续运行时间，h；T_t为水泵运行的间隔时间，h；V_f为消防贮水量，m^3；V_s为生产事故备用水量，m^3。

消防贮备水量应根据消防要求，以火灾延续时间内所需消防用水总量计。生产事故备用水量应根据用户安全供水要求、中断供水后果和城市给水管网可能停水等因素确定。当资料不足时，生活（生产）调节水量T_b（Q_b-Q_j）可以不小于建筑最高日用水量的20%～25%计，居住小区的调节水量可以不小于建筑最高日用水量的15%～20%计。若贮水池仅起到调节水量的作用，则贮水池有效容积不计V_f和V_s。

贮水池的形状有圆形、方形、矩形和因地制宜的异形。小型贮水池可以是砖石结构、混凝土抹面，大型贮水池应该是钢筋混凝土结构。不管是哪种结构，必须牢固，保证不漏（渗）水。

贮水池应设进水管、出水管、溢流管、泄水管和水位信号装置。贮水池的设置高度应有利于水泵自吸抽水，且宜设深度不小于1m的集水坑，以保证其有效容积和水泵正常运行。贮水池一般宜分成容积基本相等的两格，以便清洗、检修时不中断供水。一般设置在建筑物旁的室外，埋地设置，此时应注意与排水管道的间距及与化粪池的净距不得小于10m。贮水池也可设置在地下室，或设在底层。

4）吸水井。当室外给水管网能满足建筑内所需水量，而无调节要求的给水系统时，可设置仅满足水泵吸水的吸水井。吸水井有效容积应大于最大一台水泵3min的出水量，且满足吸水管的布置、安装、检修和防止水深过浅水泵进气等正常工作要求。

5）水箱。根据水箱的用途不同，有高位水箱、减压水箱、冲洗水箱、断流水箱等，其形状通常为圆形或矩形，制作材料包括搪瓷、镀锌、不锈钢、钢筋混凝土、塑料和玻璃等。

水箱应设进水管、出水管、溢流管、通气管和水位信号装置等。水箱一般设置在净高不低于2.2m、采光通风良好的水箱间内。大型公共建筑中高层建筑为避免因水箱清洗、检修时停水，高位水箱容量超过50m^3时，宜分成两格或分设两个。水箱底部距地面宜不小于800mm的净距，以便于安装管道和进行维修；水箱底可置于工字钢或混凝土支墩上，金属箱底与支墩接触面之间应衬橡胶板或塑料垫片等绝缘材料，以防腐蚀。水箱有结冻结露的可能时，要采取保暖措施。

水箱有效容积主要根据它在给水系统中的作用来确定。若仅用于水量调节，其有效容积即为调节容积；若兼有贮备消防和生产事故用水的作用，其容积应以调节水量、消防和生产事故备用水量之和来确定。生活用水的调节水量按水箱服务区内最高日用水量Q_d的百分数估算，水泵自动启闭时不小于5%Q_d，人工操作时不小于12%Q_d。生产事故备用水量可按工艺要求确定。消防贮备水量用于扑救初期火灾，一般都以10min的室内消防设计流量计。

（7）水表：

1）水表的种类。按基本工作原理分，水表可分为体积式和流速式两种。体积式水表因体积偏大，现很少应用。常用的流速式水表按翼轮构造的不同，分为旋翼式和螺翼式和复式水表。

a. 旋翼式水表：翼轮转轴与水流方向垂直，水流阻力较大，多为小口径水表，宜用于测量小的流量，如用于住宅。

b. 螺翼式水表：翼轮转轴与水流方向平行，阻力较小，为大口径水表，适用于测量大的流量。

c. 复式水表：由大、小两块水表组成，适用于水流量变化较大的系统水量的准确计量。流量大时水流通过大表计量，流量小时通过小表计量，两块水表的水量之和即为总水量。

速度式水表按其计数盘是否浸水又分为干式和湿式两种。干式适用于水质浑浊的场合，而湿式水表要求水质不含杂质。

2）水表的工作原理及构造。常用的速度式水表的工作原理为：水流通过水表推动水表盒内叶轮转动，其转速与水的流速成正比，叶轮轴传动一组联动齿轮，然后传递到记录装置，指示针即在标度盘上指示出流量的累积值。速度式水表的细部构造见图 3-4。

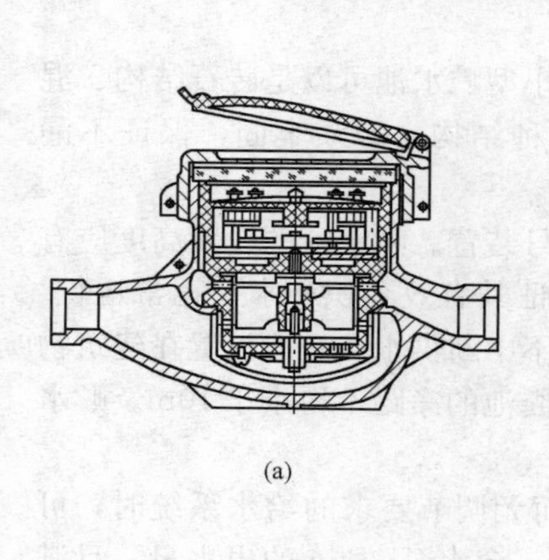
(a)

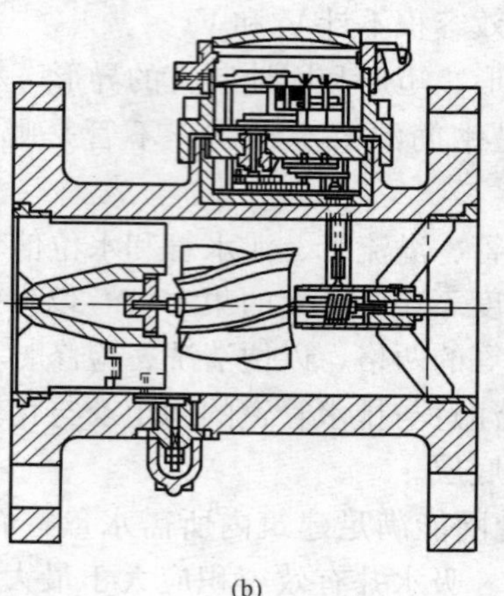
(b)

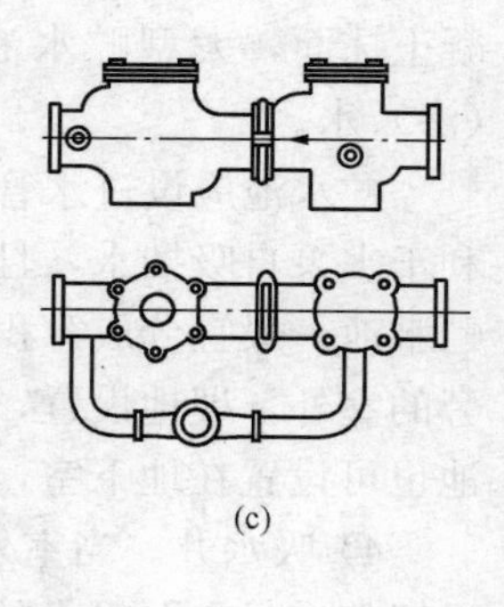
(c)

图 3-4　速度式水表的细部构造

(a) 旋翼式；(b) 螺翼式；(c) 复式

3）水表性能的比较：

a. 速度式水表与容积式水表比较，见表 3-3。

表 3-3　　速度式水表与容积式水表比较

比较项目	水表类型	
	速度式水表	容积式水表
整机机械结构	较简单	较复杂
零件制造精度	较低	要求高
制造成本	较低	较高
灵敏性能	较好	优良
整机调校	较易	较难
使用维修	方便	较困难

b. 湿式水表与干式水表比较，见表 3－4。

表 3－4　　湿式水表与干式水表比较

比较项目	水表类型	
	湿式水表	干式水表
整机机械结构	较简单	较复杂
制造成本	较低	较高
灵敏性能	好	较差
对被测水质的要求	较高	不高

由上述比较可知，速度式湿式水表既有较好的计量性能，又有较好的实用经济性。

4）水表的常用术语：

a. 过载流量（Q_{max}）：水表在规定误差限内使用的上限流量。在过载流量时，水表只能短时间使用而不致损坏。

b. 常用流量（Q_n）：水表在规定误差限内允许长期通过的流量，其数值为过载流量的 1/2。

c. 分界流量（Q_t）：水表误差限改变时的流量，其数值是公称流量的函数。

d. 最小流量（Q_{min}）：水表在规定误差限内使用的下限流量，其数值是常用流量的函数。

e. 始动流量（Q_s）：水表开始连续指示时的流量，此时水表不计示值误差。螺翼式水表没有始动流量。

f. 流量范围：过载流量和最小流量之间的范围。

g. 公称压力：水表的最大允许工作压力。

h. 压力损失：水流经水表所引起的压力降低。

i. 示值误差：水表的示值和被测水量真值之间的差值。

j. 示值误差限：技术标准给定的水表所允许的误差极限值，亦称最大允许误差。

（二）建筑给水系统的给水方式

建筑给水系统的给水方式要根据建筑物的使用功能、高度、配水点的布置情况，以及室内所需水压、室外管网供水压力和水量等因素综合确定。常用的给水方式有如下几种。

1. 直接给水方式

直接给水方式适用于外网供水压力在任何时候都能满足建筑给水管网所需水压及流量的情况，见图 3－5。直接给水方式是最简单、最经济的供水方式。

2. 仅设水箱的给水方式

室外给水管网的供水压力有周期性波动，大部分时间能达到室内给水系统所需压力要求，仅在用水高峰时供水压力不足，这种情况就可以采用仅设水箱的给水方式，见图 3－6。在供水压力满足要求时水箱贮水，到用水高峰水压不足时由水箱贮存水量向系统供水。此种给水方式的优点是供水较简单方便，能贮备一定量的水，不会造成室内供水的间断；缺点是水箱的重量较大，增大了建筑物的荷载，需要加大建筑梁、柱的断面尺寸，同时水箱位于屋顶影响建筑立面效果。

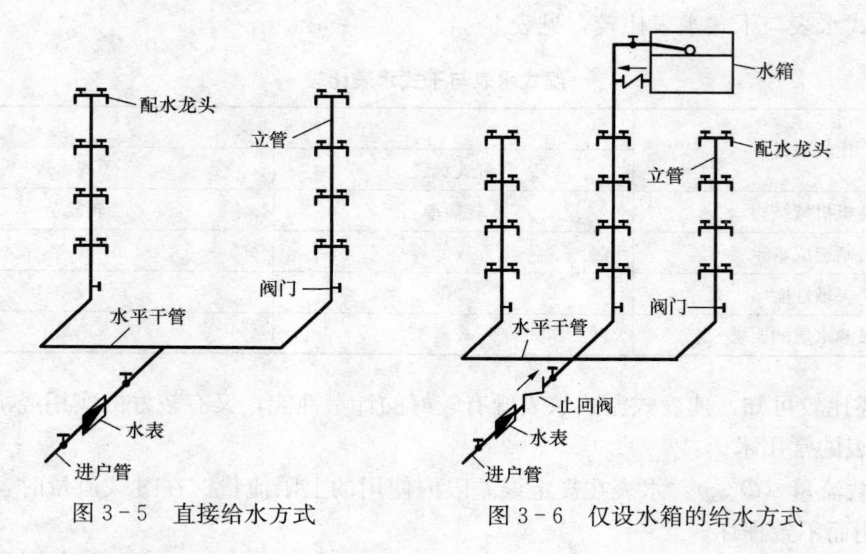

图 3-5 直接给水方式　　图 3-6 仅设水箱的给水方式

3. 水泵-水箱联合供水给水方式

外网的供水压力始终不足，同时室内用水又极不均匀时，可考虑采用水泵-水箱联合供水给水方式，水箱采用浮球继电器等装置自动启闭水泵，见图 3-7。该给水方式的优点是水泵水箱互相配合运行，有水泵时水箱容积可以减小；有水箱时，水泵可高效运行，供水经济、安全。

4. 气压给水方式

气压给水方式是一种集加压、贮存和调节供水于一体的给水方案。其工作流程是将水经水泵加压后充入有压缩空气的密闭罐体内，然后借罐内压缩气体的压力将水送到建筑物各用水点。图 3-8 所示为单罐变压式气压给水设备。这种方式适用于建筑不宜设置高位水箱的场所，如纪念性、艺术性建筑和地下建筑等，其缺点是耗能和造价高。根据建筑用水要求，气压给水设备还有定压式、隔膜式等多种类型。

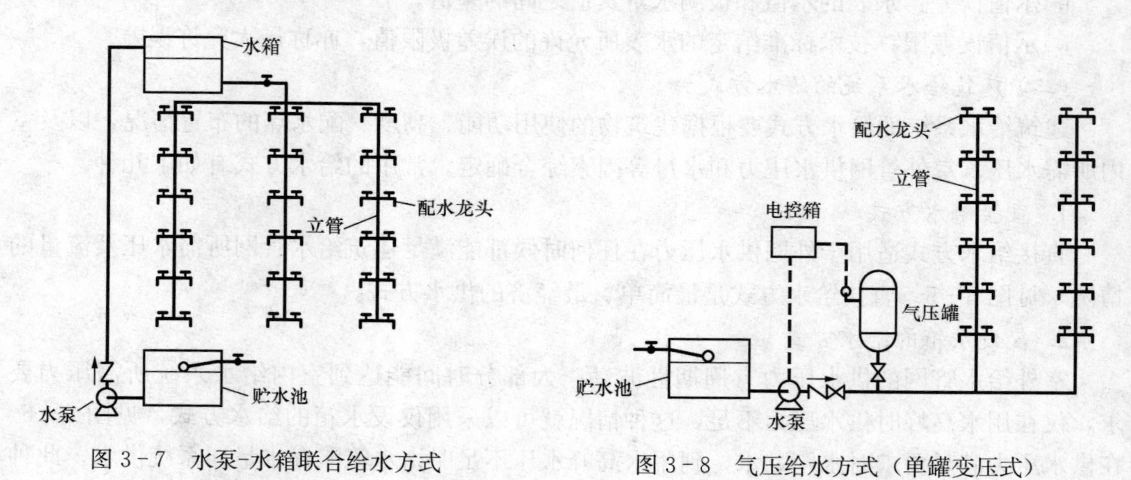

图 3-7 水泵-水箱联合给水方式　　图 3-8 气压给水方式（单罐变压式）

5. 变频给水方式

水泵的扬程随流量减小而增大，管路水头损失随流量减少而减少，当用水量下降时，水泵扬程在恒速条件下得不到充分利用，为达到节能的目的，可采用图 3-9 所示的变频调速给水方式。

变频调速水泵工作原理为：当给水系统中流量发生变化时，扬程也随之发生变化，压力传感器不断向微机控制器输入水泵出水管压力的信号，当测得的压力值大于设计给水流量对应的压力值时，则微机控制器向变频调速器发出降低电流频率的信号，从而使水泵转速降低，水泵出水量减少，水泵出水管压力下降；反之亦然。

6. 分区给水方式

室外给水管网的供水压力较低，仅能满足建筑物下面几层的供水需要，而上面楼层采用水泵-水箱联合给水方式，从而形成上下分区。在高层建筑中，如不考虑上下分区，管网静水压力很大，下层管网由于压力过大，管道接头和配水附件等极易损坏，而且电能消耗也不合理。因此，高层建筑多采用分区给水方式，见图 3-10。

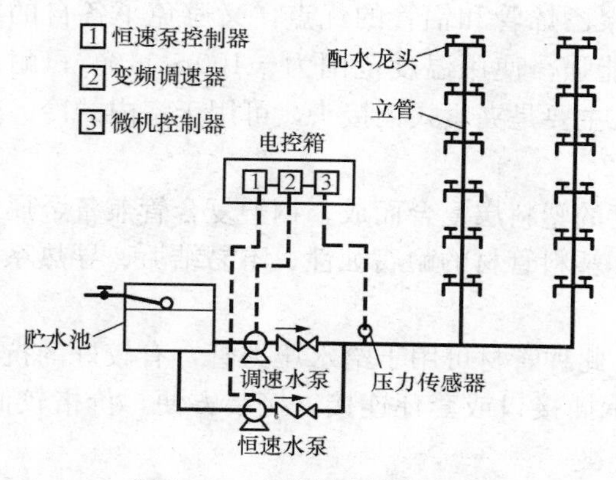

图 3-9 变频调速给水方式

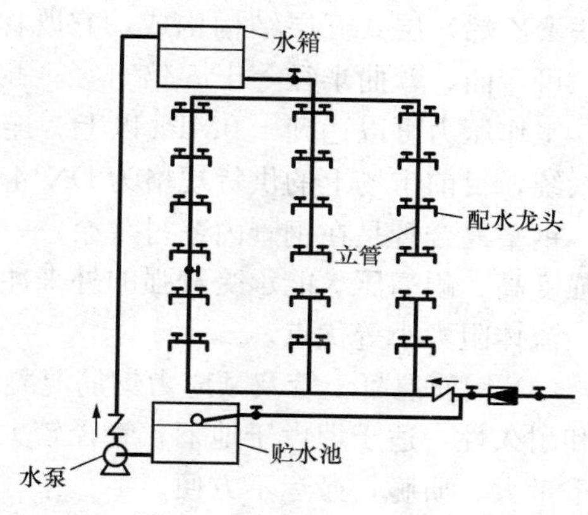

图 3-10 分区给水方式

二、给水管道的材料、布置敷设与防护

（一）管材及特点

给水管道的管材应根据管内水质、水温、压力及敷设场所的条件和敷设方式等因素综合考虑确定，一般分为金属管材和非金属管材两大类。

1. 金属管材

(1) 钢管。钢管分为焊接钢管和无缝钢管两种。焊接钢管（水、燃气输送钢管）有普通钢管及加厚钢管。普通钢管一般用在工作压力小于 1.0MPa 的管道上，加厚钢管用在工作压力小于 1.6MPa 的管道上。焊接钢管又有镀锌管与非镀锌管之分，镀锌管是在管内、外壁镀锌而成，使其耐腐蚀性增强。无缝钢管在实际工程中应用较少，只有在焊接钢管不能满足压力要求的情况下才采用。

钢管的优点是强度高、耐振动、重量较轻、接头方便、长度大、接头少、内表面光滑、水力条件好，缺点是易腐蚀、造价较高。

钢管连接方法有螺纹连接（又称丝扣连接）、焊接和法兰连接。螺纹连接就是用配件连接，适用于大多数管子。

(2) 铸铁管。给水铸铁管具有不易腐蚀、造价低、耐久性好等优点，因此在管径大于 70mm 时常用作埋地管；缺点是质脆、较重。

给水铸铁管常用承接和法兰连接，配件也相应带承插口或法兰盘。排水铸铁管由于不承受水压，故管壁较薄，重量轻。管径一般为50～200mm，排水铸铁管采用承插连接，承插口直管有单承口及双承口两种。

2. 非金属管材

(1) 塑料管。塑料管是合成树脂加添加剂经熔融成型加工而成的制品。常用的塑料管有硬聚氯乙烯管（PVC-U)、高密度聚乙烯管（PE-HD)、交联聚乙烯管（PE-X)、无规共聚聚丙烯管（PP-R)、聚丁烯管（PB)、工程塑料丙烯腈-丁二烯-苯乙烯共聚物（ABS）管等。

塑料管的优点是化学性能稳定、耐腐蚀、管壁光滑、水头损失小、重量轻、加工安装便捷，其缺点是强度较低、膨胀系数较大、易受温度影响。

(2) 复合管。常用的复合管有铝塑复合管、钢塑复合管。

铝塑复合管是由聚乙烯（或交联聚乙烯）层—胶黏剂层—铝层—胶黏剂层—聚乙烯（或交联聚乙烯）层共五层结构构成，它既保持了聚乙烯管和铝管的优点，又避免了各自的缺点。可弯曲，弯曲半径等于5倍直径；耐温性能强，使用温度范围为－100～110℃；耐高压，工作压力可以达到1.0MPa以上。连接方式主要是夹紧式铜接头，可用于室内的冷、热水系统，目前市场上的供货规格为DN14～DN32。

钢塑复合管是在钢管内壁衬（涂）一定厚度的塑料层复合而成。钢塑复合管兼备金属管材强度高、耐高压、能承受较强的外来冲击力和塑料管材的耐腐蚀性、不易结垢、导热系数小、流体阻力小等优点。

(3) 钢筋混凝土管及预应力钢筋混凝土管。此种管材可用于给水压力管，有较好的抗渗性和耐久性，适于埋设于地下，管径较大，用承插接口或套环连接，接装方便，价格较低，但重量大、质脆，搬运不方便。

(二) 管道的布置与敷设

给水管道的布置与敷设，必须深入了解该建筑物的建筑和结构的设计情况、使用功能、其他建筑设备（电气、采暖、空调、通风、燃气、通信等）的设计方案，兼顾消防给水、热水供应、建筑中水、建筑排水等系统，进行综合考虑。

1. 给水管道的布置

室内给水管道的布置，一般应符合下列原则：

(1) 满足良好的水力条件，确保供水的可靠性，力求经济合理。引入管宜布置在用水量最大处或尽量靠近不允许间断供水处，给水干管的布置也是如此。给水管道的布置应力求短而直，尽可能与墙、梁、柱、桁架平行。不允许间断供水的建筑，应从室外环状管网不同管段接出2条或2条以上引入管，在室内将管道连成环状或贯通枝状双向供水，若条件达不到，可采取设贮水池（箱）或增设第二水源等安全供水措施。

(2) 保证建筑物的使用功能和生产安全。给水管道不能妨碍生产操作、生产安全、交通运输和建筑物的使用，故管道不能穿过配电间，以免因渗漏造成电气设备故障或短路；不能布置在遇水易引起燃烧、爆炸、损坏的设备、产品和原料上方，还应避免在生产设备上面布置管道。

(3) 保证给水管道的正常使用。生活给水引入管与污水排出管管道外壁的水平净距不宜小于1.0m，室内给水管与排水管之间的最小净距，平行埋设时，应为0.5m；交叉埋设时，应为0.15m，且给水管应在排水管的上面。埋地给水管道应避免布置在可能被重物压坏处；

为防止振动，管道不得穿越生产设备基础，必须穿越时，应与有关专业人员协商处理；管道不宜穿过伸缩缝、沉降缝，必须穿过，应采取保护措施，如软接头法（使用橡胶管或波纹管）、丝扣弯头法、活动支架法等；为防止管道腐蚀，管道不得设在烟道、风道和排水沟内，不得穿过大小便槽，当给水立管距小便槽端部小于或等于0.5m时，应采取建筑隔断措施。

塑料给水管应远离热源，立管距灶边不得小于0.4m，与供暖管道的净距不得小于0.2m，且不得因热辐射使管外壁温度高于40℃；塑料管与其他管道交叉敷设时，应采取保护措施或用金属套管保护，建筑物内塑料立管穿越楼板和屋面处应为固定支承点；塑料给水管直线长度大于20m时，应采取补偿管道胀缩的措施。

(4) 便于管道的安装与维修。布置管道时，其周围要留有一定的空间，在管道井中布置管道要排列有序，以满足安装维修的要求。需进入检修的管道井，其通道不宜小于0.6m。管道井每层应设检修设施，每两层应有横向隔断。检修门宜开向走廊。给水管道与其他管道和建筑结构的最小净距应满足安装操作需要，且不宜小于0.3m。

(5) 管道布置形式。给水管道的布置按供水可靠程度要求可分为枝状和环状两种形式。前者单向供水，供水安全可靠性差，但节省管材，造价低；后者管道相互连通，双向供水，安全可靠，但管线长，造价高。一般建筑内给水管网宜采用枝状布置，高层建筑宜采用环状布置。

按水平干管的敷设位置，又可分为上行下给、下行上给和中分式三种形式。

1) 干管设在顶层顶棚下、吊顶内或技术夹层中，由上向下供水的为上行下给式，如图3-11所示，适用于设置高位水箱的居住与公共建筑和地下管线较多的工业厂房。

2) 干管埋地、设在底层或地下室中，由下向上供水的为下行上给式，如图3-12所示，适用于利用室外给水管网水压直接供水的工业与民用建筑。

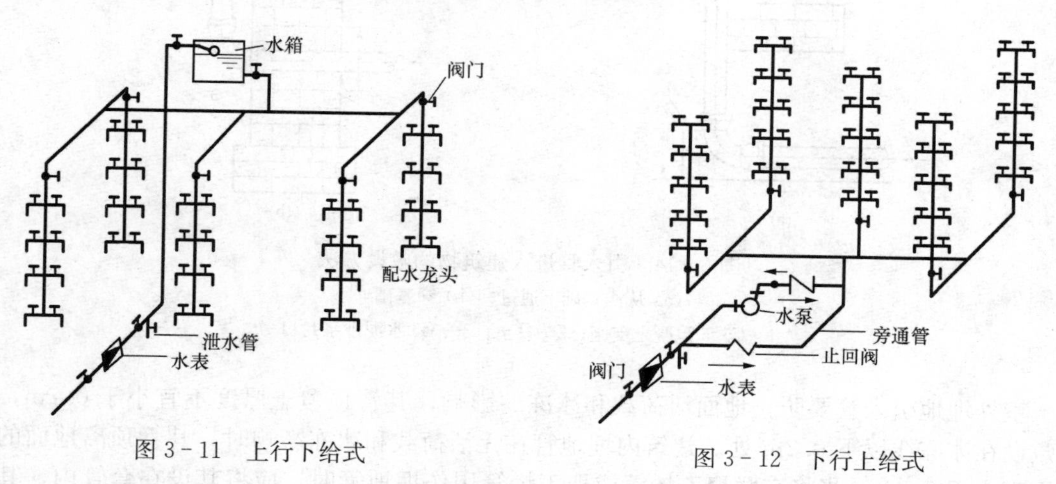

图3-11　上行下给式

图3-12　下行上给式

3) 水平干管设在中间技术层内或中间某层吊顶内，由中间向上、下两个方向供水的为中分式，适用于屋顶用作露天茶座、舞厅或设有中间技术层的高层建筑。同一幢建筑的给水管网也可同时兼有以上两种形式，如图3-13所示。

4) 对于不允许间断供水的建筑物，如某些生产车间、高级宾馆及有消防要求的消防给水系统中，可采用环状式，即将水平干管设置成环状。

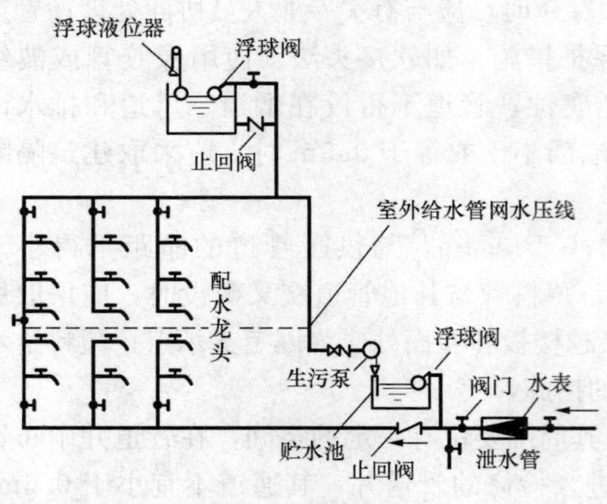

图 3-13 兼有上行和下行的给水方式

2. 给水管道的敷设

(1) 敷设形式。给水管道的敷设有明装、暗装两种形式。明装即管道外露，其优点是安装维修方便、造价低，但外露的管道影响美观，表面易结露、积尘，一般用于对卫生、美观没有特殊要求的建筑。暗装即管道隐蔽，如敷设在管道井、技术层、管沟、墙槽、顶棚或夹壁墙中，直接埋地或埋在楼板的垫层里，其优点是管道不影响室内的美观、整洁，但施工复杂、维修困难、造价高，适用于对卫生、美观要求较高的建筑，如宾馆、高级公寓和要求无尘、洁净的车间、实验室、无菌室等。

(2) 敷设要求。引入管进入建筑内，一种情形是从建筑物的浅基础下通过，另一种是穿越承重墙或基础，其敷设方法如图 3-14 所示。在地下水位高的地区，引入管穿地下室外墙或基础时，应采取防水措施，如设防水套管等。

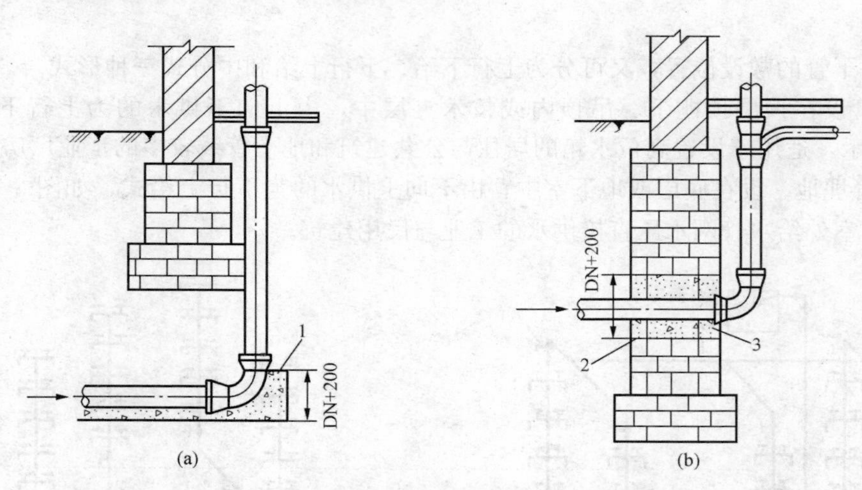

图 3-14 引入管进入建筑物的敷设方法

(a) 从浅基础下通过；(b) 穿基础

1—C5.5 混凝土支座；2—黏土；3—M5 水泥砂浆封口

室外埋地引入管要防止地面活荷载和冰冻的影响，其管顶覆土厚度不宜小于 0.7m，并应敷设在冰冻线以下 0.2m 处。建筑内埋地管在无活荷载和冰冻影响时，其管顶离地面的高度不宜小于 0.3m。当将交联聚乙烯管或聚丁烯管用作埋地管时，应将其设在套管内，其分支处宜采用分水器。

给水横干管宜敷设在地下室、技术层、吊顶或管沟内，宜有 0.002～0.005 的坡度坡向泄水装置；立管可敷设在管道井内；给水管道与其他管道同沟或共架敷设时，宜敷设在排水管、冷冻管的上面或热水管、蒸汽管的下面；给水管不宜与输送易燃、可燃或有害的液体或气体的管道同沟敷设；通过铁路或地下构筑物下面的给水管道，宜敷设在套管内。

管道在空间敷设时，必须采取固定措施，以保施工方便与安全供水。固定管道常用的支托架如图 3－15 所示。给水钢质立管一般每层须安装 1 个管卡，当层高大于 5.0m 时，每层须安装 2 个。水平钢管支托架最大间距见表 3－5。

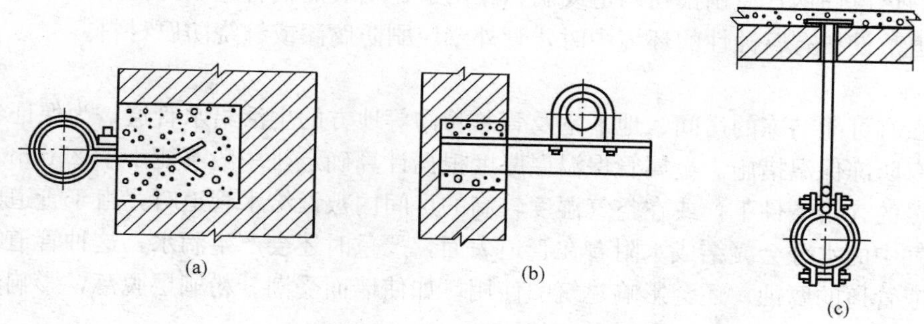

图 3－15　固定管道常用的支托架

(a) 管卡；(b) 托架；(c) 吊环

表 3－5　水平钢管支托架最大间距　m

公称直径 DN（mm）	15	20	25	32	40	50	70	80	100	125	150
保温管	1.5	2	2	2.5	3	3	4	4	4.5	5	6
非保温管	2.5	3	3.5	4	4.5	5	6	6	6.5	7	8

给水横管穿承重墙或基础、立管穿楼板时均应预留孔洞。暗装管道在墙中敷设时，也应预留墙槽，以免临时打洞、刨槽影响建筑结构的强度。管道预留孔洞和墙槽的尺寸，详见表 3－6。横管穿过预留洞时，管顶上部净空不得小于建筑物的沉降量，以保护管道不致因建筑沉降而损坏，其净空一般不小于 0.10m。

表 3－6　给水管预留孔洞、墙槽尺寸

管道名称	管径（mm）	明管留孔尺寸［长（高）×宽，mm×mm］	暗管墙槽尺寸［宽×深，mm×mm］
立管	≤25	100×100	130×130
	32～50	150×150	150×130
	70～100	200×200	200×200
2 根立管	≤32	150×100	200×130
横支管	≤25	100×100	60×60
	32～40	150×130	150×100
引入管	≤100	300×200	

（三）管道防护

1. 防腐

明装和暗装的金属管道都要采取防腐措施，以延长管道的使用寿命。通常的防腐做法是管道除锈后，在外壁刷防腐涂料。

铸铁管及大口径钢管管内可采用水泥砂浆防腐衬里防腐。

埋地铸铁管宜在管外壁刷冷底子油一遍、石油沥青两道外加保护层；钢塑复合管就是钢管加强内壁防腐性能的一种形式，钢塑复合管埋地敷设时，其外壁同普通钢管；薄壁不锈钢管埋地敷设时，宜采用管沟，或外壁应有防腐措施。

明装的热镀锌钢管应刷银粉两道或调和漆两道；明装的铜管应刷防护漆。

当管道敷设在有腐蚀性的环境中时，管外壁应刷防腐漆或缠绕防腐材料。

2. 防冻、防露

敷设在有可能结冻的房间、地下室及管井管沟等地方的生活给水管道，为保证冬季安全使用，应有防冻保温措施。金属管保温层厚度根据计算确定，一般不能小于25mm。

在湿热的气候条件下，或在空气湿度较高的房间内敷设给水管道时，由于管道内的水温较低，空气中的水分会凝结成水附着在管道表面，严重时还会产生滴水，这种管道结露现象不但会加速管道的腐蚀，还会影响建筑的使用，如使墙面受潮、粉刷层脱落，影响墙体质量和建筑美观。防结露的方法与保温方法相同。

3. 防漏

通常，管道布置不当，或管材质量和施工质量低劣均能导致管道漏水，不仅浪费水量，影响给水系统正常供水，还会损坏建筑，特别是湿陷性黄土地区，埋地管漏水将会造成土壤湿陷，严重影响建筑基础的稳固性。防漏的主要措施是避免将管道布置在易受外力损坏的位置，或采取必要的保护措施，避免其直接承受外力。同时，要健全管理制度，加强管材质量和施工质量的检查监督。在湿陷性黄土地区，可将埋地管道敷设在防水性良好的检漏管沟内，一旦漏水，水可沿沟排至检漏井内，便于及时发现和检修。管径较小的管道，也可敷设在检漏管内。

4. 防振

当管道中水流速度过大时，启闭水嘴、阀门易出现水击现象，引起管道、附件的振动，不但会损坏管道附件造成漏水，还会产生噪声。为防止管道的损坏和噪声的影响，设计给水系统时应控制管道的水流速度，在系统中尽量减少使用电磁阀或速闭型水栓。住宅建筑入户管的阀门后（沿水流方向），宜装设家用可曲挠橡胶接头进行隔振，并可在管支架、吊架内衬垫减振材料，以降低噪声的扩散。

三、建筑内部给水系统的计算

（一）给水系统所需水压

建筑内部给水系统所需水压、水量是选择给水系统中增压和水量调节、贮水设备的基本依据。

满足卫生器具和用水设备用途要求而规定的，其配水出口单位时间内流出的水量称为额定流量。各种配水装置为克服给水配件内摩阻、冲击及流速变化等阻力，其额定出流流量所需的最小静水压力称为最低工作压力。给水系统水压如能够满足某一配水点的所需水压，则系统中其他用水点的压力均能满足，此时称该点为给水系统中的最不利配水点。

1. 经验法

在初定生活给水系统的给水方式时，对层高不超过3.5m的民用建筑，室内给水系统所需压力（自室外地面算起）可用经验法估算：一层100kPa，二层120kPa，三层及三层以上的建筑物，每增加一层增加40kPa。常见卫生器具给水额定流量、当量、连接管公称直径和最低工作压力见表3-7。

表 3-7 常见卫生器具给水额定流量、当量、连接管公称直径和最低工作压力

序号	给水配件名称	额定流量 (L/s)	当量	连接管公称直径 (mm)	最低工作压力 (MPa)
1	洗涤盆、拖布盆、盥洗槽				
	感应水嘴	0.15～0.20	0.75～1.00	15	0.050
	单阀水嘴	0.30～0.40	1.5～2.00	20	
	混合水嘴	0.15～0.20 (0.14)	0.75～1.00 (0.70)	15	
2	洗脸盆				
	单阀水嘴	0.15	0.75	15	0.050
	混合水嘴	0.15 (0.10)	0.75 (0.5)	15	
3	洗手盆				
	感应水嘴	0.1	0.5	15	0.050
	混合水嘴	0.15 (0.10)	0.75 (0.5)	15	
4	浴盆				
	单阀水嘴	0.20	1.0	15	0.050
	混合水嘴（含带淋浴转器）	0.24 (0.20)	1.2 (1.0)	15	0.050～0.070
5	淋浴器				
	混合阀	0.15 (0.10)	0.75 (0.5)	15	0.050～0.100
6	大便器				
	冲洗水箱浮球阀	0.10	0.50	15	0.020
	延时自闭式冲洗阀	1.20	6.00	25	0.100～0.150
7	小便器				
	手动或自动自闭式冲洗阀	0.10	0.50	15	0.050
	自动冲洗水箱进水阀	0.10	0.50	15	0.020
8	小便槽穿孔冲洗管（每米长）	0.05	0.25	15～20	0.015
9	净身盆冲洗水嘴	0.10 (0.07)	0.50 (0.35)	15	0.050
10	医院倒便器	0.20	1.00	15	0.050
11	实验室化验水嘴（鹅颈）				
	单联	0.07	0.35	15	0.020
	双联	0.15	0.75	15	0.020
	三联	0.20	1.00	15	0.020
12	饮水器喷嘴	0.05	0.25	15	0.050
13	洒水栓	0.40	2.00	20	0.050～0.100
		0.70	3.50	25	0.050～0.100

注 1. 表中括号内的数值系在有热水供应时，单独计算冷水或热水时使用。
2. 当浴盆上附设淋浴器，或混合水嘴有淋浴器转换开关时，其额定流量和当量只计水嘴，不计淋浴器，但水压应按淋浴器计。
3. 家用燃气热水器，其所需水压按产品要求和热水供应系统最不利配水点所需工作压力确定。
4. 绿地的自动喷灌应按产品要求设计。
5. 如为充气龙头，其额定流量为表中同类配件额定流量的 0.7 倍。
6. 卫生器具给水配件所需流出水头，有特殊要求时，其数值按产品要求确定。

2. 计算法

要满足建筑物内给水系统各配水点单位时间内使用时所需水量，给水系统的水压（自室外引入管起点管中心标高算起）应保证最不利配水点具有足够的流出水头，其计算公式如下

$$H=H_1+H_2+H_3+H_4 \tag{3-3}$$

式中：H 为建筑给水管网所需的压力，mH_2O；H_1 为室内给水引入管起点至最高最远配水点的几何高度，m；H_2 为计算管路的沿程水头损失与局部水头损失之和，mH_2O；H_3 为水流经水表时的水头损失，mH_2O；H_4 为计算管路最高最远配水点所需的流出水头，mH_2O。

（二）给水系统所需水量

建筑给水系统用水量是选择给水系统中水量调节、贮存设备的基本依据。建筑内给水包括生活、生产和消防用水三部分。

1. 生活用水量

(1) 最高日生活用水量。最高日生活用水量可根据各类建筑最高日生活用水定额，按下式计算

$$Q_d=mq_d \tag{3-4}$$

式中：Q_d为最高日用水量，L/d；m 为用水单位数（人或床位数等），工业企业建筑为每班人数；q_d为最高日生活用水定额，L/（人·d）、L/（床·d）或 L/（人·班）。

(2) 最大小时用水量。最大小时用水量是指最高日最大用水时段内的小时用水量，按下式计算

$$Q_h=K_hQ_p=K_hQ_d/T \tag{3-5}$$

式中：Q_h为最大小时用水量，L/h；Q_p为平均小时用水量，L/h；T 为建筑物的用水时间，工业企业建筑为每班用水时间，h；K_h为小时变化系数。

各类建筑的生活用水定额及小时变化系数见表 3-8～表 3-10。

表 3-8　各类建筑的生活用水定额及小时变化系数

住宅类型		卫生器具设置标准	用水定额（最高日）［L/（人·d）］	小时变化系数	使用时间 (h)
普通住宅	Ⅰ	大便器、洗涤盆	85～150	3.0～2.5	24
	Ⅱ	大便器、洗脸盆、洗涤盆和洗衣机、热水器和沐浴设备	130～300	2.8～2.3	24
	Ⅲ	大便器、洗脸盆、洗涤盆、洗衣机、集中热水供应（或家用热水机组）和沐浴设备	180～320	2.5～2.0	24

续表

住宅类型	卫生器具设置标准	用水定额（最高日）［L/（人·d）］	小时变化系数	使用时间（h）
别墅	大便器、洗脸盆、洗涤盆、洗衣机、洒水栓、家用热水机组和沐浴设备	200～350（300～400）	2.3～1.8	24

注 1. 直辖市、经济特区、省会、首府及广东、福建、浙江、江苏、湖南、湖北、四川、广西、安徽、江西、海南、云南、贵州的特大城市（市区和近郊区非农业人口100万及以上的城市）可取上限，其他地区可取中、下限。
2. 当地主管部门对住宅生活用水定额有具体规定的，应按当地规定执行。
3. 别墅用水定额中含有庭院绿化用水和汽车洗车用水。
4. 表中用水量为全部用水量，当采用分质供水时，有直饮水系统的，应扣除直饮水用水定额；有杂用水系统的，应扣除杂用水定额。
5. 表中括号内数字为参考数。

表3-9 宿舍、旅馆和公共建筑生活用水定额及小时变化系数

序号	建筑物名称及卫生器具设置标准	单位	最高日生活用水定额（L）	小时变化系数	使用时间（h）
1	宿舍				
	Ⅰ类、Ⅱ类	每人每日	100～150	3.0～2.5	24
	Ⅲ类、Ⅳ类	每人每日	150～200	3.0～3.5	24
2	招待所、培训中心、普通旅馆	每人每日			24
	设公共盥洗室	每人每日	50～100		24
	设公共盥洗室、淋浴室	每人每日	80～130	3.0～2.5	24
	设公共盥洗室、淋浴室、洗衣室	每人每日	100～150		24
	设单独卫生间、公共洗衣室	每人每日	120～200		24
3	酒店式公寓	每人每日	200～300	2.5～2.0	24
4	宾馆客房				
	旅客	每床位每日	250～400	2.5～2.0	24
	员工	每人每日	80～100		
5	医院住院部				
	设公共厕所、盥洗室	每一病床每日	100～200	2.5～2.0	24
	设公共厕所、盥洗室和淋浴室	每一病床每日	150～250	2.5～2.0	24
	病房设单独卫生间及淋浴室	每一病床每日	250～400	2.5～2.0	24
	医务人员	每人每班	150～250		8
	门诊部、诊疗室	每病人每次	10～15	1.5～1.2	8～12
	疗养院、休养所住房部	每一病床每日	200～300	2.0～1.5	24
6	幼儿园、托儿所				
	有住宿	每一儿童每日	50～100	3.0～2.5	24
	无住宿	每一儿童每日	30～50	2.0	10
7	养老院托老所				
	全托	每人每日	100～150	2.5～2.0	24
	日托	每人每日	50～80	2.0	10

续表

序号	建筑物名称及卫生器具设置标准	单位	最高日生活用水定额（L）	小时变化系数	使用时间（h）
8	公共浴室				
	淋浴	每一顾客每次	100	2.0～1.5	12
	淋浴、浴盆	每一顾客每次	120～150	2.0～1.5	12
	桑拿浴（淋浴、按摩池）	每一顾客每次	150～200	2.0～1.5	12
9	理发室、美容院	每一顾客每次	40～100	2.0～1.5	12
10	洗衣房	每千克干衣	40～80	1.5～1.2	8
11	餐饮业				
	中餐酒楼	每一顾客每次	40～60	1.5～1.2	10～12
	快餐店、职工及学生食堂	每一顾客每次	20～25	1.5～1.2	12～16
	酒吧、咖啡厅、卡拉 OK	每一顾客每次	5～15	1.5～1.2	8～18
12	商场				
	员工及顾客	每平方米营业厅面积每日	5～8	1.5～1.2	12
13	图书馆	每人每次	5～10	1.5～1.2	8～10
14	书店	每平方米营业厅面积每日	3～6	1.5～1.2	8～12
15	办公楼	每人每班	30～50	1.5～1.2	8～10
16	教学、实验楼				
	中小学校	每学生每日	20～40	1.5～1.2	8～9
	高等学校	每学生每日	40～50	1.5～1.2	8～9
17	电影院、剧院	每一观众每场	3～5	1.5～1.2	3
18	健身中心	每人每次	30～50	1.5～1.2	8～12
19	会展中心	每平方米展厅面积每日	3～6	1.5～1.2	8～16
20	体育场、体育馆				
	运动员淋浴	每人每次	30～40	3.0～2.0	4
	观众	每一观众每场	3	1.2	4
	工作人员	每人每日			
21	会议厅	每一座位每次	6～8	1.5～1.2	4
22	航站楼、客运站旅客	每人每次	3～6	1.5～1.2	8～16
23	停车库地面冲洗用水	每平方米每次	2～3	1.0	6～8
24	菜市场冲洗地面及保鲜用水	每平方米每日	10～20	2.5～2.0	8～10

注 1. 除养老院、托儿所、幼儿园的用水定额中含食堂用水外，其他均不含食堂用水。
2. 除注明外，均不含员工生活用水，员工用水定额为每人每班 40～60L。
3. 医疗建筑用水中含医疗用水。
4. 表中用水量包括热水用水量在内，空调水应另计。
5. 宿舍分类：
Ⅰ类—博士研究生、教师和企业科技人员，每居室 1 人，有单独卫生间；
Ⅱ类—硕士研究生，每居室 2 人，有单独卫生间；
Ⅲ类—高等学校的本、专科学生，每居室 3～4 人，有相对集中的卫生间；
Ⅳ类—中等学校的学生和工厂企业的职工，每居室 6～8 人，有集中盥洗卫生间。

表 3-10　工业企业建筑生活、淋浴用水定额

用途	用水定额［L/(人·班)］	小时变化系数	备注
管理人员、车间工人生活用水	30～50	2.5～1.5	每班工作时间以 8h 计
淋浴用水	40～60		延续供水时间以 1h 计

注　淋浴用水定额详见《工业企业设计卫生标准》(GBZ 1)。

2. 给水设计秒流量

在建筑物中，用水情况在一昼夜间是不均匀的，并且逐时逐秒地在变化。在设计室内给水管网时，必须考虑到这种逐时逐秒的变化情况，以求得最不利时刻的最大用水量，这就是管网水力计算中所需的设计秒流量。

设计秒流量是根据建筑物内卫生器具类型数量和这些器具满足使用情况的用水量确定。

卫生器具当量：以污水盆上支管直径为 15mm 的水龙头的额定流量 0.2L/s 作为一个“当量”值，其他卫生器具的额定流量均以它为标准折算成当量值的倍数，即“当量数”。

(1) 住宅建筑的生活给水管道设计流量计算。住宅建筑的生活给水管道设计流量是按统计最大秒流量计算的，这个统计最大值与室内用水设备设置情况、用水标准和气候、生活习惯都有关系，《建筑给水排水设计规范》(GB 50015—2003) 中规定，按以下步骤计算：

根据住宅配置的卫生器具给水当量、使用人数、用水定额、使用时数及小时变化系数等，求出最高日最高时给水当量的平均出流概率，即

$$U_0=\frac{q_0 m K_h}{0.2 N_g T 3600} \tag{3-6}$$

式中：U_0为一个给水当量在最高日最高时的平均出流概率，%；q_0为最高日用水定额，L/(人·d)；m 为每户用水人数；K_h为小时变化系数；N_g为每户设置的卫生器具给水当量数；T 为用水时数，h；0.2 为一个卫生器具给水当量的额定流量，L/s。

根据计算管段上卫生器具的给水当量，计算出该管段上卫生器具的同时出流概率，即

$$U=\frac{1+\alpha_c(N_g-1)^{0.49}}{\sqrt{N_g}} \tag{3-7}$$

式中：U 为计算管段上卫生器具的给水当量同时出流概率，%；α_c为对应于不同 U_0的系数，见表 3-11；N_g为计算管段所承担的给水当量总数。

表 3-11　U_0～α_c值对应表

U_0 (%)	α_c	U_0 (%)	α_c	U_0 (%)	α_c
1.0	0.00323	3.0	0.01939	5.0	0.03715
1.5	0.00697	3.5	0.02374	6.0	0.04629
2.0	0.01097	4.0	0.02816	7.0	0.05555
2.5	0.01512	4.5	0.03263	8.0	0.06489

根据计算管段上的给水当量同时出流概率，计算管段上的设计秒流量

$$q_g=0.2UN_g \tag{3-8}$$

式中：q_g为计算管段的设计秒流量，L/s。

应用式（3-6）～式（3-8）时应注意的问题：

1）当干管上汇入两条或多条具有不同U_0的支管时，干管的U_0值应取其平均值，即

$$\overline{U_0}=\frac{\sum U_{0i}N_{gi}}{\sum N_{gi}} \tag{3-9}$$

式中：$\overline{U_0}$为给水干管上的给水当量平均出流概率；U_{0i}为支管i上的卫生设备当量最高日最高时平均出流概率；N_{gi}为支管i上的给水当量总数。

2）为了计算方便，有人已将管段上的设计秒流量制成表，只要计算出U_0值，再根据N_g值就可以直接从秒流量计算表中查出设计秒流量。

3）当计算管段上的卫生器具给水当量总数超过有关规定条件时，其流量应取最大用水小时平均秒流量$q_g=0.2U_0N_g$。

（2）宿舍（Ⅰ类、Ⅱ类）、旅馆、宾馆、医院、疗养院、幼儿园、养老院、办公楼、商场、客运站、会展中心、中小学教学楼、公共厕所等建筑的生活给水管道的设计秒流量计算公式

$$q_g=0.2\alpha\sqrt{N_g} \tag{3-10}$$

式中：α为根据建筑物用途而定的系数，可按表3-12确定。

表3-12 根据建筑物用途而定的系数α值

建筑物名称	α值	建筑物名称	α值
幼儿园、托儿所、养老院	1.2	学校	1.8
门诊部、诊疗所	1.4	医院、疗养院、休养所	2.0
办公楼、商场	1.5	酒店式公寓	2.2
图书馆	1.6	宿舍（Ⅰ类、Ⅱ类）、旅馆、招待所、宾馆	2.5
书店	1.7	客运站、航站楼、会展中心、公共厕所	3.0

使用式（3-10）时应注意下列几点：

1）若计算值小于该管段上一个最大卫生器具给水额定流量，应以这个最大的卫生器具给水额定流量作为设计流量。

2）若计算值大于该管段上按卫生器具给水额定流量累加所得的流量值，应按卫生器具给水额定流量累加值采用。

3）有大便器延时自闭冲洗阀的给水管道，大便器延时自闭冲洗阀的给水当量以0.5L/s计，计算得到的q_g附加1.20L/s后，作为该管段的设计秒流量。

4）综合楼建筑的α值应根据楼中各功能分区不同的α值取加权平均值。

（3）宿舍（Ⅲ类、Ⅳ类）、工业企业生活间、公共浴室、洗衣房、职工食堂或营业餐馆的厨房、体育场馆、运动员休息室、剧院的化妆室、普通理化实验室等建筑的生活给水管道的设计秒流量计算公式如下

$$q_g=\sum q_0n_0b \tag{3-11}$$

式中：q_g为计算管段的设计秒流量，L/s；q_0为同类型一个卫生器具的给水额定流量，L/s；n_0为同类型卫生器具数；b为卫生器具同时给水百分数，可按表3-13～表3-15确定。

注：1）若设计值小于该管段上一个最大卫生器具的给水额定流量，应采用最大卫生器具的给水额定流量作为设计秒流量。

2）大便器自闭冲洗阀应单列计算，当单列计算值小于1.2L/s时，以1.2L/s计；大于1.2L/s时，采用计算值。

3）仅对有同时使用可能的设备进行叠加。

表3-13 宿舍（Ⅲ类、Ⅳ类）、工业企业生活间、公共浴室、剧院的化妆间、体育场馆等卫生器具同时给水百分数 %

卫生器具名称	同时给水百分数				
	工业企业生活间	公共浴室	影剧院	体育场馆	宿舍（Ⅲ类、Ⅳ类）
洗涤盆（池）	33	15	15	15	—
洗手盆	50	50	50	（70）50	—
洗脸盆、盥洗槽水嘴	60～100	60～100	50	80	5～100
浴盆	—	50	—	—	
无间隔淋浴器	100	100	—	100	20～100
有间隔淋浴器	80	60～80	（60～80）	（60～100）	5～80
大便器冲洗水箱	30	20	50（20）	70（20）	5～70
大便槽自动冲洗水箱	100	—	100	100	100
大便器自闭式冲洗阀	2	2	10（2）	5（2）	1～2
小便器自闭式冲洗阀	10	10	50（10）	70（10）	2～10
小便器（槽）自动冲洗水箱	100	100	100	100	
净身盆	33	—	—	—	
饮水器	30～60	30	30	30	
饮水器小卖部洗涤盆	—	50	50	50	

注 1. 表中括号内的数值系电影院、剧院的化妆间和体育馆运动员休息室使用。

2. 健身中心的卫生间可采用本表体育馆运动员休息室的同时给水百分数。

表3-14 职工食堂、营业餐馆厨房设备同时给水百分数 %

厨房设备名称	同时给水百分数	厨房设备名称	同时给水百分数
污水盆（池）	50	器皿洗涤机	90
洗涤盆（池）	70	开水器	50
煮锅	60	蒸汽发生器	100
生产性洗涤机	40	灶台水嘴	30

注 职工或学生饭堂的洗碗台水嘴，按100%同时给水，但不与厨房用水叠加。

表 3-15 实验室化验水嘴同时给水百分数 %

水嘴名称	同时给水百分数	
	科研教学实验室	生产实验室
单联化验水嘴	20	30
双联或三联化验水嘴	30	50

（三）给水管网的水力计算

室内给水管网水力计算的目的，在于确定各管段的管径及此管段通过设计流量时的水头损失。

1. 管径的确定

已知给水管道设计秒流量，根据以下流量公式确定

$$q_g = \frac{\pi d^2 v}{4} \tag{3-12}$$

式中：q_g 为管段设计秒流量，m^3/s；v 为管段中水的流速，m/s；d 为管径，m。

由式（3-12）可知，只要确定流速 v，便可求得管径 d，因此在实际工程中常采用控制流速法来确定管径。室内生活给水管道的控制流速可按表 3-16 确定。

表 3-16 生活给水管道水流速度

公称直径（mm）	15～20	25～40	50～70	≥80
水流速度（m/s）	≤1.0	≤1.2	≤1.5	≤1.8

消火栓给水管道，$v<2.5$m/s；自动喷洒灭火系统给水管，$v<5$m/s；生产和生活合用给水管，$v<2.0$m/s。

对于一般建筑生活给水系统，可以根据管道所负担的卫生器具当量数的最大值概略地确定管径。先根据估算管段上连接卫生器具的情况，将该管段按卫生器具连接点分成若干小段，从系统的最不利用水点（系统最末端）开始，依次向后逐段累加卫生器具当量数，求得每小段所负担的卫生器具当量数之和，保证每小段的卫生器具当量数之和不大于表 3-17 规定的最大值即可确定管径。

表 3-17 按卫生器具当量数确定管径

管径（mm）	15	20	25	32	40	50	70
卫生器具当量数最大值	3	6	12	20	30	50	75

管径的选定应从技术上和经济上两方面来综合考虑。从经济上看，当流量一定时，管径越小管材越省。室外管网的压力 H_0 越大，越应用较小的管径，以便充分利用室外的压力。但管径太小时，流速过大，在技术上是不允许的，因为由于流速过大，在管网中引起水锤时会损坏管道并产生很大的噪声，同时使给水系统中水龙头的出水量和压力互相干扰，极不稳定。

2. 管网水头损失的计算

管网的水头损失为各管段的沿程损失与局部损失之和。

（1）管道沿程水头损失计算公式如下

$$h_f = iL \tag{3-13}$$

$$i = 105 C_h^{-1.85} d_i^{-4.87} q_g^{1.85} \tag{3-14}$$

式中：h_f 为计算管道沿程水头损失，kPa；i 为单位管长的沿程水头损失，kPa/m；L 为计算管道长度，m；d_i 为管道计算内径，m；q_g 为给水设计流量，m^3/s；C_h 为海澄一威廉系数。对各种塑料管、内衬（涂）塑管，$C_h=140$；对铜管、不锈钢管，$C_h=130$；对衬水泥、树脂的铸铁管，$C_h=130$；对普通钢管、铸铁管，$C_h=100$。

(2) 管道局部水头损失计算公式如下

$$h_m=\xi\frac{v^2}{2g} \tag{3-15}$$

式中：h_m 为管件上的局部水头损失，m；ξ 为配件上的局部阻力系数；v 为管道中水的流速，m/s；g 为重力加速度，m/s^2。

为了简便，可采用管（配）件当量长度法或按管件连接状况，以管路沿程水头损失百分数估算：生活给水管道取25%～30%；生产给水管道取20%；消防给水管道取10%；生活、消防共享的给水管道取25%；生活、生产、消防共享的给水管道取20%。

水表水头损失，当选定产品型号时，应按该产品生产厂家提供的资料进行计算；确定具体产品时，可进行如下估算：住宅入户管上的水表宜取0.01MPa。建筑物或小区引入管上的水表在生活用水工况时，宜取0.03MPa；校核消防工况时，宜取0.05MPa。

(3) 总水头损失计算公式如下

$$H_L=\sum h_f+\sum h_m \tag{3-16}$$

式中：H_L为从供水起点到最不利供水点的总水头损失，m；$\sum h_f$为从供水起点到最不利供水点的供水管道的沿程水头损失总和，m；$\sum h_m$为从供水起点到最不利供水点的供水管道的局部水头损失总和，m。

3. 供水压力的校核

要求室外供水压力满足下式要求

$$H_0\geqslant H+H_L+H_f \tag{3-17}$$

式中：H_0为室外供水管网上从地面算起的水压，以水头计，m；H 为建筑内最不利用水设备距地面的高度，m；H_L为从供水起点到最不利供水点的总水头损失，m；H_f为最不利用水设备所需要的工作水头，m。

如不能满足上式要求，则应根据供水水压相差的大小，或采用调整给水管管径、降低水头损失的办法，或采用增压的办法来解决。

第二节 建筑消防给水系统

工业与民用建筑物都存在一定程度的火灾险情，为了防止和减少火灾的危害，根据建筑物的性质和高度，工业和民用建筑内应按《建筑设计防火规范》(GB 50016) 中的规定设置室内消防给水系统和消防设备。在进行城镇、居住区、企事业单位的规划和建筑设计（包括新建、扩建和改建）时，必须同时设计消防给水系统。建筑消防给水设备一般有室内消火栓灭火装置、自动喷洒水灭火装置及水幕灭火装置等。

本节重点介绍民用建筑中以水作为灭火剂的消火栓给水系统和自动喷水灭火系统。按使用功能和建筑高度，民用建筑的分类见表3-18。

表 3-18　　民用建筑的分类

名称	高层民用建筑		单、多层民用建筑
	一类	二类	
住宅建筑	建筑高度大于 54m 的住宅建筑（包括设置商业服务网点的住宅建筑）	建筑高度大于 27m，但不大于 54m 的住宅建筑（包括设置商业服务网点的住宅建筑）	建筑高度不大于 27m 的住宅建筑（包括设置商业服务网点的住宅建筑）
公共建筑	（1）建筑高度大于 50m 的公共建筑； （2）任一楼层建筑面积大于 $1000m^2$ 的商店、展览、电信、邮政、贸易金融建筑和其他多种功能组合的建筑； （3）医疗建筑、重要公共建筑； （4）省级及以上的广播电视和防灾指挥调度建筑、网局级和省级电力调度建筑； （5）藏书超过 100 万册的图书馆、书库	除住宅建筑和一类高层公共建筑外的其他高层民用建筑	（1）建筑高度大于 24m 的单层公共建筑； （2）建筑高度不大于 24m 的其他民用建筑

一、消火栓给水系统及布置

室内消火栓给水系统是建筑物应用最广泛的一种消防设施。它既可以供火灾现场人员使用消火栓箱内的消防水嘴、水枪扑救初期火灾，也可供消防队员扑救建筑物的大火。室内消火栓实际上是室内消防给水管网向火场供水的带有专用接口的阀门，其进水端与消防管道相连，出水端与水带相连。

（一）系统设置场所

下列建筑物中应设置室内消火栓灭火给水装置：

（1）厂房、库房高度不超过 24m 的科研楼（存有与水接触能引起燃烧、爆炸的物品除外）。

（2）超过 7 层的单元式住宅，超过 6 层的塔式住宅、通廊式住宅、底层设有商业网点的单元式住宅。

（3）超过 5 层或体积超过 $10000m^3$ 的其他民用建筑。

（4）超过 800 个座位的剧院、电影图、俱乐部和超过 1200 个座位的礼堂、体育馆。

（5）体积超过 $5000m^3$ 的车站、码头、机场建筑物，以及展览馆、商店、病房楼、门诊楼、图书馆等。

（6）国家级文物保护单位的重点砖木或木结构古建筑。

（7）使用面积超过 $300m^2$ 的防空地下室的商场、医院、旅馆、展览厅、旱冰场、体育场、电子游艺场等。

（8）使用面积超过 $450m^2$ 的防空地下室的餐厅、丙类和丁类生产车间、丙类和丁类物品库房。

（9）防空地下室的电影院、礼堂。

（10）消防电梯间的前室。

（11）高层建筑和多层汽车库的平屋顶上，应设试验用的消火栓。

（12）设有空气调节系统的旅馆、办公楼和超过 1500 个座位的剧院及会堂，其闷顶内安装有面部灯位的马道，宜增设消防卷盘设备。

对于特殊的公共建筑（如省级邮政的信函和包裹分检间、邮袋库）、高层住宅（10 层以上）及上述范围外的厂房、库房，除需设置消防给水系统外，还要按规定设置自动喷水灭火系统、雨淋喷水灭火系统、水幕系统或其他（喷雾、蒸汽等）灭火装置。

（二）消火栓给水系统的组成

建筑消火栓给水系统一般由水枪、水带、消火栓、消防管道、消防水池、高位水箱、水泵接合器及增压水泵等组成，如图 3－16 所示。

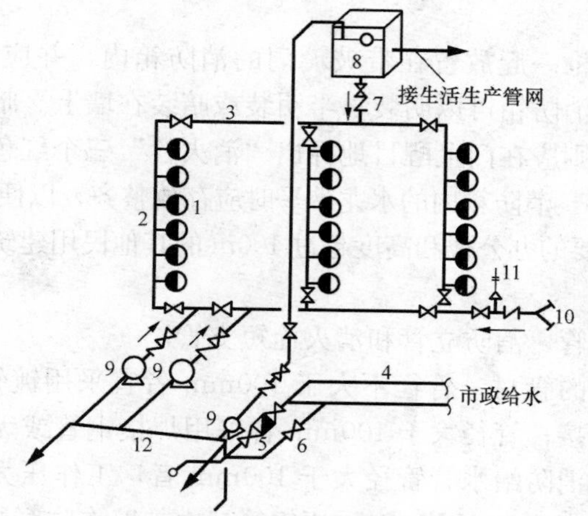

图 3－16 消火栓给水系统的组成

1—室内消火栓；2—消防立管；3—干管；4—进户管；5—水表；6—旁通管；7—止回阀；8—水箱；9—水泵；10—水泵接合器；11—安全阀；12—水池

1．消火栓设备

消火栓设备由水枪、水带和消火栓组成，均安装在消火栓箱内，如图 3－17 所示。

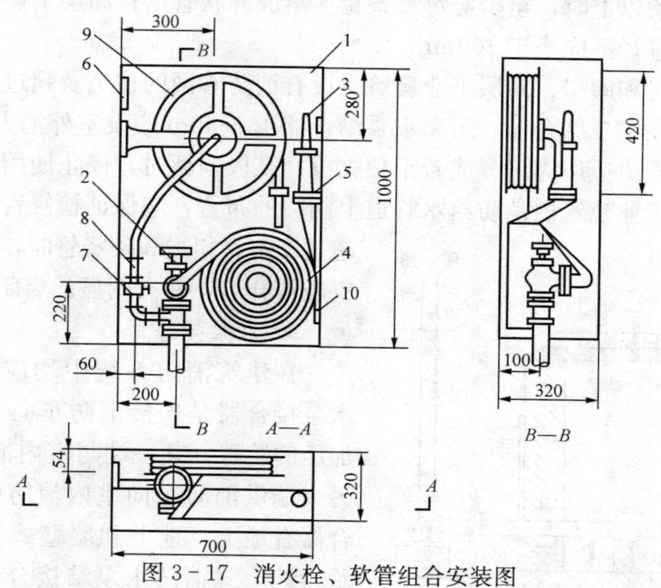

图 3－17 消火栓、软管组合安装图

1—消火栓图；2—消火栓；3—水枪；4—水龙带；5—接扣；6—消防按钮；7—闸阀；8—软管；9—消防软管和卷盘；10—合页

水枪是灭火的主要工具，采用铝或塑料制成，其作用是收缩水流，增加流速，产生能击灭火焰的充实水柱。水枪喷口直径有 13、16、19mm 等几种规格。水龙带是采用帆布、麻布或橡胶制成的输水软管，其作用是连接消火栓和水枪，常用的直径有 50、65mm 两种，每根长度一般为 10、15、20、25m。消火栓是具有内扣接口的球形阀式水龙头，其作用是控制水流。它一端与消防立管相连，另一端与水龙带相接。常用的消火栓直径有 50、65mm 两种。在同一建筑物内应采用同一规格的消火栓、水龙带和水枪，以便于维护保养和互换使用。

消火栓、水龙带和水枪一起放置在带玻璃门的消防箱内，并应设置直接启动水泵的按钮，按钮应设保护设施。消防箱可以明装、半明装或暗装在墙上。暗装时，如果箱门镶嵌和所在墙面同一装饰材料，则应在门上醒目地标出“消火栓”三个红色大字。消火栓出口中心距地面的安装高度为 1.2m，消防箱内的水龙带平时应存放整齐，以便于灭火时迅速展开使用。高层建筑的高级旅馆、重要的办公楼和高度超过 100m 的其他民用建筑，应设置消防卷盘。

2. 消防管道

消防管道包括消防干管、消防立管和消火栓短支管。

用于消火栓给水系统的管材，管径不大于 100mm 者宜采用镀锌钢管或镀锌无缝钢管，并用丝扣连接或法兰盘连接；管径大于 100mm 者采用焊接钢管或无缝钢管，并用焊接连接或法兰盘连接。室外埋地消防给水管管径大于 100mm 者，工作压力不高于 0.8MPa 时宜采用给水铸铁管，工作压力高于 0.8MPa 时采用钢管，内外壁作防腐层。

室内消火栓超过 10 个且室外消防用水量大于 15L/s 时，室内消防管道至少应有 2 条进水管与室外环状管网连接，并应将室内管道连成环状或将进水管与室外管道连成环状，每条进水管管径应能供给全部消防用水量。超过 6 层的塔式（双阀双出口消火栓除外）和通廊式住宅、超过 5 层或体积超过 10000m³ 的其他民用建筑、超过 4 层的厂房或库房，当室内消防竖管为 2 条或 2 条以上时，至少应每 2 条相连组成环状管道；高层工业建筑室内消防竖管应成环状，且管道直径不应小于 100mm。

超过 4 层的厂房和库房、高层工业建筑、设有消防管网的住宅及超过 5 层的其他民用建筑，其消防管网应设水泵结合器，距离水泵结合器 15～40m 应设室外消火栓或消防水池。

室内消防给水管道应用阀门分成若干独立段，某段损坏时，停止使用的消火栓一层中不应超过 5 个。高层工业建筑内消防给水管道上阀门的布置，应保证检修管道时关闭的竖管不超过 1 条；超过 3 条竖管时，可关闭 2 条，阀门应经常开启，并有明显的启闭标志。

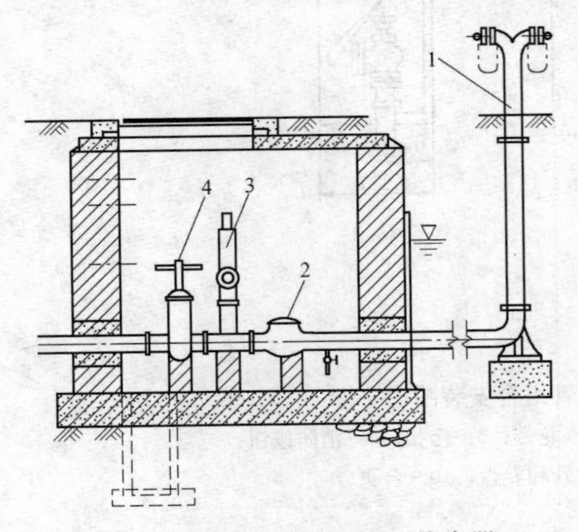

图 3-18 地上式消防水泵接合器

1—水泵接合器本体；2—止回阀；3—安全阀；4—闸阀

3. 水泵接合器

在建筑消防系统中均应设置水泵接合器。水泵接合器是连接消防车向室内消防给水系统加压的装置。其一端与室内消防给水管道连接，另一端供消防车向室内消防管网供水。水泵接合器有地上、地下和墙壁式三种。图 3-18 所示为地上式消防水泵结接合器。消防水泵接合器设置在超过 6 层的住宅和超过 5 层的其他民用建筑、超过 4 层的厂房和库房的室内消防给水管网中。距接合器 15～40m 范围内应设室外消防栓或消防水池。水泵接合器的数量应按室内消防用水量确定，每个水泵接合器的流量按 10～15L/s 计算，一般不少于 2 个。

4. 消防水箱、消防水池

采用临时高压消防给水系统的建筑物，应设消防水箱（或气压给水罐、水塔）。水箱应设在建筑物的最高部位，水箱的容积应能储存 10min 的消防水量，并符合有关规范的要求。消防用水与其他系统共用水箱时，应有一消防用水不作他用的技术措施，如图 3-19 所示。

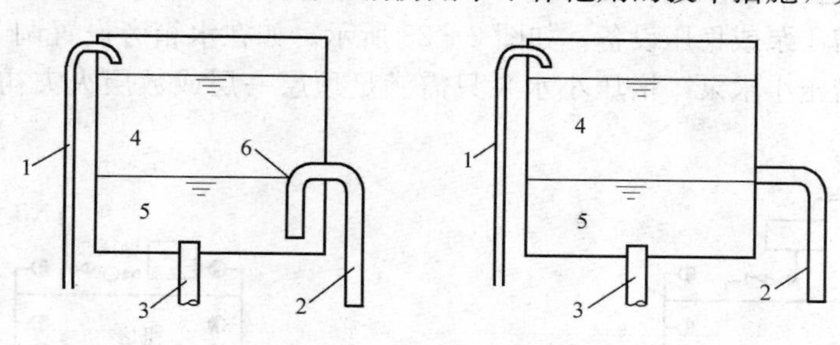

图 3-19 确保消防用水的技术措施

1—进水管；2—生活供水管；3—消防供水管；4—生活调节水量；5—消防储水量；6—小孔

（三）建筑消防给水系统的给水方式

1. 不分区室内消火栓给水系统

建筑高度在 50m 以内或建筑内最低消火栓处静水压力不超过 0.8MPa 时，可采用不分区室内消火栓给水系统，如图 3-20 所示。火灾时，首先动用屋顶水箱的消防水量并开启消防水泵，消防队到达后也可从室外消火栓取水通过水泵接合器往室内管网供水，协助室内扑灭火灾。

2. 分区并联式室内消火栓给水系统

建筑高度超过 50m 或建筑内部消火栓处静水压力高于 0.8MPa 时，一般需分区供水。并联式消火栓给水系统如图 3-21 所示。该方式水泵集中布置，便于管理，适用于建筑高度不超过 100m 的消防给水系统。

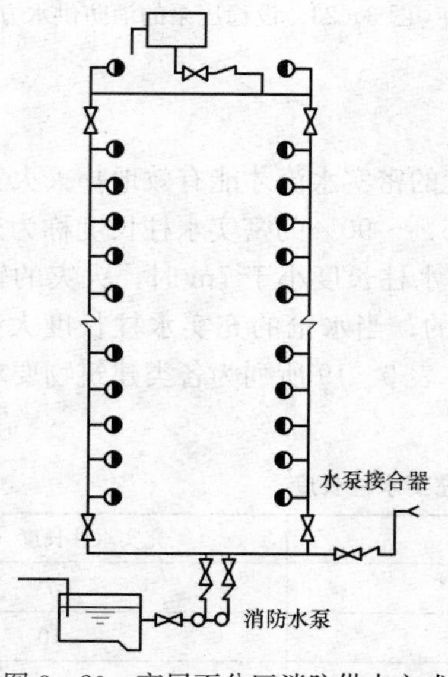

图 3-20 高层不分区消防供水方式

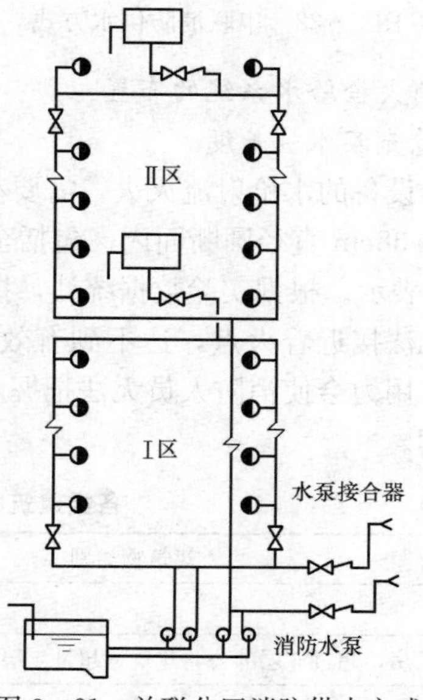

图 3-21 并联分区消防供水方式

3. 分区串联消火栓给水系统

该给水方式的特点是上分区的消防给水需通过下分区的高位水箱中转，这样上分区消防水泵的扬程就可减少，如图 3－22 所示。

4. 设稳压泵或稳压设备的消防供水方式

高位水箱的设置高度一般不能满足最不利消火栓或自动喷淋系统的喷头所需的压力，这时在系统中需设增压泵或稳压设备，如图 3－23 所示。如在水箱旁设置调节容积为 450L 的气压罐，设屋顶增压小水泵，增压小水泵只需满足顶层一层或数层火灾初期 10min 的消防水量和水压。

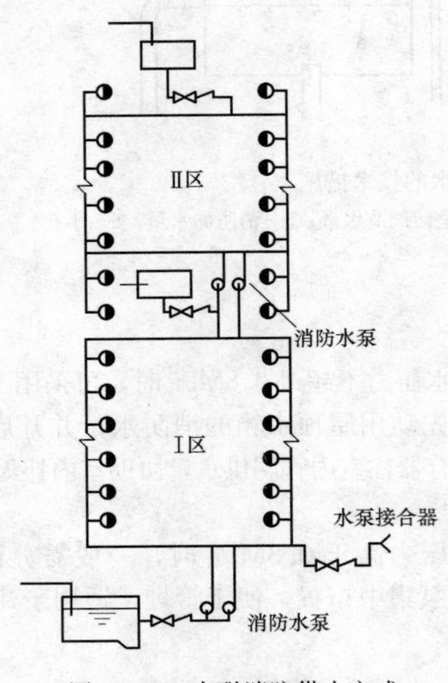

图 3－22 串联消防供水方式

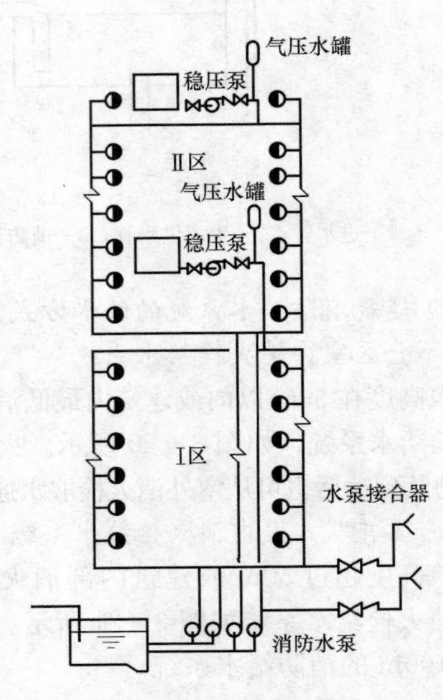

图 3－23 设稳压泵的消防供水方式

（四）消火栓给水系统的布置

1. 水枪充实水柱长度

消火栓设备的水枪射流灭火，需要有一定强度的密实水流才能有效地扑灭火灾。水枪射流中在 26～38cm 直径圆断面内、包括全部水量 75％～90％的密实水柱长度称为充实水柱长度，以 L_m 表示。根据实验数据统计，挡水墙充实水柱长度小于 7m 时，火灾的辐射热将使消防人员无法接近着火点，达不到有效灭火的目的；当水枪的充实水柱长度大于 15m 时，射流的反作用力会使消防人员无法把握水枪灭火。表 3－19 所列为各类建筑物要求的水枪充实水柱长度。

表 3－19 各类建筑物要求水枪充实水柱长度

建筑物类别	充实水柱长度（m）
一般建筑	≥7
甲、乙类厂房，超过 6 层的公共建筑，超过 4 层厂房（仓库）	≥10
高层厂房（房库）、高架仓库、体积大于 25000m^3 的商店、体育馆、影剧院、会堂、展览建筑、车站、码头、机场建筑等	≥13

续表

建筑物类别	充实水柱长度（m）
民用建筑，高度≥100m	≥13
民用建筑，高度≤100m	≥10
高层工业建筑	≥13
人防工程内	≥10
停车库、修车库内	≥10

2. 消火栓布置

设有消防给水的建筑物，除无可燃物的设备层除外，其他各层均应设室内消火栓。消火栓的布置必须保证水枪的水柱能够喷射到建筑物的任何部位，并且使消防立管数量最少，做到既满足灭火的需要又经济合理。建筑高度不超过24m且建筑体积不大于5000m³的多层库房，可按一支水枪的充实水柱到达任何部位进行设置。图3-24所示为消火栓平面布置，图中R为消火栓保护半径。其他民用建筑应保证每一防火分区同层有2支水枪的充实水柱同时达到任何部位。

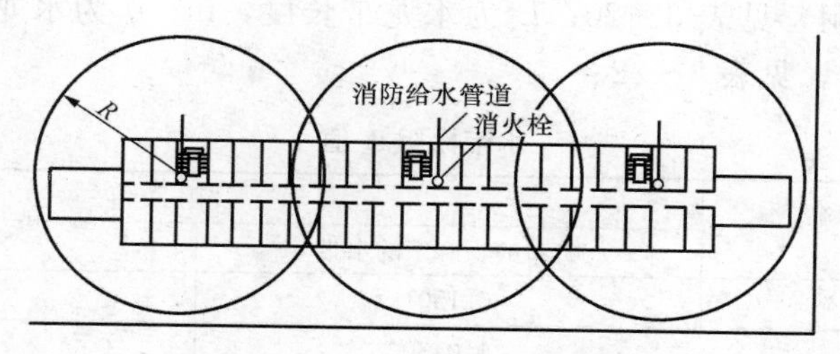

图3-24　消火栓平面布置图

根据水龙带的长度和水枪充实水柱长度，每个消火栓的保护半径就可由下式求得

$$R=0.9L+S_Z\cos45^\circ \tag{3-18}$$

式中：R为消火栓保护半径，m；L为水龙带长度，m；0.9为考虑到水龙带转弯曲折的折减系数；S_Z为充实水柱长度，m；45°为灭火时水枪的倾角。

有了消火栓的保护半径和规范要求的同时灭火水柱股数，结合建筑物的形状就可确定消火栓的设置间距。

消火栓应布置在明显的经常有人出入、使用方便的地方，一般设置在楼梯间、走廊内、大厅及车间的出入口等处。消防电梯前室应设室内消火栓；冷库的室内消火栓应设在常温穿堂或楼梯间内；设有消火栓的建筑，如为平屋顶宜在平屋顶设置试验和检查用的消火栓，寒冷地区应有防冻措施。

消火栓口距地面安装高度为1.1m，栓口宜向下或与墙面垂直安装。统一建筑内应选用统一规格的消火栓、水带和水枪，为方便使用，每条水带的长度不应大于25m。为保证及时灭火，每个消火栓处应设置直接启动消防水泵按钮或报警信号装置。

3. 消防给水管道的布置

建筑内消火栓给水管道的布置应满足下列要求：

(1) 室内消防竖管管径不应小于DN100。当室内消火栓个数多于10个且消防用水量大于15L/s时，室内消防给水管道应布置成环状，且至少应有两条进水管与室外管道或消防水泵连接。当其中一条进水管发生事故时，其余的进水管应仍能供应全部消防用水量。

(2) 消火栓给水管网应与自动喷水灭火管网分开设置。布置有困难时，可共用给水干管，在自动喷水灭火系统报警阀后不允许设消火栓。

(3) 闸门的设置应便于管网维修和安全使用，对于多层民用建筑，检修关闭阀门后，停止使用的消防竖管不超过1根，但管网设置的竖管超过4根时，可关闭不相邻的2根。阀门应保持常开，并应有明显的启闭标志或信号。

二、消火栓给水系统的水力计算

(一) 消火栓口所需的水压

消火栓口处所需的水压按下式计算

$$H_{xh}=H_q+h_d+H_k \tag{3-19}$$

式中：H_{xh}为消火栓口所需的水压，kPa；H_q为水枪喷嘴处的压力，kPa；h_d为水龙带水头损失，kPa；H_k为消火栓栓口水头损失，按20kPa计算。

水龙带的水头损失可用下式计算

$$h_d=ALq^2 \tag{3-20}$$

式中：A为水龙带比阻，见表3-20；L为水龙带长度，m；q为水龙带通过的实际流量，即水枪喷口流量，L/s，见表3-22。

表3-20 水带比阻A值

水带口径 (mm)	比阻A值	
	帆布的、麻织的水带	衬胶的水带
50	0.1501	0.0677
65	0.0430	0.0172

水枪造成一定长度的充实水柱所需压力为

$$H_q=q^2/B \tag{3-21}$$

式中：B为水流特性系数，见表3-21。

表3-21 水流特性系数B值

喷嘴直径 (mm)	9	13	16	19	22	25
B值	0.0079	0.0364	0.0793	0.1577	0.2834	0.4727

表3-22 水枪充实水柱技术数据

充实水柱 (m)	不同喷嘴口径的压力和流量					
	13mm		16mm		19mm	
	压力 (kPa)	流量 (L/s)	压力 (kPa)	流量 (L/s)	压力 (kPa)	流量 (L/s)
6	81	1.7	80	2.5	75	3.5
7	96	1.8	92	2.7	90	3.8
8	112	2.0	107	2.9	104	4.1
9	130	2.1	125	3.1	120	4.3
10	150	2.3	141	3.3	136	4.5
11	170	2.4	160	3.5	150	4.9
12	191	2.6	177	3.8	169	5.2
13	239	2.9	218	4.2	206	5.7
14	297	3.2	265	4.6	247	6.2

（二）消火栓系统消防用水量

建筑的室内消防水量应根据建筑物的性质、面积和消防栓布置计算确定，但不应小于下述规定。

1. 多层民用建筑和工业建筑物室内消火栓用水量

多层民用建筑和工业建筑物室内消火栓用水量，见表 3－23。

表 3－23　室内消火栓系统用水量

建筑物名称	高度、层数、体积或座位数	消火栓用水量（L/s）	同时使用水枪数量（支）	每支水枪最小流量（L/s）	每根竖管最小流量（L/s）
厂房	高度≤24m、体积≤10000m³	5	2	2.5	5
	高度≤24m、体积>10000m³	10	2	5	10
	高度为 24～50m	25	5	5	15
	高度>50m	30	6	5	15
科研楼、实验楼	高度≤24m、体积≤10000m³	10	2	5	10
	高度≤24m、体积>10000m³	15	3	5	10
库房	高度≤24m、体积≤5000m³	5	1	5	5
	高度≤24m、体积>5000m³	10	2	5	10
	高度为 24～50m	30	6	5	15
	高度>50m	40	8	5	15
车站、码头、机场建筑物和展览馆等	5001～25000m³	10	2	5	10
	25001～50000m³	15	3	5	10
	>50000m³	20	4	5	15
商店、病房楼、教学楼等	5001～10000m³	5	2	2.5	5
	10001～25000m³	10	2	5	10
	>25000m³	15	3	5	10
剧院、电影院、俱乐部、礼堂、体育馆	801～1200 个	10	2	5	10
	1201～5000 个	15	3	5	10
	5001～10000 个	20	4	5	15
	>10000 个	30	6	5	15
住宅	7～9 层	5	2	2.5	5
其他建筑	≥6 层或体积≥10000m³	15	3	5	10
国家级文物保护单位的重点砖木及木结构的古建筑	体积≤10000m³	20	4	5	10
	体积>10000m³	25	5	5	15

注　1. 丁、戊类高层工业建筑室内消火栓的用水量可按本表减少 10L/s，同时使用的水枪数量可按本表减少 2 支。

2. 消防卷盘或轻便消防水龙及住宅楼梯间中的干式消防竖管上设置的消火栓，其消防用水量可不计入消防用水量。

建筑物内同时设置室内消火栓系统、自动喷水灭火系统、水喷雾灭火系统、泡沫灭火系统或固定消防灭火系统时，其室内消防用水量应按需要同时开启的上述系统用水量之和计算；当上述多种消防系统需要同时开启时，室内消火栓用水量可减少 50%，但不得小于 10L/s。

2. 高层建筑室内消火栓用水量

高层建筑发生火灾具有以下特点：

(1) 火种多、火势猛、蔓延快。高层建筑人员众多，人流频繁，烟蒂余星多。电器设备漏电走火，检修焊接，引起火灾的火种多。高层建筑装饰要求高，具有大量的可燃物质，如家具设备、窗帘、地毯、吊顶装饰，容易发生火灾；高层建筑竖井多，如电梯井、楼梯井、垃圾井、管道井、通风井、风道等，是火灾蔓延的通路，加上这些竖井的拔风作用，一旦发生火灾，火焰蔓延迅速，楼高风大，火势凶猛。

(2) 消防扑救困难。消防队员身负消防设备，沿楼梯快步迅速登高至 24m 以上高度时，呼吸和心跳都超过限度，已不能保持正常的消防战斗力。国产解放牌消防车的供水水压，其直接出水扑灭的供水高度也不能超过 24m。因此，高层建筑的消防设备要立足于“自救”。

(3) 人员疏散困难。在高层建筑中，由于竖井的拔风作用，火势、烟雾蔓延扩散极其迅速，烟雾的竖向扩散速度为 3～5m/s，横向扩散速度为 0.3～0.8m/s，烟雾中含有大量的一氧化碳，对人体有窒息作用，当烟雾浓度大时，仅需 2～3min，人就会因缺氧晕倒而被毒死、烧死，在烟雾弥漫中，人的最大行走距离为 20～30m，加上高层建筑人多，在旅馆性建筑中，因人地生疏，疏散极为困难。

(4) 经济损失大。高层建筑一旦发生火灾，如不能及时扑灭，人员伤亡多，经济损失大，对旅游宾馆更有政治影响，因此必须重视高层建筑的消防问题。除积极地从建筑、结构、装饰、设备等方面，在设计和选材上达到消防要求外，对已发生的火灾必须及时报警、疏导并以最快的速度扑灭火灾于初期。

高层建筑室内消火栓给水系统的消防水压要求和低层建筑一样，应确保室内消火栓用水量达到计算流量（见表 3-24），其水压能满足最不利点消火栓的出口水压要求。

表 3-24　高层民用建筑室内消火栓给水系统用水量

建筑物名称	建筑高度（m）	消防栓消防用水量（L/s）		每根立管最小流量（L/s）	每支水枪最小流量（L/s）
		室外	室内		
普通住宅	≤50	15	10	10	5
	＞50	15	20	10	5
(1) 高级住宅、医院、教学楼、普通旅馆、办公楼、科研楼、档案楼、图书楼、省级以下的邮政楼； (2) 每层建筑面积不超过 1000m² 的百货楼、展览楼； (3) 每层建筑面积不超过 800m² 的电信楼、财贸金融楼，市级和县级的广播楼、电视楼； (4) 地、市级电力调度楼，防洪指挥调度楼	≤50	20	20	10	5
	＞50	20	30	15	5
(1) 高级旅馆； (2) 重要的办公楼、科研楼、档案楼、图书楼，每层建筑面积大于 1000m² 的百货楼、展览楼、综合楼，每层面积超过 800m² 的电信楼、财贸金融楼； (3) 中央和省级的广播楼、电视楼； (4) 大区级和省级电力调度楼、防洪指挥楼	≤50	30	30	15	5
	＞50	30	40	15	5

注　建筑物高度不超过 50m，室内消火栓用水量不超过 20L/s，且设有自动喷水系统的建筑物，其室内消防用水量可按表中量减少 5L/s。

三、自动喷洒消防给水系统

自动喷洒消防给水系统是在火灾发生时，能自动喷水并发出火警信号的灭火系统，其控火灭火成功率高，目前广泛应用于一些重要的、火灾危险性大的及发生火灾后损失严重的工业与民用建筑中。

(一) 自动喷洒消防给水系统的类型及组成

1. 湿式喷水灭火系统

该系统由闭式喷头、湿式报警阀、报警装置、管网及供水设施等组成，如图 3－25 所示。该系统在报警阀的前后管道内始终充满着压力水。

在火灾发生的初期，建筑物的温度随之不断上升，当温度上升到使闭式喷头温感元件爆破或熔化脱落时，喷头即自动喷水灭火。此时，管网中的水由静止变为流动，水流指示器被感应送出电信号，在报警控制器上指示某一区域已在喷水。持续喷水造成报警阀的上部水压低于下部水压，其压力差值达到一定值时，原来处于闭合的报警阀就会自动开启，消防水通过湿式报警阀，流向干管和配水管灭火。同时，一部分水流沿着报警阀进入延迟器、压力开关及水力警铃等设施发出火警信号。此外，根据水流指示器和压力开关的信号或消防水箱的水位信号，控制箱内控制器能自动启动消防泵向管网加压供水，达到持续自动供水的目的。该系统适合安装在常年室温不低于 4℃且不高于 70℃，能用水灭火的建筑物、构筑物内。

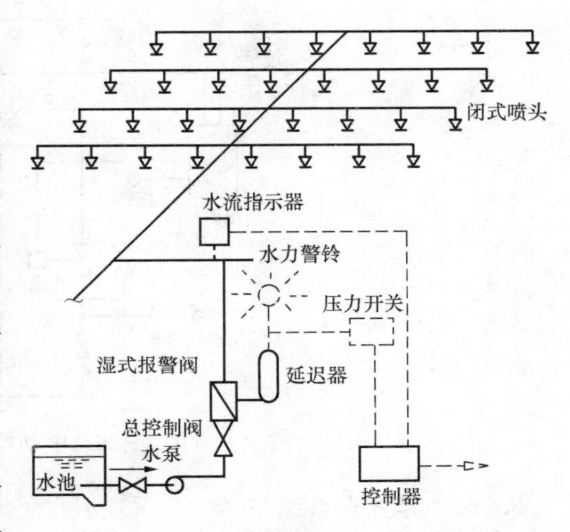

图 3－25　湿式喷洒水灭火系统示意图

2. 干式喷水灭火系统

该系统与湿式喷水灭火系统类似，但在报警阀后的管道上无水，而是充以有压气体，火灾时，喷头首先喷出气体，致使管网中压力降低，供水管道中的压力水打开报警阀而进入配水管网，接着从喷头喷出灭火。该系统由于报警阀后管网无水不怕冻，因此该系统适用于温度低于 4℃或高于 70℃以上场所。

3. 预作用喷水灭火系统

该系统综合运用了火灾自动探测控制技术和自动喷水灭火技术，兼具湿式和干式系统的特点。平时预作用阀后管道内充满有压气体，发生火灾时，由火灾探测系统自动开启预作用阀，使压力水迅速充满管道，喷头受热后即打开喷水。该系统适用于冬季结冰和不能采暖的建筑物内，或不允许有误喷而造成水渍损失的建筑物（如高级旅馆、医院、重要办公楼、大型商场等）和构筑物。

4. 雨淋喷水灭火系统

该系统由火灾探测系统、开式喷头、雨淋阀、报警装置、管道系统和供水装置组成。发生火灾时，火灾报警装置自动开启雨淋阀，开式喷头便自动喷水，大面积均匀灭火，效果十分显著。此系统适用于需要大面积喷水灭火并需快速制止火灾蔓延的危险场所，如剧院舞台，以及火灾危险性较大的工业车间、库房等场合。

5. 水幕系统

该系统是由水幕喷头、控制阀（雨淋阀或干式报警阀等）、探测系统、报警系统和管道等组成的阻火、隔火喷水系统，如图 3-26 所示。该系统和雨淋系统所不同的是，雨淋系统中用开式喷头，将水喷洒成锥体形扩散射流，而水幕系统中用开式水幕喷头，将水喷洒成水帘幕状。因此，它不能直接用来扑灭火灾，而是与防火卷帘、防火幕配合使用，对它们进行冷却和提高它们的耐火性能，阻止火势扩大和蔓延。也可单独使用，用来保护建筑物的门窗、洞口或在大空间造成防火水帘，起防火分隔作用。

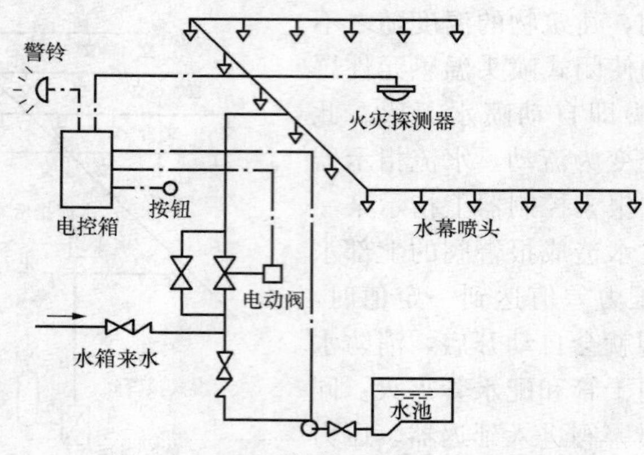

图 3-26 电动控制水幕系统示意图

6. 水喷雾灭火系统

该系统是利用水喷雾喷头在一定水压下将水流分解成细小水雾滴进行灭火或防护冷却的一种固定式灭火系统，适用于存放或使用易燃液体的场所及用于扑灭电器设备的火灾。

（二）自动喷水灭火系统中的主要器材

1. 喷头

喷头有闭式、开式和特殊喷头三种。

(1) 闭式喷头。如图 3-27 (a)、(b) 所示，它是带热敏感元件及其密封组件的自动喷头。该热敏感元件可在预定温度范围下动作，使热敏感元件及其密封组件脱离喷头主体，并按规定的形状和水量在规定的保护面积内喷水灭火。此种喷头按热敏感元件又分为玻璃球闭式喷头和易熔合金闭式喷头两种类型；按安装形式、布水形状又可分为直立型、下垂型、边墙型、顶型等。喷头的公称动作温度和色标见表 3-25。

表 3-25　　闭式喷头的公称动作温度

玻璃球闭式喷头		易熔合金闭式喷头	
公称动作温度（℃）	工作液色标	公称动作温度（℃）	轭臂色标
57	橙色	57～77	本色
68	红色	80～107	白色
79	黄色	121～149	蓝色
93	绿色	163～191	红色
141	蓝色	204～246	绿色

(2) 开式喷头。如图 3-27 (c)、(d) 所示，其喷口为敞开式，分别用于雨淋、水幕及喷雾系统中。

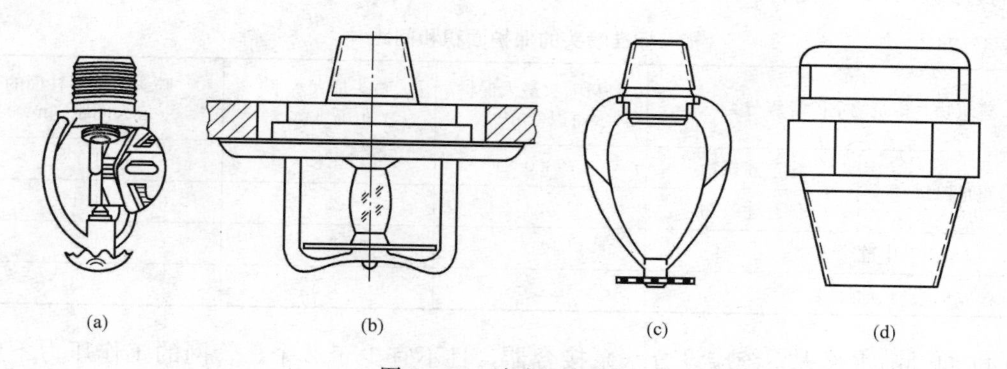

图 3-27　消防洒水喷头

(a) 易熔合金闭式喷头；(b) 玻璃球闭式喷头；(c) 开式喷头；(d) 水幕喷头

(3) 特殊喷头。有大小滴喷头、大覆盖面喷头等特殊要求喷头。喷头的选择应结合喷头的安装场合及环境温度选择，喷头公称动作温度应比环境温度高 30℃左右。

2. 湿式报警阀

湿式报警阀用于湿式自动喷水灭火系统上，其作用是：①接通或切断水源；②输送报警信号，启动水力警铃；③防止水倒流。

其工作原理为：平时阀芯的前后水压相等（水通过导向杆中的水压平衡小孔，保持阀板前后水压平衡）。由于阀芯的自重和阀芯前后所受水的总压力不同，阀芯处于关闭状态（阀芯上面的总压力大于阀芯下面的总压力）。发生火灾时，闭式喷头喷水，由于水压平衡小孔来不及补水，报警阀上面的水压下降，此时阀下水压大于阀上水压，于是阀板开启，向洒水管网及喷水头供水，同时水沿着报警阀的环形槽进入延迟器、压力继电器及水力警铃等设施，发出火警信号并启动消防水泵等设施。

3. 水流指示器

水流指示器用于湿式喷水灭火系统，其作用在于当失火时喷头开启喷水或者管道发生泄漏或意外损坏时，有水流过装有水流指示器的管道，则水流指示器即发出区域水流信号，起辅助电动报警作用。

4. 水力警铃

主要用于湿式喷水灭火系统，安装在湿式报警阀附近的报警阀打开水源，水流将使铃锤旋转，打铃报警。

5. 延迟器

延迟器主要用于湿式喷水灭火系统，安装在湿式报警阀和水力警铃、水力继电器之间的塔上，用以防止湿式报警阀因水压不稳所引起的误动作而造成的误报警。

(三) 自动喷水灭火系统管道和器材的布置

(1) 标准喷头的保护面积、喷头间距，见表 3-26。

(2) 报警阀宜设在明显地点，便于操作，距地高度宜为 1.2m，安装处地面应设排水设施。报警阀后的管道应独立成系统。

(3) 每根配水支管或配水管的管径应不小于 25mm，每根配水支管的喷头数对于轻、中危险级建筑不多于8个，对于严重危险级建筑不多于6个。自动喷水灭火系统的管材应采用镀锌钢管或镀锌无缝钢管。

表3-26 标准喷头的保护面积和间距

建筑物、构筑物危险等级分类		每只喷头最大保护面积（m^2）	喷头最大水平距离（m）	喷头与墙、柱面的最大间距（m）
严重危险级	生产建筑物	8.0	2.8	1.4
	储存建筑物	5.4	2.3	1.1
中危险级		12.5	3.6	1.8
轻危险级		21.0	4.6	2.3

（4）自动喷水灭火系统应设置水泵接合器，且不宜少于2个。管网的工作压力不应大于1.2MPa。

（5）自动喷水消防给水系统部分的消防水箱按10min自动喷水水量考虑，消防水池容量按贮存不小于1h自动消防水量考虑。

（四）自动喷水灭火系统设计计算

自动喷水灭火系统管网水力计算的目的在于确定管网各管段管径，计算管网所需的供水压力，确定高位水箱的设置高度和选择消防水泵。

（1）喷头的出流量应按下式计算

$$q=K\sqrt{10p} \tag{3-22}$$

式中：q 为喷头出流量，L/min；p 为喷头工作压力，MPa；K 为喷头流量系数，标准喷头 $K=80$。

（2）系统的设计流量，应按最不利点处作用面积内喷头同时喷水的总流量确定

$$Q_s=\frac{1}{60}\sum_{i=1}^{n}q_i \tag{3-23}$$

式中：Q_s为系统设计流量，L/s；q_i为最不利点处作用面积内各喷头节点的流量，L/min；n 为最不利点处作用面积内的喷头数。

（3）沿程水头损失和局部水头损失：

1）每米管道的水头损失应按下式计算

$$i=0.0000107\frac{v^2}{d^{1.3}} \tag{3-24}$$

式中：i 为每米管道的水头损失，MPa/m；v 为管道内的平均流速，m/s；d 为管道的计算内径，m，取值应按管道的内径减1mm确定。

2）沿程水头损失应按下式计算

$$h=il \tag{3-25}$$

式中：h 为沿程水头损失，MPa；l 为管道长度，m。

（4）系统供水压力或水泵所需扬程。自动喷水灭火系统所需的水压应按下式计算

$$H=\sum h+p_0+Z \tag{3-26}$$

式中：H 为系统所需水压或水泵扬程，MPa；$\sum h$ 为管道的沿程和局部水头损失的累计值，MPa；湿式报警阀、水流指示器取值0.02MPa，雨淋阀取值0.07MPa；p_0 为最不利点处喷

头的工作压力，MPa；Z 为最不利点处喷头与消防水池的最低水位或系统入口管水平中心线之间的高程差，MPa。

第三节 建筑内部热水供应系统

一、热水供应系统的分类与组成

（一）热水供应系统的分类

建筑内部的热水供应是满足建筑内人们在生产或生活中对热水的需求。热水供应系统按热水供应的范围大小，可分为局部热水供应系统、集中热水供应系统、区域性热水供应系统。

局部热水供应系统供水范围小，热水分散制备，一般靠近用水点设置小型加热设备供一个或几个配水点使用，热水管路短，热损失小，使用灵活。该系统适用于热水用水量较小且较分散的建筑，如单元式住宅、医院、诊所和布置较分散的车间、卫生间等建筑。

集中热水供应系统供水范围大，热水在锅炉房或热交换站集中制备，用管网输送到一幢或几幢建筑使用，热水管网较复杂，设备较多，一次性投资大。该系统适用于使用要求高，耗热量大，用水点多且比较集中的建筑，如高级居住建筑、旅馆、医院、疗养院、体育馆等公共建筑。

区域性热水供应系统供水范围大，一般是城市片区、居住小区的范围内，热水在区域性锅炉房或热交换站制备，通过市政热水管网送至整个建筑群，热水管网复杂，热损失大，设备、附件多，自动化控制技术先进，管理水平要求高，一次性投资大。

（二）热水供应系统的组成

建筑内热水供应系统中，局部热水供应系统所用加热器、管路等比较简单。区域热水供应系统管网复杂、设备多。集中热水供应系统应用普遍，如图 3－28 所示。集中热水供应系统一般由下列部分组成。

1. 第一循环系统（热媒系统）

第一循环系统又称热媒系统，由热源、水加热器和热媒管网组成。锅炉生产的蒸汽（或过热水）通过热媒管网输送到水加热器，经散热面加热冷水。蒸汽经过热交换变成凝结水，靠余压经疏水器流至凝结水箱，凝结水和新补充的冷水经冷凝循环泵再送回锅炉生产蒸汽。如此循环而完成水的加热，即热水制备过程。

2. 第二循环系统（热水供应系统）

热水供应系统由热水配水管网和回水管网组成。被加热到设计要求温度的热水，从水加热器出口经配水管网送至各个热水配水点，而水加热器所需冷水来源于高位水箱或给水管网。为满足各热水配水点随时都有设计要求温度的热水，在立管和水平干管甚至配水支管上设置回水管，使一定量的热水在配水管网和回水管网中流动，以补偿配水管网所散失的热量，避免热水温度的降低。

3. 附件

由于热媒系统和热水供应系统中控制、连接的需要，以及由于温度的变化而引起的水的体积膨胀、超压、气体离析、排除等，常使用的附件有温度自动调节器、疏水器、减压阀、安全阀、膨胀罐（箱）、管道自动补偿器、闸阀、水嘴、自动排气器等。

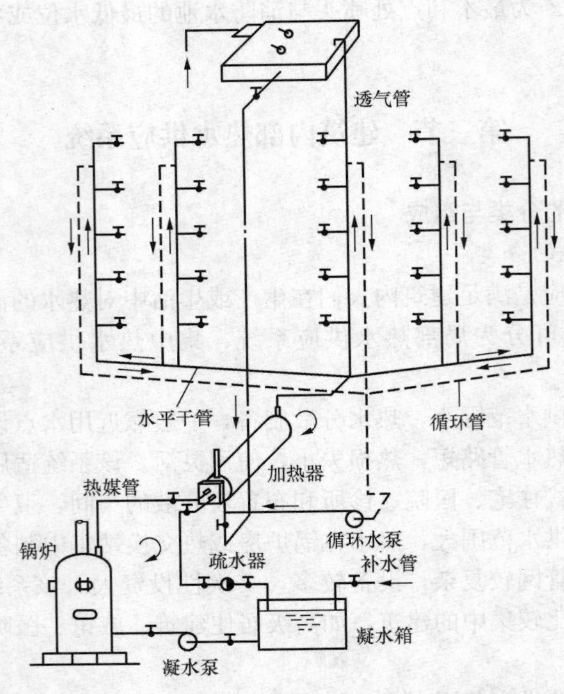

图 3-28 热媒为蒸汽的集中热水供应系统

二、热水管道的配置及敷设

热水供应管道按管网有无循环管分为全循环、半循环和非循环方式。半循环方式是仅对局部的干管进行循环，对立管不设循环管。非循环方式是不设循环管道。标准较高时，应采用全循环供应方式。

按干管在建筑内布置位置分，有下行上给和上行下给两种方式。下行上给式的水平干管可敷设在室内地沟、地下室顶部。上行下给式的水平干管敷设在建筑物顶层或专用设备技术层内。下行上给式系统设有循环管道时，其回水立管应在最高配水点以下（约 0.5m）与配水立管连接。上行下给式系统中只需将循环管道与各立管连接，但配水干管的最高点应设排气装置。下行上给式热水配水系统，应利用最高配水点放气。在系统的最低点，应有泄水装置或利用最低配水点泄水。

立管尽量设置在管道竖井内，或布置在卫生间内。管道穿楼板及墙壁应设套管，楼板套管应高出地面 5～10mm，以防楼板地面水由板孔流到下一层。热水管应有与水流相反的坡度，便于排气和泄水，坡度一般不小于 0.003。

为防止热水管道输送过程中发生倒流或串流，冷、热水的水压应接近，并应在水加热器或贮水罐给水管道上设置止回阀。

热水管道系统应有补偿管道温度伸缩的措施，较长干管宜用波纹管伸缩节；立管与水平干管的连接方法应用弯头，这样可以消除管道受热伸长时的各种影响。

热水管道宜用铜管、铝塑复合管及不锈钢管。

热水锅炉、水加热器、贮水器、热水配水干管、机械循环回水干管和有结冻可能的自然循环回水管应保温，保温层的厚度应经计算确定。

三、水加热设备

水的加热方法有直接加热和间接加热两种。加热方法的选择应根据热源情况、热能成本、熟水用量、设备造价及经常费用等因素确定。在有条件的工厂，应尽量利用废热、余热作为热源。

1. 热水锅炉直接加热

利用热水锅炉直接将水加热并通过管网送到各用水点。图 3－29 为燃油锅炉加热装置示意图，设热水贮水罐的目的是稳定压力和调节热水流量。这种加热方法的优点是设备简单、热效率高、噪声小、工作稳定，缺点是在水的硬度较大时，锅炉容易结垢。

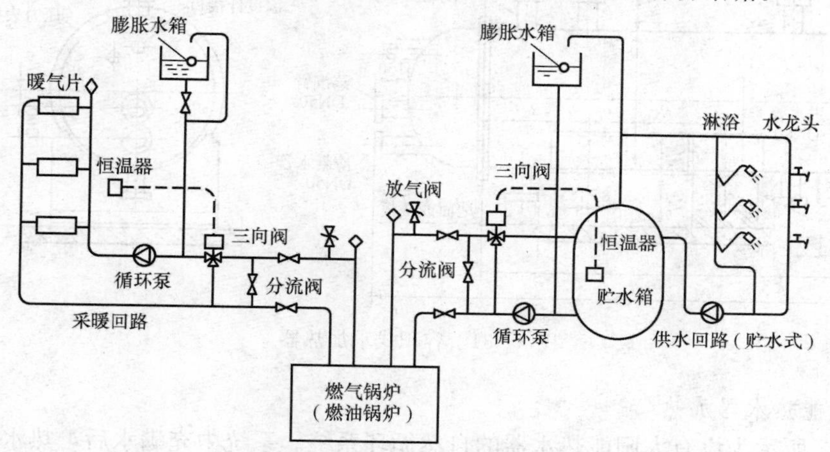

图 3－29 利用燃油锅炉作热源的采暖供水双回路系统

2. 蒸汽直接加热

把蒸汽通入水箱中直接将水加热，蒸汽直接加热常用多孔管加热和喷射器加热两种方法。图 3－30 为蒸汽加热示意图，图（a）为多孔管加热，在加热水箱的底部设置用钢管制成的多孔管蒸汽通过多孔管上的小孔喷入水箱中。水被加热后，由热水管送至各用水点。为了避免当停止送汽时水箱中的水倒流进入蒸汽管内，蒸汽管应从高出加热水箱水位 0.5m 以上处引入。这种加热方法比较简单、热效率高、维护管理方便，缺点是噪声大，常用于小型热水箱或浴室大池水的加热。图（b）为消声喷射器加热，可充分利用蒸汽的压力和热能。

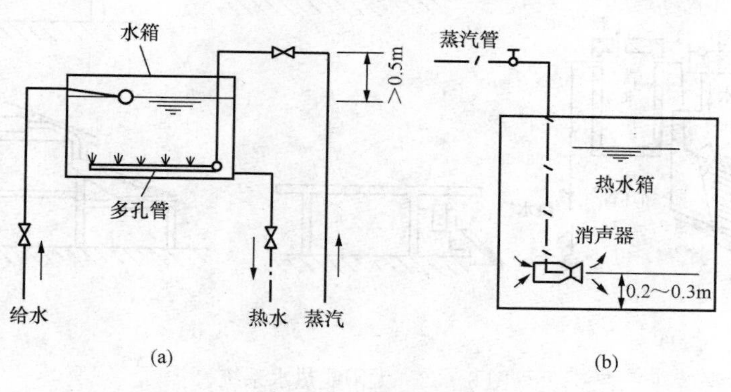

图 3－30 蒸汽加热

（a）多孔管加热；（b）消声喷射器加热

3. 容积式水加热器

容积式水加热器是水的间接加热设备之一，如图 3-31 所示。在容积式水加热器中，蒸汽和水不直接接触，而是通过 U 形加热盘管向水散热。放出热量后，蒸汽变成凝结水由下部流出。加热器内的冷水被加热后由上部进入热水供应管网。容积式水加热器的供水温度比较稳定，但热效率低、造价高、占地大、维修管理不便，常用于要求供水温度稳定、用水量大而又不均匀的热水系统。

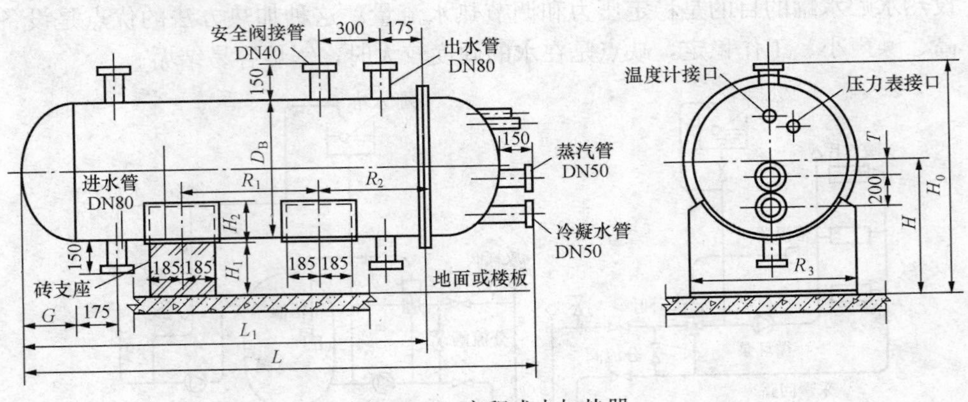

图 3-31 容积式水加热器

4. 太阳能热水器加热

图 3-32 所示为设有太阳能热水器的自然循环系统。系统中充满水后，热水器吸收太阳辐射热，水温会逐渐上升。由于容重的不同，加热器中被晒热的水由上升循环管进入贮水箱，箱中的冷水沿下降循环管流入加热器，水在系统中形成自然循环。热水不断地流入贮水箱贮存起来，以供淋浴使用。太阳能热水器构造简单、成本低、管理方便、适用地区较广，可提供 30～60℃的热水。新型的太阳能加热器以真空管加热，辅以电加热，全年都可以使用。

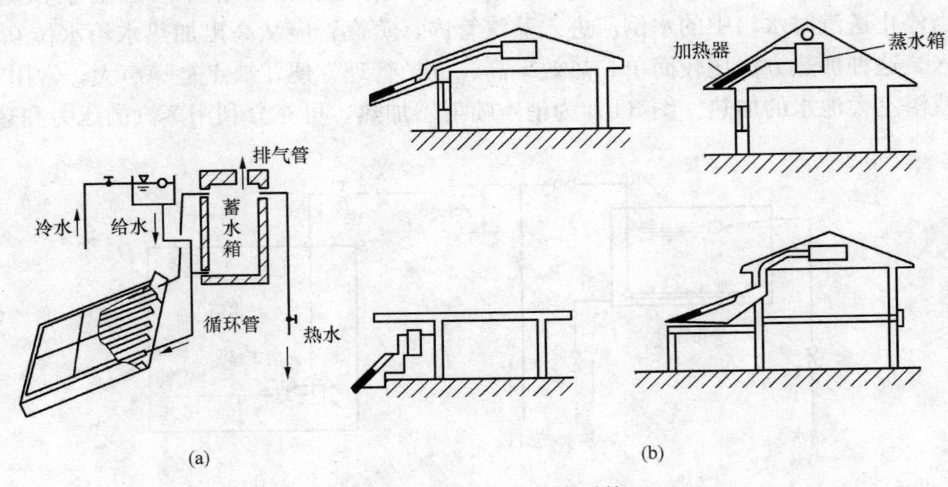

图 3-32 太阳能热水系统

(a) 配管形式；(b) 建筑布置形式

第四节 建筑内部排水系统

一、建筑内部排水系统的分类和组成

（一）建筑内部排水系统的分类

建筑内部排水系统的任务是把建筑内的生活污水、工业废水和屋面雨、雪水收集起来，有组织、及时畅通地排至室外排水管网、处理构筑物或水体。按系统排除的污、废水种类的不同，可将建筑内排水系统分为以下几类。

1. 生活排水系统

生活排水系统排除居住建筑、公共建筑及工业企业生活间的污水与废水。由于污废水处理、卫生条件或杂用水水源的需要，生活排水系统又可分为：

(1) 生活污水排水系统：排除大便器（槽）、小便器（槽）以及与此相似卫生设备产生的污水。

(2) 生活废水排水系统：排除洗涤盆（池）、淋浴设备、洗脸盆、化验盆等卫生器具排出的洗涤废水。

2. 工业废水排水系统

工业废水排水系统排除工业企业在工业生产过程中产生的污水与废水。为便于污废水的处理和综合利用，可将其分为：

(1) 生产污水排水系统：排除生产过程中被污染较重的工业废水的排水系统。生产污水需经过处理后才允许回用或排放，如含酚污水，含氰污水，酸、碱污水等。

(2) 生产废水排水系统：排除生产过程中只有轻度污染或水温提高，只需经过简单处理即可循环或重复使用的较洁净的工业废水的排水系统，如冷却废水、洗涤废水等。

3. 屋面雨水排水系统

屋面雨水排水系统排除降落在屋面的雨、雪水。

（二）建筑内部排水系统的组成

建筑内部排水系统的任务是迅速通畅地将污水排到室外，并能保持系统气压稳定，同时将管道系统内有害有毒气体排到一定空间而保证室内环境卫生，如图 3-33 所示。完整的排水系统可由以下部分组成。

1. 卫生器具和生产设备受水器

卫生器具是建筑内部排水系统的起点，用以满足人们日常生活或生产过程中各种卫生要求，并收集和排出污水、废水。

2. 排水管道

排水管道包括器具排水管（指连接卫生器具和横支管的一段短管，除坐式大便器外，其间含有一个存水弯）、横支管、立管、埋地干管和排出管。

3. 通气管道

建筑内部排水系统是水气两相流动，当卫生器具排水时，需向排水管道内补给空气，以减小气压变化，防止卫生器具水封破坏，使水流通畅，同时也需将排水管道内的有毒有害气体排放到一定空间的大气中去，补充新鲜空气，减缓金属管道的腐蚀。

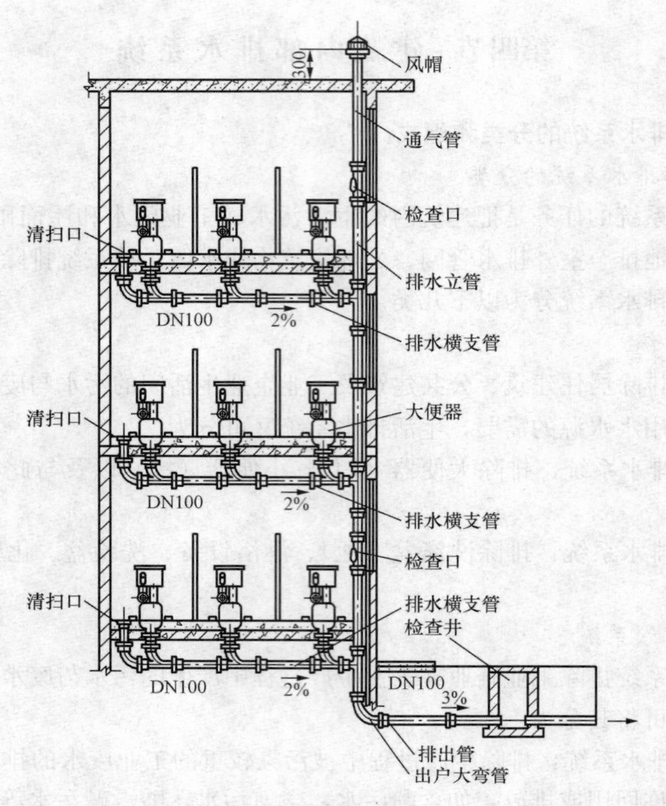

图 3－33 建筑内部排水系统的组成

4. 清通设备

为疏通建筑内部排水管道，保障排水畅通，常需设检查口、清扫口、带清扫门的 90°弯头或三通、室内埋地横干管上的检查井等。

5. 提升设备

工业与民用建筑的地下室、人防建筑物、高层建筑地下技术层、地下铁道、立交桥等地下建筑物的污水、废水不能自流排至室外时，常须设抽升设备。

6. 污水局部处理构筑物

当建筑内部污水未经处理不能排入其他管道或市政排水管网和水体时，须设污水局部处理构筑物。

二、卫生器具及卫生间的布置

(一) 卫生器具

卫生器具是建筑内部给排水系统的重要组成部分，是用来满足日常生活中各种卫生要求、收集和排除生活及生产中产生的污水、废水的设备。卫生器具按其作用分为以下几类：

1. 便溺器具

(1) 大便器。大便器有坐式、蹲式和大便槽之分。坐式大便器多设于住宅、宾馆类建筑，其他两种多设于公共建筑。大便器有冲洗式、虹吸式、喷射虹吸式和旋涡虹吸式等多种，如图 3－34 所示。

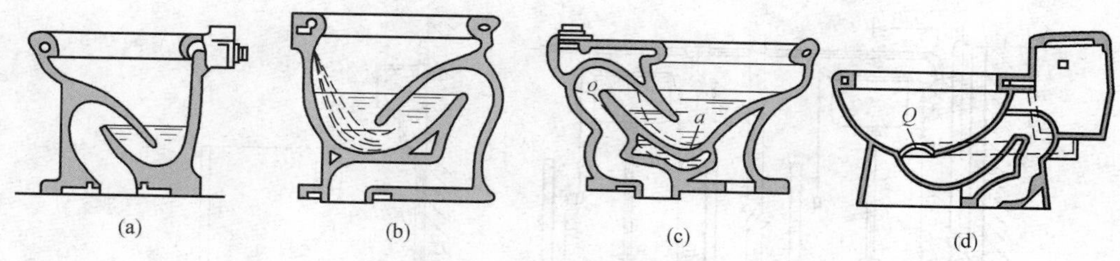

图 3－34　坐式大便器的冲洗方式

（a）冲洗式；（b）虹吸式；（c）喷射虹吸式；（d）旋涡虹吸式

冲洗式大便器因污物不易冲洗干净且臭气向外逸出，已逐渐淘汰，目前广泛采用虹吸式冲洗方式。虹吸式坐便器靠虹吸作用把污物吸出，冲洗迅速、干净。图 3－35 为低水箱坐便器安装简图，图 3－36 为高水箱蹲便器安装简图。

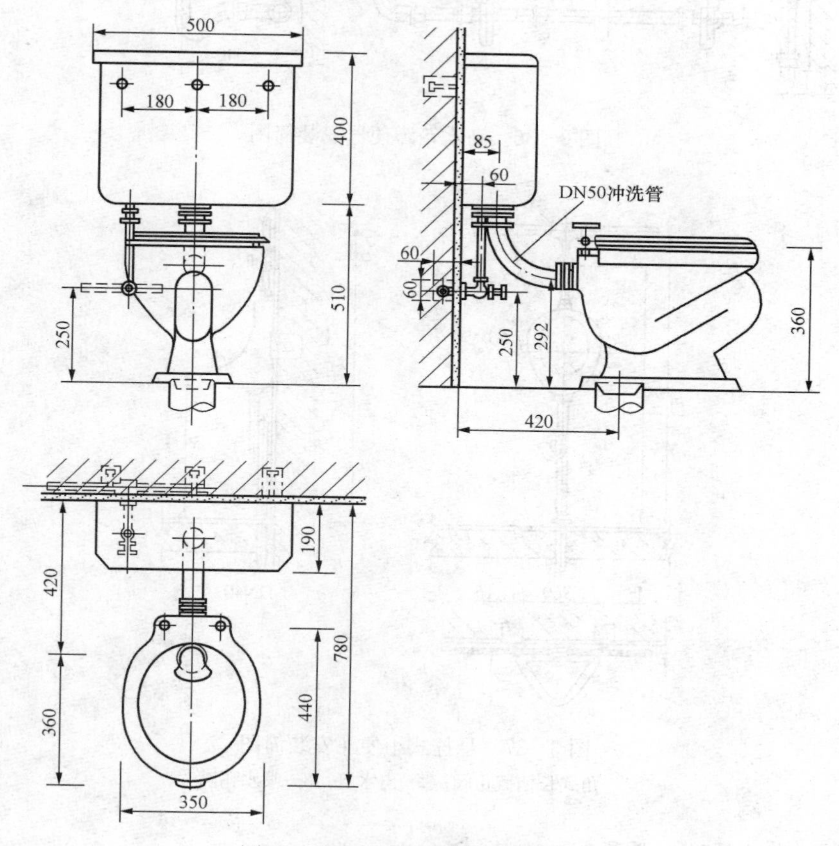

图 3－35　低水箱坐便器安装简图

（2）小便器。小便器有挂式、立式和小便池三种。图 3－37 为悬挂式小便斗安装简图，立式小便器、小便池等安装尺寸及冲洗水栓参见国家标准图。

近年来随着生活水平的提高，为满足人们改善和美化生活环境的要求，出现了很多新型的便溺用卫生器具，图 3－38 为一种新型的墙前隐蔽式冲洗设备大、小便器示意图。

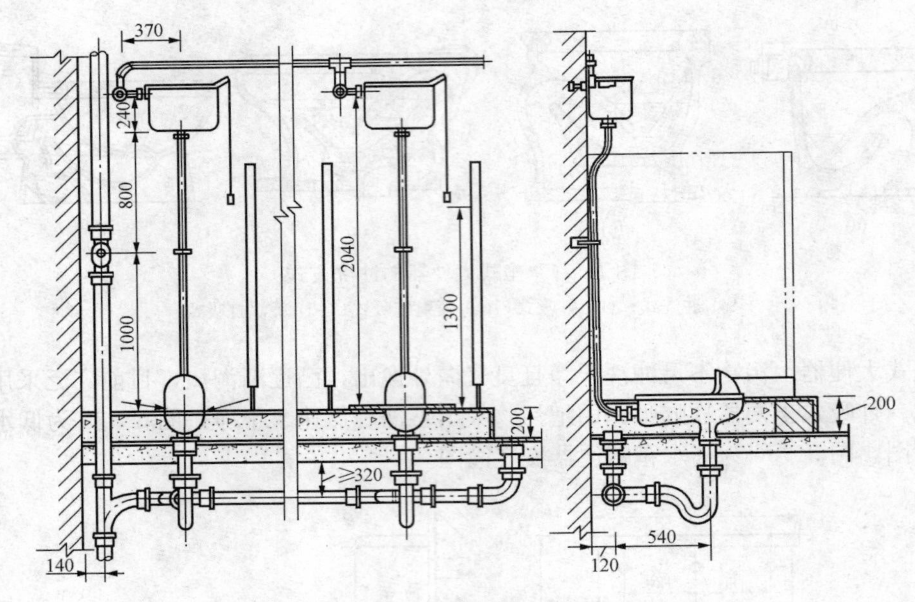

图 3-36 高水箱蹲便器安装简图

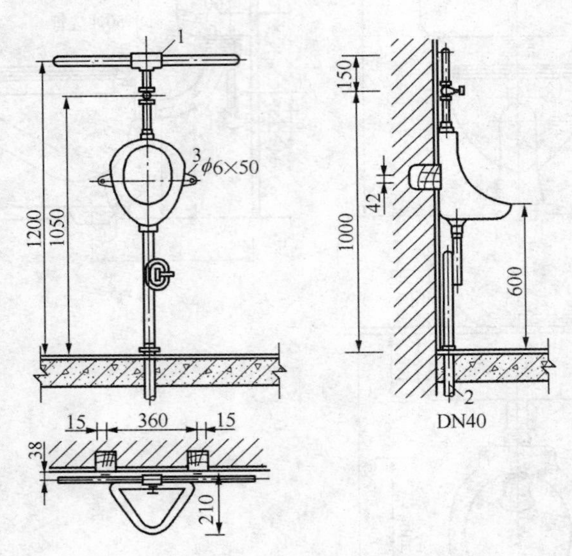

图 3-37 悬挂式小便斗安装简图

1—角式长柄截止阀；2—出水管；3—喷水鸭嘴

2. 盥洗、沐浴用卫生器具

(1) 洗脸盆。洗脸盆的形状有长方形、半圆形及三角形等。按架设方式可分为墙架式、柱脚式和台式，如图 3-39 所示。

(2) 盥洗槽。盥洗槽通常设置在集体宿舍及工厂生活间内，多用水泥或水磨石制成，造价较低，有标准施工详图可供查阅。

(3) 浴盆。浴盆一般设置在住宅、宾馆、旅店、医院等场所，按造型不同，有长方形和方形；按浴盆龙头安装方式不同，有一般冷热水龙头方式、混合龙头式、固定淋浴器式、移

图 3－38　墙前隐蔽式冲洗设备大、小便器示意图

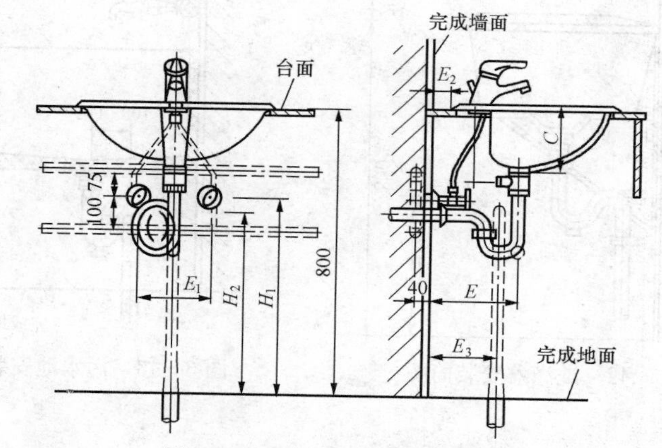

图 3－39　台式洗脸盆安装简图

动软管淋浴器式、单柄淋浴器混合龙头裙板式、三联混合龙头裙板式、三联恒温龙头裙板式、单柄暗装混合龙头裙板式等多种浴盆，各种浴盆具体安装可参阅国家标准图集。图 3－40为一般冷、热水龙头长方形浴盆安装简图。

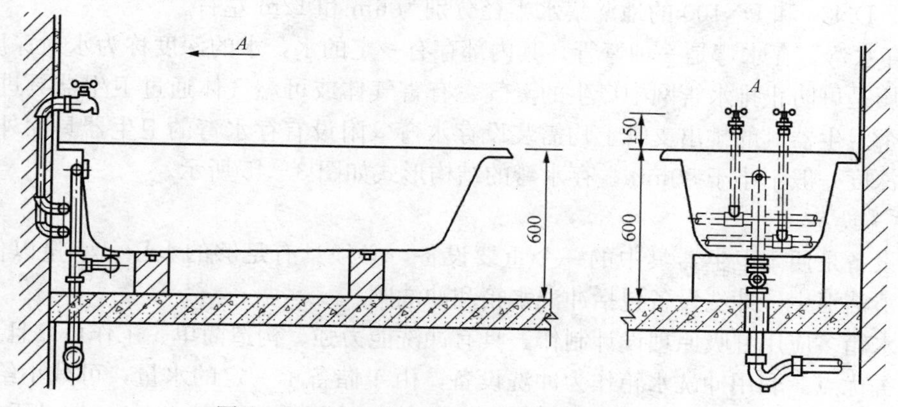

图 3－40　冷、热水龙头长方形浴盆安装简图

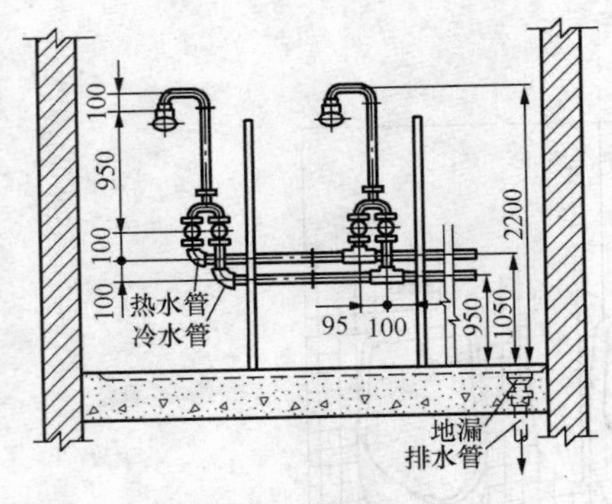

图 3-41 淋浴器安装简图

(4) 淋浴器。多用于公共浴室，与浴盆相比具有占地面积小、费用低、卫生等优点。图 3-41 为淋浴器安装简图。

3. 洗涤用卫生器具

洗涤用卫生器具主要有污水盆、洗涤盆、化验盆等。通常，污水盆装置在公共建筑的厕所、卫生间及集体宿舍盥洗室中，供打扫厕所、洗涤拖布及倾倒污水之用；洗涤盆装置在居住建筑、食堂及饭店的厨房内，供洗涤碗碟及菜蔬食物之用。污水盆及洗涤盆的安装见图 3-42、图 3-43。

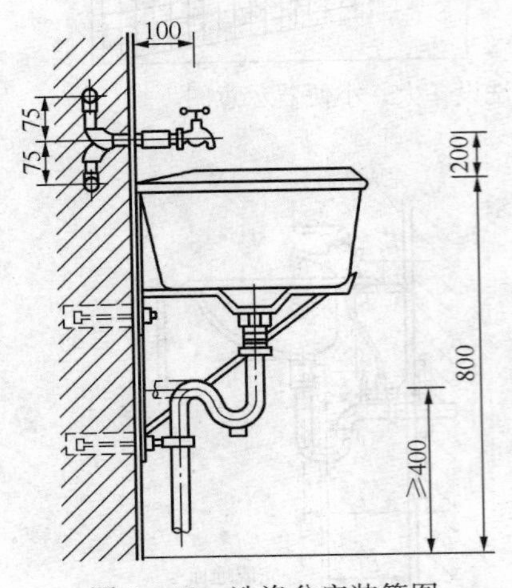

图 3-42 洗涤盆安装简图

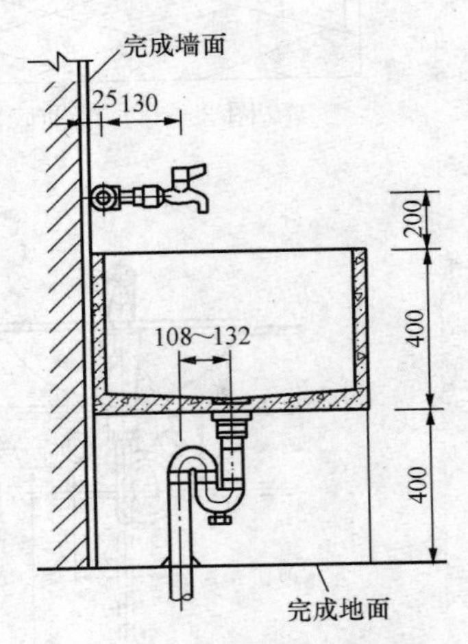

图 3-43 污水池安装简图

4. 地漏及存水弯

(1) 地漏。地漏主要设置在厕浴室、盥洗室、卫生间及其他需要从地面排水的房间内，用以排除地面积水。地漏一般用铸铁或塑料制成，其构造有带水封和不带水封两种。图 3-44为自带水封的新型地漏。地漏应设置在受水器具附近及地面的最低处，地漏箅子顶面应比地面低 5～10mm，地漏水封深不得小于 50mm，其周围地面应有不小于 0.01 的坡度坡向地漏。DN50 和 DN100 的地漏集水半径分别为 6m 和 12m 左右。

(2) 存水弯。存水弯是一种弯管，其内部存有一定的水，水的深度称为水封深度。水封装置的作用是可防止排水管网中产生的臭气、有害气体或可燃气体通过卫生器具进入室内。因此，每个卫生器具的排出支管上均需装设存水弯（附设有存水弯的卫生器具除外）。存水弯的水封深度一般不小于 50mm。存水弯的结构形式如图 3-45 所示。

5. 冲洗设备

冲洗设备是便溺卫生器具中的一个重要设备，必须具有足够的水压、水量以便冲走污物，保持清洁卫生。冲洗设备包括冲洗水箱和冲洗阀。

冲洗水箱多应用虹吸原理设计制作，具有冲洗能力强、构造简单、工作可靠且可控制和自动作用等优点。利用冲洗水箱作为冲洗设备，由于储备了一定的水量，可减小给水管径。冲洗阀形式较多，一般均直接装在大便器的冲洗管上，距地板面高 0.8m。按动手柄，冲洗

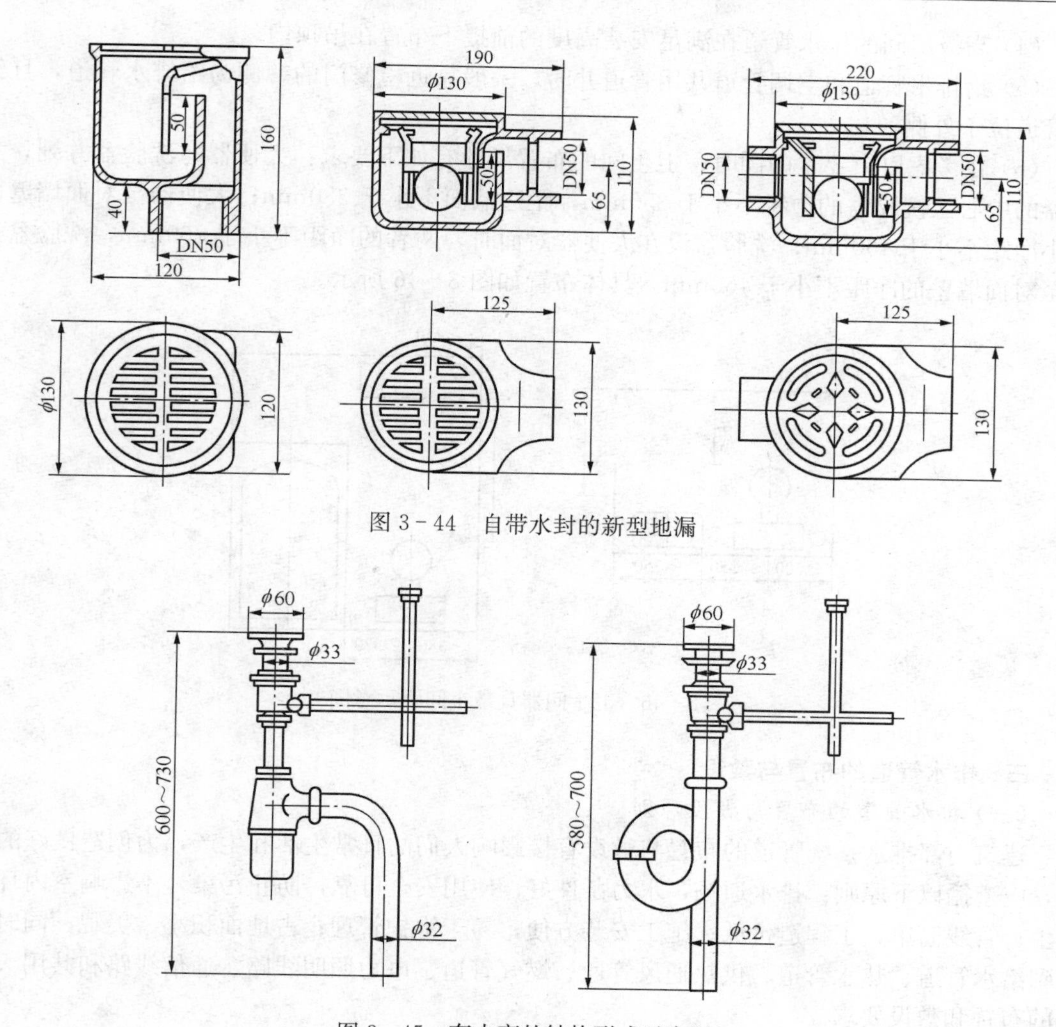

图 3-44　自带水封的新型地漏

图 3-45　存水弯的结构形式示意图

阀内部的通水口被打开，于是强力水流经过冲洗管进入卫生器具进行冲洗。

各种卫生器具的结构、形式以及材料应根据卫生器具的用途、装设地点、维修条件、安装等要求而定，多采用陶瓷、塑料、水磨石等不透水、无孔材料制造。

对于卫生器具有如下要求：表面光滑易于清洗、不透水、耐腐蚀、耐冷热和有一定的强度。除大便器外，一切卫生器具均应在放水口处设置十字栏栅，以防止粗大污物进入排水管道，引起管道阻塞。

（二）卫生间的布置

卫生间的布置应注意以下几点：

(1) 粪便污水立管应靠近大便器，大便器排入支管应尽可能径直接入。

(2) 如污水、废水分流排除，废水立管应尽量靠近浴盆。

(3) 如污水、废水分流排除，且污水、废水立管共用一根专用通气立管，则共用的专用通气立管应布置在两者之间；若管道均位于管道井内且双排布置时，在满足管道安装间距的前提下，共用的专用通气立管尽量布置在污水、废水立管的对侧。

(4) 高级房间的排水管道在满足安装高度的前提下布置在吊顶内。

(5) 给排水管道和空调管道共用管道井时，一般靠近检修门的一侧为给排水管道，且给水管道位于外侧。

(6) 在考虑以上要素的同时，卫生间的布置尺寸有如下要求：大便器与洗脸盆并列，大便器的中心至洗脸盆的边缘不小于350mm，距边墙面不小于380mm；大便器至对面墙壁的最小净距不小于460mm；洗脸盆设在大便器对面时，两者的净距不小于760mm，洗脸盆边缘至对面墙壁的净距不小于460mm。具体布置如图3-46所示。

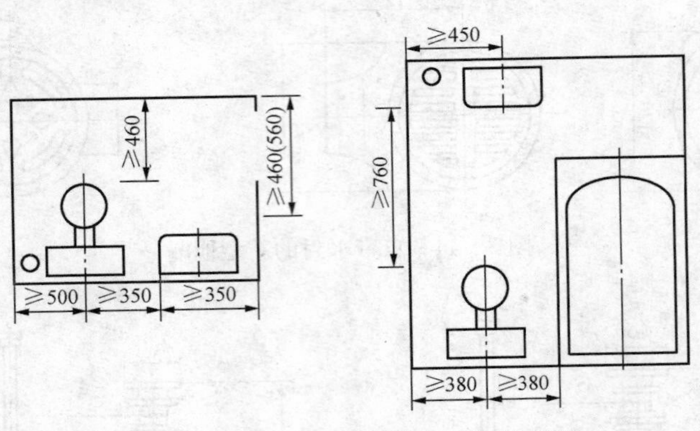

图3-46 卫生间器具最小间距示意图

三、排水管道的布置与敷设

(一) 排水管道的布置与敷设原则

建筑内部排水系统管道的布置与敷设直接影响人们的日常生活和生产，为创造良好的环境，应遵循以下原则：排水通畅，水力条件好；使用安全可靠，防止污染，不影响室内环境卫生；管线简单，工程造价低；施工安装方便，易于维护管理；占地面积小、美观；同时兼顾到给水管道、热水管道、供热通风管通、燃气管道、电力照明线路、通信线路和共用天线等的布置和敷设要求。

(二) 管道布置

管道布置的四点要求：①满足最佳排水水力条件；②满足美观要求及便于维护管理；③保证生产和使用安全；④保护管道不易受到损坏。

污水立管应设置在靠近杂质最多、最脏及排水量最大的排水点处，以便尽快地接纳横支管的污水而减少管道堵塞的机会；污水立管的位置应避免靠近与卧室相邻的内墙；同理，污水管的布置应尽量减少不必要的转角及曲折，尽量作直线连接。横管与立管之间的连接宜采用斜三通、斜圆通或两个45°弯头连接，或直径大于4倍排水管管径的90°弯头连接。

排出管宜以最短距离通至室外，因排水管较易堵塞，如埋设在室内的管道太长，清通检修也不方便；此外，管道长则坡度大，必然会加深室外管道的埋设深度。

在层数较多的建筑物内，为防止底层卫生器具因受立管底部出现过大的正压等原因而造成污水外溢现象，底层的生活污水管道应考虑采取单独排出方式。

不论是立管或横支管，不论是明装或暗装，其安装位置应有足够的空间，以利于拆换管件和清通维护工作的进行。

当排出管与给水引入管布置在同一处进出建筑物时，为方便维修和避免或减轻因排水管渗漏造成土壤潮湿腐蚀和污染给水管道的现象，给水引入管与排出管管外壁的水平距离不得小于1.0m。

管道应避免布置在有可能受设备振动影响或重物压坏处，因此管道不得穿越生产设备基础，若必须穿越时，应与有关专业人员协商作技术上的特殊处理。

管道应尽量避免穿过伸缩缝、沉降缝，若必须穿过时，应采取相应的技术措施，以防止管道因建筑物的沉降或伸缩而受到破坏。

排水架空管道不得敷设在有特殊卫生要求的生产厂房，以及贵重商品仓库、通风小室和变、配电间内。

明装的排水管道应尽量沿墙、梁、柱而作平行设置，保持室内的美观；当建筑物对美观要求较高时，管道可暗装，但应尽量利用建筑物装修使管道隐蔽，这样既美观又经济。

（三）管道敷设

排水管的管径相对于给水管管径较大，又常需要清通修理，所以排水管道应以明装为主。在工业车间内部甚至采用排水明沟排水（所排污水、废水不应散发有害气体或大量蒸气）。明装方式的优点是造价低，缺点是不美观、积灰结露不卫生。

对室内美观程度要求较高的建筑物或管道种类较多时，应采用暗装方式。立管可设置在管道井内，或用装饰材料镶包掩盖，横支管可镶嵌在管槽中，或利用平吊顶装修空间隐蔽处理。大型建筑物的排水管道应尽量利用公共管沟或管廊敷设，但应留有检修位置。

排水管为承插管道，无需留设安装或检修时的操作工具位置，所以排水立管的管壁与墙壁、柱等的表面净距有25～35mm即可。排水管与其他管道共通埋设时的最小距离，水平向净距为1.0～3.0m，竖直向净距为0.15～0.20m，且给水管道布置在排水管道上面。

为防止埋设在地下的排水管道受到机械损坏，按照不同的地面性质，规定各种材料管道的最小埋深为0.4～1.0m。

排水管道的固定措施比较简单，排水立管用管卡固定，其间距最大不得超过3m；在承插管接头处必须设置管卡。横管一般用吊箍吊设在楼板下，间距视具体情况不得大于1.0m。

排水管道穿越楼层时，预留的孔洞尺寸参见表3-27。

表3-27 卫生器具排水管道穿越楼板预留孔洞

卫生器具名称	留洞尺寸（mm）
大便器	200×200
大便槽	300×300
浴盆（普通、高级）	100×100（250×300）
洗脸盆	150×150
小便器（斗）	150×150
小便槽	150×150
污水盆（洗涤盆）	150×150
地漏（50～70mm）	200×200
地漏（100mm）	300×300

排水管道尽量不要穿越沉降缝、伸缩缝，以防止管道受到影响而漏水。不得不穿越时应采取有效措施，如软性接口等。

排水管道穿越建筑物基础时，必须在垂直通过基础的管道部分外套较其直径大 200mm 的金属套管，或设置在钢筋混凝土过梁的壁孔内；管顶与过梁之间应留有足够的沉降间距，以保护管道不因建筑物的沉降而受到破坏。排出管穿越带形基础的敷设方式见图 3-47，排出管穿过基础留洞尺寸见表 3-28。

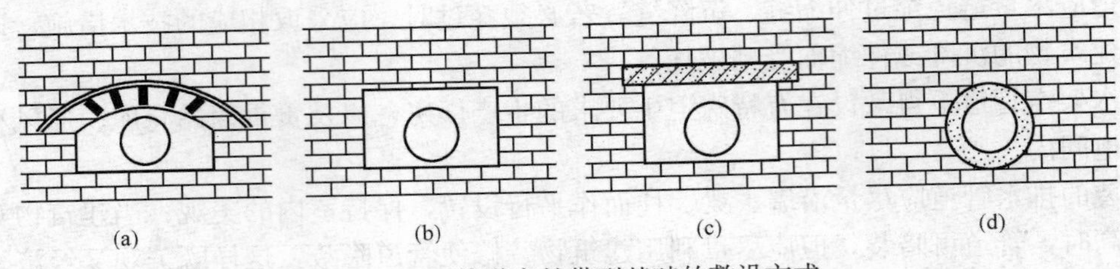

图 3-47　管道穿越带型基础的敷设方式

(a) 分压拱；(b) 壁孔；(c) 过梁；(d) 套管

表 3-28　排出管穿越基础留洞尺寸　mm

管径	50～75	≥100
留洞尺寸（高×宽）	300×300	(d+300) × (d+200)

当管道埋设在带形基础下时，基础底面与管顶间应至少相距 100mm 或有相应的沉陷量，在此间填软土，并在管道上基础下设置过梁或分压拱。管道穿越地下室外壁或地下构筑物墙壁时，应采取防水措施。

对于湿陷性黄土地区的排水管道，设计和施工应特别注意，绝对不允许管道漏水。相应措施可查阅有关资料。

四、建筑内部排水系统的计算

（一）设计流量

1. 排水定额、卫生器具排水流量与当量

以污水盆排水量 0.33L/s 为一个排水当量，将其他卫生器具的排水量与 0.33L/s 的比值作为该种卫生器具的排水当量。由于卫生器具排水具有突然、迅速、流量大的特点，因此，一个排水当量的排水流量是一份给水当量额定流量的 1.65 倍。

卫生器具排水流量、当量和排水管管径应按表 3-29 确定。

表 3-29　卫生器具的排水流量、当量和排水管管径

序号	卫生器具名称	卫生器具类型	排水流量 (L/s)	排水当量	排水管管径 (mm)
1	洗涤盆、污水盆（池）		0.33	1.00	50
2	餐厅、厨房洗菜盆（池）	单格洗涤盆（池）	0.67	2.00	50
		双格洗涤盆（池）	1.00	3.00	50
3	盥洗槽（每个水嘴）		0.33	1.00	50～75
4	洗手盆		0.10	0.30	32～50
5	洗脸盆		0.25	0.75	32～50
6	浴盆		1.0	3.0	50

续表

序号	卫生器具名称	卫生器具类型	排水流量（L/s）	排水当量	排水管管径（mm）
7	淋浴器		0.15	0.45	50
8	大便器	冲洗水箱	1.5	4.5	100
		自闭式冲洗阀	1.2	3.6	100
9	医用倒便器		1.5	4.5	100
10	小便器	自闭式冲洗阀	0.1	0.3	40～50
		感应式冲洗阀	0.1	0.3	
11	大便槽	≤4个蹲位	2.5	7.5	40～50
		>4个蹲位	3.0	9.0	
12	小便槽（每米长）	自动冲洗水箱	0.17	0.5	100
13	化验盆		0.2	0.6	150
14	净身器		0.1	0.3	
15	饮水器		0.05	0.15	40～50
16	家用洗衣机		0.5	1.5	40～50

注 家用洗衣机下排水软管直径为30mm，上排水软管直径为19mm。

2. 设计秒流量

建筑内部生活排水管道的设计流量应为该管段的瞬时最大排水流量，即排水设计秒流量。

(1) 住宅、宿舍（Ⅰ类、Ⅱ类）、旅馆、宾馆、酒店式公寓、医院、疗养院、幼儿园、养老院、办公楼、商场、图书馆、书店、客运中心、航站楼、会展中心、中小学校教学楼、食堂或营业餐厅等建筑，其生活排水管道设计秒流量应按式（3－27）计算

$$q_p = 0.12\alpha\sqrt{N_p} + q_{max} \tag{3-27}$$

式中：q_p为计算管段污水设计秒流量，L/s；α为根据建筑物用途而定的系数，见表3－30；N_p为计算管段的卫生器具排水当量总数；q_{max}为计算管段上排水量最大的一个卫生器具的排水流量，L/s。

表3－30 根据建筑物用途而定的系数α值

建筑物名称	住宅、宿舍（Ⅰ类、Ⅱ类）、旅馆、宾馆、酒店式公寓、医院、疗养院、幼儿园、养老院的卫生间	旅馆和其他公共建筑盥洗室和厕所间
α值	1.5	2.0～2.5

按式（3－27）计算的结果大于该管段上所有卫生器具排水流量的累加值时，应将该管段上所有卫生器具排水流量的累加值作为该管段排水设计秒流量。

(2) 宿舍（Ⅲ类、Ⅳ类）、工业企业生活间、公共浴室、洗衣房、职工食堂或营业餐厅的厨房、实验室、影剧院、体育馆等，其建筑生活排水管道设计秒流量应按式（3－28）计算

$$q_p = \sum q_0 n_0 b \tag{3-28}$$

式中：q_p为计算管段排水设计秒流量，L/s；q_0为计算管段上同类型的一个卫生器具排水量，L/s；n_0为该计算管段上同类型卫生器具数；b 为卫生器具的同时排水百分数，%。冲洗水箱大便器按 12%计算，其他卫生器具同给水。

当按式（3－28）计算的排水流量小于一个大便器的排水流量时，应按一个大便器的排水流量计算。

（二）管网水力计算

1. 横管

（1）计算公式。对于横干和连接多个卫生器具的横支管，在逐段计算各管段的设计流量后，需通过水力计算来确定各管段的管径和坡度。建筑内部横向排水管道按圆管均匀流公式计算，即

$$q_p = Av \tag{3-29}$$

$$v = \frac{1}{n} R^{\frac{2}{3}} I^{\frac{1}{2}} \tag{3-30}$$

式中：q_p为计算管段排水设计秒流量，m^3/s；A 为管道在设计充满度的过水断面面积，m^2；v 为流速，m/s；R 为水力半径，m；I 为水力坡度；n 为管道的粗糙系数，铸铁管取 0.013，混凝土管、钢筋混凝土管取 0.013～0.014，塑料管取 0.009，钢管取 0.012。

（2）充满度和坡度。管道充满度是指管道内水深 h 与管径 d 的比值。在重力流的排水管中污水是非满流，管道上部未充满水流的空间用于排走污废水中的有害气体，容纳超负荷流量。

建筑内部生活排水铸铁管道和排水塑料管的最小坡度和最大设计充满度宜分别按表 3－31、表 3－32 确定。建筑排水塑料管粘接、熔接的排水横支管标准坡度应为 0.026。

表 3－31　建筑物内生活排水铸铁管道的最小坡度和最大设计充满度

管径（mm）	通用坡度	最小坡度	最大设计充满度
50	0.035	0.025	0.5
75	0.025	0.015	
100	0.020	0.012	
125	0.015	0.010	
150	0.010	0.007	0.6
200	0.008	0.005	

表 3－32　建筑物内生活排水塑料管道的最小坡度和最大设计充满度

外径（mm）	通用坡度	最小坡度	最大设计充满度
50	0.025	0.012	0.5
75	0.015	0.007	
110	0.012	0.004	
125	0.010	0.0035	

续表

外径（mm）	通用坡度	最小坡度	最大设计充满度
160	0.007	0.003	0.6
200	0.005	0.003	
250	0.005	0.003	
315	0.005	0.003	

（3）管径。在计算出横管各管段的设计秒流量 q_p 后，可控制流速 v、充满度 h/d 在允许范围内，由 q_p、v、h/d 这三个参数根据不同管材选用水力计算表，直接查得管径和坡度。为了排水通畅，防止管道堵塞，保障室内环境卫生，建筑内部排水管的管径不能过小，其最小管径应符合以下要求：

1）大便器的排水管最小管径不得小于100mm。

2）建筑物排出管的最小管径不得小于50mm。

3）下列场所排水横管的最小管径为：①公共食堂厨房内的污水采用管道排除时，其管径应比计算管径大一级，但干管管径不得小于100mm，支管管径不得小于75mm；②医院污物洗涤盆（池）和污水盆（池）的排水管径，不得小于75mm；③小便槽或连接3个及3个以上小便器时，其污水支管的管径不宜小于75mm；④浴池的泄水管管径宜为100mm。

建筑底层无通气的排水管与其楼层管道分开单独排出时，其排水横支管的管径按表3-33确定。

表3-33　无通气的底层单独排出的排水横支管最大设计排水能力

排水横支管管径（mm）	50	75	100	125	150
最大设计排水能力（L/s）	1.0	1.7	2.5	3.5	4.8

2. 立管

生活排水立管的最大设计排水能力应按表3-34确定。立管管径不得小于所连接的横支管管径。多层住宅厨房的立管管径不宜小于75mm。

表3-34　生活排水立管最大设计排水能力

排水立管系统类型			最大设计排水能力（L/s） 排水立管管径（mm）				
			50	75	100（110）	125	150（160）
伸顶通气	立管与横支管连接配件	90°顺水三通	0.8	1.3	3.2	4.0	5.7
		45°斜三通	1.0	1.7	4.0	5.2	7.4
专用通气	专用通气管（75mm）	结合通气管每层连接			5.5		
		结合通气管隔层连接		3.0	4.4		
	专用通气管（100mm）	结合通气管每层连接			8.8		
		结合通气管隔层连接			4.8		
主、副通气立管＋环形通气管					11.5		

续表

排水立管系统类型			最大设计排水能力（L/s）				
			排水立管管径（mm）				
			50	75	100（110）	125	150（160）
自然循环通气	专用通气形式				4.4		
	环形通气形式				5.9		
特殊单立管	混合器				4.5		
	内螺旋管＋旋流器	普通型		1.7	3.5		8.0
		加强型			6.3		

注 排水层数在15层以上时宜乘系数0.9。

五、屋面雨水排水系统

屋面雨水排水系统应迅速、及时地将屋面雨水排至室外雨水管渠或地面。

屋面雨水的排水方式分为外排水和内排水。外排水是利用屋面檐沟或天沟将雨水收集，并通过立管排至室外地面或雨水收集装置；内排水是通过屋面上设置的雨水斗将雨水收集，并通过室内雨水管道系统将雨水排至室外地面或雨水收集装置。排水方式应根据建筑结构形式、气候条件及生产使用要求选用。

（一）檐沟外排水

对一般的居住建筑、屋面面积较小的公共建筑及单跨的工业建筑，雨水多采用屋面檐沟汇集，然后流入外墙的水落管排至屋墙边地面或明沟内。若排入明沟，再经雨水口、连接管引到雨水检查井，如图3-48所示。水落管多用排水塑料管或镀锌铁皮制成，截面为矩形或半圆形，其断面尺寸约为100mm×80mm或120mm×80mm；也有用石棉水泥管的，但其下段极易因碰撞而破裂，故使用时，其下部距地1m高应考虑保护措施（多有水泥砂浆抹面）；工业厂房的水落管也可用塑料管及排水铸铁管，管径为100mm或150mm。水落管的间距，民用建筑为12～16m，工业建筑为18～24m。

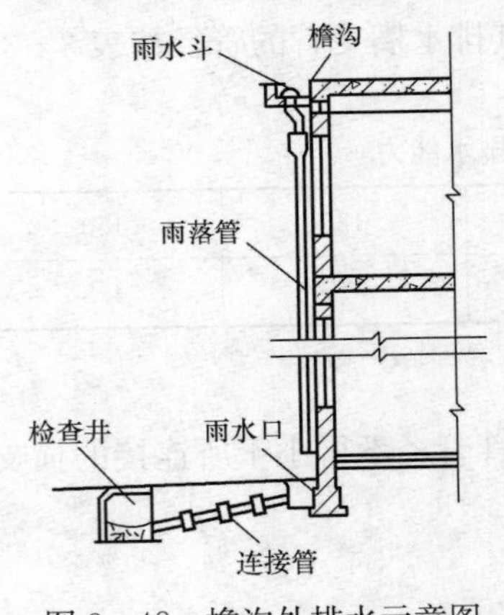

图3-48 檐沟外排水示意图

（二）天沟外排水

在多跨的工业厂房，中间跨屋面雨水的排除，过去常设计为内排水系统，这样在经济上增加了投资，在使用过程中常有检查井冒水的现象。因此，近年来国内对多跨厂房常采用天沟外排水的方式。这种排水方式的优点是可消除厂房内部检查井冒水的问题，而且具有节约投资、节省金属材料、施工简便（不需搭架空装悬吊管道等），以及为厂区雨水系统提供明沟排水或减小管道埋深等优点。但若设计不善或施工质量不佳，将会发生天沟渗漏的问题。

图3-49为天沟布置示意图，天沟以伸缩缝为分水线坡向两端，其坡度不小于0.005，天沟伸出山墙0.4m。雨水斗及雨水立管的构造与安装如图3-50所示。

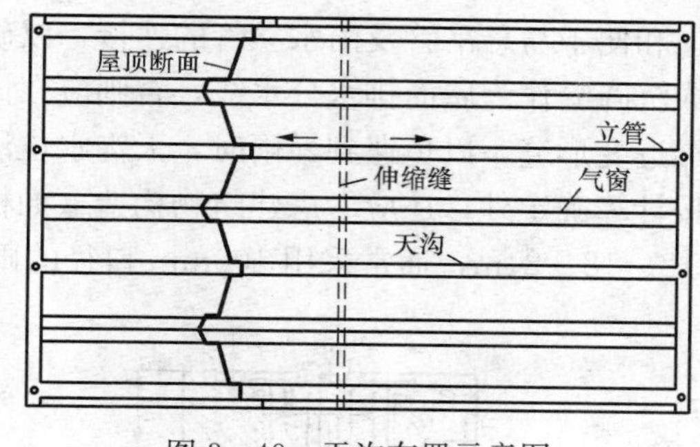

图 3-49　天沟布置示意图

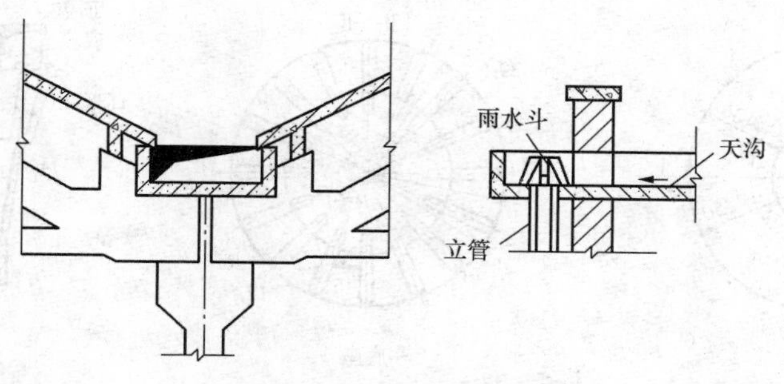

图 3-50　天沟与雨水管连接示意图

（三）建筑内排水

1. 内排水系统的组成

内排水系统由雨水斗、悬吊管、立管、地下雨水沟管及清通设备等组成。图 3-51 为内排水系统构造示意图。当车间内允许敷设地下管道时，屋面雨水可由雨水斗经立管直接流入室内检查井，再由地下雨水管道流至室外检查井。但因这种系统可能造成检查井冒水的现象，所以此种方法采用较少，应尽量设计成雨水由雨水斗经悬吊管、立管、排出管流至室外检查井。在冬季不甚寒冷的地区，或将悬吊管引出山墙，立管设在室外，固定在山墙上，类似天沟外排水的处理方法。

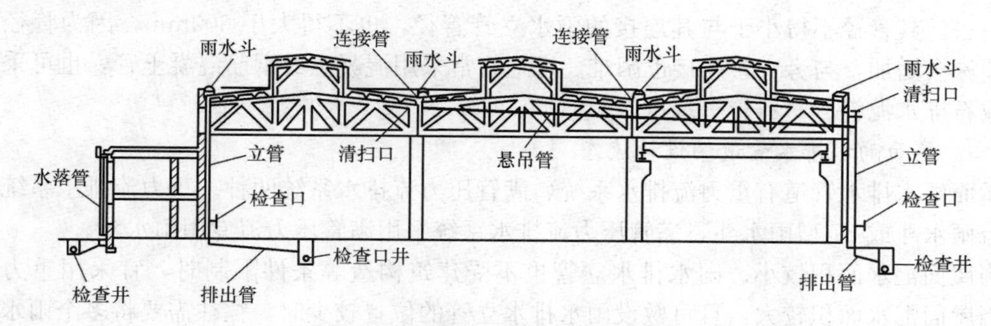

图 3-51　雨水内排水系统示意图

2. 系统的布置和安装

（1）雨水斗。雨水斗的作用是迅速地排除屋面雨、雪水，并能将粗大杂物拦阻下来。为此，要求选用导水通畅、水流平稳、通过流量大、天沟水位低、水流中掺气量小的雨水斗。目前我国常用的雨水斗有 65 型、79 型等，图 3-52 为雨水斗组合示意图。雨水斗布置的位置要考虑集水面积比较均匀和便于与悬吊管及雨水立管的连接，以确保雨水能通畅流入。布置雨水斗时，应以伸缩缝或沉降缝作为屋面排水分水线，否则应在该缝的两侧各设一个雨水斗。雨水斗的位置不要太靠近变形缝，以免遇到暴雨时，天沟水位涨高，从变形缝上部流入车间内。雨水斗的间距除按计算确定外，还应考虑建筑物构造（如柱子布置等）特点。在工业厂房中，间距一般采用 12、18、24m，通常采用 100mm 口径的雨水斗。

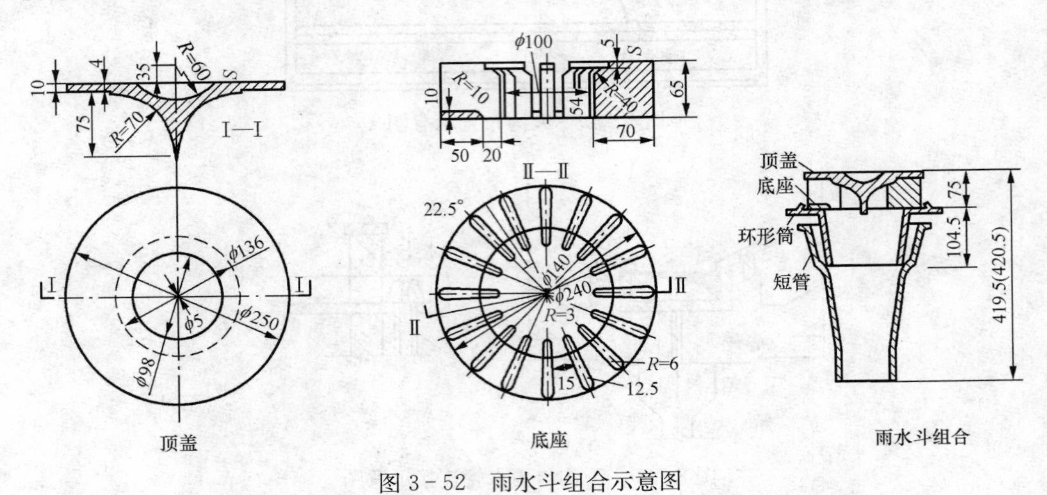

图 3－52　雨水斗组合示意图

(2) 悬吊管。在工业厂房中，悬吊管常固定在厂房的桁架上，便于经常性的维修清通；悬吊管需有不小于 0.003 的管坡，坡向立管。悬吊管管径不得小于雨水斗连接管的管径。当管径小于或等于 150mm，长度超过 15m，或管径为 200mm，长度超过 20m 时，均应设置检查口。悬吊管应避免从不允许有滴水的生产设备的上方通过。悬吊管在实际工作中为压力流，因此管材宜采用内壁较光滑的带内衬的承压铸铁管、承压塑料管、钢塑复合管等。

(3) 立管。雨水立管一般宜沿墙或柱子明装。立管上应装设检查口，检查口中心至地面的高度一般为 1m。立管管径应由计算确定，但不得小于与其连接的悬吊管管径。

(4) 排出管。排出管接纳各立管流来的雨水及较洁净的生产废水，并将其排至室外雨水管道中去。其管径不得小于与其连接的雨水立管管径，也不得大于 600mm，因为管径太大时，埋深会增加，与旁支管连接也困难。埋地管常采用混凝土或钢筋混凝土管，也可采用陶土管或石棉水泥管、塑料管等。

(四) 屋面雨水排水管道的设计流态

屋面雨水排水管道有重力流排水系统、满管压力流排水系统两种。重力流排水系统采用重力流雨水斗或 87 型雨水斗，满管压力流排水系统采用满管压力流专用雨水斗。

当屋面汇水面积较小、雨水排水立管也不受建筑构造等条件限制时，宜采用重力流排水；当屋面汇水面积较大，且可敷设雨水排水立管的位置较少时，往往需要将多个雨水斗接至 1 根雨水立管中，此时为了提高立管的宣泄能力，应采用满管压力流排水。

檐沟外排水和高层建筑屋面的雨水宜按重力流设计；长天沟外排水由于排水立管数量少，其雨水排水宜采用满管压力流设计；工业厂房、库房、公共建筑的大型屋面的雨水排水宜按满管压力流设计。

第四章 供 热 工 程

第一节 室内供暖系统的设计热负荷

供暖是用人工方法通过消耗一定能源向室内供给热量，使室内保持生活或工作所需温度的技术、装备、服务的总称。供暖系统由热媒制备（热源）、热媒输送和热媒利用（散热设备）三个主要部分组成。热源和散热设备分别设置，用热媒管道相连接，由热源向多个热用户供给热量的供暖系统，称为集中供暖系统。

根据《民用建筑供暖通风与空气调节设计规范》(GB 50736) 规定：

(1) 累年日平均温度稳定低于或等于5℃的日数大于或等于90天的地区，应设置供暖设施，并宜采用集中采暖。

(2) 符合下列条件之一的地区，宜设置供暖设施；其中，幼儿园、养老院、中小学校、医疗机构等建筑宜采用集中采暖：累年日平均温度稳定低于或等于5℃的日数为60～89天；累年日平均温度稳定低于或等于5℃的日数不足60天，但累年日平均温度稳定低于或等于8℃的日数大于或等于75天。

一、供暖系统设计热负荷

供暖系统的热负荷：在某一室外温度 t_w 下，为了达到要求的室内温度 t_n，供暖系统在单位时间内向建筑物供给的热量 Q，单位为 W (kJ/h、kcal/h)。它随着得失热量的变化而变化。

供暖系统的设计热负荷：在设计室外温度 t'_w 下，为达到要求的室内温度 t_n，供暖系统在单位时间内向建筑物供给的热量 Q'。它是设计供暖系统最基本的依据。

设计热负荷直接影响：供暖系统方案的确定；热源方式、容量大小；供暖管道大小，敷设方式，散热设备；热用户供暖效果；经济性、环境效果等。

设计热负荷确定的理论依据是热平衡理论，即供热量＝失热量－得热量（失热量＞得热量）。确定原则是在任何室外条件下，保证室内所要求的参数——室内温度 t_n，同时还要考虑清洁度，空气流速，有害、有毒气体浓度，含尘浓度等。为了满足人们在建筑内生活和生产的需要，要保证室内具有一定的温度。建筑物或房间有各种得热和失热，当失热量大于得热量时，需要由供暖、通风系统补进热量，以维持应有的温度。

其中，失热量 Q_{sh} 包括：

(1) 围护结构（墙、顶、地、门窗）的耗热量 Q_1；

(2) 加热由外门、窗缝隙渗入室内的冷空气耗热量——冷风渗透耗热量 Q_2；

(3) 加热由外门开启时经外门进入室内（或孔洞、相邻房间侵入）的冷空气耗热量——冷风侵入耗热量 Q_3；

(4) 水分蒸发的耗热量 Q_4；

(5) 加热由外部运入的冷物料和运输工具的耗热量 Q_5；

(6) 通风耗热量——排出空气带走的热量 Q_6。

得热量 Q_d 包括：

(1) 最小负荷班的工艺设备散热量 Q_7；

(2) 热管道及其他热表面的散热量 Q_8；

(3) 热物料的散热量 Q_9；

(4) 太阳辐射进入的热量 Q_{10}；

(5) 通过其他途径，如照明，炊事、人体等散失或获得的热量 Q_{11}。

在设计工况下的参数，用通常用上角标“′”表示。

工业厂房与公共建筑设计热负荷

$$Q' = Q'_{sh} - Q'_{d} = Q'_1 + Q'_2 + \cdots + Q'_6 - Q'_7 - Q'_8 - \cdots - Q'_{11}$$

没有机械通风系统的民用建筑可简化为

$$Q' = Q'_{sh} - Q'_{d} = Q'_1 + Q'_2 + Q'_3 - Q'_{10}$$

二、围护结构的基本耗热量

围护结构的传热耗热量 Q_1 是指当室内温度高于室外温度时，通过围护结构向外传递的热量。设计中通常将其分为两部分处理，即基本耗热量＋附加（修正）耗热量。

基本耗热量是在设计条件下，通过围护结构从室内传到室外的稳定传热量的总和，用 $Q'_{1,j}$ 表示。附加（修正）耗热量是指围护结构的传热状况发生变化时，对基本耗热量的修正，包括风力附加、高度附加、朝向修正，用 $Q'_{1,x}$ 表示。那么供暖系统的设计热负荷为

$$Q' = Q'_{1,j} + Q'_{1,x} + Q'_2 + Q'_3 \tag{4-1}$$

其中，太阳辐射进入的热量 Q'_{10} 已在朝向修正中考虑。对于有供暖和通风系统的建筑（如工业厂房和公共建筑），需视具体情况考虑热平衡和风平衡，此部分在“通风工程”中阐述。

工程设计中，围护结构的基本耗热量均按照一维稳态传热的方法计算，即在计算时间内相关参数都不发生变化。实际上围护结构的传热是一个不稳定的传热过程，但对于室内温度允许有一定波动的一般建筑来说，稳态传热计算简单且能满足基本要求。对于室内温度要求严格的建筑物来说，可以采用非稳态传热方法计算，这一内容需参考“空调工程”相关内容。

围护结构的基本耗热量计算公式

$$q' = KA(t_n - t'_w)\alpha \quad \text{(W)} \tag{4-2}$$

式中：K 为围护结构的传热系数，W/(m²·℃)；A 为围护结构的面积，m²；t_n 为冬季室内计算温度，℃；t'_w 为供暖室外计算温度，℃；α 为围护结构的温差修正系数。

整个建筑物或房间的基本耗热量 $Q'_{1,j}$ 等于各部分围护结构基本耗热量 q' 的总和，即

$$Q'_{1,j} = \sum q' = \sum KA(t_n - t'_w)\alpha \quad \text{(W)} \tag{4-3}$$

（一）室内计算温度 t_n

室内计算温度一般是指距地面 2m 以内人们活动地区的平均空气温度。室内计算温度的选定应满足生活和生产工艺的要求。生产要求的室温一般由工艺设计提出；生活要求的室温一般与人的热平衡有关，另外包括房间用途、湿度和散热强度、劳动强度、生活习惯、生活水平等因素。根据《室内空气质量标准》(GB/T 18883) 要求，民用建筑主要房间的室内温度定在 16～24℃。

《民用建筑供暖通风与空气调节设计规范》(GB 50736) 规定：供暖室内设计温度应符合下列规定：

(1) 严寒和寒冷地区主要房间应采用18～24℃；

(2) 夏热冬冷地区主要房间宜采用16～22℃；

(3) 设置值班供暖房间不应低于5℃。

严寒或寒冷地区设置供暖的公共建筑，在非使用时间内，室内温度应保持在0℃以上；当利用房间蓄热量不能满足要求时，应按保证室内温度5℃设置值班供暖。当工艺有特殊要求时，应按工艺要求确定值班供暖温度。

《工业建筑供暖通风与空气调节设计规范》规定：冬季室内设计温度应根据建筑物的用途采用，并符合下列规定：

(1) 生产厂房、仓库、公用辅助建筑的工作地点应按劳动强度确定设计温度，并符合下列规定：

1) 轻劳动应为18～21℃，中劳动应为16～18℃，重劳动应为14～16℃，极重劳动应为12～14℃。

2) 当每名工人占用面积不大于50m^{2}时，工作地点设计温度轻劳动时可降低至10℃，中劳动时可降低至7℃，重劳动时可降低至5℃。

(2) 生活、行政辅助建筑物及生产厂房、仓库、公用辅助建筑的辅助用室的室内温度应符合下列规定：

1) 浴室、更衣室不应低于25℃；

2) 办公室、休息室、食堂不应低于18℃；

3) 盥洗室、厕所不应低于14℃。

(3) 生产工艺对厂房有温、湿度有要求时，应按工艺要求确定室内设计温度。

(4) 采用辐射供暖时，室内设计温度值可低于上述第(1)～第(3)条规定值2～3℃。

(5) 严寒、寒冷地区的生产厂房、仓库、公用辅助建筑仅要求室内防冻时，室内防冻设计温度宜为5℃。

对高度较高的建筑物或房间，上部温度高于活动区，通过上围护结构的传热量增加。对于高度 $H>4$m 的建筑物或房间，冬季室内计算温度 t_n 规定如下：

(1) 计算地面时，采用工作地点温度 t_g。

(2) 计算屋顶和天窗时，采用屋顶下温度 t_d。

(3) 计算门、墙、窗时，采用室内平均温度 $t_{pj}=(t_g+t_d)/2$。

屋顶下空气温度 t_d 的确定：已有类似建筑实测确定；或按经验数值，用温度梯度法确定，即

$$t_d=t_g+(H-2)\Delta t \quad (℃) \tag{4-4}$$

式中：H 为屋顶距地面的高度，m；Δt 为温度梯度，℃/m，经验确定。

对散热量小于23W/m^{2}的建筑，当温度梯度值不能确定时，可先按工作地点温度计算，再用后续的高度附加方法进行修正。

具体室内计算温度的选取，可按照《全国民用建筑工程设计技术措施　暖通空调·动力》(2009年版)的相关内容确定。

(二) 供暖室外计算温度 t'_w

采用集中采暖时，正确确定供暖室外计算温度 t'_w 对供暖系统初投资、运行费用、供暖效果都有影响。选定供暖室外计算温度 t'_w 的方法主要有热惰性原理法和不保证天数法。

苏联采用热惰性原理法，规定供暖室外计算温度为50年中最冷的8个冬季里最冷的连续5天的日平均温度的平均值。根据热惰性原理法确定的供暖室外计算温度t'_w值偏低。

不保证天数法的原则是允许有几天时间室外温度可以低于供暖室外计算温度，即允许室内温度低于室内计算温度，室外温度t_w不保证1、3、5天等。

我国《民用建筑供暖通风与空气调节设计规范》(GB 50736) 规定：

(1) 采暖室外计算温度，应采用历年平均不保证5天的日平均温度。

(2) 设计计算用采暖期天数，应按累年日平均温度稳定低于或等于采暖室外临界温度的总日数确定。采暖室外临界温度的选取，一般民用建筑和工业建筑宜采用5℃。

(3) 室外计算参数的统计年份宜取近30年。不足30年者，按实有年份采用，但不得少于10年；少于10年时，应对气象资料进行修正。

(4) 山区的室外气象参数，应根据就地的调查、实测并与地理和气候条件相似的邻近台站的气象资料进行比较确定。

居住建筑的集中供暖系统应按连续供暖进行设计。我国部分城市供暖室外计算温度t'_w详见《民用建筑供暖通风与空气调节设计规范》中附录A、附录B。供暖室外计算温度t'_w是针对连续采暖或间歇采暖时间较短的采暖系统热负荷计算的；对于间歇时间较长的采暖系统，不保证的时间可能会多些。

(三) 温差修正系数α

需进行温差修正的情况：供暖房间围护结构外侧不与室外空气直接接触，中间隔着不供暖房间或空间，其传热量$q'=KF(t_n-t_h)$。为了将围护结构基本耗热量公式统一，简化计算，引入温差修正系数α，即

$$q'=\alpha KF(t_n-t'_w)=KF(t_n-t_h) \quad \text{(W)}$$

$$\alpha=\frac{t_n-t_h}{t_n-t_w} \tag{4-5}$$

式中：t_h为不供暖房间或空间的空气温度,℃。

影响温差修正系数α的因素很多，例如非供暖房间或空间的保温性能和透气状况等，参考值见表4-1。与相邻房间的温差$\Delta t \geqslant 5$℃，或通过隔墙和楼板等的传热量大于该房间热负荷的10%时，应计算通过隔墙或楼板等的传热量。

表4-1　温差修正系数α

围护结构特征	α
外墙、屋顶、地面以及与室外相通的楼板等	1.00
闷顶和与室外空气相通的非供暖地下室上面的楼板等	0.90
与有外门窗的不供暖楼梯间相邻的隔墙（1～6层建筑）	0.60
与有外门窗的不供暖楼梯间相邻的隔墙（7～30层建筑）	0.50
非供暖地下室上面的楼板，外墙上有窗时	0.75
非供暖地下室上面的楼板，外墙上无窗且位于室外地坪以上时	0.60
非供暖地下室上面的楼板，外墙上无窗且位于室外地坪以下时	0.40
与有外门窗的非供暖房间相邻的隔墙	0.70
与无外门窗的非供暖房间相邻的隔墙	0.40
伸缩缝抢、沉降缝墙	0.30
抗震缝墙	0.70

（四）围护结构传热系数 K

1. 匀质多层材料（平壁）传热系数

一般建筑物的外墙和屋顶都属于匀质多层材料，如图 4-1 所示，其传热系数 K 可用下式计算

$$K=\frac{1}{R_0}=\frac{1}{\frac{1}{\alpha_n}+\sum_{i=1}^{n}\frac{\delta_i}{\lambda_i}+\frac{1}{\alpha_w}}=\frac{1}{R_n+R_j+R_w}\quad[\mathrm{W/(m^2\cdot ℃)}] \tag{4-6}$$

式中：R_0 为围护结构的传热阻，$m^2 \cdot ℃/W$；α_n、α_w 为围护结构内、外表面的换热系数，$W/(m^2 \cdot ℃)$；R_n、R_w 为围护结构内、外表面的换热阻，$m^2 \cdot ℃/W$；δ_i 为围护结构各层材料的厚度，m；λ_i 为围护结构各层材料的热导率，$W/(m \cdot ℃)$；R_j 为围护结构各层材料组成的导热热阻，$m^2 \cdot ℃/W$，$R_j=\sum_{i=1}^{n}\frac{\delta_i}{\lambda_i}$。

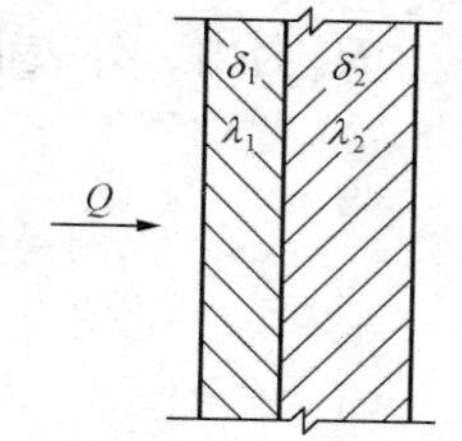

图 4-1　匀质多层材料传热示意图

工程计算当中采用的换热系数和换热阻值见表 4-2 和表 4-3。建筑材料的热导率 λ 可以查相关材料样本，常用围护结构的传热系数 K 值可由相关手册查出，具体见《实用供热空调设计手册》。

表 4-2　换热系数 α_n 和换热阻 R_n

围护结构内表面特征	α_n	R_n
墙、地面、表面平整或有肋状突出物的顶棚，当 $\frac{h}{s}\leqslant 0.3$ 时	8.7	0.115
有肋、井状突出物的顶棚，当 $0.2<\frac{h}{s}\leqslant 0.3$ 时	8.1	0.123
有肋状突出物的顶棚，当 $\frac{h}{s}>0.3$ 时	7.6	0.132
有井状突出物的顶棚，当 $\frac{h}{s}>0.3$ 时	7.0	0.143

注　h—肋高（m）；s—肋间净距（m）。

表 4-3　换热系数 α_w 和换热阻值 R_w

围护结构外表面特征	α_w	R_w
外墙和屋顶	23	0.04
与室外空气相通的非供暖地下室上面的楼板	17	0.06
闷顶和外墙上有窗的非供暖地下室上面的楼板	12	0.08
外墙上无窗的非供暖地下室上面的楼板	6	0.17

2. 两种以上材料组成、两向非匀质围护结构传热系数

空心砌块或填充保温材料的墙体等均属于两种以上材料组成、两向非匀质围护结构，如图 4-2 所示。此类传热过程属于二维，计算传热系数 K 值时有两种方法：近似计算方法和

实验数据。

近似计算方法是先求出平均传热阻，然后再确定传热系数 K 值，即

$$R_{pj}=\left[\frac{A}{\sum_{i=1}^{n}\frac{A_i}{R_{0i}}}-(R_n+R_w)\right]\varphi \quad (m^2\cdot ℃/W) \tag{4-7}$$

式中：R_{pj}为平均传热阻，$m^2\cdot ℃/W$；A 为与热流方向垂直的总传热面积，m^2；A_i为按平行热流方向划分的各个传热面积，m^2；R_{0i}为对应于传热面积A_i上的总热阻，$m^2\cdot ℃/W$；R_n、R_w为内、外表面换热阻，$m^2\cdot ℃/W$；φ 为平均传热修正系数，见表 4-4。

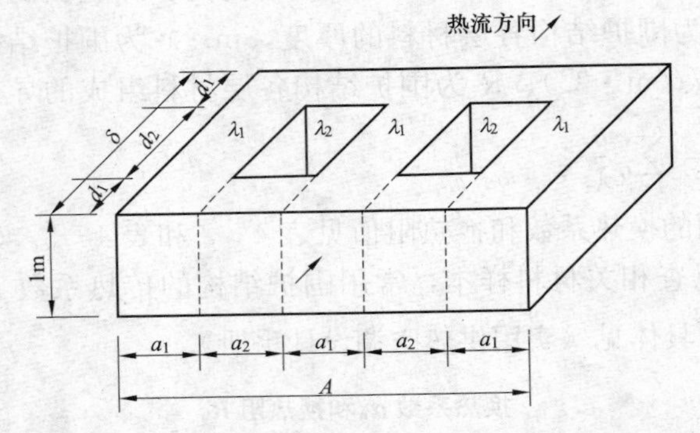

图 4-2 非匀质多层材料传热示意

表 4-4 修正系数 φ 值

序号	λ_2/λ_1或 $(\lambda_2+\lambda_3)/2\lambda_1$	φ
1	0.09～0.19	0.86
2	0.20～0.39	0.93
3	0.40～0.69	0.96
4	0.70～0.99	0.98

注 当存在圆孔时，应将圆孔折算成同面积的方孔计算。

将 R_{pj}代入下式即可求得围护结构传热系数 K 值

$$K=\frac{1}{R_0}=\frac{1}{R_n+R_{pj}+R_w} \quad [W/(m^2\cdot ℃)] \tag{4-8}$$

3. 空气间层传热系数

双层玻璃、空气屋面板、复合墙体的空气间层等均属于此类围护结构。空气间层可以减小围护结构的传热系数，其传热过程是辐射和对流换热的综合过程。影响空气间层换热阻 R 值的因素主要有间层的厚度、间层设置的方向和形状、密封性、表面特性等。厚度较薄时，热阻会随着厚度的增加而增大，在达到一定厚度以后热阻就不再变化了。当间层设置的方向使热流向下时热阻最大，竖壁次之，而热流向上时热阻最小。空气间层的热阻难以用理论公式计算，工程中可按表 4-5 选用。

表 4-5 **空气间层热阻 R 值**

特征	位置及热流状况	间层厚度 δ (mm)						
		5	10	20	30	40	50	60 以上
一般空气间层	热流向下（水平、倾斜）	0.10	0.14	0.17	0.18	0.19	0.20	0.20
	热流向上（水平、倾斜）	0.10	0.14	0.15	0.16	0.17	0.17	0.17
	垂直空气间层	0.10	0.14	0.16	0.17	0.18	0.18	0.18
单面铝箔空气间层	热流向下（水平、倾斜）	0.16	0.28	0.43	0.51	0.57	0.60	0.64
	热流向上（水平、倾斜）	0.16	0.26	0.35	0.40	0.42	0.42	0.43
	垂直空气间层	0.16	0.26	0.39	0.44	0.47	0.49	0.50
双面铝箔空气间层	热流向下（水平、倾斜）	0.18	0.34	0.56	0.71	0.84	0.94	1.01
	热流向上（水平、倾斜）	0.17	0.29	0.45	0.52	0.55	0.56	0.57
	垂直空气间层	0.18	0.31	0.49	0.59	0.65	0.69	0.71

4. 地面传热系数

室内地面传热与其靠近外墙的距离有关，路程不均匀，传热系数 K 值大小不同，但距离外墙约 8m 以上的地面，传热量基本不变。

地面传热系数的确定有两种方法：①地带划分法。整个地面取平均 K 值，参见《实用供热空调设计手册》。②地带划分法：将地面沿外墙平行的方向分成 4 个计算地带，如图 4-3 所示。

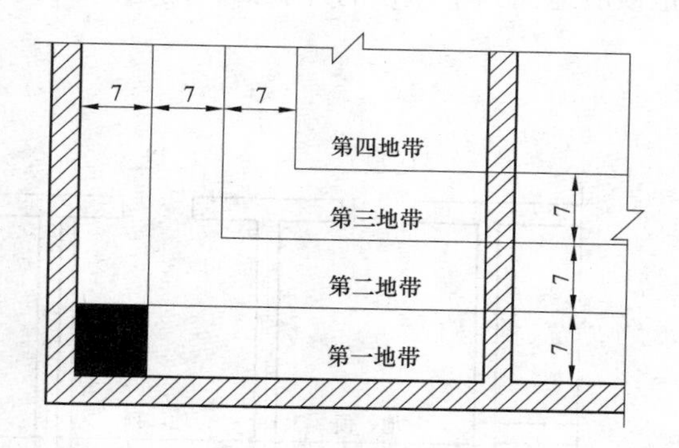

图 4-3 地带划分示意图

(1) 贴土非保温地面［组成地面的各层材料的热导率 λ 都大于 1.16W/(m·℃)］，见表 4-6，第一地带墙角面积重复计算。

表 4-6 **非保温地面的传热系数 K_0 和热阻 R_0**

地带	K_0	R_0
第一地带	0.47	2.15
第二地带	0.23	4.30
第三地带	0.12	8.60
第四地带	0.07	14.2

(2) 贴土保温地面［组成地面的各层材料中有热导率 λ<1.16W/(m·℃) 的保温层］，各地带热阻为

$$R'_0 = R_0 + \sum_{i=1}^{n} \frac{\delta_i}{\lambda_i} \quad (m^2 \cdot ℃/W) \tag{4-9}$$

式中：R_0为非保温地面的热阻，m^2·℃/W；δ_i为保温层的厚度，m；λ_i为保温层材料的导热系数，W/(m·℃)。

(3) 铺设在地垄上的保温地面（一般指地板），各地带的换热热阻为

$$R''_0=1.18R'_0 \quad (m^2\cdot ℃/W) \tag{4-10}$$

5. 坡屋面传热系数

对于有顶棚的坡屋面，当用顶棚面积计算其传热量时，屋面和顶棚的综合传热系数可按下式计算

$$K=\frac{K_1K_2}{K_1\cos\alpha+K_2} \quad [W/(m^2\cdot ℃)] \tag{4-11}$$

式中：K 为屋面和顶棚的综合传热系数，W/(m² · ℃)；K_1为顶棚的传热系数，W/(m² · ℃)；K_2为屋面的传热系数，W/(m² · ℃)；α 为屋面和顶棚的夹角。

（五）围护结构传热面积

1. 外墙

(1) 平面上：按外廓尺寸计算，内墙中心线为分界。

(2) 高度上：标准层是本层地面到上层地面，底层是保温层下表面到上层地面，平屋顶是顶层地面到平屋顶的外表面；闷顶是顶层地面到保温层表面，如图 4-4 所示。

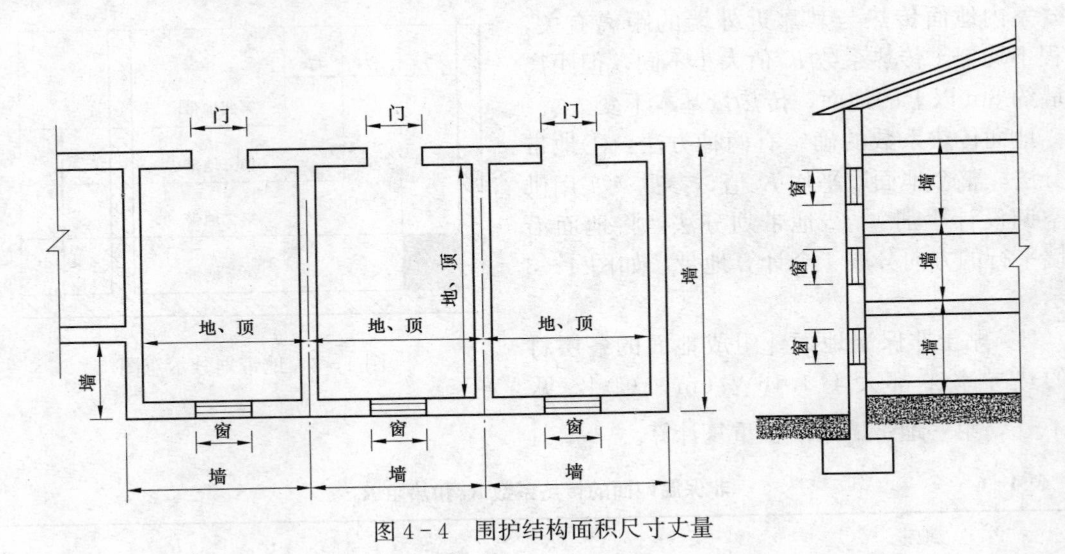

图 4-4 围护结构面积尺寸丈量

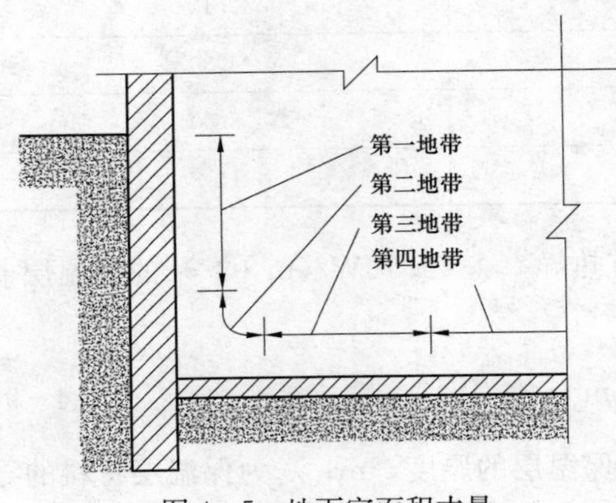

图 4-5 地下室面积丈量

2. 门、窗

外墙外面上的净空尺寸。

3. 闷顶和地面

按建筑物外墙以内的内廓尺寸计算。

4. 平屋顶

按建筑物外廓尺寸计算。

5. 地下室

从位于室外地面相平的墙面算起，看作是地面的延伸，如图 4-5 所示。

三、围护结构附加（修正）耗热量

围护结构的基本耗热量是在稳态条件下计

算的，实际耗热量会受到气象条件以及建筑物情况等因素影响有所增减。围护结构的附加耗热量，应按其占基本耗热量的百分率确定。

（一）朝向修正

考虑到太阳辐射对建筑物的影响，对围护结构基本耗热量进行修正。修正的方法是：垂直的外围护结构基本耗热量乘以朝向修正率（门、窗、外墙及屋顶的垂直部分）。

朝向修正率如下：

（1）北、东北、西北：0～10%。

（2）东、西：－5%。

（3）东南、西南：－10%～－15%。

（4）南：－15%～－30%。

注：1. 应根据当地冬季日照率、辐射照度、建筑物使用和被遮挡等情况选用修正率。

2. 冬季日照率小于35%的地区，东南、西南和南向的修正率宜采用－10%～0，东、西向可不修正。

3. 冬季日照率＝冬季日照时间/冬季时间。

（二）风力附加

考虑到室外风速度变化对建筑物表面换热的影响，对围护结构基本耗热量进行修正，即对外表面换热系数 α_w 进行修正。在基本耗热量计算时，外表面换热系数 α_w 是对应风速 4m/s 时的计算值。一般情况下不必考虑风力附加，只对设在不避风的高地、河边、海岸、旷野上的建筑物，以及城镇中明显高出周围其他建筑物的建筑物，其垂直外围护结构宜附加 5%～10%。

（三）高度附加

考虑在房间高度上存在温度梯度而对围护结构耗热量产生的影响，对围护结构基本耗热量进行修正。建筑（除楼梯间外）的围护结构耗热量高度附加率，散热器供暖房间高度大于 4m 时，每高出 1m 应附加 2%，但总附加率不应大于 15%；地面辐射供暖的房间高度大于 4m 时，每高出 1m 宜附加 1%，但总附加率不宜大于 8%。高度附加率，应附加于围护结构的基本耗热量和其他附加耗热量上。

综上，围护结构的总耗热量为

$$Q_1'=Q_{1j}'+Q_{1x}'=(1+x_g)\sum\alpha KA(t_n-t_w')(1+x_{ch}+x_f)\quad (W) \tag{4-12}$$

式中：x_{ch} 为朝向修正率，%；x_f 为风力附加率，%，$x_f\geqslant 0$；x_g 为高度附加率，%，$0\leqslant x_g\leqslant 15\%$。其余符号含义同前。

对于只要求在使用时间保持室内温度，而其他时间可以自然降温的供暖间歇使用建筑物，可按间歇供暖系统设计。其供暖热负荷应对围护结构耗热量进行间歇附加，附加率应根据保证室温的时间和预热时间等因素通过计算确定。间歇附加率可按下列数值选取：

（1）仅白天使用的建筑物，间歇附加率可取 20%。

（2）对不经常使用的建筑物，间歇附加率可取 30%。

四、冷风渗透耗热量

在风压和热压作用下，冷空气通过门、窗缝隙进入室内，加热后逸出。将通过门、窗缝隙进入室内的冷空气由室外温度加热至室内温度所消耗的热量，称为冷风渗透耗热量。影响冷风渗透耗热量的因素主要有门窗构造、门窗朝向、室外风向和风速、室内外温差、建筑物高低、建筑物内部构造等。对于多层建筑物（6 层及 6 层以下），只考虑风压作用；

对于高层建筑，需考虑热压、风压的综合作用。计算方法有缝隙法、换气次数法、百分数法。

（一）缝隙法计算多层建筑物的冷风渗透耗热量

按不同朝向的门、窗缝隙长度，以及每米长缝隙渗入的冷空气来确定冷风渗透耗热量。需要考虑的因素有门窗类型、风速、朝向等。

缝隙长度计算：①仅有一面或相邻两面外墙，全部计算可开启部分缝隙长度；②相对两面外墙，计算风量大的一面；③三面外墙，计算风量大的两面。

计算公式为

$$Q'_2=0.278V\rho_w c_p(t_n-t'_w) \quad (W) \tag{4-13}$$

其中

$$V=nLl$$

式中：V 为渗入室内的总空气总量，m^3/h；L 为每米缝隙渗入的空气量，$m^3/(h \cdot m)$，根据风速选取，见表 4-7；l 为缝隙长度，m；n 为渗透空气量的朝向修正系数，查相关规范或手册；ρ_w为供暖室外计算温度 t'_w下的空气密度，kg/m^3；c_p 为冷空气的比定压热容，$c_p=1kJ/(kg \cdot ℃)$；0.278 为单位换算系数，1kJ/h=0.278W。

表 4-7 每米门、窗缝隙渗入的空气量 L $m^3/(h \cdot m)$

门窗类型	冬季室外平均风速（m/s）					
	1	2	3	4	5	6
单层木窗	1.0	2.0	3.1	4.3	5.5	6.7
双层木窗	0.7	1.4	2.2	3.0	3.9	4.7
单层钢窗	0.6	1.5	2.6	3.9	5.2	6.7
双层钢窗	0.4	1.1	1.8	2.7	3.6	4.7
推拉铝窗	0.2	0.5	1.0	1.6	2.3	2.9
平开铝窗	0.0	0.1	0.3	0.4	0.6	0.8

注 1. 每米外门缝隙的渗风量为表中同类型外窗渗风量的 2 倍。
2. 有密封条时，表中数值可乘以系数 0.5～0.6。

（二）缝隙法计算高层建筑物的冷风渗透耗热量

高层建筑物在计算冷风渗透耗热量时，需要考虑热压和风压的综合作用，且风速在高度上是发生变化的。

1. 热压作用

冬季建筑物室内外温度不同，由于空气的密度差，室外空气从底层一些楼层的门窗缝隙进入，通过建筑物内部楼梯间等竖直贯通通道上升，然后从顶层一些楼层的门窗缝隙排出，这种引起空气流动的压力称为热压。

理论热压（p_r）计算公式如下

$$p_r=(h_z-h)(\rho_w-\rho'_n)g \quad (Pa) \tag{4-14}$$

式中：h_z为中和面标高，m，指室内外压差为零的界面，纯热压作用下，通常取建筑物高度的一半；h 为计算高度，m；ρ_w为供暖室外计算温度 t'_w下的空气密度，kg/m^3；ρ'_n为形成热压的室内空气柱密度，kg/m^3。

式（4-14）规定，热压差为正值，室外压力高于室内，冷风渗入。当 $h<h_z$时，$p_r>0$，室外压力高于室内压力，冷风渗入；当$h>h_z$时，$p_r<0$，空气流出。

影响热压作用的因素主要有建筑内部贯通通道的布置，通气状况，门、窗缝隙的密封性。考虑到这些因素的影响，引入热压差系数c_r，$c_r=\dfrac{\Delta p_r}{p_r}$。

有效热压差计算公式如下

$$\Delta p_r=c_r p_r=c_r(h_z-h)(\rho_w-\rho'_n)g \quad (Pa) \tag{4-15}$$

热压差系数c_r与空气流通过程的阻力状况有关，见表4-8。

表4-8　热压差系数c_r取值

内部隔断情况	开敞空间	有内门或房门		有前室门、楼梯间门或走廊两端设门	
		密闭性差	密闭性好	密闭性差	密闭性好
c_r	1.0	1.0～0.8	0.8～0.6	0.6～0.4	0.4～0.2

2. 风压作用

一般来说，建筑物的迎风面有空气渗入，背风面有空气渗出，且渗入渗出的空气量与风速有关。风速随高度产生变化，其符合以下规律

$$v_h=v_0\left(\frac{h}{10}\right)^{0.2}=0.631h^{0.2}v_0 \quad (m/s) \tag{4-16}$$

式中：v_0为对应$h_0=10$m高的冬季平均风速，m/s，相关资料中提供的冬季平均风速；α为与地面粗糙度有关的幂指数，$\alpha=0.2$。

理论风压（恒定风速v的气流所具有的动压）计算公式如下

$$p_f=\frac{\rho}{2}v^2 \quad (Pa) \tag{4-17}$$

有效风压差计算公式如下

$$\Delta p_f=c_f p_f=c_f\frac{\rho}{2}v^2 \quad (Pa) \tag{4-18}$$

式中：c_f为风压差系数，$c_f=\dfrac{\Delta p_f}{p_f}$，风垂直吹墙面，阻力小时取值为0.7，室内气流阻力大时取值为0.3～0.5。

某一高度上的计算风压差

$$\Delta p_f=c_f\frac{\rho_w}{2}v_h^2 \quad (Pa) \tag{4-19}$$

3. 渗透空气量计算

经验公式如下

$$L=a\Delta p^b \quad [m^3/(h\cdot m)] \tag{4-20}$$

式中：Δp为门、窗两侧作用压差，Pa；a、b为与门、窗构造有关的特性常数。a值可查《民用建筑供暖通风与空气调节设计规范》。b值：木窗，$b=0.56$；钢窗，$b=0.67$；铝窗，$b=0.78$。

将前述公式代入，可得计算门、窗中心标高为h时，风力单独作用产生的单位缝长渗透空气量，即

$$L_h = a\Delta p_f^b = a\left(c_f \frac{\rho_w}{2} v_h^2\right)^b = a\left[c_f \frac{\rho_w}{2}(0.631h^{0.2}v_0)^2\right]^b = a\left(c_f \frac{\rho_w}{2} v_0^2\right)^b (0.4h^{0.4})^b \tag{4-21}$$

设 $L = a\left(c_f \frac{\rho_w}{2} v_0^2\right)^b$，$c_h = (0.4h^{0.4})^b$，则有

$$L_h = c_h L \quad [\mathrm{m^3/(h \cdot m)}] \tag{4-22}$$

式中：L 为标准风速 v_0 下的单位缝长渗透量，$\mathrm{m^3/(h \cdot m)}$，可用式（4-20）计算，也可查表 4-7；c_h 为高度修正系数，当 $h<10\mathrm{m}$ 时，按 10m 算。

4. 风压与热压共同作用

实际冷风渗透都是在风压和热压的共同作用下产生的，理论推导过程中考虑了几点假设：

(1) 有效作用热压差 Δp_r 仅与计算高度 h、$(\rho_w - \rho_n')$、热压差系数 c_r 有关，与门、窗朝向无关。

(2) 风压作用下各朝向空气渗透量不同，实际计算应考虑渗透量的朝向修正系数。考虑朝向修正后有

$$L_{h(n<1)} = nL_h \quad [\mathrm{m^3/(h \cdot m)}] \tag{4-23}$$

(3) 热压附加风量 ΔL_r：总渗透风量 L_0' 与风压作用风量 L_h 的差值。最不利朝向（$n=1$）时，$\Delta L_r = L_0' - L_h$；其他朝向（$n<1$）时，风压作用风量应修正，热压风量 ΔL_r 不变。

风压和热压的共同作用下，任意朝向的渗透风量为

$$L_0 = nL_h + \Delta L_r = nL_h + L_0' - L_h = L_h\left(n - 1 + \frac{L_0'}{L_h}\right) \quad [\mathrm{m^3/(h \cdot m)}] \tag{4-24}$$

据式 $L = a\Delta p^b$，有

$$\frac{L_0'}{L_h} = \frac{a(\Delta p_f + \Delta p_r)^b}{a\Delta p_f^b} = \left(1 + \frac{\Delta p_r}{\Delta p_f}\right)^b \tag{4-25}$$

设压差比 $C = \frac{\Delta p_r}{\Delta p_f}$（有较热压差与有效风压差之比），则有 $L_0 = L_h[n - 1 + (1+C)^b]$，代入 $L_h = c_h L$，有

$$L_0 = Lc_h[n - 1 + (1+C)^b] \quad [\mathrm{m^3/(h \cdot m)}] \tag{4-26}$$

设 $m = c_h[n - 1 + (1+C)^b]$，则

$$L_0 = mL \quad [\mathrm{m^3/(h \cdot m)}] \tag{4-27}$$

其中 $c_h = (0.4h^{0.4})^b$

$$C = 50 \times \frac{c_r(h_z - h)}{c_f h^{0.4} v_0^2} \times \frac{t_n' - t_w'}{273 + t_n'}$$

式中：L_0 为高度 h 和任意朝向的门、窗在风压和热压共同作用下的单位缝长渗透风量，$\mathrm{m^3/(h \cdot m)}$；m 为考虑高度、朝向和热压存在的风量综合修正系数；t_n' 为形成热压空气柱温度，简称竖井温度，℃；t_w' 为室外计算温度，℃；h 为门、窗中心线标高，m，当 $h<10\mathrm{m}$ 时，按 10m 计算。

5. 压差比 C 值的计算

$$C = \frac{\Delta p_r}{\Delta p_f} = \frac{c_r(h_z - h)(\rho_w - \rho_n')g}{c_f \rho_w v_h^2/2} \tag{4-28}$$

定压下 $\rho_t=\frac{273}{273+t}\rho_0$，则有

$$\frac{\rho_w-\rho'_n}{\rho_w}=1-\frac{\rho'_n}{\rho_w}=1-\frac{\frac{273}{273+t'_n}\rho_0}{\frac{273}{273+t'_w}\rho_0}=1-\frac{273+t'_w}{273+t'_n}=\frac{273+t'_n-273-t'_w}{273+t'_n}=\frac{t'_n-t'_w}{273+t'_n}$$

又因 $v_h=0.631h^{0.2}v_0$，则

$$C=50\times\frac{c_r(h_z-h)}{c_f h^{0.4}v_0^2}\times\frac{t'_n-t'_w}{273+t'_n} \tag{4-29}$$

式中：ρ_0 为0℃时的空气密度，kg/m³。

6. 冷风渗透耗热量计算

$$Q'_2=0.278c_p Ll(t_n-t'_w)\rho_w m \quad (W) \tag{4-30}$$

计算 m 和 C 值时应注意：

(1) 当 $C\leqslant-1$，即 $1+C\leqslant0$ 时，无冷风渗入或空气渗出，同一楼层所有朝向的冷风渗透量取零值。

(2) 当 $C>-1$，即 $1+C>0$ 时，若算出 $m\leqslant0$，无冷风渗入或空气渗出，则该朝向渗透量取零值。

(3) 当 $m>0$ 时，可计算冷风渗透耗热量。

(三) 换气次数法——民用建筑的概算法

按房间的换气次数来估算冷风渗透耗热量，其计算公式为

$$Q'_2=0.278n_k V_n c_p \rho_w(t_n-t'_w) \quad (W) \tag{4-31}$$

式中：V_n 为房间内部体积，m³；n_k 为换气次数，次/h，见表4-9。

表4-9　房间换气次数 n_k 取值

房间外墙情况	n_k
一面有外窗或外门	0.5
两面有外窗或外门	0.5～1
三面有外窗或外门	1～1.5
门厅	2

(四) 百分数法——工业建筑的概算法

工业建筑房屋较高、热压较大，冷风渗透耗热量可根据高度及窗的情况按表4-10进行估算。

表4-10　渗透耗热量占围护结构总耗热量的百分数

玻璃窗层数	建筑物高度（m）		
	<4.5	4.5～10	>10
	百分数（%）		
单层窗	25	35	40
单、双层均有	20	30	35
双层窗	15	25	30

五、冷风侵入耗热量

在风压和热压作用下，因开启外门冷空气进入室内。通常将由开启外门或由孔洞侵入室内的冷空气由室外温度加热至室内温度所消耗的热量，称为冷风侵入耗热量。其计算公式为

$$Q'_3=0.278v_w c_p \rho_w (t_n - t'_w) \quad (W) \tag{4-32}$$

式中：v_w为流入的冷空气量，m^3/h。

因流入的冷空气量v_w不易确定，故可采用对外门的基本耗热量乘以外门附加率的方法来确定冷风侵入耗热量，即

$$Q'_3=NQ'_{1,j,m} \quad (W) \tag{4-33}$$

外门附加率N，当建筑物的楼层数为n时：①一道门，$N=65\%\times n$；②两道门（有门斗），$N=80\%\times n$；③三道门（有两个门斗），$N=60\%\times n$；④公共建筑的主要出入口，$N=500\%$。

注：外门附加率只适用于短时间开启的、无热空气幕的外门，阳台门不应计入外门附加。开启时间长的，还需计算v_w，根据“通风工程”相关理论、经验公式、图表等确定。

六、低温辐射供暖负荷的计算

近年来，低温辐射供暖在公共建筑和民用建筑物中被广泛使用。辐射散热表面温度不高于60℃时，与采用对流方式供暖相比，辐射供暖具有舒适度高、节能、节约建筑面积、美观等优点。

在全面辐射供暖系统中，地板敷设加热盘管时，不计算地面的热损失。其他部分围护结构耗热量的计算同前，在此基础上乘以0.9～0.95的修正系数；或者在负荷计算时室内计算温度取值宜降低2℃。

局部辐射供暖系统的热负荷按全面辐射供暖的热负荷计算，再乘以计算系数（由供暖建筑面积与房间面积的比值确定，见表4-11）。

表4-11　局部辐射供暖计算系数

供暖区面积与房间总面积的比值	≥0.75	0.55	0.40	0.25	≤0.20
附加系数	1	0.72	0.54	0.38	0.30

低温热水地板辐射供暖的供回水温度应计算确定，塑料盘管供水温度不高于60℃，温差不大于10℃。低温热水地板辐射表面平均温度应符合表4-12的要求。

表4-12　低温热水地板辐射表面平均温度　℃

设置位置	宜采用的温度	温度上限
人员经常停留的地面	24～26	28
人员短时间停留的地面	28～30	32
无人停留的地面	35～40	42
房间高度为2.5～3m的顶棚	28～30	
房间高度为3.1～4m的顶棚	33～36	
距地面1m以下的墙面	35	
距地面1m以上、3.5m以下的墙面	45	

在确定分户热计量供暖系统的户内供暖设备容量和户内管道时，应考虑户间传热对供暖符合的附加，但附加量不应超过50%，且不应统计在供暖系统的总热负荷内。

第二节 室内供暖系统的末端装置

室内供暖系统的末端装置是完成供暖任务的重要组成部分，它是向室内补足热量的散热设备。末端装置散热主要有以下几种方式：

(1) 散热器供暖系统：末端设备主要以自然对流换热的方式向室内供热，系统中介质主要是以热水和蒸汽为主，如散热器等。

(2) 辐射供暖系统：末端设备主要以辐射换热的方式向室内供热，高温表面向低温表面换热，如低温地板辐射、辐射壁面、金属辐射板等。

(3) 热风供暖系统：末端设备直接输送热的空气或将室内空气循环加热，如热风供暖(集中送风、暖风机循环加热、风机盘管)等。

一、散热器供暖

(一) 散热器介绍

散热器的功能是将热媒所携带热量通过壁面传给房间。选择散热器的基本要求如下：

(1) 热工性能方面：要求散热器的传热系数 K 值越高越好。

(2) 经济方面：要求散热器的金属热强度越高越好。金属热强度是指热媒平均温度与室内空气温度差为1℃时，每千克质量散热器单位时间所散出的热量。其表达式为

$$q = K/G \quad [\mathrm{W/(kg \cdot ℃)}] \tag{4-34}$$

式中：q 为散热器的金属热强度，W/(kg·℃)；K 为散热器的传热系数，W/(m^2·℃)；G 为散热器 $1m^2$ 散热面积的质量，kg/m^2。

(3) 安装、使用和工艺方面：要求散热器具有一定的机械强度和承压能力；便于组合成所需要的散热面积，尺寸小，少占面积和空间；生产工艺应满足批量生产的要求。

(4) 卫生和美观方面：外表光滑，不易积灰，易于清扫，不影响观感。

(5) 使用寿命：不易被腐蚀和破损，使用年限长。

散热器分类：按材质分为铸铁、钢制、铝、铝合金、铜铝合金、钢铝合金、铝塑复合、陶瓷、塑料、混凝土内嵌钢管等，按构造形式分为柱型、翼型、管型、平板型等。下面对几种常用的散热器进行简单介绍。

1. 铸铁散热器

铸铁散热器的优点：结构简单，防腐性好，寿命长，热稳定性好。缺点：金属耗量大，安装搬运难度大。

铸铁散热器分为翼型散热器和柱型散热器。翼型散热器分圆翼型和长翼型，柱型散热器分二柱、四柱等。

2. 钢制散热器

钢制散热器分为闭式钢串片对流散热器、板式散热器、钢制柱型散热器、扁管型散热器。与铸铁散热器相比，钢制散热器的优缺点如下：

(1) 金属耗量少，钢制散热器的金属热强度 q 可达 0.8～1.0W/(kg·℃)，铸铁散热器仅为 0.3W/(kg·℃) 左右。

(2) 耐压强度高，铸铁散热器 p_b=0.4～0.5MPa，钢制板型及柱型散热器 0.8MPa，钢制串片散热器 1.0MPa。钢制散热器适用于高层和高温水系统。

(3) 钢制散热器外形美观整洁，占地面积小，便于布置。

(4) 钢制散热器水容量小，热稳定性差。

(5) 钢制散热器易腐蚀，寿命比铸铁散热器短。

光面管（排管）散热器：由钢管焊接制成，其缺点是耗钢量大、占地面积大、造价高、不美观，一般应用于工业厂房中。

其他材质的散热器还有铝、铝合金、铜铝合金、钢铝合金、铝塑复合、陶瓷、塑料、混凝土内嵌钢管等。

（二）散热器的选用

选择散热器除了要注意热工、经济、卫生、美观等方面外，设计选型时还应遵循下列原则：

(1) 应根据供暖系统的压力要求，确定散热器的工作压力，并符合国家现行有关产品标准的规定。

(2) 相对湿度较大的房间应采用耐腐蚀的散热器。

(3) 采用钢制散热器时，应满足产品对水质的要求，在非供暖季节供暖系统应充水保养。

(4) 采用铝制散热器时，应选用内防腐型，并满足产品对水质的要求。

(5) 安装热量表和恒温阀的热水供暖系统不宜采用水流通道内含有黏砂的铸铁散热器。

(6) 高大空间供暖不宜单独采用对流型散热器。

(7) 放散粉尘或防尘要求较高的工业建筑，应采用易于清扫的散热器。

(8) 具有腐蚀性气体的工业建筑或相对湿度较大的房间，应采用耐腐蚀的铸铁散热器。

(9) 在同一个热水采暖系统中，不应同时采用铝制散热器与钢制散热器。

(10) 采用铝制散热器与铜铝复合型散热器时，应采取防止散热器接口产生电化学腐蚀的隔绝措施。

(11) 在同类产品中，应选择采用具有较高金属热强度指标的产品。

（三）散热器的计算

散热器计算的目的是确定供暖房间所需散热器的面积和片数。

1. 散热面积的计算

散热器面积计算公式如下

$$A=\frac{Q}{K(t_{pj}-t_{n})}\beta_1\beta_2\beta_3 \quad (m^2) \tag{4-35}$$

式中：Q 为散热器散热量，W；t_{pj} 为散热器内热媒平均温度，℃；t_n 为供暖室内计算温度，℃；K 为散热器传热系数，W/(m^2・℃)；β_1 为组装片数修正系数；β_2 为连接形式修正系数；ρ_3 为安装形式系数。

2. 散热器内热媒平均温度 t_{pj} 的计算

确定的依据是热媒（蒸汽或热水）参数和供暖系统形式。

(1) 热水采暖系统

$$t_{pj}=\frac{t_{sg}+t_{sh}}{2} \tag{4-36}$$

式中：t_{sg} 为散热器进水温度，℃；t_{sh} 为散热器出水温度，℃。

双管系统：t_{sg}、t_{sh}分别按系统设计供、回水温度计算；单管系统：每组散热器应逐一计算。

(2) 蒸汽采暖系统。蒸汽表压≤0.03MPa 时，$t_{pj}=100℃$；蒸汽表压 >0.03MPa 时，t_{pj} 取散热器进口压力对应的饱和温度。

散热器供暖系统应采用热水作为热媒（热媒为蒸汽的较少）；散热器集中供暖系统宜按 75℃/50℃连续供暖进行设计，且供水温度不宜高于 85℃，供回水温差不宜小于 20℃。

3. 散热器传热系数 K 值及其修正系数的确定

(1) 散热器传热系数 K 的物理意义是：当散热器内热媒平均温度 t_{pj} 与供暖室内计算温度 t_n 相差 1℃时，1m² 散热器面积所散出的热量，单位为 W/(m²·℃)。

(2) 影响散热器传热系数 K 的因素有制造情况和使用条件。

(3) 散热器传热系数 K 的获取通常在实验条件下进行测量。标准化的实验条件是封闭小室长 4m、宽 4m、高 2.8m，室温恒定，散热器无遮挡，敞开设置。实验结果整理成 $K=f(\Delta t)$ 或 $Q=f(\Delta t)$ 的形式，即

$$K=m(\Delta t)^n=m(t_{pj}-t_n)^n \quad [\mathrm{W/(m^2\cdot ℃)}]$$

或

$$Q=M(\Delta t)^N=M(t_{pj}-t_n)^N \quad (\mathrm{W}) \tag{4-37}$$

式中：M、N、m、n 为实验确定的系数；Q 为在散热面积 A 条件下的散热量，W。

(4) 实际使用中的修正。一般散热器传热系数 K 与散热器散热量 Q 是在实验条件下获得的数据，但大多数使用情况与实验条件不同，需进行修正，直接的反映是对散热器面积 A 的修正。

1) 组装片数修正系数 β_1。柱型散热器以 10 片为实验组合，柱型相邻片侧面互吸辐射热会减少散热量，当片数增加时，外侧面积相对总面积减小，散热量减小，需要增加散热面积。β_1 值见表 4-13。

表 4-13　散热器组装片数修正系数 β_1

每组片数	<6	6~10	11~20	>20
β_1	0.95	1.00	1.05	1.10

注　适用于各种柱型散热器，长翼型和圆翼型不修正，其他散热器参见产品说明。

2) 连接形式修正系数 β_2。实验中是以同侧上进下出为连接形式的，当连接形式不同时，散热器表面温度场会发生变化，使传热系数 K 变化。β_2 值见表 4-14。

表 4-14　散热器连接形式修正系数 β_2

连接形式	同侧上进下出	同侧下进上出	异侧上进下出	异侧下进下出	异侧下进上出
β_2	1.00	1.25	1.05	1.10	1.20

注　不适用于高度小于 900mm、水在管程内流动的散热器；高度大于 900mm 的散热器，其修正系数参见产品样本。

3) 安装形式修正系数 β_3。散热器安装形式有敞开、在壁内、被遮挡等，实验是以敞开装置为标准，其他形式须修正。β_3 值见相关手册。

其他影响散热器传热系数 K 与散热器散热量 Q 的因素还有流量、表面涂料、热媒种类等。

4. 散热器片数或长度的确定

确定散热器面积 A 时可按 $\beta_1=1$ 计算，再确定片数（长度），即

$$n=A/f \quad (\text{片或 m}) \tag{4-38}$$

式中：f 为每片或每米长散热面积，m^2/片或 m^2/m。

片数取整，然后根据片数（长度）乘以修正系数 β_1，最后确定散热器面积 A 和片数（长度）。柱型散热器的散热面积 A 可比计算值小 $0.1m^2$，翼型和其他散热器的散热面积 A 可比计算值小 5%。

5. 考虑管道散热器热量时散热器面积的计算

(1) 管道敷设方式对定温或水温的影响。管道敷设方式有暗装和明装两种。暗装时管道散热量没有进入房间，散热器入口水温降低，计算散热器面积 A 时，应考虑修正系数 β_4（$\beta_4>1$）。明装时全部或部分管道散热量进入室内，一般不再作修正。当精确计算时或对室温要求严格的房间，应计管道散热量。

(2) 管道散热量的计算

$$Q_g=fK_g l\Delta t\eta \quad (\text{W}) \tag{4-39}$$

式中：f 为单位长度管道的表面积，m^2，与管道直径有关；K_g 为管道的传热系数，W/(m^2·℃)；l 为明装管道的长度，m；Δt 为管道内热媒与室内的温差，℃；η 为管道安装位置的修正系数。沿棚顶下面的水平管道，$\eta=0.5$；沿地面上的水平管道，$\eta=1.0$；立管，$\eta=0.75$；散热器支管，$\eta=1.0$。

(3) 考虑管道散热时散热器计算注意事项：

1) 在散热量中扣除管道散热量。

2) 计算管道温降，求出进入散热器的实际水温 t_{sg}。

3) 以进入散热器的实际水温 t_{sg} 确定散热器的传热系数 K 或散热量 Q 值，求出散热面积 A。

(四) 散热器的布置

(1) 散热器应明装，并宜布置在外墙窗台下；当安装或布置管道有困难时，也可靠内墙安装。室内有两个或两个以上朝向的外窗时，散热器应优先布置在热负荷较大的窗台下。

(2) 两道外门之间的门斗内，不应设置散热器。

(3) 楼梯间的散热器，应尽量布置在底层；当底层无法布置时，可按一定比例分配在下部各层。

(4) 铸铁散热器的组装片数，不宜超过以下数值：粗柱型（包括柱翼型）20 片，细柱型 25 片，长翼型 7 片。

(5) 托儿所、幼儿园、老年公寓和特殊功能等有防烫伤要求的场合，散热器必须暗装或加防护罩。散热器暗装时，应留有足够的气流通道，并应方便维修。散热器外表面应刷非金属性涂料。

(6) 有外窗的房间，散热器不宜高位安装。进深较大的房间，宜在房间的内外侧分别布置散热器。

(7) 片式组对散热器的长度，底层每组不应超过 1500mm（约 25 片），上层不宜超过 1200mm（约 20 片），片数过多时可分组串联连接（串接组数不宜超过两组），串联接管的

管径应大于或等于 25mm；供回水支管应采用异侧连接方式。

(8) 垂直单管或双管系统，同房间两组散热器可串联；储藏、盥洗、厕所、厨房等辅助用室及走廊，可与邻室串联；串联管径应与散热接口直径（一般为 $\phi 1\ 1/4''$）相同。

(9) 有冻结危险的楼梯间或其他有冻结危险的场所，应由单独立管、支管供暖，散热器前不得设置调节阀。

二、辐射供暖系统

（一）热水地面辐射供暖

辐射采暖方式的房间的围护结构内表面或供暖部件表面的平均温度 τ_n 高于室内的空气温度 t_n，即 $\tau_n > t_n$；采用对流采暖时，$\tau_n < t_n$。

热水地面辐射供暖系统供水温度宜采用 35～45℃，不应高于 60℃；供回水温差不宜大于 10℃，且不宜小于 5℃。毛细管网辐射系统供水温度宜满足下列规定：顶棚、墙面 25～35℃，地面 30～40℃，供回水温差宜采用 3～6℃。辐射体的表面平均温度宜符合表 4－15 的规定。

表 4－15　　辐射体表面平均温度　　℃

设置位置	宜采用的温度	温度上限值
人员经常停留的地面	25～27	29
人员短期停留的地面	28～30	32
无人员停留的地面	35～40	42
房间高度 2.5～3.0m 的顶棚	28～30	—
房间高度 3.1～4.0m 的顶棚	33～36	—
距地面 1m 以下的墙面	35	—
距地面 1m 以上 3.5m 以下的墙面	45	—

毛细管网辐射系统单独供暖时，宜首先考虑地面埋置方式，地面面积不足时再考虑墙面埋置方式；毛细管网同时用于冬季供暖和夏季供冷时，宜首先考虑顶棚安装方式，顶棚面积不足时再考虑墙面或地面埋置方式。热水地面辐射供暖系统的工作压力不宜大于 0.8MPa，毛细管网辐射系统的工作压力不应大于 0.6MPa。当超过上述压力时，应采取相应的措施。

1. 热水地面辐射供暖地面构造

包括与土壤相邻的地面或楼板；防潮层（仅一层与土壤相邻的地面有）；绝热层（直接与室外空气接触的楼板、与不供暖房间相邻的地板为供暖地面时，与土壤接触的低层）；铝箔反射层；现浇（填充）层；隔离层（防水层，潮湿房间填充层上或面层下设置）、干硬性水泥砂浆找平层、地面装饰层。固定地热加热盘管采用塑料管卡或用扎带绑扎在铁丝网上的方式。低温热水地板辐射采暖的散热表面就是敷设了加热盘管的地面，如图 4－6 所示。

绝热层采用聚苯乙烯泡沫塑料板属承受有限载荷型泡沫塑料，密度不宜小于 20kg/m^3，厚度不应小于：楼层间楼板 20mm，与土壤或不采暖房间相邻的地板 30mm，与室外空气相邻的地板 40mm。若采用其他绝热材料，可采用热阻相当的原则确定厚度。

双向散热设计时可不设绝热层、铝箔反射层。现浇（填充）层不宜小于 40mm，地面载荷较大时可在其内设置铁丝网。地面采用架空地板时，地热盘管可设置于地板与龙骨间的绝热层上，可不设置填充层。干硬性水泥砂浆找平层厚度一般为 10～20mm。地面装饰层可采

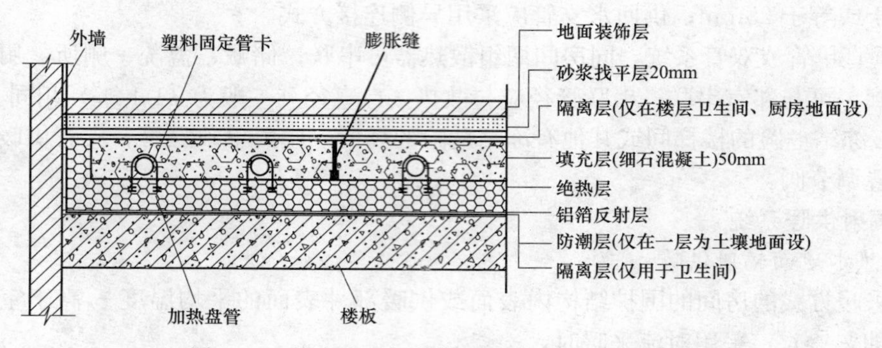

图 4-6　热水地面辐射供暖系统地面构造示意图

用地板、瓷砖、地毯以及塑料类装饰材料。墙边需设置边界保温带，房间门口、房间面积超过 30m² 或边长超过 6m 时，每隔 5m 应设置伸缩缝。低温热水地板辐射采暖需占用层高，并增加结构载荷。

2. 热水地面辐射供暖散热量的计算

单位地面的散热量计算公式如下

$$q=q_{\mathrm{f}}+q_{\mathrm{d}}=5\times10^{-8}\times[(t_{\mathrm{pj}}+273)^{4}-(t_{\mathrm{fj}}+273)^{4}]+2.13\times(t_{\mathrm{pj}}-t_{\mathrm{n}})^{1.31}\quad(\mathrm{W/m^{2}})\tag{4-40}$$

式中：q_{f}为单位地面面积辐射传热量，$\mathrm{W/m^2}$；q_{d}为单位地面面积对流传热量，$\mathrm{W/m^2}$；t_{pj}为地表面平均温度，℃；t_{fj}为室内非加热表面的面积加权平均温度，℃；t_{n}为室内计算温度，℃。

非加热面温度加权平均温度计算公式如下

$$t_{\mathrm{fj}}=\frac{\sum F_{i}t_{i}}{\sum F_{i}}\tag{4-41}$$

单位地面面积散热量和向下传热量应通过计算确定，也可按相关手册中附表选取。

单位地面面积所需散热量计算公式如下

$$q_{\mathrm{x}}=\frac{Q}{A}\quad(\mathrm{W/m^{2}})\tag{4-42}$$

式中：Q 为房间所需的地面散热量，W；A 为敷设加热管的地面面积，m²。

热媒的供热量应包括地面向房间的散热量和向下层房间（地面向土壤）传热的热损失量。确定地面所需的散热量时，应扣除来自上层地板向下的传热量。在住宅建筑中，当各层均采用地面辐射采暖时，除顶层外，可近似地认为来自上层地板辐射采暖房间的热量等于本房间地板向下的传热量，即每层热媒的供热量与房间的负荷近似相等。计算地面散热量时，应考虑覆盖物对散热量的影响。对于住宅建筑，单位面积应增加散热量的修正系数见表 4-16。

表 4-16　计算遮挡率与单位面积应增加散热量的修正系数

房间名称	主卧	次卧	客厅	书房
房间面积（m²）	10～18	6～16	9～26	6～12
家具遮挡率（%）	21～12	33～14	22～6.4	34～20
修正系数	1.27～1.14	1.47～1.16	1.28～1.07	1.52～1.25

注　一般情况下，地面的遮挡率与房间面积成反比，因此面积小的房间遮挡率宜取大值。

在确定地面散热量时，应校核地面表面平均温度，确保其不高于表 4－15 中的温度上限值，否则应改善建筑热工性能或设置其他辅助供暖设备，减少地面辐射供暖系统负担的热负荷。地表面的平均温度可按下式计算

$$t_{\mathrm{pj}}=t_{\mathrm{n}}+9.82\times\left(\frac{q_{\mathrm{x}}}{100}\right)^{0.969}\quad(℃)\tag{4-43}$$

加热管的敷设间距应根据单位地面面积所需散热量 q_{x}、室内设计温度、地面传热热阻、供回水平均温度进行确定。盘管长度应根据盘管间距和敷设面积计算确定。

3. 热水地面辐射供暖加热管的敷设

热水地面辐射供暖塑料加热管的材质和壁厚的选择，应根据工程的耐久年限、管材的性能，以及系统的运行水温、工作压力等条件确定。加热管管材的选择原则是：承压与耐温适中、便于安装、能热熔连接、环保性好（废料能回收利用）；实践中宜优先选用耐热聚乙烯（PE－RT）管和聚丁烯（PB）管，也可采用交联聚乙烯（PE－X）管及铝塑复合管。

在居住建筑中，热水辐射供暖系统应按户划分系统，并配置分水器、集水器；同时，根据户内房间分环路布置加热管，较小房间（如卫浴）的加热管，可串接在其他环路中。连接在同一组分水器、集水器上的加热管，其长度宜接近，且不宜超过 120m，管内水流速度不宜小于 0.25m/s。

室内加热管的布置，不宜采用全室等间距均布模式，应以保证室内地表面温度分布均匀为布置原则，选择采用旋转形、往复形、直列形或将这些形式组合在一起的综合布管方式，但务必将高温管段布置于室内热损失大的区域，并适当减小该区域内的布管间距，如图 4－7、图 4－8 所示。加热管与墙体表面间的距离不宜小于 200mm。

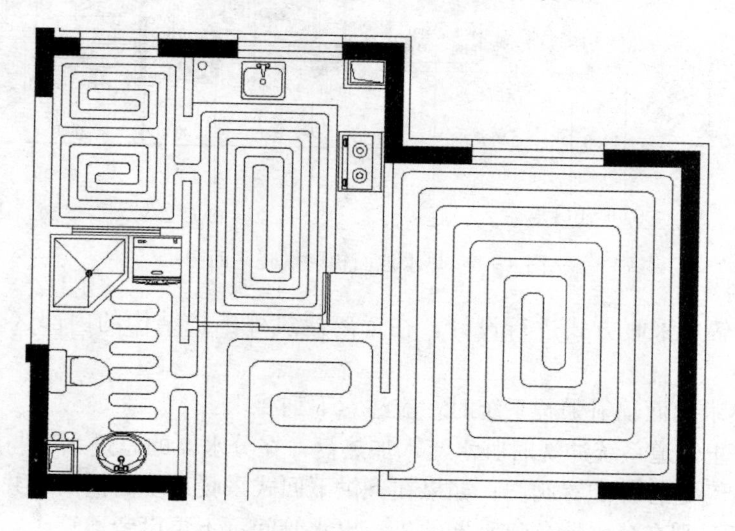

图 4－7　热水地面辐射供暖加热管敷设示意图

加热管的敷设间距一般不应小于 150mm，也不宜大于 300mm。近年来，随着建筑热工性能的改善，采暖负荷减少，要求管间距大于 300mm 的情况时有出现，这时，宜按下列方法处理：

（1）按实际需要适当增大加热管的敷设间距。

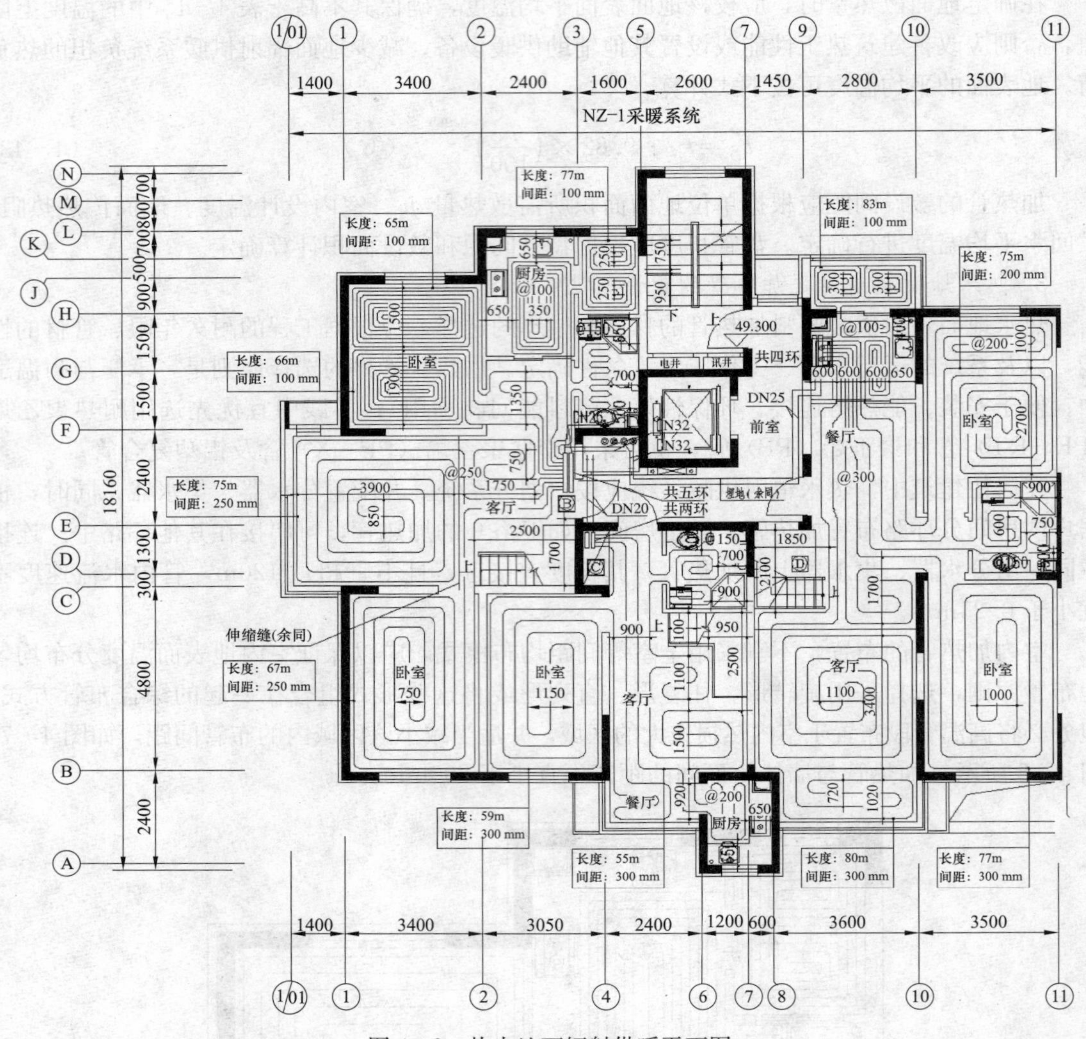

图 4-8 热水地面辐射供暖平面图

(2) 按局部辐射采暖方式进行设计，在远离建筑外围护结构的内部区域，不布置加热盘管。

设计低温热水地面辐射采暖系统时，应注意下列要求：

(1) 为了防止管道系统冲洗时脏水流入加热盘，在分水器的总进水管与集水器的总出水管之间，宜设置旁通管并配置阀门；如果在下供下回式采暖系统的供回水共用立管的顶部设置带阀的旁通管，则在分水器、集水器的进、出水管间可不再设旁通管。

(2) 分水器、集水器上均应设置手动或自动排气阀；在分水器供水管上顺水流方向应安装阀门、过滤器、阀门及泄水管；在集水器出水管上应设置泄水管、平衡阀或其他可关断的调节阀。

(3) 每个环路加热管的进、出口，应分别与分水器、集水器相连接，如图 4-9 所示；分水器、集水器内径不应小于总供水管、回水管内径，且分水器、集水器最大断面流速不宜大于 0.8m/s；每个分水器、集水器的分支环路不宜多于 8 路，每个分支环路供回水管上均应设置可关断阀门。

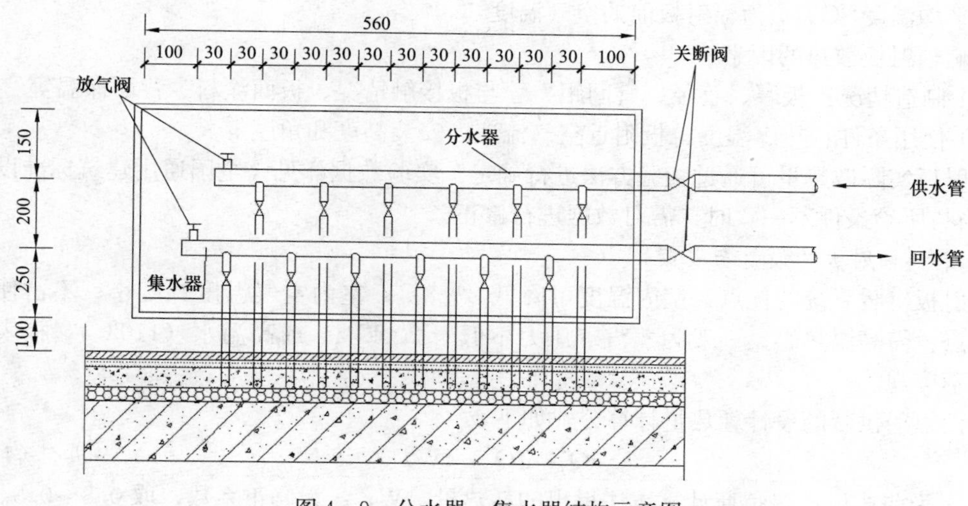

图 4-9　分水器、集水器结构示意图

(4) 埋于垫层内的加热管不应有接头；地面上的固定设备和卫生洁具下，不应布置加热管。

为了充分利用室内的自由热，并满足个性化的要求，地面辐射采暖系统应设计室温自控装置。盘管为水平敷设，水压实验后会有存水现象，若采暖延后，需将存水吹出或采用气压实验。

除了使用敷设热水盘管制作低温辐射采暖外，还有敷设发热电缆和电热膜的。因其采用电采暖，故需要进行经济技术比较后才能设计，并应注意防火、绝缘、漏电等。

(二) 辐射板供暖

在辐射供暖系统中，有采用钢制辐射板作为散热设备的。这种设备一般应用在高大的工业厂房中，大空间的民用建筑中，工作地点、公共建筑和生产厂房的局部供暖。这种供暖系统常称为中温辐射采暖系统（板面平均温度为 80～200℃）。

1. 钢制辐射板的形式

(1) 按辐射板长度分，可分为块状辐射板和带状辐射板。

(2) 根据钢管与钢板的连接方式不同，单块辐射板又可分为 A 型和 B 型。①A 型：加热管外壁周长 1/4 嵌入钢板槽内，以 U 形螺栓固定。②B 型：加热管外壁周长 1/2 嵌入钢板槽内，以管卡固定。

(3) 按辐射方向分，可分为单面辐射板和双面辐射板。

2. 钢制辐射板的散热量

散热量包括辐射和对流，计算公式如下

$$Q=Q_f+Q_d=\varepsilon C_0\varphi A\left[\left(\frac{T_1}{100}\right)^4-\left(\frac{T_2}{100}\right)^4\right]+\alpha A(t_1-t_2)\quad (W) \qquad (4-44)$$

式中：Q_f为辐射板的辐射放热量，W；Q_d为辐射板的对流放热量，W；ε 为表面材料的黑度，无光漆取 0.91～0.92；C_0为绝对黑体辐射系数，$C_0=5.67W/(m^2\cdot K^4)$；φ 为辐射角系数，封闭房间 $\varphi\approx1.0$；A 为辐射板的表面积，m^2；T_1为辐射板的表面平均温度，K；T_2

为房间围护结构内表面平均温度，K；α 为辐射板的对流换热系数，W/(m^2·℃)；t_1 为辐射板的平均温度，℃；t_2 为辐射板前的空气温度，℃。

影响辐射板散热的因素：

(1) 制造情况：板厚、管径、管间距、管与板接触情况、板面涂料、背面保温等。

(2) 使用条件：热媒温度、板附近空气流速、安装高度和角度等。

辐射板实际散热量可通过实验方法进行确定，实验数据详见《全国通用建筑标准设计图集》，当与所给条件不一致时，需对数据进行修正。

3. 钢制辐射板的设计与安装

辐射板供暖系统的优点：室内温度可降低 2～3℃；室内空气温度梯度小；不占使用面积；缺点：需高温热媒，一般为蒸汽（压力不低于 200kPa）或高温水（110℃），板表面温度高；不美观。

全面辐射供暖的设计耗热量计算公式如下

$$Q'_f=\varphi Q' \quad (W) \tag{4-45}$$

式中：Q' 为前述设计热负荷计算方法得出的耗热量，W；φ 为修正系数，取 0.8～0.9。

辐射板板块数计算：

$$n=Q'_f/q \tag{4-46}$$

式中：q 为单块辐射板的散热量，W。

钢制辐射板的安装方式有：

(1) 水平安装：热量向下辐射。

(2) 倾斜安装：板中心法线通过工作区。

(3) 垂直安装：单面板安装在墙上，双面板安装在两个柱子间，向两面散热。

钢制辐射板的安装高度变化较大，不宜过高或过低，最低安装高度应根据热媒平均温度和安装角度来确定，可参见相关设计手册。局部区域供暖时，其耗热量可先按整个房间全面供暖时计算，然后乘以附加系数。附加系数见表 4-11。

4. 热水吊顶辐射板

在辐射供暖系统中，还有使用热水吊顶辐射板供暖的，可用于层高为 3～30m 建筑物的供暖。热水吊顶辐射板的供水温度宜采用 40～95℃，其水质应满足产品要求。在非供暖季节，供暖系统应充水保养。当采用热水吊顶辐射板供暖，屋顶耗热量大于房间总耗热量的 30%时，应加强屋顶保温措施。

热水吊顶辐射板有效散热量的确定应符合下列规定：当热水吊顶辐射板倾斜安装时，应进行修正，辐射板安装角度修正系数见表 4-17；辐射板的管中流体应为紊流，当达不到系统所需最小流量时，辐射板的散热量应乘以 1.18 的安全系数。

表 4-17 辐射板安装角度修正系数

辐射板与水平面的夹角（°）	0	10	20	30	40
修正系数	1	1.022	1.043	1.066	1.088

热水吊顶辐射板的安装高度，应根据人体的舒适度确定。辐射板的最高平均水温应根据辐射板安装高度及其面积占顶棚面积的比例确定，详见《民用建筑供暖通风与空气调节设计规范》（GB 50736）。

热水吊顶辐射板与供暖系统供水、回水管的连接方式可采用并联或串联，同侧或异侧连接，并应采取使辐射板表面温度均匀、流体阻力平衡的措施。布置全面供暖的热水吊顶辐射板装置时，应使室内人员活动区辐射照度均匀，并应符合下列规定：

(1) 安装吊顶辐射板时，宜沿最长的外墙平行布置。

(2) 设置在墙边的辐射板规格应大于在室内设置的辐射板规格。

(3) 层高小于 4m 的建筑物，宜选择较窄的辐射板。

(4) 房间应预留辐射板沿长度方向热膨胀的余地。

(5) 辐射板装置不应布置在对热敏感的设备附近。

三、热风供暖系统

这种采暖末端装置是以强制对流的方式，输入高温空气，维持室内设计温度，主要有暖风机、风机盘管、热空气幕。

(一) 暖风机

暖风机的构成：通风机、电动机、空气加热器。

暖风机的分类：轴流式、离心式。轴流式暖风机体积小、结构简单、安装方便，可用于加热室内再循环空气，气流射程短；离心式暖风机常用于集中送风供暖系统中，可用于加热室内再循环空气和对新风进行加热，气流射程长，送风量和产热量大。

根据采用的热媒不同，可分为蒸汽暖风机、热水暖风机、汽水两用暖风机、冷热水两用暖风机。

暖风机在使用过程中应注意：

(1) 对于空气中含有燃烧粉尘、易燃易爆气体和纤维未经处理的场所，不允许再循环加热空气。

(2) 空气热惰性小，适当设置散热器辅助供暖。

布置暖风机时，要考虑场所的几何形状、工作区域、工艺设备位置和暖风机气流作用范围等因素。暖风机安装高度（出风口到离地面的高度）应考虑出口风速和出口温度。

暖风机的设计计算包括型号确定、台数计算、平面布置、安装高度设计。暖风机的性能参数（热媒压力温度、散热量、送风量、出口风速温度、射程）可以查阅相关设计手册或样本。暖风机台数计算公式如下

$$n=\frac{\beta Q}{Q_{\mathrm{d}}}\quad (台) \tag{4-47}$$

式中：Q 为要求的耗热量，W；β 为富裕系数，$\beta=1.2\sim1.3$；Q_{d}为单台暖风机的实际热量，W/台。

关于单台风机实际热量 Q_{d}的修正，样本给出的 Q_{d}值是进口空气温度 15℃时的实验值，当进口空气温度不是 15℃时，散热量就会发生变化，此时需要对其修正，修正公式如下

$$Q_{\mathrm{d}}=\frac{t_{\mathrm{pj}}-t_{\mathrm{n}}}{t_{\mathrm{pj}}-15}Q_0\quad (\mathrm{W}) \tag{4-48}$$

式中：Q_0为样本中实验条件下的散热量，W；t_{pj}为热媒平均温度，℃；t_{n}为设计进风温度，℃。

小型暖风机的射程估算

$$S=11.3v_0D\quad (\mathrm{m}) \tag{4-49}$$

式中：v_0为出口风速，m/s；D 为出口当量直径，m。

(二) 风机盘管

(1) 风机盘管分类：按风机类型分，有离心式、贯流式；按结构类型分，有立式、卧式、支柱式、顶棚式。

(2) 风机盘管构造：盘管式换热器、风机。风机盘管作为采暖加热装置，可用来循环加热室内空气，加热部分或全部室外新风。风机盘管风量为250～2500m^3/h。可独立控制供热量，根据室温调节器改变流量，调节电压改变送风速度。

(三) 热空气幕

对严寒地区公共建筑经常开启的外门，应采取热空气幕等减少冷风渗透的措施。对寒冷地区公共建筑经常开启的外门，当不设门斗和前室时，宜设置热空气幕。公共建筑热空气幕送风方式宜采用由上向下送风。热空气幕的送风温度应根据计算确定，对于公共建筑的外门，不宜高于50℃；对高大外门，不宜高于70℃。热空气幕的出口风速应通过计算确定，对于公共建筑的外门，不宜大于6m/s；对于高大外门，不宜大于25m/s。

第三节　室内热水供暖系统

热水供暖系统是以热水为热媒的供暖系统。从卫生条件和节能等因素考虑，民用建筑应采用热水作为热媒进行供暖，热水供暖系统也用在生产厂房及辅助建筑中。室内热水供暖系统由供暖末端装置及其连接的管道系统组成，主要分类如下：

(1) 按热媒温度分：低温水供暖系统（供水温度 $t_g \leqslant 100℃$）和高温水供暖系统（供水温度 $t_g > 100℃$）。

(2) 按系统循环动力分：重力（自然）循环热水供暖系统（靠水的密度差进行循环的）和机械循环热水供暖系统（依靠水泵等机械进行循环的）。

(3) 按系统管道敷设方式分：垂直式（不同楼层的散热器用垂直立管连接）和水平式（同意楼层散热器用水平管连接）。

(4) 按散热器供水、回水方式分：单管系统（散热器间串联）和双管系统（散热器间并联）。

一、室内热水供暖系统形式

供暖中以整幢建筑作为对象来设计供暖系统，通常采用上供下回垂直单管或双管式系统。这种系统缺乏独立的调节能力，不利于节能和自主用热，但其结构简单、节约管材，一般可作为拥有独立产权的民用建筑与公共建筑供暖系统使用。另外就是分户采暖系统，它是在顺流式采暖系统的形式上加以改变，以建筑中拥有独立产权的用户为对象，使独立用户具有分户调节、控制和关断功能的采暖系统。下面介绍几种常见的热水供暖系统形式。

(一) 重力（自然）循环热水供暖系统

重力循环热水供暖系统循环作用压力的大小，主要取决于水温（密度）在循环环路中的变化情况。水在锅炉中加热，在散热器中冷却，以此形成循环作用压力。起循环作用的只有散热器中心和锅炉中心之间这段高度内的水柱密度差。

重力循环热水供暖系统的主要形式有上供下回双管式、上供下回单管顺流式两种，如图4-10所示。由于依靠自身重力进行循环，系统中水平管需有一定的坡度坡向系统的高点，使系统中的空气能顺利排出。重力循环热水供暖系统中膨胀水箱的一个作用就是排气。水平干管的坡度一般为0.5%～1%，散热器支管坡度为1%。

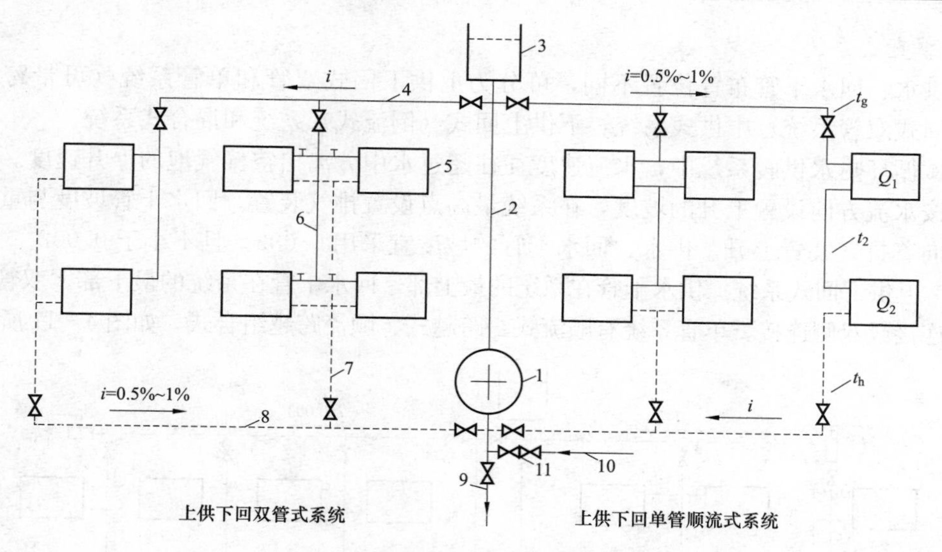

图 4－10 重力循环热水供暖系统示意图

1—热水锅炉；2—总立管；3—膨胀水箱；4—供水干管；5—散热器；
6—供水立管；7—回水立管；8—回水干管；9—泄水管；10—充水管；11—止回阀

在双管系统中，由于各层散热器与锅炉的高差不同，虽然进入和流出各层散热器的供水、回水温度相同，也将形成上层作用压力大、下层作用压力小的现象。如果选取不同管径仍不能满足压力平衡，由于流量不均就会出现上热下冷的现象。在供暖建筑物中，同一竖向的各层房间的室温不符合设计要求的温度，出现上、下冷热不均的现象，称为系统垂直失调。双管系统的垂直失调，层数越多越严重。

单管系统中，作用压力与水温变化、加热中心与冷却中心的高度差以及冷却中心的个数等有关。每一根立管只有一个作用压力，即使最底层的散热器低于锅炉中心也可能形成循环。单管系统中水温是顺序降低的，每层散热器的进水温度、出水温度都不相同，各层散热器的传热系数 K 也发生变化。串联 N 组散热器的系统，流出第 i 组散热器的水温（沿水流方向最后一组散热器为 $i=1$）为

$$t_i = t_g - \frac{\sum_i^N Q_i}{\sum Q}(t_g - t_h) \quad (℃) \tag{4-50}$$

式中：$\sum_i^N Q_i$ 为沿水流方向第 i 组散热器前全部散热器的热量，W。

另外，水在管路中流动也会冷却，这一部分会形成附加的作用压力，其大小与系统供水管路布置情况、楼层高度、所计算的散热器与锅炉之间的水平距离等有关。重力循环热水供暖系统装置简单，运行时无噪声，不消耗电能；但其作用压力小、管径大，作用半径小，不宜超过 50m，且只能在单幢建筑内使用。

（二）机械循环热水供暖系统

机械循环热水供暖系统主要是利用水泵的机械能作为循环动力的热水供暖系统，其作用范围大，单幢、多幢、区域热水供暖均可使用，但相应增加了系统的经常运行电费和维修工作量。主要型式有垂直式系统、水平式系统。

1. 垂直式系统

按供水、回水干管布置位置不同，可分为上供下回式双管和单管系统（可带跨越管）、下供下回式双管系统、中供式系统、下供上回式（倒流式）系统和混合式系统。

机械循环热水供暖系统中，水流速度往往超过水中分离出空气气泡的浮升速度。一般供水干管按水流方向设置上升的坡度，在系统最高点设置排气装置。回水干管坡度与重力系统相同，向着排气装置上升。供水、回水干管的坡度宜采用0.003，且不小于0.002。

(1) 上供下回式系统。供水干管在系统的最上部，回水干管在系统的最下部。双管系统可以单侧连接或双侧连接。单管系统有顺流式、跨越式、顺流跨越组合式，如图4-11所示。

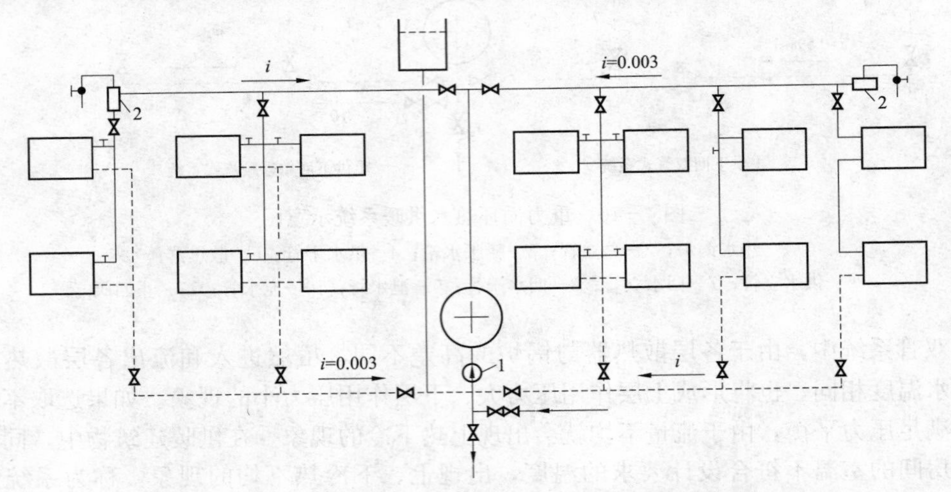

图4-11 机械循环上供下回式热水供暖系统示意图

1—循环水泵；2—集气装置

(2) 下供下回式双管系统。供水、回水干管在系统最下部，可以设置在地下室、地沟、底层地面上，如图4-12所示。其特点是：①地下室布置供水干管，无效热损失小；②可逐

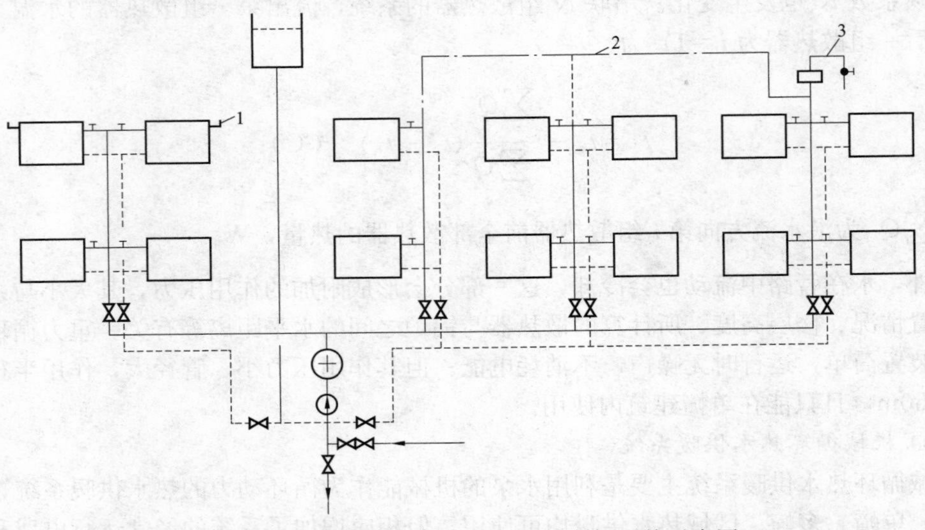

图4-12 机械循环上供下回式热水供暖系统示意图

1—冷风阀；2—空气管；3—集气装置

层供暖，冬季施工方便；③排除空气较困难。排除空气的方式主要有：①散热器设手动放风阀；②专设空气管集中自动或手动排气。

(3) 中供式系统。供水干管位于系统中部，下部系统呈上供下回，上部系统可采用下供下回双管式，也可采用上供下回单管式，如图 4-13 所示。中供式系统可避免顶层梁底过低、布置干管遮挡窗户的现象，也可以避免楼层过多易出现的垂直失调现象。此系统可用于加建楼层建筑或上部面积小于下部面积的建筑中。

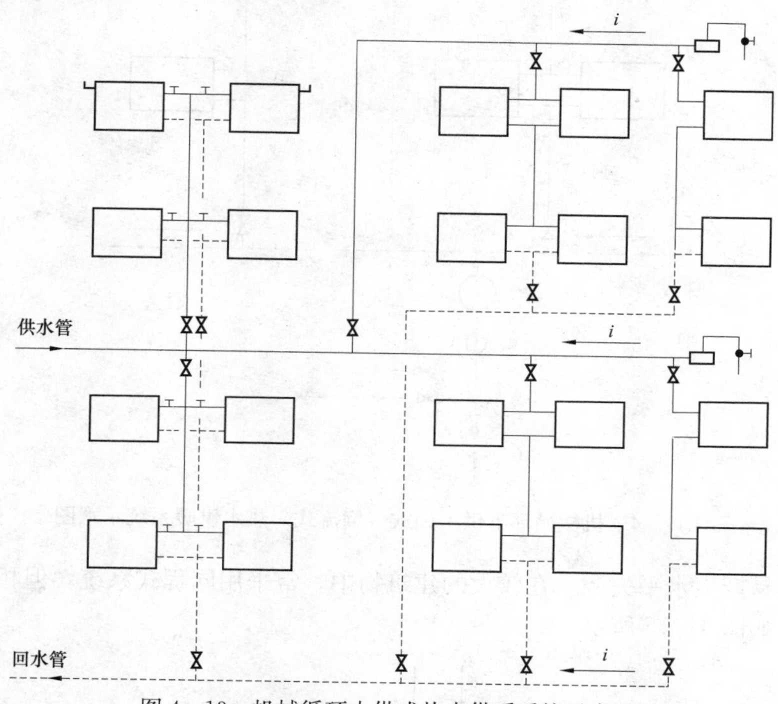

图 4-13 机械循环中供式热水供暖系统示意图

(4) 下供上回式（倒流式）系统。供水干管位于系统下部，回水干管位于系统上部，立管主要采用顺流式，如图 4-14 所示。倒流式系统的特点：水与空气流动方向一致，可由膨胀水箱排气，无须设置排气装置；底层水温高，底层散热器面积相对减少，不易出现垂直失调的现象；采用高温水时，供水干管内高温水不易汽化，可降低高架水箱高度；散热器传热系数 K 值低，因热媒平均温度几乎等于散热器出口温度，总散热器面积增加。

(5) 混合式系统。混合式系统由下供上回式和上供下回式两组串联组成，第二组进水温度 t'_m 可根据两个串联系统的热负荷比例来确定。两组系统串联，压力损失较大。一般应用在直接连接高温水的网路上，以及对卫生要求不高的民用建筑或生产厂房中。

(6) 异程式与同程式系统：

1) 异程式系统：通过各个立管的循环环路的总长度并不相等，先进先出、后进后出。供水、回水干管总长度短，在机械系统中由于作用半径较大、连接立管较多，各立管环路的压力损失较难平衡。初调节不当就会出现近处立管流量过大、远处立管流量不足的问题。因立管远近不同、调节不力，出现流量失调而引起水平方向冷热不均的现象，称为水平失调。

2) 同程式系统：系统中，远近立管循环环路总长度大致相等。各立管环路的压力损失

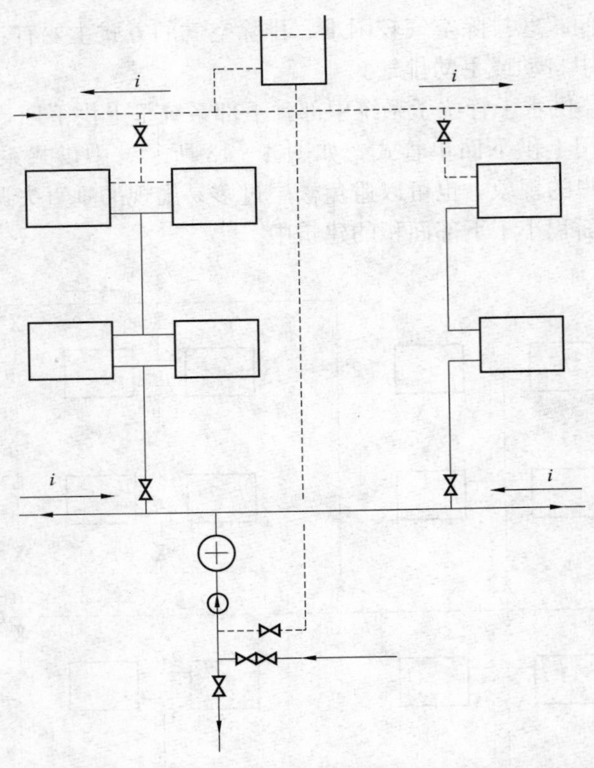

图 4－14　机械循环下供上回式（倒流式）热水供暖系统示意图

容易平衡，不易产生水平失调。在较大的建筑物中，常采用同程式系统，但相对管道的金属耗量会增加，如图 4－15 所示。

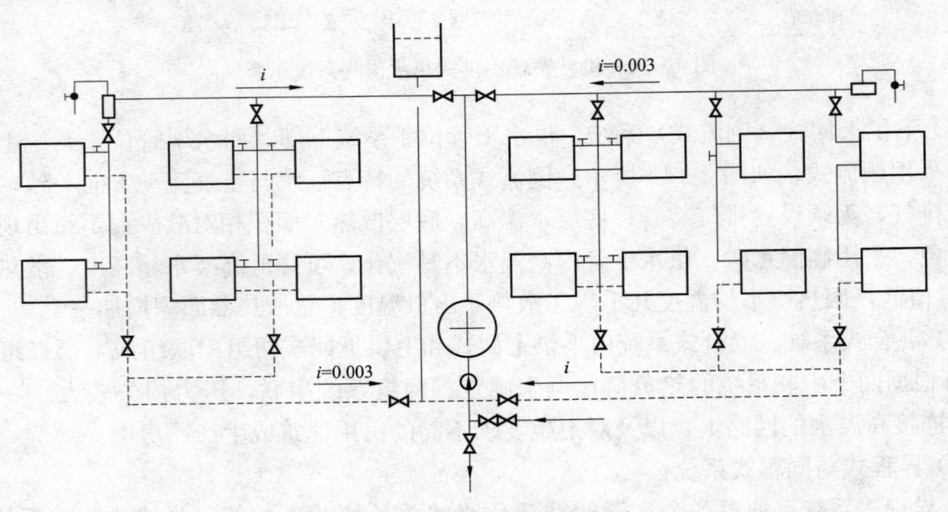

图 4－15　同程式系统示意图

2. 水平式系统

水平式系统是将散热器沿水平方向连接。按供水管与散热器的连接方式，分为顺流式和跨越式。水平式系统的排气方式为：在散热器上设手动放风阀（散热器较少）或在同一层散热器上部串联一根空气管集中排气（散热器较多），如图 4-16 所示。

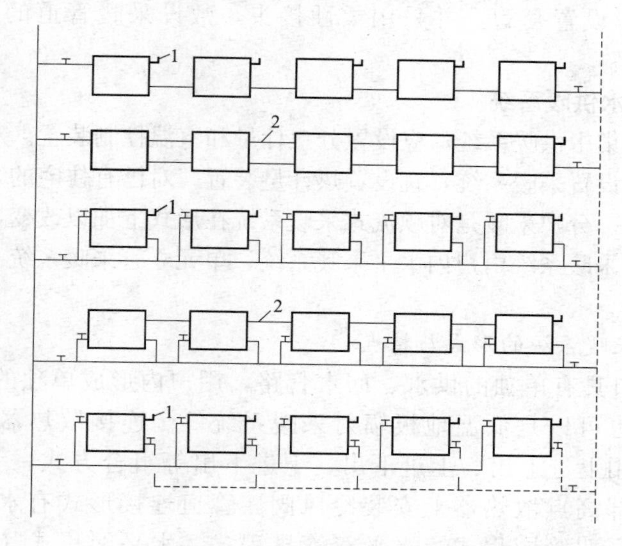

图 4-16 水平式供暖系统示意图
1—冷风阀；2—空气管

与垂直式系统相比，水平式系统的特点有：①系统总造价低；②管路简单，无穿过各层楼板的立管，施工方便；③膨胀水箱高度可降低，无须单设水箱间；④便于分层管理和调节；⑤可逐层供暖；⑥易出现水平失调；⑦易漏水。

（三）室内热水供暖系统的管路布置

管路布置是否合理，直接影响系统的造价和使用效果。通常根据建筑的具体条件、与外网连接的形式、运行情况等因素合理安置和选择布置方案，保证管道走向合理、易于安装、易于维修、节省管材、便于调节和排气、美观，且各并联环路阻力损失易于平衡。

引入口宜设置在建筑物热负荷对称分配的位置，一般在建筑中部。总立管在房间布置时不应影响人们的生活和生产。供水、回水干管先确定走向，合理进行分支，尽量使各支路阻力损失易于平衡，各分支环路上设置关闭和调节装置。管路应明装，有特殊要求时采用暗装。立管布置在房间角落，尤其是在两外墙的交接处。管道布置时还应考虑集气罐高度、水平管坡度等。

符合下列情况的采暖管道应进行保温处理：

（1）位于室外、非采暖房间及有冻结危险的地方的管道。

（2）敷设于技术夹层、管沟、管井、阁楼及天棚内的管道。

（3）必须确保输送过程中热媒参数不变的管道。

（4）热媒温度等于或高于 80℃、有烫伤危险的部位。

（5）采暖总立管。

管道布置时，必须认真考虑管道的固定与补偿。采暖管道应避免穿越防火墙，无法避免时，应预留钢套管，并在穿墙处设置固定支架。管道与套管间的空隙，应以耐火材料填封。管道穿过楼板时，应预埋钢套管，套管应高出地面 20mm；管道与套管之间的空隙，应以柔性防火封堵材料封堵。采暖管道穿越建筑基础墙、变形缝时，应设管沟。缺乏条件时，应设置套管，并采用柔性接头。敷设采暖管道的室内管沟，应符合相关规定。

二、分户采暖热水供暖系统

新建住宅的热水集中供暖系统，应设置分户计量和室温控制装置。对建筑内的公共用房和公用空间，应单独设置采暖系统，宜设置热计量装置。对已有住宅的采暖改造，也要满足分户采暖的相关要求。分户采暖是对顺流式采暖系统在形式上加以改变，实现分户调节、控制、关断。室内分户采暖系统由户内水平采暖系统、单元立管采暖系统和水平干管采暖系统组成。

（一）户内水平采暖系统的形式与特点

每个热用户入口具有单独的供水、回水管路，用户内形成单独的环路。户内系统可以是散热器系统，也可以是低温地板辐射采暖系统等。连接散热器的供水、回水管为水平式安装，可选用上进上出、上进下出、下进下出等组合方式，一般采用下进下出，此时需在系统的局部高点散热器上安装冷风阀。管道连接形式有水平单管串联式、水平单管跨越式、水平双管同程式、水平双管异程式、水平网程式（需有分水器和集水器）。户内水平供水、回水管道也可采用上供下回、上供上回等形式，与水平式供暖系统相似。

（二）单元立管采暖系统的形式与特点

以住宅单元为服务对象，向户内采暖系统提供热媒，一般设置在楼梯间内单独的采暖管井中。单元立管采暖系统可以采用同程式或异程式。采用同程式时，虽然到各个用户的管道长度相等，阻力损失易平衡，但在实际运行时，同程式立管无法克服重力循环压力的影响，故单元立管采暖系统采用异程式。单元立管顶端设置自动排气阀及球阀，便于排气，如图 4-17 所示。

（三）水平干管采暖系统的形式与特点

水平干管主要是向单元立管提供热媒，一般设置于采暖地沟中或地下室的顶棚下。水平干管连接的立管不多时，可以采用异程式，一般多采用同程式，各环路管道长度相等，阻力状况基本一致，热媒分配均匀，可减少水平失调，如图 4-17 所示。

建筑入口预留压力推荐值：3 单元 30kPa（$3mH_2O$），5 单元 40kPa，7 单元 50kPa，低温地板辐射采暖在此基础上提高 20kPa。

（四）分户采暖系统的入户装置

分为户内采暖系统入户装置和建筑采暖入口热力装置。

1. 户内采暖系统入户装置

分户采暖户内系统包括水平管道、散热装置、温控调节装置、系统入户装置。新建住宅的户内采暖系统入户装置一般设置在采暖管井内，改造住宅设置于楼梯间内采暖表箱中。户内采暖系统入户装置包括供水管上设置锁闭阀、过滤器、热量表，回水管上设置锁闭阀，如图 4-18 所示。

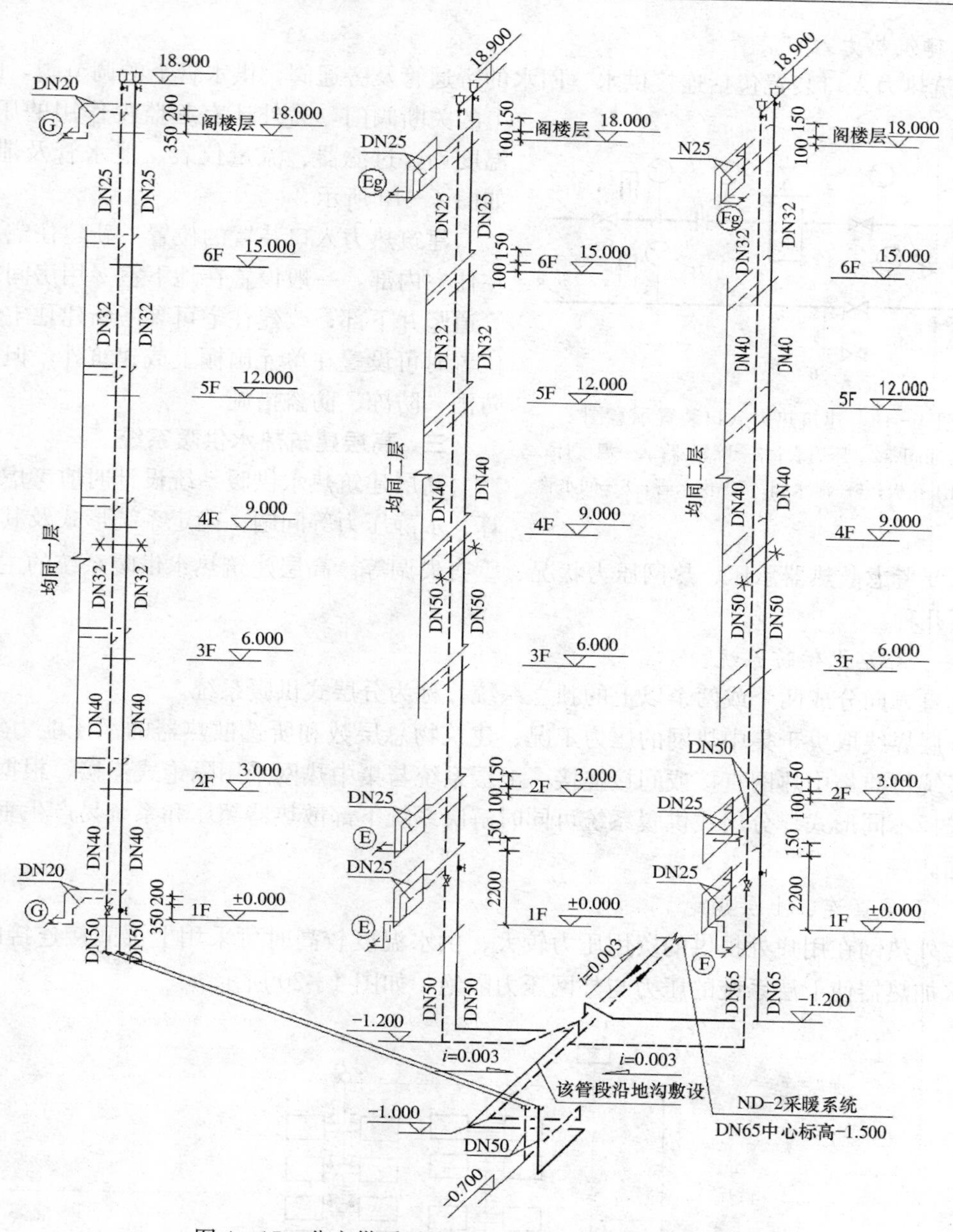

图 4－17 分户供暖系统单元立管、水平干管示意图

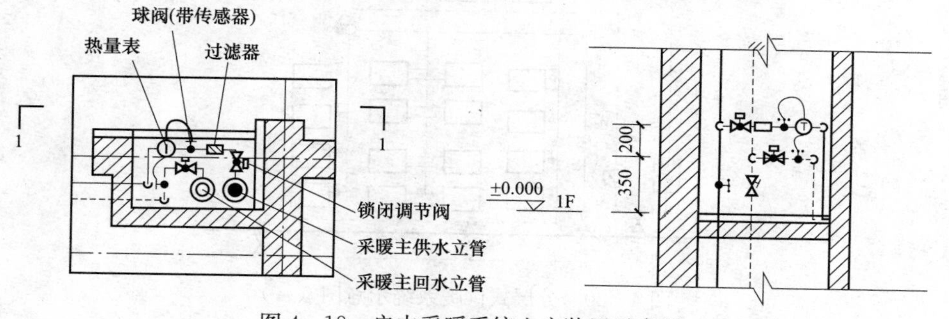

图 4－18 户内采暖系统入户装置示意图

2. 建筑热力入口装置

建筑热力入口装置包括连接供水、回水的旁通管及旁通阀，供水管上的调节阀，回水管上的关断阀门，另外还有起监视作用的压力表、温度计，过滤器、流量仪表、泄水管及泄水阀，如图 4－19 所示。

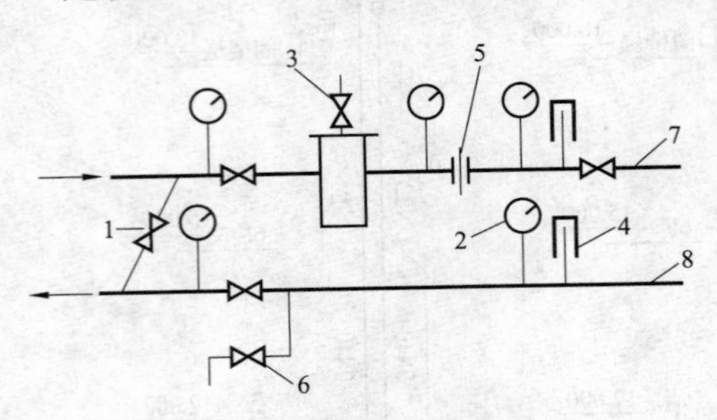

图 4－19　建筑热力入口装置示意图

1—旁通阀；2—压力表；3—除污器；4—温度计；5—调压孔板；6—泄水阀；7—供水管；8—回水管

建筑热力入口装置的位置：新建住宅应设置在住宅内部，一般设置在地下室专用房间或采暖管道竖井下部；改建住宅可参考新建住宅，没有位置时可设置在单元雨棚上或建筑外，但要做好防雨、防冻、防盗措施。

三、高层建筑热水供暖系统

高层建筑热水供暖系统设计时应考虑负荷计算、水静压力等问题。确定系统形式及其连接方式时，要考虑散热器承压、热网压力状况、垂直失调等。高层建筑热水供暖系统的主要形式有以下几种。

（一）分层式供暖系统

垂直方向分成两个或两个以上的独立系统，称为分层式供暖系统。

分层界线取决于集中热网的压力工况、建筑物总层数和所选散热器的承压能力等条件。下层系统可与集中热网直接或间接连接。上层系统与集中热网采用隔绝式连接，根据外网的压力选择不同形式。分层式供暖系统可同时解决系统下部散热器超压和系统易产生垂直失调的问题。

1. 下层直连、上层隔绝

室外热网在用户处提供的资用压力较大、供水温度较高时可采用上层间接连接的系统，利用水加热器使上层系统的压力与外网压力隔绝，如图 4－20 所示。

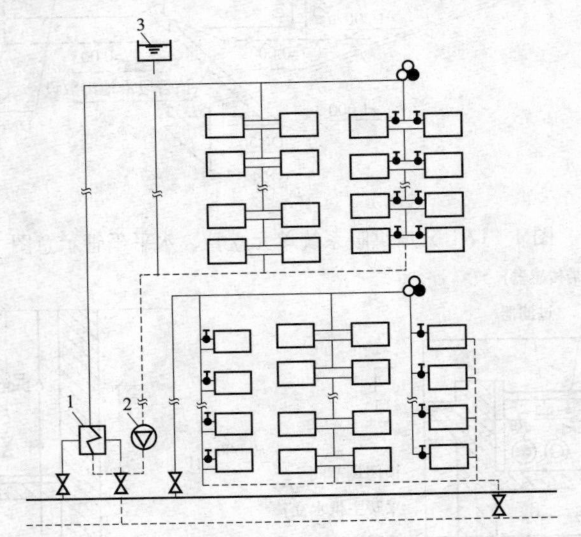

图 4－20　分层式供暖系统示意图（一）

1—换热器；2—循环水泵；3—膨胀水箱

2. 双水箱、单水箱分层式

水箱分层式供暖系统可以解决水加热器过大的问题，如图 4－21 所示。室外热网在用户处提供的资用压力较小、供水温度较低时可采用这种系统。

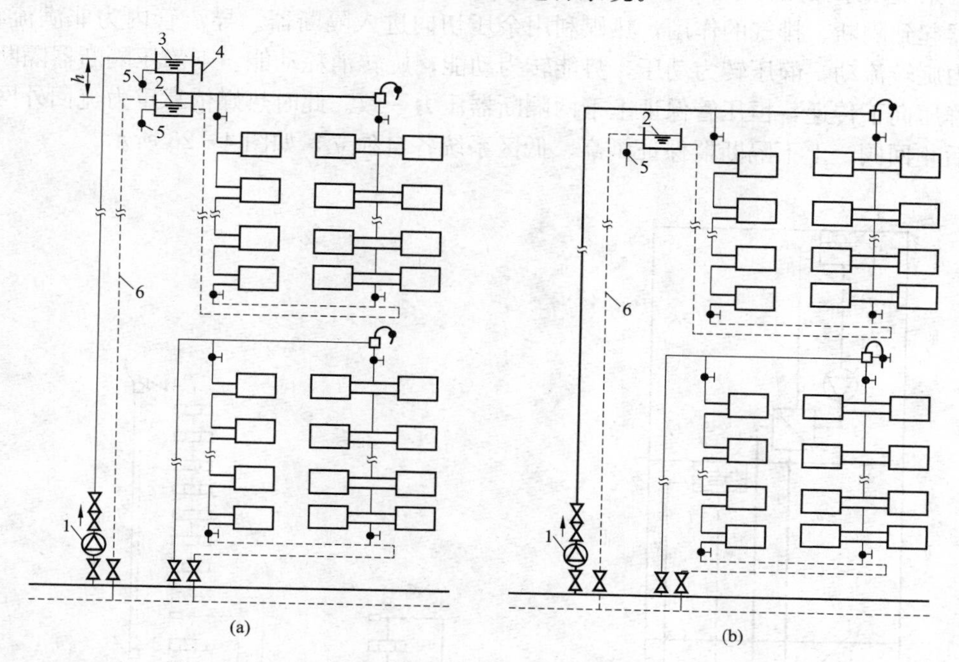

图 4－21 分层式供暖系统示意图（二）

(a) 高区双水箱；(b) 高区单水箱

1—加压水泵；2—回水箱；3—进水箱；4—供水箱溢流管；5—信号管；6—回水箱溢流管

双水箱分层式供暖系统的特点如下：

(1) 上、下层系统均与外网直连连接，当外网供水压力低于高区建筑静水压时，水泵加压打至高水箱，利用高低两水箱之间的高差进行小循环。

(2) 上层系统利用低水箱非满流的溢流管与外网回水管连接，溢流管下部满管高度取决于外网回水管的压力。

(3) 高、低两水箱替代了热交换器来隔绝外网压力，简化了入口设备，降低了系统造价。

(4) 两水箱为开式水箱，空气易进入系统造成腐蚀。另外，外网压力经常波动，运行会出现问题。

(二) 专供分区供暖系统

当高层建筑面积较大时或对成片的高层小区，可考虑将高层建筑竖向分区，在垂直方向上分两个或多个采暖分区，分别由不同系统和设备供给，如图 4－22 所示。分区高度由散热器承压能力、管材附件材质性能、系统水力工况决定。

(三) 高层建筑直连（静压隔断）式供暖系统

对于高层建筑不是很多的多层建筑小区，单独设置热源很不经济。另外，上面提到的分层式供暖系统，换热器和双水箱系统在实际实施和运行中都会遇到一定的问题。这时可考虑直连式供暖系统，低区系统、高区系统直接连入外网中。外网供水经过泵加压（止回）送至高区，回水减压接入外网回水管，且与低区系统必须分开。

高区系统回水减压方法：设置上下两个静压隔断器，中间用导流管、恒压管连接。上静压隔断器起到隔断、排气的作用，热媒利用余压切向进入隔断器。导流管内为非满流状态，依靠重力旋转流动，静压转为动压，势能转为动能，旋转消耗动能。下静压隔断器隔断了导流管内静压向下传递，恒压管保证上下两隔断器压力一致。此时热媒依靠重力流回外网回水管。泵后止回阀、上下隔断器保证了高、低区系统各自独立，如图 4-23 所示。

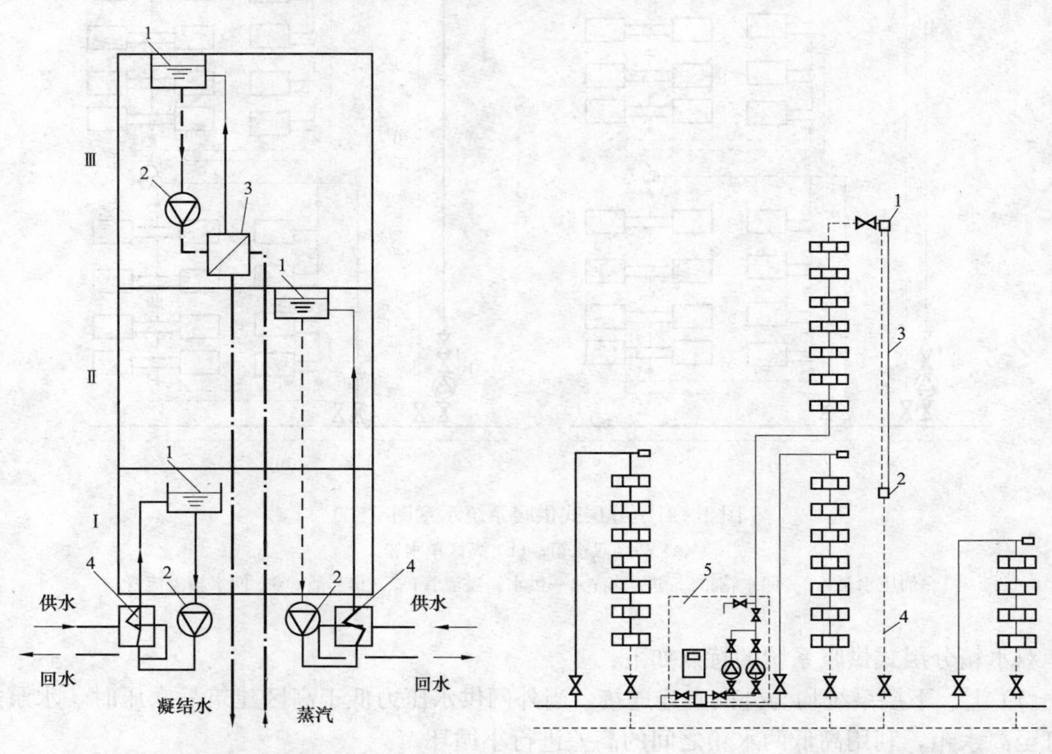

图 4-22　专供分区供暖系统示意图
1—膨胀水箱；2—循环水泵；
3—汽-水换热器；4—水-水换热器

图 4-23　高层建筑直连（静压隔断）式供暖系统示意图
1—断流器；2—阻旋器；3—连通管；
4—高区回水管；5—加压泵及控制机组

四、主要设备及附件

1. 膨胀水箱

膨胀水箱的作用是贮存热水供暖系统的膨胀水，在重力循环上供下回系统中还起到排气的作用；另外，膨胀水箱还可以起到恒定供暖系统压力的作用。膨胀水箱通常呈圆形或矩形，水箱上有膨胀管、溢流管、信号管、排水管、循环管等管路。

膨胀管在重力循环系统中连接在供水总立管的顶端，在机械系统中一般连接在水泵吸入口前的定压点上。溢流管一般可接到附近的下水道中。信号管一般引到便于观察的地方。排水管可以溢流管一起接至附近的下水道。循环管一般接到系统定压点前的水平回水管上，循环管与膨胀管保持 1.5～3m 的间距。在重力循环系统中，循环管接到供水干管上。膨胀管、溢流管、循环管上严禁安装阀门。膨胀水箱应考虑保温，其容积应通过计算确定，详见相关设计手册。

2. 热水供暖系统排除空气的设备

水中含气以及通过不严密处渗入的空气，会造成供暖系统中积存空气，形成气塞，影响正常循环。热水供暖系统中排除空气的设备主要有集气罐、自动排气阀、冷风阀等。

3. 散热器温控阀

散热器温控阀是一种自动控制散热器散热量的设备，由阀体和感温元件组成，温控范围为13～28℃，误差±1℃。散热器温控阀具有恒定室温、节约热能的优点，但散热器温控阀阻力过大，设计时须增加散热器面积。

4. 分水器、集水器

分水器、集水器应用在低温热水辐射采暖室内系统时，主要用于连接各个加热盘管循环管路，起到配水、汇水的作用，由主体、接头、橡胶密封圈、丝堵、放气阀等组成。

5. 锁闭阀

分为三通型和两通型，主要起到关闭调节的作用，有的锁闭阀还具有调节功能，有利于系统的水力平衡，避免失调现象发生。

第四节 室内蒸汽供暖系统

蒸汽主要用途：①动力直接应用；②供暖凝结放热；③加热其他热媒。

蒸汽供热原理：蒸汽从热源沿蒸汽管路进入散热设备，蒸汽凝结放热后，凝水通过疏水器再返回热源重新加热，如图4-24所示。

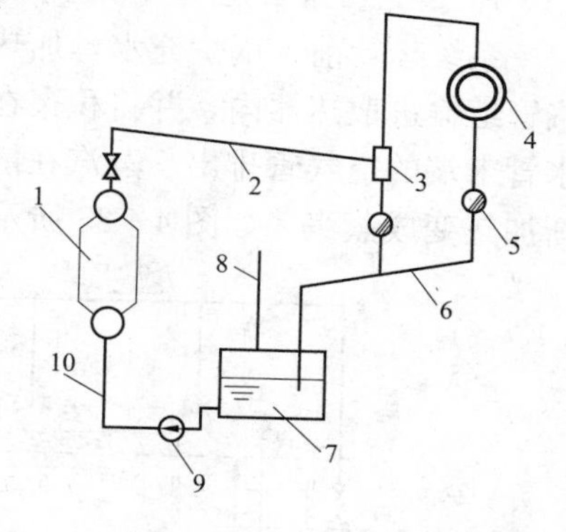

图4-24 蒸汽供热原理示意图

1—热源；2—蒸汽管路；3—分水器；4—散热设备；5—疏水器；6—凝水管路；7—凝水箱；8—空气管；9—凝水泵；10—凝水管

与热水供暖系统相比，蒸汽供暖具有如下特点：

(1) 放热方式：热水系统靠温降放热，相态不变；蒸汽系统是凝结放热，相态变化。

每千克蒸汽在散热设备中凝结放热量为

$$q=i-q_1 \quad (\text{kJ/kg}) \tag{4-51}$$

式中：i为进入散热设备时的蒸汽焓，kJ/kg；q_1为流出散热设备时的凝水焓，kJ/kg。

进入散热设备的蒸汽为饱和蒸汽，流出的凝水是饱和凝水时

$$q=r \quad (\text{kJ/kg})$$

式中：r为蒸汽在凝结压力下的汽化潜热，kJ/kg。

所需蒸汽量为

$$G=\frac{AQ}{\gamma}=\frac{3600Q}{1000\gamma}=3.6\times\frac{Q}{\gamma} \quad (\text{kg/h}) \tag{4-52}$$

式中：Q为散热设备热负荷，W；γ为汽化潜热；A为单位换算系数，1W=1J/s=3600/1000kJ/h=3.6kJ/h。

对同样的热负荷，蒸汽供热时所需的蒸汽质量流量小于热水流量。

(2) 状态参数（流量和比体积）：热水在封闭系统内循环，其状态参数变化很小；蒸汽

和凝水在系统管路内流动，其状态参数变化较大，并伴随相态变化。

蒸汽供暖系统在设计和运行管理上较为复杂，容易出现跑、冒、滴、漏的现象。

(3) 散热器内热媒平均温度：热水系统中，散热设备内热媒温度 $t_{pj}=\frac{t_{sg}+t_{sh}}{2}$；蒸汽系统中，散设备的热媒温度为该压力下的饱和温度。

同样热负荷时，蒸汽系统比热水系统节省散热设备的面积，但蒸汽系统卫生条件较差(烧烤灰尘，产生异味)，再加上跑、冒、滴、漏的影响，民用建筑中不适宜使用蒸汽系统。

(4) 蒸汽比体积较热水大，密度较热水小。蒸汽管道中的流速可适当提高，减轻前后加热滞后现象。在高层建筑供暖时，无很大的水静压力。蒸汽系统的热惰性小，热得快，冷得快，适用于间歇供热的用户。

(5) 蒸汽温度和压力高，热能品质高，适用于多种各类用户，可作动力使用。

一、室内蒸汽供暖系统形式

(一) 蒸汽供暖系统分类

按供汽压力的大小，分为高压蒸汽供暖（高于 70kPa）、低压蒸汽供暖（低于或等于 70kPa）、真空蒸汽供暖。压力一般由管路和设备的耐压强度确定。按蒸汽干管布置的不同，分为上供式、中供式、下供式；按照立管布置特点，分为单管式、双管式；按回水动力不同，分重力回水和机械回水。

(二) 低压蒸汽供暖系统的基本形式

1. 重力回水低压蒸汽供暖系统

系统运行前，锅炉充水，加热后产生蒸汽，在其自身压力作用下，克服流动阻力，沿供汽管道输进散热器内，并将积聚在供汽管道和散热器内的空气驱入凝水管，最后经连接在凝水管末端的空气管排出。蒸汽在散热器内冷凝放热，凝水靠重力作用沿凝水管返回锅炉，重新加热变成蒸汽，如图 4-25 所示。

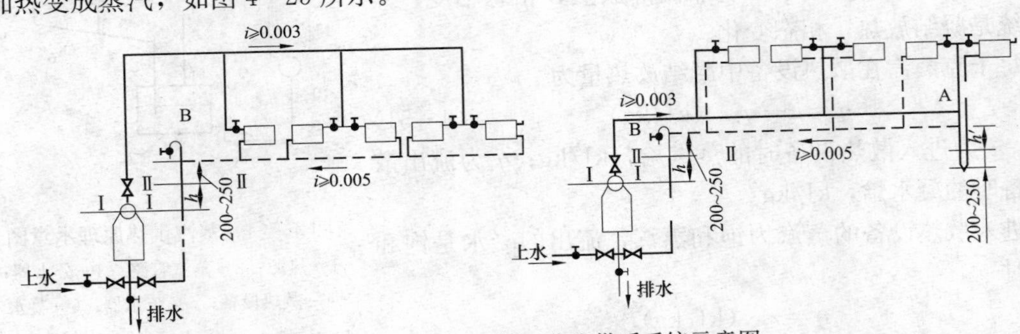

图 4-25 重力回水低压蒸汽供暖系统示意图

空气管之前的凝水干管的横断面，上部分应充满空气，下部分充满凝水，凝水靠重力流动，这种非满管流动的凝水管，称为干式凝水管。总凝水立管中全部充满凝水，凝水满管流动，称为湿式凝水管。

重力回水低压蒸汽供暖系统形式简单，运行时不消耗电能，依靠满流部分液面差 h 完成上水，宜在小型系统中采用。

2. 机械回水的中供式低压蒸汽供暖系统

机械回水的凝水不直接返回锅炉，而是先进入凝水箱，然后再用凝水泵将凝水送回热源重新加热。凝水箱应低于所有散热器和凝水管，进凝水箱的凝水干管应做顺流向下的坡度，使凝水靠重力自流进入凝水箱，由凝水箱上的空气管排出空气，凝水干管按干式凝水管设计。

（三）低压蒸汽供暖系统设计中注意的问题

（1）正确确定供汽压力：散热器入口阀门前蒸汽剩余压力通常为1500～2000Pa。

（2）安装疏水器，防止蒸汽进入凝水管。在每个散热器出口或每根凝水立管下端安装疏水器。疏水器的作用是自动阻止蒸汽逸漏，迅速排出用热设备及管道中的凝水，同时排出系统中积留的空气和其他不凝性气体。疏水器除了安装在上述位置以外，在需要阻汽排水的位置，如管道拐弯抬高处、局部系统最低点等位置也应安装。

（3）坡向和坡度：干式凝水管，$i \geqslant 0.005$；水平蒸汽管，汽水同向 $i=0.003$ 或 $i \geqslant 0.002$；散热器支管，$i=0.01 \sim 0.02$。

（4）供汽立管宜从供水干管的上方或上方侧接出。

（5）防止空气由系统接缝处渗入的方法（间歇工作）：①停止供汽时，打开空气管阀门；②在散热器上安装自动排汽阀，位置在1/3处。

（6）单管下供下回：单根立管中，蒸汽向上流动，进入各层散热器冷凝放热。为了保证凝水顺利流回立管，散热器支管与立管的连接点必须低于散热器出口水平面，散热器支管上的阀门应采用转心阀或球形阀。采用单根立管，节省管道，但立管中汽、水逆向流动，立管、支管的管径比较大。每个散热器上必须安装自动排气阀，位置在散热器1/3高度处。

（四）室内高压蒸汽供热系统

高压蒸汽供热系统，可以满足不同用途的热用户需要，如生产工艺、热水供应、通风及供暖热用户，如图4-26所示。高压蒸汽进入用户入口的高压分汽缸，根据各种热用户的使用情况和要求的压力，从不同的分汽缸中引出蒸汽分送到不同的用户。分汽缸压力不同，应在分汽缸间设置减压装置。与大气相通的凝水箱，称为开式水箱。密闭且具有一定压力的凝水箱，称为闭式凝水箱。

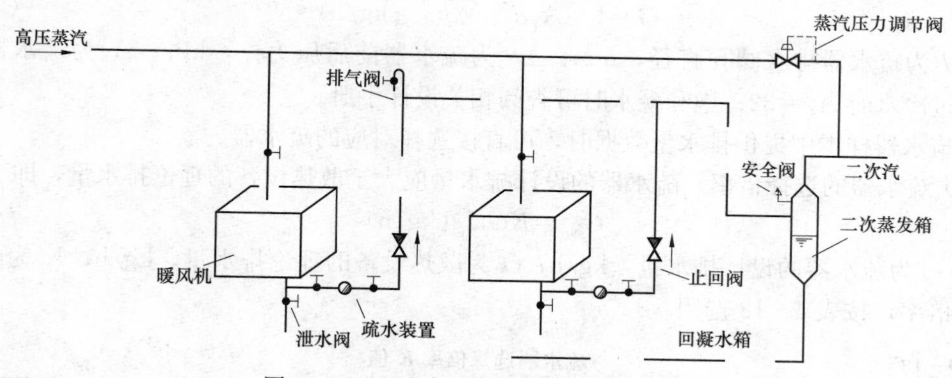

图4-26 室内高压蒸汽供热系统示意图

高压蒸汽系统压力较高，容易引起水击，为了使蒸汽管道中汽水同向流动，大多采用双管上供下回式布置。散热设备的凝水通过凝水管路进入集中疏水器，依靠疏水器后余压将凝水送至凝水箱中。当各个分支的蒸汽压力不同时，疏水器可设置在各分支凝水管道的末端。散热设备到疏水器前的凝水管路应按干式凝水管路设计，沿水流动方向的坡度不得小于0.005。干式凝水管路通过过门地沟时，应设置空气绕行管，上设自动排气阀。每个散热设备的凝水支管上都应设置阀门，供关断用。供汽和凝水干管上，往往设置固定支架及补偿器，固定支架使管道沿长度方向和径向均不移动，补偿器则是补偿热伸长，与固定支架配合使用。

因凝水通过疏水器后压力降低重新汽化产生的蒸汽，称为二次蒸汽。利用疏水器后的余压输送凝水，称为余压回水。因此，疏水器后的管路流动状态属于两相流，管径要比输送纯凝水的大很多。高、低压凝水合流时，应对高压凝水进行减压。当使用蒸汽压力很高时，凝水管道内生成的二次蒸汽量就会增多。如有条件利用，可设置二次蒸发箱，将二次蒸汽分离出来继续使用。

二、附属设备

(一) 疏水器

疏水器的作用是自动阻止蒸汽逸漏，迅速排出散热设备及管道中的凝水，同时排除系统中积留的空气和不凝气体。

1. 分类

根据作用原理不同，疏水器可分为：

(1) 机械型疏水器：利用蒸汽和凝水的密度不同，形成凝水液位，以控制凝水排水孔自动启闭工作。

(2) 热动力型疏水器：利用蒸汽和凝水热动力学（流动）特性的不同来工作。

(3) 热静力型（恒温型）疏水器：利用蒸汽和凝水的温度不同引起恒温元件膨胀或变形来工作。

2. 选择计算

(1) 排水量计算。确定疏水器的排水能力，就是选择排水小孔的直径或面积。疏水器排水量计算公式，以水力学孔口或管嘴淹没出流的理论公式为基础，选择排水小孔直径，根据疏水器进出口压力差不同、二次蒸汽比例不同，再对排水量予以修正。疏水器排水量G的计算公式为

$$G=0.1A_{p}d^{2}\sqrt{\Delta p}\quad(\text{kg/h})\tag{4-53}$$

式中：d为疏水器排水阀孔直径，mm；Δp为疏水器前后压力差，kPa；A_p为疏水器排水系数，过冷水时$A_p=32$；饱和凝水时可查阅相关设计手册。

当疏水器样本中提供排水量数据时，可直接选择对应的疏水器。

(2) 疏水器的选择倍率。疏水器的设计排水量应大于散热设备的理论排水量，即

$$G_{sh}=KG_{1}\quad(\text{kg/h})\tag{4-54}$$

式中：G_{sh}为疏水器的设计排水量，kg/h；G_1为散热设备的理论排水量，kg/h；K为疏水器的选择倍率，按表4-18选用。

表4-18 疏水器选择倍率K值

系统	使用情况	K	系统	使用情况	K
供暖	$p_b\geqslant100$kPa $p_b<100$kPa	2～3 4	淋雨	单独换热器 多喷头	2 4
热风	$p_b\geqslant200$kPa $p_b<200$kPa	2 3	生产	一般换热器 大容量、常间歇、速加热	3 4

注 p_b为表压力。

考虑蒸汽系统在运行过程中，凝水量会有增多的情况，疏水器在实际使用过程中，有时会出现排水能力大于正常运行时的输水量的情况。选择正确的疏水倍率，才能保证蒸汽系统安全有效地运行。

(3) 疏水器前、后压力的确定原则。疏水器前、后压力的确定关系到疏水器的选择，以及疏水器后余压回水压力是否足够等问题。疏水器前的表压力 p_1 主要取决于疏水器在蒸汽供热系统中连接的位置：①当疏水器用于排除蒸汽管路中的凝水时，p_1 为疏水点处的蒸汽表压力 p_b；②当疏水器安装在用热设备出口的凝水支管上时，p_1 为 0.95 倍的用热设备前的蒸汽表压力 p_b；③当疏水器安装在凝水干管末端时，p_1 为 0.7 倍的供热系统入口蒸汽表压力 p_b。

疏水器后的出口压力 p_2 确定原则：必须保证疏水器有一个最小的压差 Δp_{min}，在疏水器前压力 p_1 给定后，疏水器后的压力 p_2 不得超过某一最大允许背压 p_{2max}，即

$$p_2 \leqslant p_{2max}$$

$$p_{2max} \leqslant p_1 - \Delta p_{min} \quad (4-55)$$

疏水器后出口压力 p_2 较高时，对凝水管路水力计算有利，但疏水器前后压差 Δp 减小，不利疏水器工作。疏水器后的设计背压值可取 $p_{2max}=0.5p_1$。疏水器后如连接干式凝水管路，则 p_2 等于大气压。

3. 疏水器与管路的连接

疏水器多为水平安装。疏水器前应有冲洗管、关断阀门、过滤器，疏水器后应有检查管、关断阀门和止回阀。带旁通管的疏水器，旁通管可水平安装或垂直安装。旁通管的作用是在开始运行时排除大量的凝水和空气，运行过程中不打开旁通管。小型系统不需要设置旁通管，对于不允许中断供汽的系统，应安装旁通管和阀门；当多台疏水器并联时，可不设旁通管。

(二) 减压阀

减压阀通过调节阀孔的大小对蒸汽进行节流，达到减压的目的，并自动维持阀后压力在一定范围内。减压阀主要有活塞式、波纹管式、薄膜式等。蒸汽流过减压阀阀孔的过程是气体绝热节流过程，通过减压阀孔口的蒸汽量可近似地用气体绝热流动的基本方程式进行计算。

(1) 当减压阀的减压比 β 大于临界压力比 β_1，即 $\beta=p_2/p_1>\beta_1$ 时，有

$$G=11.38f\mu\sqrt{2\frac{k}{k-1}\cdot\frac{p_1}{v_0}\left[\left(\frac{p_2}{p_1}\right)^{\frac{2}{k}}-\left(\frac{p_2}{p_1}\right)^{\frac{k+1}{k}}\right]} \quad (\text{kg/h}) \quad (4-56)$$

式中：G 为蒸汽流量，kg/h；f 为减压阀孔流通面积，cm^2；μ 为减压阀孔流量系数，一般取 0.6；k 为流体绝热指数；p_1、p_2 为阀孔前、后流体压力，kPa（绝对压力）；v_0 为阀孔前流体比体积，m^3/kg；11.38 为单位换算系数。

对饱和蒸汽，$k=1.135$、$\beta_1=0.577$ 时，有

$$G=46.7f\mu\sqrt{\frac{p_1}{v_0}\left[\left(\frac{p_2}{p_1}\right)^{1.76}-\left(\frac{p_2}{p_1}\right)^{1.88}\right]} \quad (\text{kg/h}) \quad (4-57)$$

对过热蒸汽，$k=1.3$、$\beta_1=0.546$ 时，有

$$G=33.5f\mu\sqrt{\frac{p_1}{v_0}\left[\left(\frac{p_2}{p_1}\right)^{1.54}-\left(\frac{p_2}{p_1}\right)^{1.78}\right]} \quad (\text{kg/h}) \quad (4-58)$$

(2) 当减压阀的减压比小于或等于临界压力比 β_1，即 $\beta=p_2/p_1\leqslant\beta_1$ 时，用最大流量方程计算，即

$$G_{max}=11.38f\mu\sqrt{2\frac{k}{k+1}\left(\frac{2}{k+1}\right)^{\frac{2}{k-1}}\cdot\frac{p_1}{v_0}}\quad(\text{kg/h})\tag{4-59}$$

对饱和蒸汽

$$G_{max}=7.23f\mu\sqrt{\frac{p_1}{v_0}}\quad(\text{kg/h})\tag{4-60}$$

对过热蒸汽

$$G_{max}=7.59f\mu\sqrt{\frac{p_1}{v_0}}\quad(\text{kg/h})\tag{4-61}$$

(3) 工程设计中，选择减压阀孔口面积时也可利用相关线算图，具体参见相关设计手册。

(4) 安装使用问题：

1) 当减压前后压力比大于 5～7 倍，或阀后蒸汽压力 p_2 很小时，应串联两个减压阀（两极减压），以减小噪声和振动，且运行安全可靠。当热负荷波频繁而剧烈时，为使第一级减压阀工作稳定，两阀之间应有一定的距离。当热负荷稳定时，其中一个减压阀可用节流板代替。

2) 减压阀之前应有截止阀、压力表、泄水管及阀门，减压阀之后应有压力表、安全阀、截止阀，另外应设置旁通管及阀门，故障时可以保证供汽。

(三) 二次蒸发箱

二次蒸发箱（又称二次蒸发器）的作用是将室内各个用汽设备排出的凝水，在较低的压力下分离出部分二次蒸汽，并输送给热用户。二次蒸发箱的容积 V 可按 1m³ 容积，每小时分离出 2000m³ 蒸汽来确定，箱中按 20% 的体积存水，80% 的体积为蒸汽分离空间。因此，每小时有 G（kg）凝水流入蒸发箱，每 1kg 凝水的二次汽化率为 x，蒸发箱内的压力为 p_3，相应蒸汽的比体积为 v（m³/kg），则每小时凝水产生的二次蒸汽的体积为 Gxv（m³），二次蒸发箱的容积为

$$V=Gxv/2000=0.005Gxv\ (\text{m}^3)\tag{4-62}$$

蒸发箱的截面面积按蒸汽流速 $v<2.0$m/s、水流速 $v<0.25$m/s 来计算。

第五节 室内供暖系统的水力计算

供暖系统中管径的确定、循环动力的确定都要通过系统的水力计算来实现。

一、热水供暖系统管路水力计算基本原理

设计热水供暖系统时，为使系统中各管段的水流量符合设计要求，以保证流进各组散热设备的水流量符合需要，就要进行管路的水力计算。

(一) 管路水力计算基本公式

流体在管道中流动时会产生能量损失，损失包括沿程损失 Δp_y 和局部损失 Δp_j。

$$\Delta p=\Delta p_y+\Delta p_j=Rl+\Delta p_j\quad(\text{Pa})\tag{4-63}$$

$$R=\frac{\lambda}{d}\cdot\frac{\rho v^2}{2}\quad(\mathrm{Pa/m})\tag{4-64}$$

$$\Delta p_{\mathrm{j}}=\sum\zeta\frac{\rho v^2}{2}\quad(\mathrm{Pa})\tag{4-65}$$

式中：Δp 为计算管段的压力损失，Pa；R 为每米管长的沿程损失，Pa/m；l 为管段长度，m；λ 为管段的摩擦阻力系数；d 为管子内径，m；ρ 为热媒的密度，kg/m^3；v 为热媒在管内的流速，m/s；$\sum\zeta$ 为管段中总的局部阻力系数。

其他公式参见“流体力学”中的相关内容。

沿程损失 Δp_{y}的计算，可通过管径 d、流量 G、比摩阻（单位长度管段上的沿程损失）R 之间的函数关系式 $R=f(d、G)$ 来确定。局部损失 Δp_{j}的计算，要根据不同局部阻碍确定局部阻力系数，再根据局部损失公式进行计算。系统中各管段的沿程损失和局部损失之和就是该管段的压力损失。

（二）当量局部阻力法和当量长度法

在实际工程设计中，也有采用当量局部阻力法和当量长度法进行管路水力计算的。

(1) 当量局部阻力法（动压头法），是将管段的沿程损失转变为局部损失来计算，即

$$\Delta p_{\mathrm{y}}=\frac{\lambda}{d}l\frac{\rho v^2}{2}=\Delta p_{\mathrm{j}}=\zeta_{\mathrm{d}}\frac{\rho v^2}{2}\tag{4-66}$$

其中

$$\zeta_{\mathrm{d}}=\frac{\lambda}{d}l$$

式中：ζ_{d} 为当量局部阻力系数。

(2) 当量长度法，是将管段的局部损失折合为管段的沿程损失来计算，即

$$\Delta p_{\mathrm{j}}=\sum\zeta\frac{\rho v^2}{2}=\Delta p_{\mathrm{y}}=Rl_{\mathrm{d}}=\frac{\lambda}{d}l_{\mathrm{d}}\frac{\rho v^2}{2}\tag{4-67}$$

其中

$$l_{\mathrm{d}}=\sum\zeta\frac{d}{l}$$

式中：l_{d}为管段中局部阻力的当量长度，m。

水力计算公式为

$$\Delta p=Rl+\Delta p_{\mathrm{j}}=R(l+l_{\mathrm{d}})=Rl_{\mathrm{zh}}\quad(\mathrm{Pa})\tag{4-68}$$

式中：l_{zh}为管段的折算长度，m。

（三）管路的阻力数

管路是由许多串联和并联管段组成的。各管段的压力损失和流量分配，取决于各管段的连接方法、各管段的阻力数。管道的阻力数 S 表示当管段通过单位流量时的压力损失值。

1. 串联管路

串联管路总压降

$$\Delta p=\Delta p_1+\Delta p_2+\Delta p_3+\cdots$$

管段流量

$$G=G_1=G_2=G_3=\cdots$$

压降 Δp、阻力系数 S 和流量 G 的关系

$$\Delta p=S_{\mathrm{ch}}G^2,\quad \Delta p_1=S_1G^2,\ \cdots$$

从而有

$$S_{ch}G^2 = S_1G^2 + S_2G^2 + S_3G^2 + \cdots$$

即

$$S_{ch} = S_1 + S_2 + S_3 + \cdots \tag{4-69}$$

式中：G 为热水管路的流量，kg/h；S_1、S_2、S_3、…为各串联管路的阻力数，$Pa/(kg/h)^2$；S_{ch}为串联管路的总阻力数，$Pa/(kg/h)^2$。

结论：在串联管路中，管路的总阻力数为各串联管段阻力数之和。

2. 并联管路

管段流量关系为

$$G = G_1 + G_2 + G_3 + \cdots$$

并联管段压降关系

$$\Delta p = \Delta p_1 = \Delta p_2 = \Delta p_3 = \cdots$$

压降 Δp、阻力系数 S 和流量 G 的关系

$$G = \sqrt{\frac{\Delta p}{S_b}},\ G_1 = \sqrt{\frac{\Delta p}{S_1}},\ G_2 = \sqrt{\frac{\Delta p}{S_2}},\ G_3 = \sqrt{\frac{\Delta p}{S_3}},\ \cdots$$

从而有

$$\sqrt{\frac{\Delta p}{S_b}} = \sqrt{\frac{\Delta p}{S_1}} + \sqrt{\frac{\Delta p}{S_2}} + \sqrt{\frac{\Delta p}{S_3}} + \cdots$$

即

$$\frac{1}{\sqrt{S_b}} = \frac{1}{\sqrt{S_1}} + \frac{1}{\sqrt{S_2}} + \frac{1}{\sqrt{S_3}} + \cdots \tag{4-70}$$

设 $a = \frac{1}{\sqrt{S}} = \frac{G}{\sqrt{\Delta p}}[(kg/h)/Pa^{\frac{1}{2}}]$，则有 $a_b = a_1 + a_2 + a_3 + \cdots$

$\Delta p = S_1G_1^2 = S_2G_2^2 = S_3G_3^2 = \cdots$，即

$$G_1 : G_2 : G_3 = \frac{1}{\sqrt{S_1}} : \frac{1}{\sqrt{S_2}} : \frac{1}{\sqrt{S_3}} : \cdots = a_1 : a_2 : a_3 : \cdots \tag{4-71}$$

式中：a_1、a_2、a_3、…为并联管段的通导数；S_b为并联管路的总阻力数，$Pa/(kg/h)^2$；a_b为并联管路的总通导数，$(kg/h)/Pa^{1/2}$。

结论：在并联管路上，总阻力数的平方根倒数，等于各并联管路阻力数平方根的倒数之和。各分支管段的流量之比等于通导数之比，流量分配与通导数成正比，当各分支管段的阻力状况（即阻力数）不变时，管段的总流量在分支管段上的流量分配比例不变，总流量增加、减少多少倍，分支也相应地增加或减少多少倍。

（四）管路水力计算的主要任务和方法

1. 主要任务

按已知各管段的流量和循环作用压力，确定各管段的管径；按已知各管段的流量和管径，确定所必需的循环作用压力；按已知各管段的管径和该管段允许的压降，确定该管段的流量。

2. 计算方法

管路的水力计算从系统的最不利环路开始，即从允许的比摩阻 R 最小的一个环路开始计算。由 n 个串联管段组成的最不利环路，它的总压力损失为 n 个串联管段压力损失的总

和，即

$$\Delta p=\sum_{1}^{n}(Rl+\Delta p_{j})=\sum_{1}^{n}A\zeta_{zh}G^{2}=\sum_{1}^{n}Rl_{zh}\quad(\mathrm{Pa})\tag{4-72}$$

热水供暖系统的循环作用压力的大小取决于机械循环作用压力、冷却产生的作用压力和管路散热附加作用压力。水力计算方法如下：

(1) 按已知各管段的流量和循环作用压力，确定各管段的管径。预先求出最不利循环环路或分支环路的平均比摩阻，即

$$R_{pj}=\frac{\alpha\Delta p}{\sum l}\quad(\mathrm{Pa/m})\tag{4-73}$$

式中：α 为沿程损失约占总压力损失的估计百分数，可查阅相关设计手册；Δp 为最不利循环环路或分支环路的循环作用压力，Pa；$\sum l$ 为最不利循环环路或分支环路的管路总长度，m。

根据平均比摩阻 R_{pj} 及环路中各管段的流量，利用水力计算图表，可选出接近的管径，并求出实际的压力损失和整个环路的总压降。

也可以根据各管段的流量和选定的比摩阻 R 值或流速 v 值，来选出接近的管径，求出实际的压力损失。此时，选定的比摩阻 R 值和流速 v 值常采用经济值，称经济比摩阻或经济流速。传统采暖方式平均比摩阻 R_{pj} 值一般取 60～120Pa/m。分户采暖方式的平均比摩阻 R_{pj} 值：户内水平管，100～120Pa/m；单元立管，40～60Pa/m；水平干管，60～120Pa/m。

(2) 按已知各管段的流量和管径，确定所必需的循环作用压力。此种情况常用于校核计算。根据最不利循环环路各管段改变的流量和已知的管径，利用水力计算图表，确定该循环环路各管段的压力损失以及系统必需的循环作用压力，检查循环水泵扬程是否满足要求。

(3) 按已知各管段的管径和该管段允许的压降，确定该管段的流量。根据管段的管径 d 和该管段允许压降 Δp，来确定通过该管段的流量。对已有的热水供暖系统，在管段已知作用压头下，校核各管段通过水流量的能力，属于校核计算。

（五）并联环路的压力损失最大不平衡率控制与流速限制

1. 并联环路压力损失最大不平衡率控制

管径的规格型号是固定的，设计时仅是尽可能地选择合适的管径，使并联环路的压力损失尽可能地相互接近。实际运行时，设计压降小的管路流量增大，设计压降大的管路流量减小，产生实际流量与设计流量的偏差，引起实际室内温度与设计室内温度不同。

热水供暖系统最不利循环环路与各个并联环路之间（不包括共同管路）的计算压力损失相对差额，不应大于±15%。整个热水供暖系统总的计算压力损失，宜增加10%的附加值，以此来确定系统必需的循环作用压力。

2. 并联环路流速限制

在实际设计过程中，为了平衡各个并联环路的压力损失，需要提高分支环路的比摩阻和流速，但流速过大会产生噪声振动等。目前，相关规范中规定最大允许的水流速度不应大于下列数值：民用建筑，1.5m/s；生产厂房辅助建筑物，2m/s；生产厂房，3m/s。

二、蒸汽供暖系统管路水力计算

（一）低压蒸汽供暖系统管路水力计算原则和方法

低压蒸汽供暖系统靠锅炉出口处蒸汽本身的压力使蒸汽沿管道流动，最后进入散热器凝

结放热。蒸汽的流量因沿途凝结而减少，密度也因压力沿途降低而变小，但变化不大，在计算低压蒸汽管路时可忽略，认为流量和密度不变。

蒸汽在管道中流动，同样具有沿程损失和局部损失。计算蒸汽管道比摩阻时，同样可以利用式（4-63）。局部阻力的确定方法与热水供暖管路相同。在散热器入口处，应有1500～2000Pa的剩余压力，以克服阀门和散热器入口的局部阻力。

水力计算时，先从最不利管路开始，即从锅炉到最远散热器的管路开始计算。为保证系统可靠地供暖，尽可能使用较低的蒸汽压力。进行最不利管路水力计算时，通常采用控制比压降或平均比摩阻法进行计算。

控制比压降法是将最不利管路的每米总压力损失控制在100Pa/m来设计。平均比摩阻法是在已知锅炉或室内入口处蒸汽压力条件下进行的，即

$$R_{pj}=\frac{\alpha(p_g-2000)}{\sum l}\quad (\mathrm{Pa/m}) \tag{4-74}$$

式中：α 为沿程损失约占总压力损失的百分数，$\alpha=60\%$；p_g 为锅炉出口或室内用户入口的蒸汽表压力，Pa；$\sum l$ 为最不利管路总长度，m。2000为散热器入口处的蒸汽剩余压力，Pa。

当锅炉出口或室内用户入口蒸汽压力高时，平均比摩阻 R_{pj} 值会较大，仍控制比压降不超过100Pa/m设计。最不利管路计算后，可计算其他立管，按平均比摩阻来选择管径，保证管内流速不超过规定的最大允许流速：汽、水同向流动时30m/s，汽、水逆向流动时20m/s。规定最大允许流速是为了避免水击和噪声，便于排除凝水。当汽、水逆向流动时，蒸汽流速限制得低一些，使运行更可靠。

低压蒸汽供暖系统凝水管路，在排气管前的管路为干凝水管路，管路截面上半部为空气，下半部为凝水，凝水管路必须保证0.005以上的向下坡度，属非满流状态。确定干凝水管路管径是依靠坡度无压流动的水力学计算公式为依据，根据实践经验制定出不同管径下所能担负的输热能力。

排气管后面的凝水管路可以全部充满凝水，称为湿凝水干管，其流动为满管流。在相同热负荷条件下，湿式凝水管选用的管径比干式的小。干凝水管路和湿凝水管路的管径可参照相关手册选择。

（二）高压蒸汽供暖系统管路水力计算原则和方法

室内高压蒸汽供暖管道的水力计算原理与低压蒸汽完全相同。为了计算方便，一些供暖通风设计手册中收录了不同蒸汽压力下的蒸汽管径计算表。在进行室内高压蒸汽管路的局部压力损失计算时，习惯将局部阻力换算为当量长度进行计算。水力计算任务同样是选择管径和计算压力损失，通常采用平均比摩阻法或流速法，从最不利环路开始。

1. 平均比摩阻法

蒸汽系统起始压力已知，最不利管路压力损失为该管路到最远用热设备处各管段的压力损失的总和。为使疏水器能正常工作和留有必要的剩余压力使凝水排入凝水管网，最远用热设备处还应有较高的蒸汽压力。最不利管路的总压力损失不宜超过起始压力的1/4。平均比摩阻为

$$R_{pj}=\frac{0.25\alpha p}{\sum l}\quad (\mathrm{Pa/m}) \tag{4-75}$$

式中：α 为沿程损失约占总压力损失的百分数，$\alpha=80\%$；p 为蒸汽供暖系统起始表压力，Pa；$\sum l$ 为最不利管路总长度，m。

2．流速法

室内高压蒸汽供暖系统的起始压力较高，蒸汽管路可以采用较高的流速，仍能保证在用热设备处有足够的剩余压力。高压蒸汽供暖系统的最大允许流速不应大于：汽、水同向流动时 80m/s，汽、水逆向流动时 60m/s。

设计中通常根据常用的流速来确定管径，计算压力损失。为使系统节点压力相差不大，保证系统正常运行，最不利管路的推荐流速值要比最大允许流速低很多。推荐值为 15～40m/s，小管径取低值。在确定支路立管管径时，可采用较高的流速，但不得超过最大允许流速。

3．限制平均比摩阻法

蒸汽干管压降过大，末端散热器有充水不热的可能，高压蒸汽供暖干管的总压降不应超过凝水干管总坡度的 1.2～1.5 倍，选用管径较粗，工作正常可靠。

疏水器大多连接在凝水干管的末端。从用热设备到疏水器入口的管段，同样属于干式凝水管，为非满流的流动状态。保证此凝水支、干管路向下坡度不小于 0.005 和足够的凝水管管径，即使远、近立管散热器的蒸汽压力不平衡，但干凝水管上部空气与蒸汽的连通作用和蒸汽系统本身流量的自调节性，不会严重影响凝水的重力流动。从疏水器出口以后的凝水管路（余压回水）中，凝水流动状态属于两相流状态，其管径和压力降的计算参见相关手册。

第五章　通　风　工　程

第一节　建筑通风系统的分类及原理

一、建筑通风的任务和作用

所谓通风，就是把室内被污染的空气直接或经净化后排至室外，把新鲜空气补充进来，从而保持室内的空气环境符合卫生标准和满足生产工艺的需要。通风包括从室内排出污浊的空气和向室内补充新鲜空气两部分。前者称为排风，后者称为送风或进风。为实现排风和送风所采用的一系列设备、装置的总体称为通风系统。

通风的任务就是要对工业有害物采取有效的防护措施，以消除其对工人健康和生产的危害，创造良好的劳动条件，同时尽可能将它们回收利用，化害为利，并切实做到防止大气污染，这样的通风叫做“工业通风”。通风不仅是改善室内空气环境的一种手段，同时也是保证产品质量、促进生产发展和防止大气污染的重要措施之一。

通风的功能主要有：

(1) 提供人呼吸所需要的氧气。

(2) 稀释室内污染物或气味。

(3) 排除室内工艺过程产生的污染物。

(4) 排除室内多余的热量（或余热）或湿气（或余湿）。

(5) 提供室内燃烧设备燃烧所需的空气。

建筑中的通风系统可能只完成其中的一项或几项任务。其中，利用通风除去室内余热和余湿的功能是有限的，它受室外空气状态的限制。

一般的民用建筑和一些发热量小而且污染轻微的小型工业厂房，通常只要求保持室内的空气清洁、新鲜，并在一定程度上改善室内的气象参数——空气的温度、相对湿度和流动速度。为此，一般只需采取一些简单的措施，如通过窗孔换气、利用穿堂风降温、使用电风扇提高空气的流速等。在这些情况下，无论对进风或排风，都不进行处理。

二、通风系统的分类

通风系统可按其作用范围及系统工作动力不同，进行如下分类。

（一）按通风系统的作用范围分

无论排风或送风，建筑通风可分为全面通风系统和局部通风系统两类。

1. 全面通风系统

全面通风及时在整个房间内全面地进行通风换气，以改变温度、湿度和稀释有害物质的浓度，使作业地带的空气环境符合卫生标准的要求。

图 5－1～图 5－3 为几种通风方式示意图。其中，图 5－1 所示为一种最简单的全面通风方式，装在外墙上的轴流风机把室内污浊的空气排至室外，使室内造成负压。在负压作用下室外新鲜空气经窗孔流入室内，补充排风，稀释室内污浊的空气。采用这种通风方式，室内的有害物质不会流入相邻房间。此种方式适用于室内空气较为污浊的房间，如厨房、厕所等。

图 5－2 所示送风系统是利用离心式风机把室外新鲜空气（或经过处理的空气）经风管和送风口直接送至指定地点，对整个房间进行换气，稀释室内的污浊空气。由于室外空气的不断送入，室内压力升高，最终高于室外大气压力，即室内保持正压。在正压作用下，室内污浊的空气经过门、窗及其他缝隙排至室外。采用这种通风方式，周围相邻房间的空气不会流入室内，一般适用于室内清洁度要求较高的房间，如医院的手术室、旅馆的客房等。

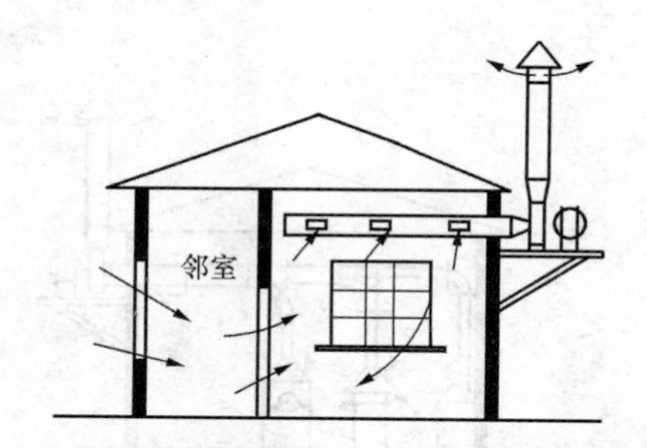

图 5－1 全面机械排风系统（自然送风）

图 5－3 所示为同时设有机械进风和机械排风的全面通风系统。室外空气根据需要进行过滤和加热等处理后送入室内，室内污浊的空气由风机排至室外，这种通风方式的效果较好。

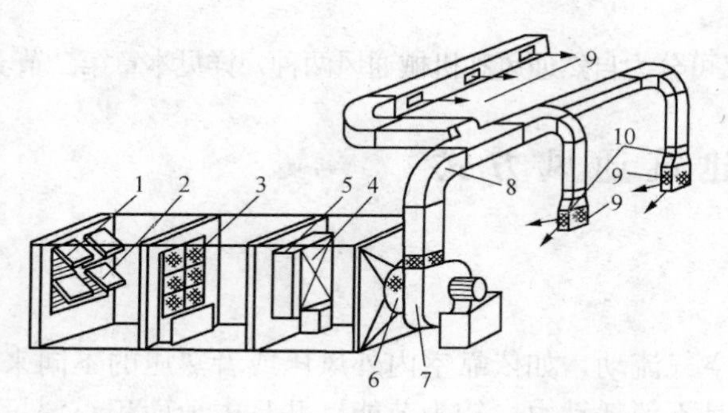

图 5－2 全面机械送风系统（自然排风）
1—百叶窗；2—保温阀；3—过滤器；4—空气加热器；5—旁通阀；6—启动阀；7—风机；8—风道；9—送风口；10—调节阀

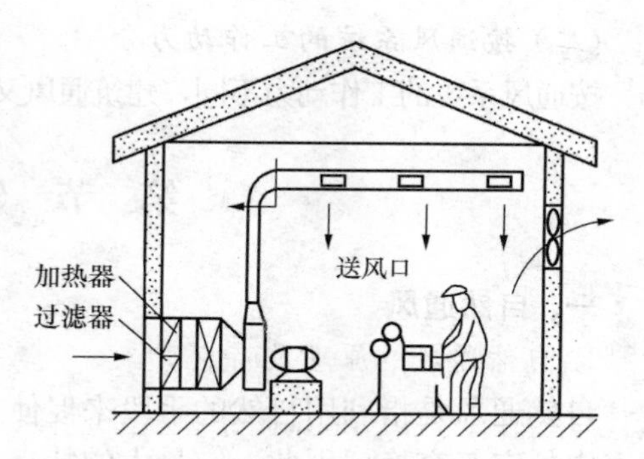

图 5－3 同时设有机械进风和机械排风的全面通风系统

全面通风系统适用于有害物质分布面积较广以及某些不适合采用局部通风的场合，在公共及民用建筑中广泛采用。全面通风系统所需风量大，设备较为庞大。当要求通风房间面积较大时，会有局部通风不良的死角。

2. 局部通风系统

局部通风是只使室内局部工作地点保持良好的空气环境，或在有害物质产生的局部地点设置排风装置，不让有害物质在室内扩散而直接排出的一种通风方式。局部通风系统又分为局部排风系统和局部送风系统两类。

局部排风系统是将有害物质在产生的地点就地排除，以防止其扩散；局部送风系统是将新鲜空气或经过处理的空气送至房间的局部地区，以改善局部区域的空气环境。

图 5－4 所示为局部排风系统。在有害物质产生地点设置局部排风罩，尽可能地将有害物源密闭。通过风机的抽风，将污染气流直接排至室外。在寒冷地区，设置局部排风系统的同时需设置热风采暖系统。

局部送风一般用于高温车间内局部工作地点的夏季降温，局部送风系统如图 5－5 所示。送风系统送出经过处理的冷空气，使工人操作地点保持良好的工作环境。

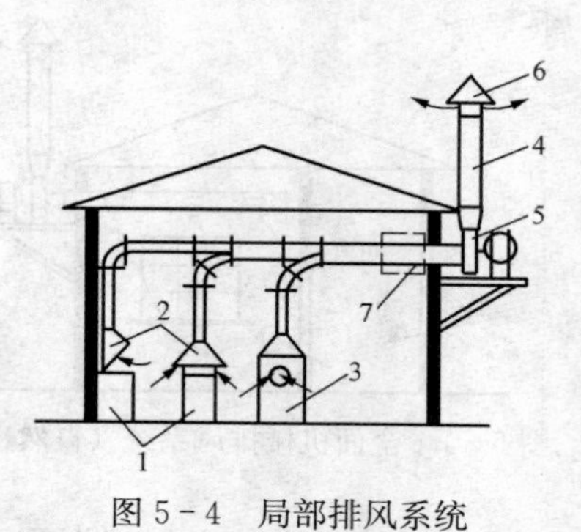

图5-4 局部排风系统

1—工艺设备；2—局部排风罩；3—排风柜；4—风道；5—风机；6—排风帽；7—排风处理装置

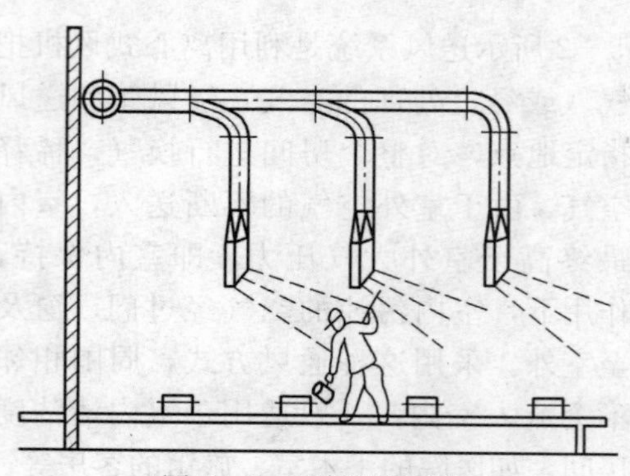

图5-5 局部送风系统

（二）按通风系统的工作动力分

按通风系统的工作动力不同，建筑通风又可分为自然通风和机械通风两种，详见本章第二节。

第二节 建筑通风方式

一、自然通风

1. 自然通风的原理及特点

自然通风是指利用自然的手段来促使空气流动，如依靠室内外风压或者热压的不同来进行室内外空气交换。因此，它最大的特点是不消耗动力，较为节能，并且占地面积小、投资少，运行费用低，其次是可以利用新鲜空气来保证室内空气品质。在室外气象条件和噪声要求符合要求的情况下，自然通风可以应用于低层建筑，以及中小尺寸的办公室、学校、住宅、仓库、轻工业厂房和简易养殖场。

2. 自然通风的分类

自然通风是借助于自然压力——“风压”或“热压”促使空气流动的。

所谓风压，就是由于室外气流（风力）造成室内外空气交换的一种作用压力。在风压作用下，室外空气通过建筑物迎风面上的门、窗孔口进入室内，室内空气则通过背风面及侧面上的门、窗孔口排出。图5-6为利用风压所形成的“穿堂风”进行全面通风的示意图。

热压是由于室内外空气的温度不同而形成的重力压差。当室内空气的温度高于室外时，室外空气的密度较大，便从房屋下部的门、窗孔口进入室内，室内空气的密度小则从上部的窗口排出。图5-7为利用热压进行全面通风的示意图。

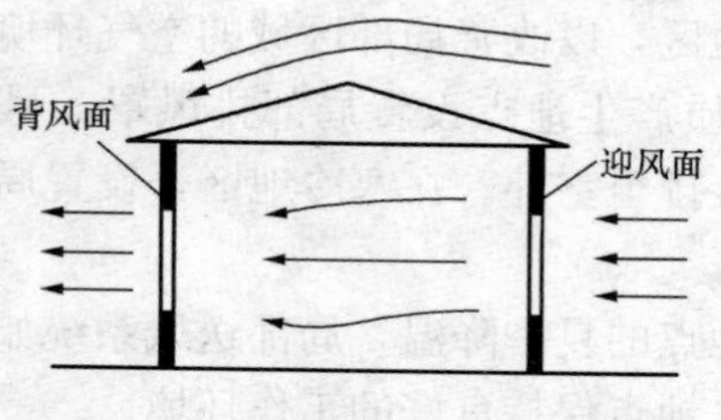

图5-6 风压作用的自然通风

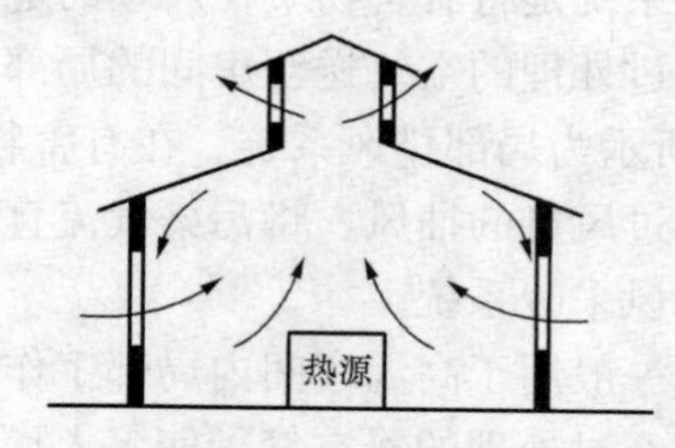

图5-7 热压作用的自然通风

3. 自然通风的通风方式

(1) 有组织的自然通风。在图 5-6 和 5-7 所示的两种自然通风方式中，空气是通过建筑围护结构的门、窗孔口进出房间的，可以根据设计计算获得需要的空气量，也可以通过改变孔口开启面积大小的方法来调节风量，因此称为有组织的自然通风，通常简称自然通风。

利用风压进行全面换气，是一般民用建筑普遍应用的一种通风方式。我国南方炎热地区的一些高温车间，很多也是以利用穿堂风为主来进行通风降温的。

同时利用风压和热压（见图 5-8）以及无风时只利用热压进行全面换气，是对高温车间防暑降温的一种最经济有效的通风措施，它不消耗电能，而且往往可以获得巨大的换气量，应用非常广泛。

(2) 管道式自然通风。管道式自然通风是依靠热压通过管道输送空气的另一种有组织的自然通风方式。集中采暖地区的民用和公共建筑常用这种方式作为寒冷季节里的自然排风措施，或做成热风采暖系统（见图 5-9）。由于热压值一般较小，因此这种自然通风系统的作用范围（主风道的水平距离）不能过大，用于排风时一般不超过 8m，用于热风采暖时不超过 20～25m。

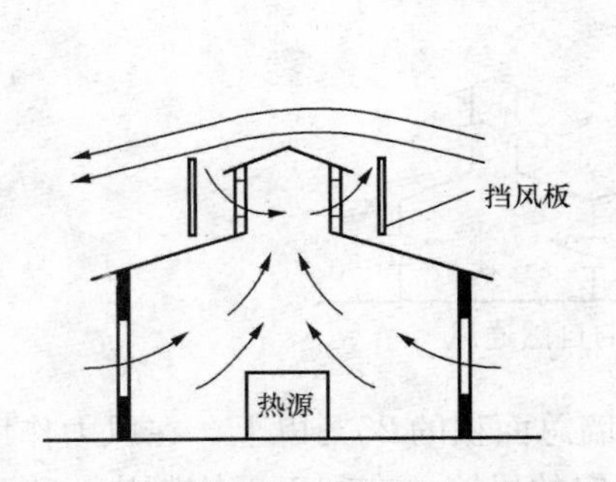

图 5-8 利用风压和热压的自然通风

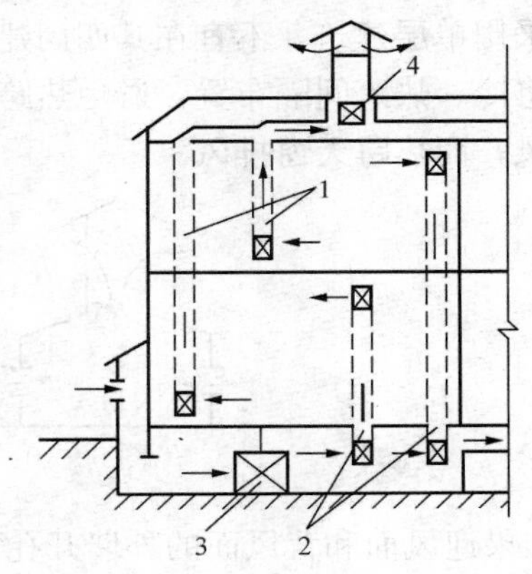

图 5-9 管道式自然通风系统
1—排风管道；2—送风管道；3—进风加热设备；
4—排风加热设备（为增大热压用）

(3) 渗透通风。在风压、热压以及人为形成的室内正压或负压的作用下，室内外空气通过围护结构的缝隙进入或流出房间的过程叫做渗透通风。这种通风方式既不能调节换气量，也不能有计划地组织室内气流的方向，因此只能作为一种辅助性的通风措施。

自然通风的突出优点是不需要动力设备，因此比较经济，使用管理也比较简单。缺点是：①除管道式自然通风用于进风或热风采暖时可对空气进行加热处理外，其余情况由于作用压力较小，故对进风和排风都不能进行任何处理；②由于风压和热压均受自然条件的约束，因此换气量难以有效控制，通风效果不够稳定。

二、机械通风

机械通风是依靠风机产生的压力强制空气流动（其压力的大小可以根据需要确定），通过管道把空气送到指定地点，也可以从任意地点设置合理的吸气速度排除被污染的空气，并且根据需要可以对进风或排风进行各种处理。机械通风能够合理地组织室内气流的方向，便于调节通风量和稳定通风效果。但是，系统运行时要消耗电能，风机和风道等设备要占用一定的建筑面积和空间，因而初期投资和运行费用较大，安装和管理较为复杂。

以上仅对各种通风方式作了概括性的介绍。一般来说，局部排风的效果显著且风量小，应优先采用。只是在不能设置局部排风系统或者单靠局部排风尚不能满足卫生要求时，才考虑全面排风。由于自然通风比较经济，应尽量采用。当自然通风达不到卫生或生产要求时，才采用机械通风或自然与机械联合通风。实际上，对于散发多种有害物质的车间，往往需要综合应用各种通风方式。

三、建筑设计与自然通风的配合

在工业和民用建筑设计中，应充分利用自然通风来改善室内空气环境，以尽量减少室内环境控制的能耗，只有在自然通风不能满足要求时，才考虑采用机械通风。但是，自然通风受到气象条件、建筑平面规划、建筑结构形式、室内工艺设备布置、窗户形式与开窗面积、其他机械通风设备等诸多因素的影响。所以，通风设计必须与建筑及工艺设计互相配合，综合考虑，统筹安排。

1. 建筑形式的选择

(1) 以自然通风为主的热车间，为增大进风面积，应尽量采用单跨厂房。余热量较大的厂房尽量采用单层建筑，不宜在其四周建筑坡屋，否则宜建在夏季主导风向的迎风面。多跨厂房，应将冷、热跨间隔布置，避免热跨相邻，如图 5-10 所示，使冷跨位于热跨中间，冷跨天窗进风，而热跨天窗排风。

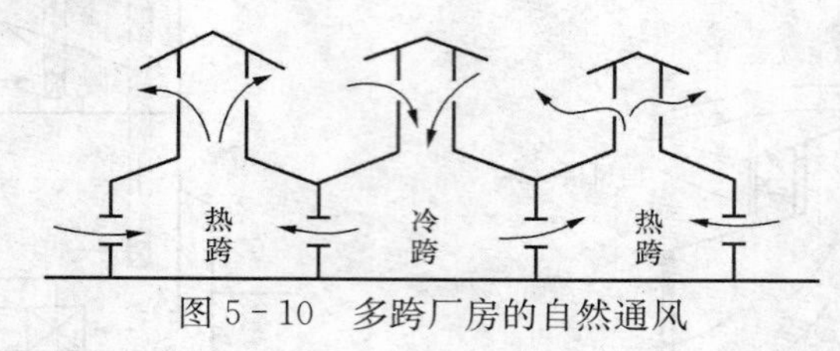

图 5-10　多跨厂房的自然通风

(2) 如果迎风面和背风面的外墙开孔面积占外墙总面积的 25%以上，在风力作用下室外气流能横贯整个车间，形成穿堂风。穿堂风具有一定的风速，有利于人体散热。我国南方的冷加工车间和一般的民用建筑中广泛采用穿堂风，有些热车间也把穿堂风作为车间的主要降温措施。图 5-11 所示的开敞式厂房是应用穿堂风的主要建筑形式之一，主要热源布置在夏季主导风向的下风侧。

(3) 有些生产车间（如铝电解车间）为降低工作区温度，稀释有害物质浓度，厂房采用双层结构，如图 5-12 所示。车间的主要工艺设备（电解槽）布置在上层，两侧的楼板上设置 4 排连续的进风格子板，室外新鲜空气由侧窗和地板的送风格子板直接进入工作区。这种双层建筑自然通风量大、工作区温升小，能较好地改善车间中部的劳动条件。

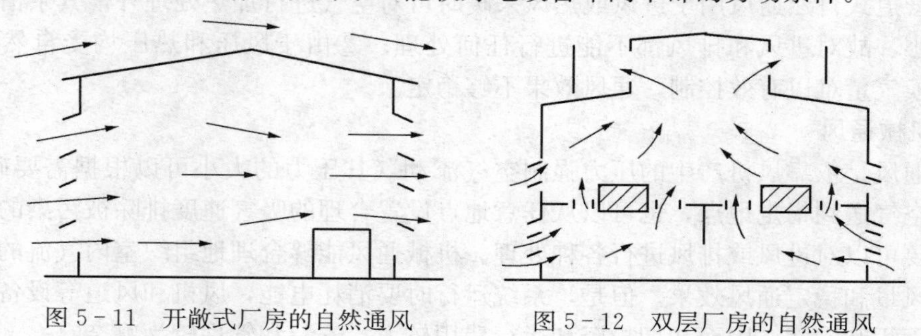
图 5-11　开敞式厂房的自然通风　　图 5-12　双层厂房的自然通风

(4) 为了提高自然通风的降温效果，应尽量降低进风侧窗离地面的高度，一般不宜超过1.2m，南方炎热地区可取0.6～0.8m。进风窗最好采用阻力小的立式中轴和对开窗，把气流直接导入工作区。在集中供暖地区，冬季自然通风的进风窗应设在4m以上，以便室外气流到达工作区前能与室内空内充分混合。

(5) 不需要调节天窗开启度的热车间，可以采用不带窗扇的避风天窗，但应考虑防雨措施。

2. 建筑总平面规划

建筑群的布局可从平面和空间两个方面考虑。一般建筑群的平面布局可分别为行列式、错列式、斜列式及周边式等，从通风的角度来看，错列式和斜列式较行列式和周边式好。当用行列式布置时，建筑群内流场因风向不同而有很大变化。错列式和斜列式可使风从斜向导入建筑群内部。有时亦可结合地形采样自由排列的方式。周边式很难将风导入，这种布置方式只适用于冬季寒冷地区。

为了保证建筑的自然通风效果，建筑主要进风面一般应与夏季主导风向成60°～90°角，不宜小于45°，同时，应避免大面积外墙和玻璃受到西晒。南方炎热地区的冷加工车间应以避免西晒为主。为了保证厂房有足够的进风窗孔，不宜将过多的附属建筑布置在厂房四周，特别是厂房的迎风面。

室外风吹过建筑物时，迎风面的正压区和背风面的负压区都会延伸一定的距离，距离的大小与建筑物的形状和高度有关。在这个距离内，如果有其他较低矮的建筑物存在，就会受高大建筑物形成的正压区或负压区的影响。为了保证低矮的建筑物能正常进风和排风，各建筑之间有关的尺寸应保持适当的比例。例如图5-13和图5-14所示的密封天窗和风帽，有关尺寸应符合表5-1中的要求。

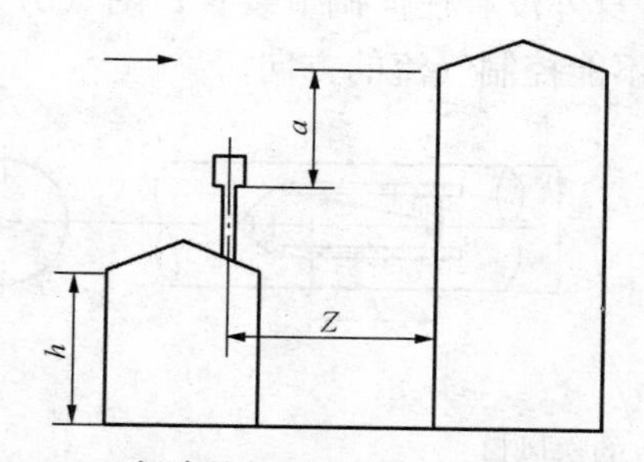

图5-13 各建筑物之间避风天窗的比例关系

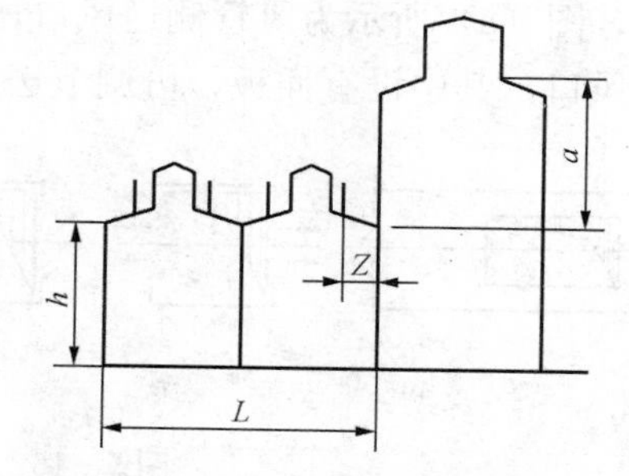

图5-14 各建筑物之间风帽的有关尺寸

表5-1 避风天窗或竖风管与相邻较高建筑物外墙的最小间距比例关系

Z/a	0.4	0.6	0.8	1.0	1.2	1.4	1.6	1.8	2.0	2.1	2.2	2.3
$(L-Z)/h$	1.3	1.4	1.45	1.5	1.65	1.8	2.1	2.5	2.9	3.7	4.6	5.6

3. 车间内工艺设备的布置与自然通风

对于依靠热压作用的自然通风，当厂房设有天窗时，应将散热设备布置在天窗的下部。在多层建筑厂房中，应将散热设备尽量布置在最高层。高温热源在室外布置时，应布置在夏季主导风向的下风侧；在室内设置时，应采取隔热措施，如图5-15所示。

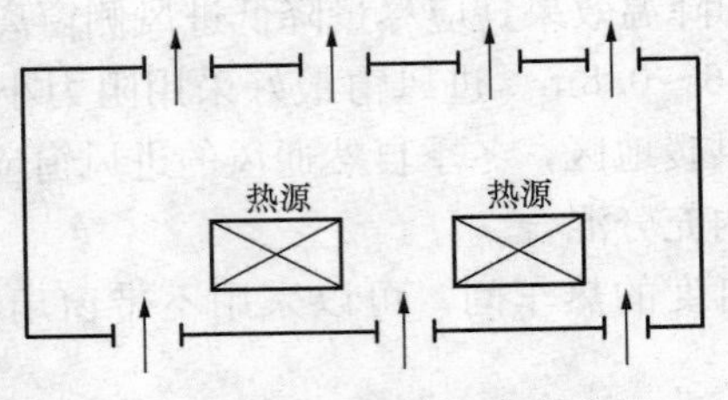

图 5－15 热源在车间内的布置

第三节 通风系统的主要设备

前两节介绍的自然通风，其设备装置比较简单，只需用进、排风窗以及附属的开关装置。其他各种通风方式，包括机械通风系统和管道式自然通风系统则由较多的构件和设备组成。在这些通风方式中，除利用管道输送空气以及机械通风系统使用风机造成空气流动的作用压力外，全面排风系统尚有室内排风口和室外排风装置（见图 5－1），局部排风系统尚有局部排风罩、排风处理设备以及室外排风装置（见图 5－4），进风系统尚有室外进风装置、进风处理设备以及室内送风口等（见图 5－2）。下面仅就一些主要设备和构件作简要介绍。

一、室内送、排风口

室内送风口是送风系统中的风道末端装置，由送风道输送来的空气，通过送风口以适当的速度分配到各个指定的送风地点。

图 5－16 所示为构造最简单的两种送风口，孔口直接开设在风管上，用于侧向或下向送风。其中，图（a）所示为风管侧送风口，除孔口本身外没有任何调节装置；图（b）所示为插板式送风口，其中设有插板，可调节送风量，但不能控制气流的方向。

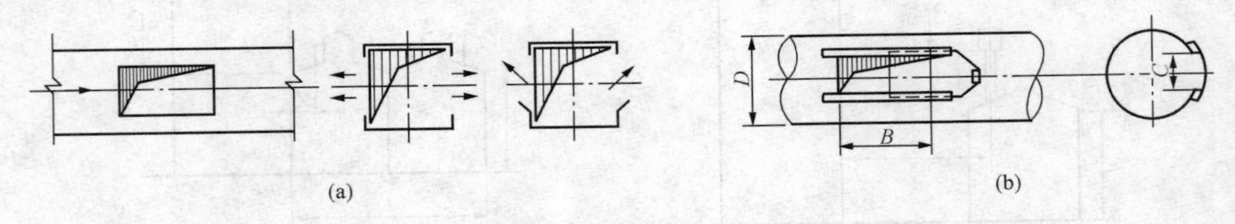

图 5－16 两种最简单的送风口

（a）风管侧送风口；（b）插板式送风口

图 5－17 所示为常用的一种性能较好的百叶式送风口，可以在风管上、风管末端或墙上安装。其中，双层百叶式送风口不但可以调节出口气流速度，而且可以调节气流的角度。

在工业厂房中，往往需要向一些工作地点供应大量的空气，但又要求送风口附近的速度迅速降低，以避免吹风的感觉。能满足这种要求的大型送风口，通常叫做空气分布器。

送风口及空气分布器的形式很多，其构造和性能可查阅《全国通用采暖通风标准设计图集》。

室内排风口是全面通风系统的一个组成部分，室内被污染的空气经由排风口进入排风管道。排风口的种类较少，通常做成百叶式。此外，图 5－16 所示的送风口也可用于排风系统，当做排风口使用。

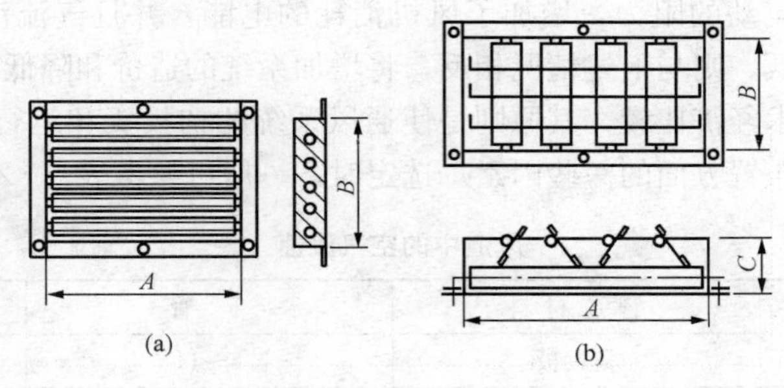

图 5－17 百叶式送风口

(a) 单层百叶式送风口；(b) 双层百叶式送风口

室内送、排风口的布置情况是决定通风气流方向的一个重要因素，而气流的方向是否合理，将直接影响全面通风的效果。

在组织通风气流时，应将新鲜空气直接送到工作地点或洁净区域，而排风口则要根据有害物的分布规律设在室内浓度最大的地方。具体做法如下：

(1) 排除余热和余湿时，采取下送上排的气流组织方式，即将新鲜空气送到车间下部的工作地带，吸收余热和余湿后流向车间上部，由设在上部的排风口排出。

(2) 利用全面通风排除有害气体时，排风口的位置应根据下述不同的情况来确定：放散的气体比空气轻时，应从上部排出；放散的气体比空气重时，宜从上部和下部同时排出，但气体的温度较高或受车间散热影响而产生上升气流时，宜从上部排出。当挥发性物质蒸发后使周围空气冷却下降，或经常有挥发性物质洒落地面时，应从上部和下部同时排出。至于送风，则不论上述哪一种情况，都应一律送至作业地带。

(3) 对于用局部排风排除粉尘和有害气体而又没有大量余热的车间，用以补偿局部排风的机械送风系统，宜将新鲜空气送至上部地带。

二、风道

1. 风道材料和风道截面面积的确定

制作风道的材料很多，工业通风系统常使用薄钢板制作风道，截面呈圆形或矩形。根据用途（一般通风系统、除尘系统）及截面尺寸（圆形截面直径＝100～2000mm）的不同，钢板厚度为 0.5～3mm。输送腐蚀性气体的通风系统，如采用涂刷防腐油漆的钢板风道仍不能满足要求，可用硬聚氯乙烯塑料板制作，截面也可做成圆形或矩形，厚度为 2～8mm。埋在地下的风道，通常用混凝土板做底，两边砌砖，内表面抹光，上面再用预制的钢筋混凝土板做顶，如地下水位较高，尚需做防水层。

在民用和公共建筑中，为节省钢材和便于装饰，除钢板风道外，也常使用矩形截面的砖砌风道、矿渣石膏板或矿渣混凝土板风道，以及圆形或矩形截面的预制石棉水泥风道等。

风道截面面积可按下式确定，即

$$A=\frac{L}{3600v} \tag{5-1}$$

式中：A 为风道截面面积，m^2；L 为通过风道的风量，m^3/h；v 为风道中的风速，m/s。

显然，在确定风道的截面面积时，必须事先拟定其中的流速值。对于机械通风系统，如果流速取得较大，固然可以减小风道截面，从而降低通风系统的造价和减少风道占用的空间，但却增大了空气流动的阻力，增加了风机消耗的电能，并且气流流动的噪声也随之增大。如果流速取得偏低，则与上述情况相反，将增加系统的造价和降低运行费用。可见，对流速的选定应进行技术经济比较，其原则是使通风系统的初投资和运行费用的总和最经济，同时也要兼顾噪声和布置方面的一些因素。选定时，一般可参考表5-2中的数据。

表5-2　　风道中的空气流速　　m/s

类　别	管道材料	干　管	支　管
工业建筑机械通风	薄钢板	6～14	2～8
工业辅助及民用建筑	砖、混凝土等	4～12	2～6

除尘系统中的空气流速，应根据避免粉尘沉积，以及尽可能减小流动阻力和对系统磨损的原则来确定。根据粉尘的不同，一般在12～23m/s范围内。

无论在工业通风或空气调节系统中，风道的截面面积一般都比较大。用钢板或塑料板制作的风道，截面面积的范围如下：圆形风道直径＝100～2000mm；矩形风道长×宽＝120mm×120mm～2000mm×1250mm；砖砌风道为1/2×1/2砖，其他非金属风道的最小截面面积为100mm×100mm。

2. 风道的布置

在民用和公共建筑中，垂直的砖风道最好砌筑在墙内，但为避免结露和影响自然通风的作用压力，一般不允许设在外墙中，而应设在间壁墙内。相邻两个排风或进风竖风道的间距不能小于1/2砖，排风与进风竖风道的间距应不小于1砖。

如果墙壁较薄，可在墙外设置贴附风道（见图5-18）。当贴附风道沿外墙设置时，需在风道壁与墙壁之间留40mm宽的空气保温层。

设在阁楼里和不供暖房间里的水平排风道可用下列材料制作：如果排风的湿度正常，用40mm厚的双层矿渣石膏板（见图5-19）；若排风的湿度较大，用40mm厚的双层矿渣混凝土板；若排风的湿度很大，可用镀锌薄钢板或涂漆良好的普通薄钢板，外面加设保温层。

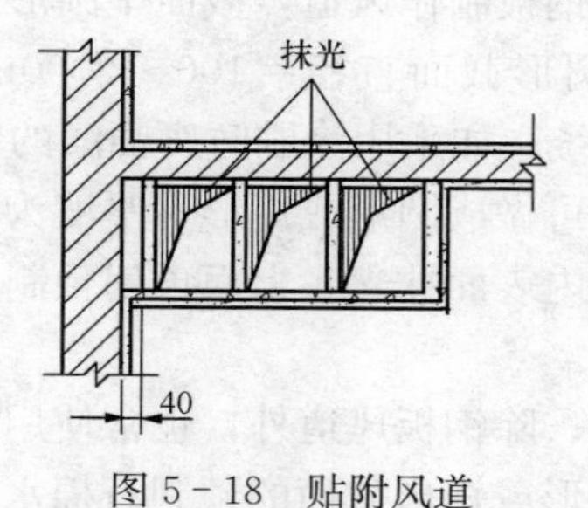

图5-18　贴附风道

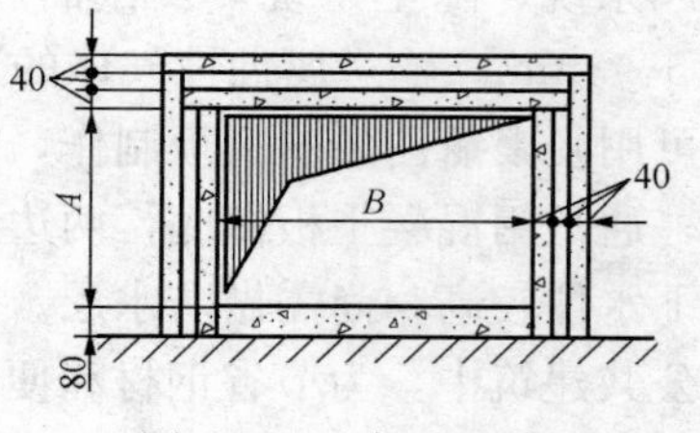

图5-19　水平风道

各楼层内性质相同的一些房间的竖向排风道，可以在顶部（阁楼里或最上层的走廊及房间顶棚下）汇合在一起。对于高层建筑，尚需符合防火规范的规定。

工业通风系统在地面以上的风道通常采用明装，风道用支架支承沿墙壁及柱子敷设，或者用吊架吊在楼板或桁架的下面（风道距墙较远时）。布置时应力求缩短风道的长度，但应以不影响生产过程和与各种工艺设备不相冲突为前提。此外，对于大型风道，还应尽量避免影响采光。

敷设在地下的风道，应避免与工艺设备及建筑物的基础相冲突，也应与其他各种地下管道和电缆的敷设相配合，此外尚需设置必要的检查口。

三、室外进、排风装置

机械送风系统和管道式自然送风系统的室外进风装置，应设在室外空气比较洁净的地点，在水平和竖直方向上都要尽量远离和避开污染源。

进风口的底部距室外地坪不宜小于 2m，进口处应设置用木板或薄钢板制作的百叶窗。

图 5－20 所示为室外进风装置的两种构造形式，其中图（a）是贴附于建筑物的外墙上；图（b）是做成离开建筑物而独立的构筑物。如在屋顶上部吸入室外空气，进风口应高出屋面 0.5m 以上，以免吸入屋面上的灰尘和冬季被雪堵塞。

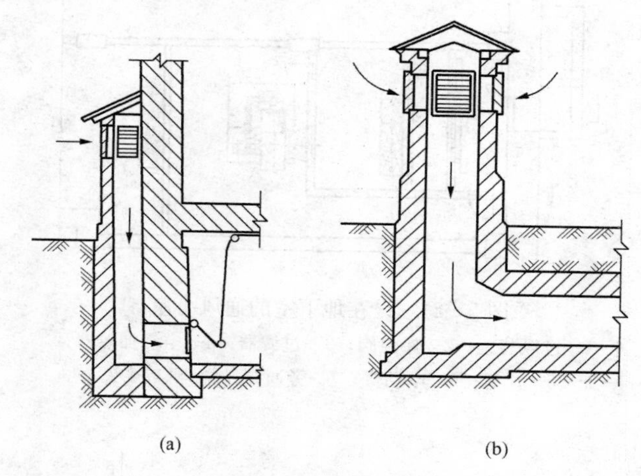

(a) (b)

图 5－20 室外进风装置的两种构造形式

(a) 贴附于建筑物外墙；(b) 独立于建筑物

机械送风系统的进风室常设在地下室或底层，在工业厂房里，为减少占地面积，也可设在平台上。图 5－21 为布置在地下室的进风室示意图。

管道式自然通风系统通过屋顶向室外排风。排风口也应高出屋面 0.5m 以上，若附近设有进风装置，则应比进风口至少高出 2m。

机械排风系统一般也从屋顶排风，以减轻对附近环境的污染。为保证排风效果，往往在排风口上加设一个风帽。当从屋顶排风不便时，也可以从墙上排出。

四、风机

风机是输送气体的机械。在通风和空调工程中，常用的风机有离心式和轴流式两种类型。

1. 离心风机

离心风机（见图 5－22）由叶轮、机壳和集流器（吸气口）三个主要部分组成。

离心风机的工作原理与离心水泵相同，主要借助于叶轮旋转时产生的离心力而使气体获得压能和动能。

离心风机的主要性能参数有如下几项：

(1) 风量（L）。表明风机在标准状态，即大气压力 p_a＝101 325Pa 或 760（mmHg）和

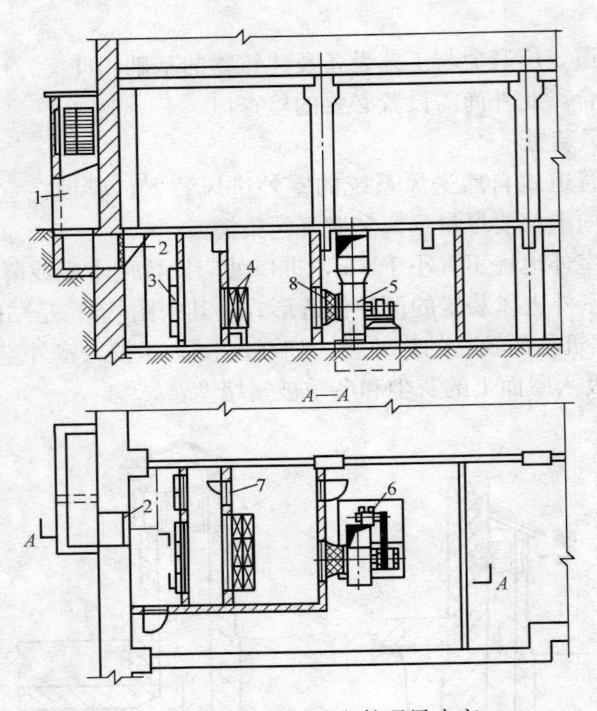

图 5-21 设在地下室的通风小室

1—进风装置；2—保温阀；3—过滤器；4—空气加热器；5—风机；6—电动机；7—旁通阀；8—帆布接头

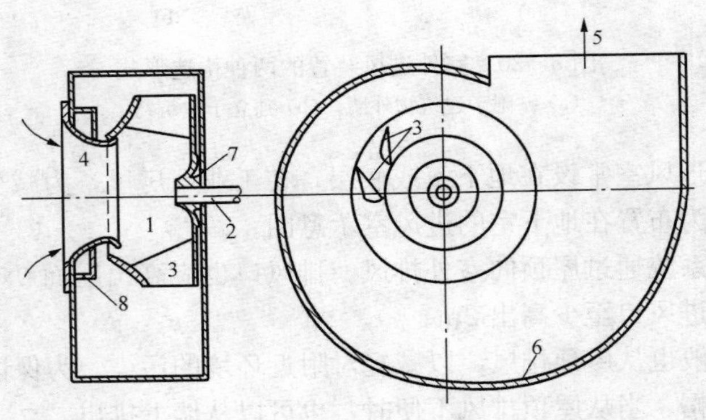

图 5-22 离心风机的构造示意图

1—叶轮；2—机轴；3—叶片；4—吸气口；5—出口；6—机壳；7—轮毂；8—扩压环

温度 $t=20$℃下工作时，单位时间内输送的空气量，单位为 m^3/h。

(2) 全压（H）。表明在标准状态下工作时，通过风机的每 $1m^3$ 空气所获得的能量，包括压能和动能，单位为 Pa 或 $kg \cdot f/m^2$。

(3) 功率（P）。电动机在风机轴上的功率称为风机的轴功率（P），而空气通过风机后实际得到的功率称为有效功率（P_x），单位为 kW。

$$P_x = \frac{LH}{3600} \tag{5-2}$$

式中：L 为风机的风量，m^3/h；H 为风机的全压，kPa。

$$\eta=\frac{P_x}{P}\times 100\% \tag{5-3}$$

式中：η 为风机的有效功率与轴功率的比值。

如离心水泵的原理一样，当风机的叶轮转数一定时，风机的全压、轴功率和效率均与风量之间存在一定的制约关系，可用坐标曲线（称为离心风机的性能曲线）或者列成数据表来表示。

不同用途的风机，在制作材料及构造上有所不同。例如，用于一般通风换气的普通风机（输送空气的温度不高于80℃，含尘浓度不大于150mg/m³）通常采用钢板制作，小型的也有用铝板制作的；除尘风机要求耐磨和防止堵塞，因此钢板较厚，叶片较少并呈流线形；防腐风机一般采用硬聚氯乙烯板或不锈钢板制作；防爆风机的外壳和叶轮均采用铝、铜等有色金属制作，或外壳采用钢板而叶轮采用有色金属制作等。

离心风机的机号是用叶轮外径的分米数表示的，不论哪一种形式的风机，其机号均与叶轮外径的分米数相等。例如，型号为№6 的风机，叶轮外径等于6dm（600mm）。

2. 轴流风机

轴流风机的构造如图5-23所示，叶轮由轮毂和铆在其上的叶片组成，叶片与轮毂平面安装成一定的角度。叶片的构造形式很多，如机翼型扭曲或不扭曲的叶片、等厚板型扭曲或不扭曲叶片等。大型轴流风机的叶片安装角度是可以调节的，借以改变风量和全压。有的轴流风机做成长轴形式（见图5-24），将电动机放在机壳的外面。大型的轴流风机不与电动机同轴，而用三角皮带传动。

轴流风机是借助叶轮的推力作用促使气流流动的，气流的方向与机轴相平行。

轴流风机同样有风量、全压、轴功率、效率和转数等性能参数，并且这些参数之间也有一定的内在联系，可用性能曲线来表示。此外，机号也用叶轮直径的分米数表示。

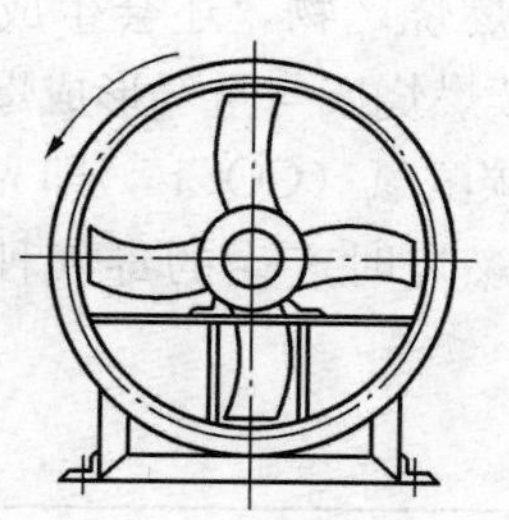

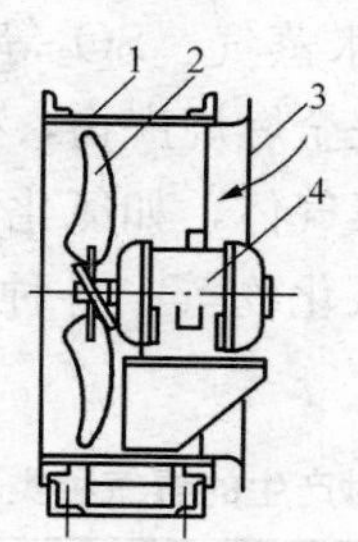

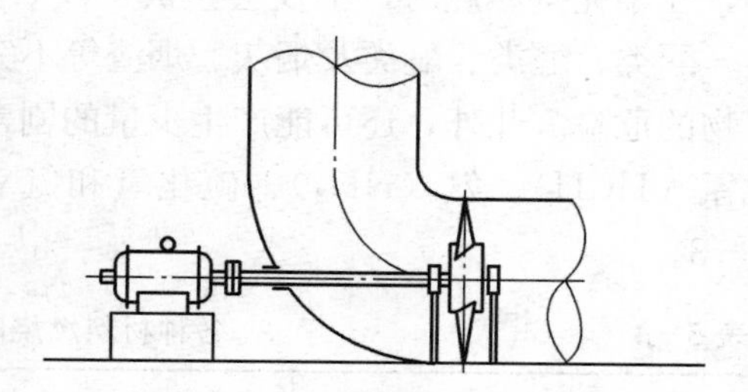

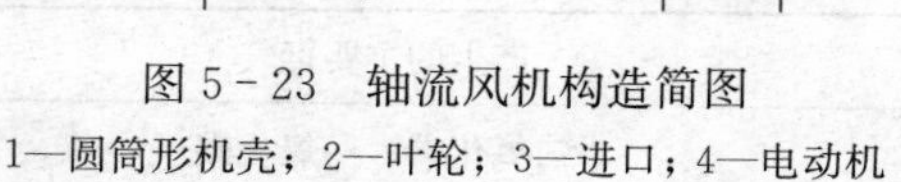

图5-23 轴流风机构造简图

1—圆筒形机壳；2—叶轮；3—进口；4—电动机

图5-24 长轴式轴流风机结构示意

轴流风机与离心风机在性能上最主要的差别，是前者产生的全压较小，后者产生的全压较大。因此，轴流风机只能用于无须设置管道的场合以及管道阻力较小的系统，而离心风机则往往用在阻力较大的系统中。

五、排风的净化处理设备

为防止大气污染和回收有用的物质，排风系统的空气在排入大气前，应根据实际情况采取必要的净化、回收和综合利用措施。

使空气的粉尘与空气分离的过程称为含尘空气的净化或除尘。常用的除尘设备有旋风除尘器、湿式除尘器、过滤式除尘器等。

消除有害气体对人体及其他方面的危害，称为有害气体的净化。净化设备有各种吸收塔、活性炭吸附器等。

在某些情况下，由于受各种条件的限制，不得不把未经净化或净化不够的废气直接排至高空，通过大气的扩散作用进行稀释，使降落到地面的有害物质浓度不超过标准中的规定，这种处理方法称为有害气体的高空排放。

第四节 高层建筑的防排烟

一、概述

防排烟是消防系统的一个重要组成部分。由于各国许多城市中的高层建筑数量越来越多，且建造的高度也越来越高，因此对消防系统的设计也提出了更新、更高的要求。

高层建筑内部功能复杂，如有办公室、客房、会议室、餐厅、商场、厨房、舞厅、锅炉房、机房、变配电房、各种库房等。这些部位均有大量着火源和可燃物，若使用或管理不当容易引发火灾。

室内一旦发生火灾，可燃物着火最初限于着火物周围的环境，然后蔓延到室内家具、内装修至整个房间，此时温度急剧上升，燃烧产生的烟气会从开口部位很快喷射出来，烟气可通过房间进入走廊，火势有向建筑物内部扩展的危险。

火灾发生时，物质燃烧所生成的气体、水蒸气及固体微粒等称为燃烧产物。其中能被人所看到的部分叫做烟。但是，实际上可见气体也与之混合在一起，所以通常把燃烧产物中可见和不可见部分的混合物统称为烟气。

火灾形成烟气的成分取决于可燃物的化学组成和燃烧条件。大部分可燃物质属于有机化合物，在不完全燃烧时，不仅会生成 CO_2、水蒸气、SO_2 等完全燃烧产物，还会生成 CO、醇类、酮类、醛类、醚类及烟灰、烟渣等不完全燃烧产物，有继续燃烧或与空气形成爆炸性混合物的危险。此外，还可能产生少量的剧毒气体，如氯化氢、碳酰氯（$COCl_2$，即光气）、氢化氰（HCH）、氨（NH_3）、硫化氢和氮氧化物等。各种材料燃烧时产生的毒气种类见表 5-3。

表 5-3 各种材料燃烧时产生的毒气种类

材料名称	产生的主要毒气
木材	二氧化碳、一氧化碳
羊毛	二氧化碳、一氧化碳、硫化氢、氨、氢化氰
棉花、人造纤维	二氧化碳、一氧化碳
聚苯乙烯	苯、甲苯
聚氯乙烯	氢氯化物、二氧化碳、一氧化碳
酚 树 脂	氨、氰化物、一氧化碳
环氧树脂	丙酮、二氧化碳、一氧化碳

烟气对人体的危害很大。国内外火灾死亡人数中大部分人是由于烟气中毒或是窒息死亡的。烟气中CO对人体毒害最大。不同浓度时对人体的影响程度见表5-4。

表5-4 一氧化碳对人体的影响程度

一氧化碳含量（%）	对人体的影响程度
0.01	数小时对人体影响不大
0.05	1h对人体影响不大
0.1	1h后头痛、不舒服、呕吐
0.5	引起剧烈头晕，经20～30min有死亡的危险
1.0	呼吸数次失去知觉，经1～2min即可能死亡

在着火区域烟雾弥漫的房间中，一氧化碳浓度通常为0.01%～0.65%。其次，烟气中有甲醛、乙醛、氢氧化物、氢化氰等毒气时，对人体也是极为有害的。同时，在着火区域的空气中充满一氧化碳、二氧化碳及其他有毒气体，而且燃烧需要大量的氧气，这就造成了空气中的含氧量大大降低。高层建筑中大多数房间的气密性均较好，更易引起室内大量缺氧而危及人们的生命。火灾时，室内人员可能因吸入高温烟气而使口腔及喉头肿胀，以致引起呼吸道阻塞而窒息。此外，烟气还会对眼睛、鼻和喉部产生强烈刺激，使人们视力下降、能见度大大降低且呼吸困难，从而严重地影响建筑物内人员的及时疏散和消防队员的扑救。

为了保证火灾初期建筑物内人员的疏散和消防队员的扑救，在高层民用建筑设计中，不仅需要设计完整的消防系统，而且必须慎重研究和处理防火排烟问题。

根据《建筑设计防火规范》（GB 50016—2014）的规定，按建筑物使用性质、火灾危险性、疏散和扑救难度等对建筑进行分类。

凡建筑高度大于24m、设有防烟楼梯及消防电梯的建筑物均应设防排烟设施。高层民用建筑的防排烟设计应与建筑设计、防火设计和通风及空气调节设计同时进行，建筑与暖通专业设计人员应密切配合，根据建筑物用途、平立面组成、单元组合、可燃物数量以及室外气象条件的影响等因素综合考虑，确定经济、合理的防排烟设计方案。

二、高层民用建筑需设置防烟、排烟的部位

（1）防烟楼梯间及其前室、消防电梯前室和合用前室和封闭的避难层。

（2）一类建筑和建筑高度超过32m的二类建筑的下列走道或房间：

1）长度超过20m的内走道；

2）面积超过100m^2，且经常有人停留或可燃物较多的房间；

3）高层建筑的中庭和经常有人停留或可燃物较多的地下室。

防烟楼梯间和消防电梯设置前室的目的是阻挡烟气进入防烟楼梯和消防电梯，可作为人员临时避难场所，降低建筑物本身由于热压差而产生的烟囱效应，以减慢烟气蔓延的速度。

在进行防排烟设计时，首先要确定建筑物的防火分区和防烟分区，然后再确定合理的防排烟方式、送风竖井或排烟竖井的位置及送风口和排烟口的位置。

三、防排烟方式

排烟与通风中的排风做法和原理都是相似的，根据利用的动力，可以分自然排烟和机械排烟。在任何一个建筑物中，采用自然排烟还是机械排烟，应视建筑设计的具体情况确定。

1. 自然排烟

根据《建筑设计防火规范》的规定，除建筑高度超过 50m 的一类公共建筑和建筑高度超过 100m 的居住建筑外，靠外墙的防烟楼梯间及其前室、消防电梯间前室和合用前室，宜采用自然排烟方式。

自然排烟是利用火灾时室内热气流的浮力或室外风力的作用，通过与室外相邻的阳台、凹廊窗户或专用排烟口将室内烟气排出。

(1) 利用建筑物的阳台、凹廊进行排烟，如图 5－25 所示。

(2) 利用外墙的防烟楼梯前间、消防电梯前室或合用前室直接对外开启的窗进行排烟，如图 5－26 所示。排烟窗的开窗面积可按如下参数选择：

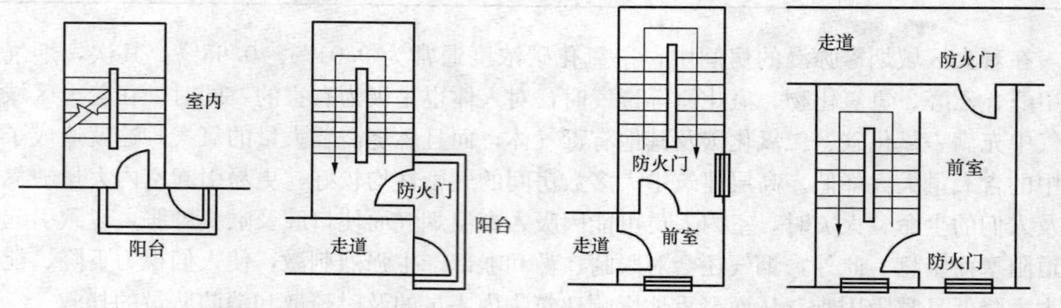

图 5－25 利用室外阳台或凹廊排烟　　图 5－26 利用直接向室外开启的窗排烟

1) 防烟楼梯前室、消防电梯前室为≥2.0m^2，合用前室为≥3.0m^2；

2) 靠外墙的防烟楼梯间每五层可开放外窗的总面积之和不应小于 2.0m^2；

3) 长度不超过 60m 的内走道可开启外窗的面积不应小于走道面积的 2%；

4) 需排烟的房间，可开启外窗的面积不应小于该房间面积的 2%；

5) 净空高度小于 12m 的中庭，可开启的天窗或高侧窗的面积不应小于该中庭地板面积的 5%；

6) 排烟窗一般应设置在房间的上方，并应有方便开启的装置。

(3) 设竖井排烟。对于无窗房间、内走道或外墙无法开窗的前室，可设排烟竖井进行排烟，如图 5－27 所示。

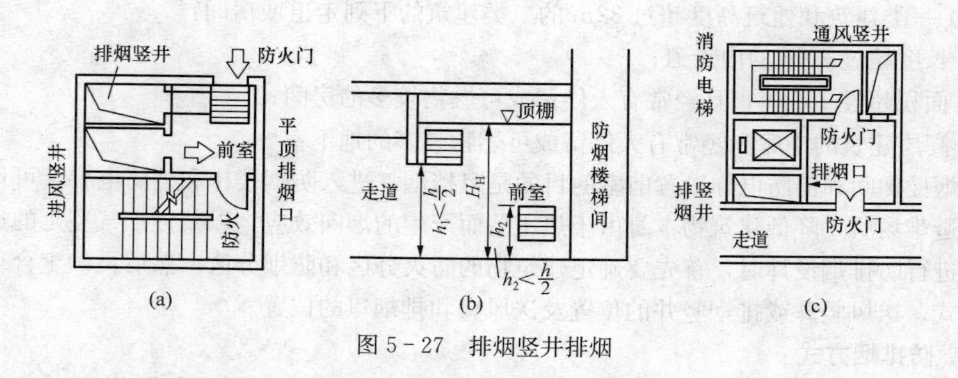

图 5－27 排烟竖井排烟

利用排烟竖井排烟时，其排烟竖井和送风竖井的面积见表 5－5。

表 5-5　排烟道、进风道标准　m²

名称	部位		
	防烟楼梯间前室	消防电梯前室	合用前室
送风口	≥1.0	≥1.0	≥1.5
送风竖井的断面面积	≥2.0	≥2.0	≥3.0
排烟口	≥4.0	≥4.0	≥6.0
排烟竖井的断面面积	≥6.0	≥6.0	≥9.0

排烟竖井排烟的作用力是依靠室内火灾时产生的热压和风压形成烟囱效应，进行有组织的排烟（排烟口与排烟竖井直接连接，各层应设自动或手动装置控制排烟口）。从表 5-5 中所列数据可以看出，排烟竖井和进风竖井所占的面积较大，这就降低了建筑的使用面积。因此，近年来这种排烟方式已很少采用。

在进行自然排烟设计时，自然排烟的排烟口面积一般为地板面积的 1/50。自然排烟不使用动力，结构简单。但是，自然排烟容易受到室外风力的影响，当火灾房间处在迎风侧时，由于排烟口受风压的作用，烟气很难排出，此时若在建筑物背风面的房间设开口，烟气还会流回房间，使房间内充满烟气。由此可见，只有当火灾房间处于背风面时，烟气才能比较顺利地通过排烟口排至室外。

2. 机械防烟

机械防烟是利用风机产生的气流和压力差来控制烟气流动方向的防烟技术。在高层建筑的垂直疏散通道，如防烟楼梯间、前室、合用前室及封闭的避难层等部位，进行机械送风和加压，使上述部位的室内空气压力值处于相对正压，阻止烟气进入，以便人们进行安全疏散和扑救。这种防烟设施系统简单、安全，近年来在高层建筑的防排烟设计中得到了广泛的应用。

按《建筑设计防火规范》规定，在下列部位应设置独立的机械加压送风的防烟设施：①不具备自然排烟条件的防烟楼梯间、消防电梯前室或合用前室；②采用自然排烟措施的防烟楼梯间，其不具备自然排烟条件的前室；③封闭的避难层（间）。

机械加压送风系统由加压送风机、送风道、加压送风口及其自控装置等部分组成。

防烟楼梯间及消防电梯间加压送风系统方式见表 5-6。

防烟楼梯间要求的正压值为 40～50Pa；前室、合用前室、消防电梯间前室、封闭避难层（间）为 25～30Pa。

机械加压送风系统的风量计算，通常以火灾发生时，保持疏散通道维持必要的正压值和火灾层疏散通道门、洞一定的风速作为理论依据。但是，建筑构件及建筑施工的质量、设计资料的不完整、设计参数的不明确等原因将会影响风量计算的准确性。为此，《建筑设计防火规范》对不同的建筑层数、不同的部位确定加压送风系统风量的取值范围见表 5-7。

表 5-6　防烟楼梯间及消防电梯间加压送风系统方式

序号	加压送风系统方式	图示
1	仅对防烟楼梯间加压送风时（前室不加压）	++　+　−

续表

序号	加压送风系统方式	图示
2	对防烟楼梯间及其前室分别加压	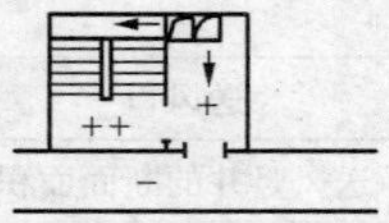
3	对防烟楼梯间及有消防电梯的合用前室分别加压	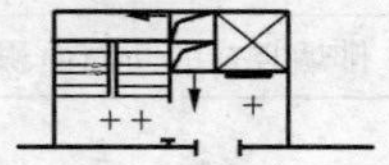
4	仅对消防电梯的前室加压	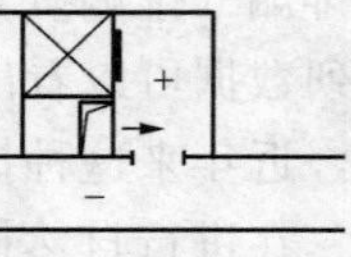
5	当防烟楼梯间具有自然排烟条件，仅对前室及合用前室加压	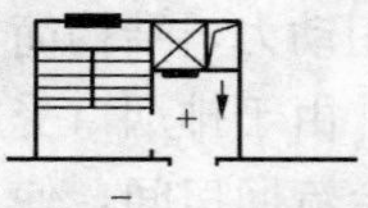

注　图中“++”“+”“−”表示各部位静压力的大小。

表 5-7　　加压送风控制风量

序号	机械加压送风部位		风量（m^3/h）	
			系统负担层数<20 层	系统负担层数 20～32 层
1	仅对防烟楼梯间加压（前室不送风）		25 000～30 000	35 000～40 000
2	对消防电梯间及其前室分别加压	楼梯间	14 000～18 000	18 000～24 000
		前室	10 000～14 000	14 000～20 000
3	对防烟楼梯间及其合用前室分别加压	楼梯间	16 000～20 000	20 000～25 000
		合用前室	12 000～16 000	18 000～22 000
4	仅对消防电梯前室加压		15 000～20 000	22 000～27 000
5	仅对前室及合用前室加压（楼梯间自然排烟）		22 000～27 000	28 000～32 000
6	对全封闭的避难层（间）加压		按避难层间净面积每平方米不小于 $30m^2/h$ 确定	

注　表中 1～5 按每个加压间为一樘双扇门计，当为单扇门时，表中风量乘以 0.75；当有两樘双扇门时，风量乘以 1.5～1.75。建筑层数超过 32 层时，宜分段设置加压送风系统。

风量上、下限的取值应根据楼层数、风道材料、防火门的漏风量等因素综合比较确定。

3. 机械排烟

机械排烟是使用排烟机进行强制排烟。根据《建筑设计防火规范》的规定，一类高层建筑和建筑高度超过 32m 的二类高层建筑的以下部位，应设置机械排烟设施：①无直接自然采光，且长度超过 20m 的内走道或虽有直接自然通风，且长度超过 60m 内走道；②面积超过 $100m^2$，且经常有人停留或可燃物较多的地上无窗房间或设固定窗的房间；③不具备自然排烟条件或净空高度超过 12m 的中庭；④除利用窗井等开窗进行自然排烟的房间外，各房间总面积超过 200m²或一个房间面积超过 50m²，且经常有人停留或可燃物比较多的地下室等部位。

机械排烟系统由烟壁（活动式或固定式挡烟壁）、排烟口（或带有排烟阀的排烟口）、防火排烟阀、排烟管道、排烟风机和排烟出口等部件组成，如图 5－28 所示。

（1）走道和房间的机械排烟。走道排烟是根据自然通风条件和走道长度来划分。根据高层建筑层数多、建筑高度高的特点，为保证排烟系统的可靠性，走道的排烟一般设计成竖向排烟系统，即在建筑物内靠近走道的适当位置设置竖向排烟管道，每层靠近顶棚的位置设置排烟口，如图 5－29 示。

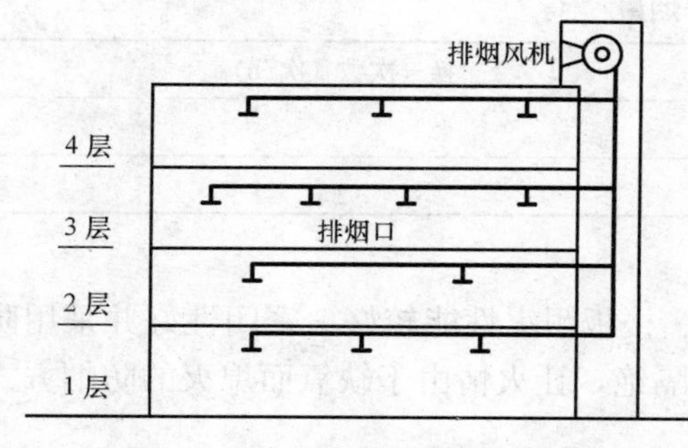

图 5－28 机械排烟系统的组成

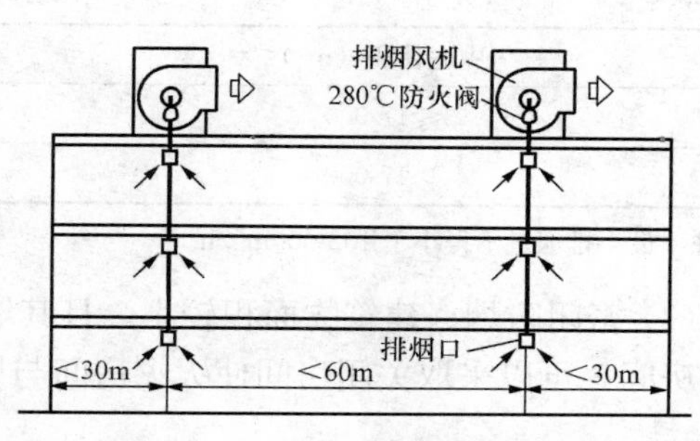

图 5－29 走道竖向排烟系统

房间排烟系统宜按防烟分区设置。当需要排烟的房间较多且竖向布置有困难时，可将几个房间组成一个排烟系统，每个房间设排烟口，即为水平式排烟系统，如图 5－30 所示。

（2）中庭机械排烟。通过二层或多层且顶部为封闭的筒体空间称为中庭。中庭与相连的所有楼层是相通的，一般设有采光窗。把中庭作为着火层的一个排烟道，排烟口设置在中庭的顶棚上，或设置在紧靠中庭顶棚的集烟区，排烟口的最低标高应设在中庭最高部分门洞的上端。在中庭上部设置排烟风机，使着火层保持负压，便可有效地控制烟气和火灾，如图 5－31 所示。

中庭较低部位进风有困难时，可采用机械进风，补充风量按不小于排风量的 50％考虑；高度超过 6 层的中庭，或第二层以上与居住场所相通时，宜从上部补充新鲜空气。

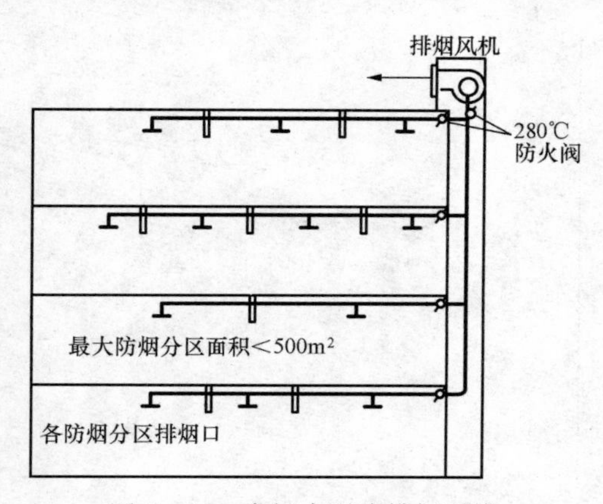

图 5－30 房间水平式排烟系统

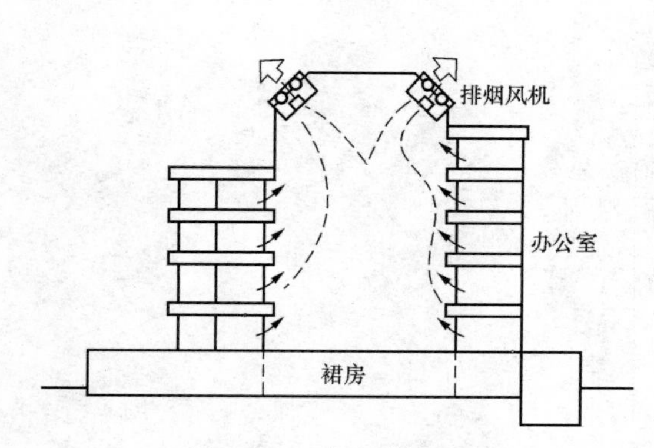

图 5－31 中庭排烟示意

排烟系统排烟量的确定与建筑防烟分区的划分、排烟系统的部位等因素有关。按《全国民用建筑工程设计技术措施》的规定，走道和房间的排烟量见表 5-8，中庭排烟量按中庭体积的换气次数确定，见表 5-9。

表 5-8 走道和房间的排烟量

负担防烟分区个数	排烟量标准
负担一个防烟分区或房间净高大于 6.0m 时	该防烟分区面积每平方米不小于 $60m^3/h$
负担两个或两个以上防烟分区时	按最大一个防烟分区面积每平方米不小于 $120m^3/h$

表 5-9 中庭机械排烟量

中庭体积（m^3）	换气次数（次/h）
≤17 000	6
＞17 000	4

注 最小排烟量不得小于 $102\ 000m^3/h$。

（3）密闭防烟。建筑物面积较小，且其墙体、楼板耐火性能较好、密闭性好并采用防火门的房间，可以采取关闭房间使火灾房间与周围隔绝，让火情由于缺氧而熄灭的防烟方式。

第六章　空气调节工程

第一节　概　述

一、空气调节系统的任务和作用

空气调节（简称空调）是采用技术手段把某种特定空间内部的空气环境控制在一定状态下，使其满足人体舒适或生产工艺的要求。所控制的内容包括空气的温度、湿度、流速、压力、清洁度、成分、噪声等。对这些参数产生干扰的来源主要有两个：一是室外气温变化、太阳辐射通过建筑围护结构对室温的影响与外部空气带入室内的有害物；二是内部空间的人员、设备与工艺过程产生的热、湿与有害物。因此，需要采用人工的方法消除室内的余热、余湿，或补充不足的热量与湿量，清除空气中的有害物，并保证内部空间有足够的新鲜空气。

一般把为生产或科学实验过程服务的空调称为“工艺性空调”，而把为保证人体舒适的空调称为“舒适性空调”。而工艺性空调往往同时需要满足人员的舒适性要求，因而两者又是关联的、统一的。

舒适性空调的目的在于创造舒适的工作与生活环境，保证人体生理与心理健康，保证高的工作效率，目前已普遍应用于公共与民用建筑中，如会议厅、办公楼、影剧院、图书馆、商业中心、旅游设施与部分民用住宅。交通工具，如飞机、汽车、轮船与火车有的已装备了空调，有的正在逐步提高装备率。空气温度过高或过湿，均会使人有闷热的感觉；温度过低，会感觉寒冷；湿度过低，人的呼吸道与皮肤会感觉干燥；新风过少，人会感觉胸闷缺氧；空气中含有有害气体或挥发性污染物，人会闻到异味或出现头痛、恶心等疾病症状；空气中含尘量大，人也会有不适感觉；风速过高，人会感到不适，但炎热的夏季里，有一定的吹风感却会令人感到舒适。因此，舒适性空调对空气的要求除了要保证一定的温湿度外，还要保证足够的新鲜空气量、适当的空气成分、一定的洁净度以及一定范围的空气流速。

对于现代化生产来说，工艺性空调更是必不可少的。工艺性空调一般来说对温湿度、洁净度的要求比舒适性空调高，而对新鲜空气没有特殊的要求。如精密机械加工业与精密仪器制造业要求空气温度的变化范围不超过±(0.1～0.5)℃，相对湿度变化范围不超过±5%；在电子工业中，不仅要保证一定的温湿度，还要保证空气的洁净度；纺织工业对空气湿度环境的要求较高；药品工业、食品工业以及医院的病房、手术室则不仅要求一定的空气温湿度，还需要控制空气清洁度与含菌数。

空气调节的基本手段是将室内空气送到空气处理设备中进行冷却、加热、除湿、加湿、净化等处理，然后再送回到室内，以达到消除室内余热、余湿、有害物或为室内加热、加湿的目的；通过向室内送入一定量处理过的室外空气的方法来保证室内空气的新鲜度。也有把加热加湿设备直接安置在室内来改善室内的局部环境的，如超声波加湿器、红外线加热器等。

不同使用目的的空调房间的参数控制指标是不同的。不同行业有关部门对特定的工艺过程均规定了室内空气的设计标准。一般来说，工艺性空调的参数控制指标是以空调基数加波动范围的形式给出的，如（20±0.1）℃中的20是空调基数，0.1是允许波动范围。《民用建筑采暖通风与空气调节设计规范》（GB 50036—2012）对舒适性空调的室内参数作了总的规定：

（1）人员长期逗留区域空调室内设计参数应符合表6-1的规定。

表6-1　　人员长期逗留区域空调室内设计参数

类别	热舒适程度	温度(℃)	相对湿度(%)	风速(m/s)
供热工况	Ⅰ	22～24	≥30	≤0.2
供热工况	Ⅱ	18～22	—	≤0.2
供冷工况	Ⅰ	24～26	40～60	≤0.25
供冷工况	Ⅱ	26～28	≤70	≤0.3

（2）人员短暂逗留区域空调供冷工况室内设计参数宜比长期逗留区域提高1～2℃，供热工况宜降低1～2℃。短期逗留区域供冷工况风速不宜大于0.5m/s，供热工况不宜大于0.3m/s。

对于具体的民用建筑，我国建设部、卫生部、国家旅游局等有关部门均制定了具体的室内参数设计指标。

二、空气调节系统的组成

一般来说，一个完整的空调系统应由以下四部分组成，见图6-1。

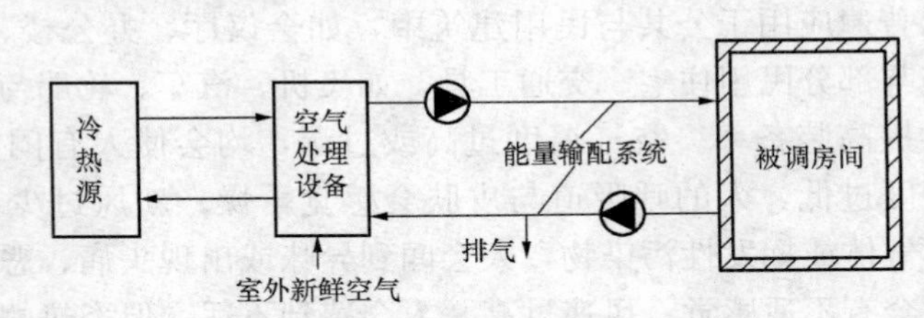

图6-1　空调系统的组成示意

1. 被调房间

即空调空间或房间。被调房间可以是封闭式的，也可以是敞开式的；可以由一个房间或多个房间组成，也可以是一个房间的一部分。

2. 空气处理设备

这是空调系统的核心，室内空气与室外新鲜空气被送到这里进行热湿交换与净化，达到要求的温湿度与洁净度，再被送回到室内。一般包括组合式空调机组和风机盘管等。

3. 能量输配系统

包括空气和水的能量输配系统。空气部分是空气进入空气处理设备、送到空调空间形成的输送和分配系统，包括风道、风机、风阀、风口等。水的能量输配部分包括水泵、水管、水阀等。

4. 冷热源

空气处理设备的冷源和热源。夏季降温用冷源一般由制冷机承担，而再热或冬季加热用热源可以是蒸汽锅炉、热水锅炉、热泵或电。在有条件的地方，也可以用深井水作为自然冷源。

三、空气调节系统的分类

空调系统有很多类型，其分类方法也有很多种。

1. 按空气处理设备的设置情况分

(1) 集中式空调系统。空调系统的空气处理设备（加热器、冷却器、过滤器、加湿器等）、风机和水泵等都集中设在空调机房内。这种空调系统的优点是服务面积大、处理空气多，便于集中管理。但它的主要缺点是往往只能送出同一参数的空气，难于满足不同的要求；另外，由于集中式供热、供冷，因此只适用于满负荷运行的大型场所。

(2) 半集中式空调系统。半集中式空调系统是在克服集中式和局部式空调系统的缺点而取其优点的基础上发展起来的。这种系统除有空调机房外，还设有分散在空调房间内的末端装置，它们可以对室内空气进行就地处理或对来自集中处理设备的空气再进行补充处理。它包括诱导器系统和风机盘管系统两种。

(3) 分散式空调系统。分散式空调系统是指把空气处理设备全分散在空调房间内的系统。空调房间使用的空调机组就属于此类。

2. 按负担室内负荷所用的介质分（见图 6－2）

(1) 全空气系统。空调房间的室内负荷全部由经过处理的空气来承担。由于空气的比热容较小，需要较多的空气量才能达到消除房间余热、余湿，因此要有较大断面的风管或较高的风速。

(2) 全水系统。空调房间的室内负荷全部由水来负担。由于水的比热容比空气大得多，在相同条件下只需要较小的水量，因此管道所占的空间小。但是，仅靠水来消除余热、余湿，房间的通风换气问题不易解决，因而通常不单独采用这种方法。

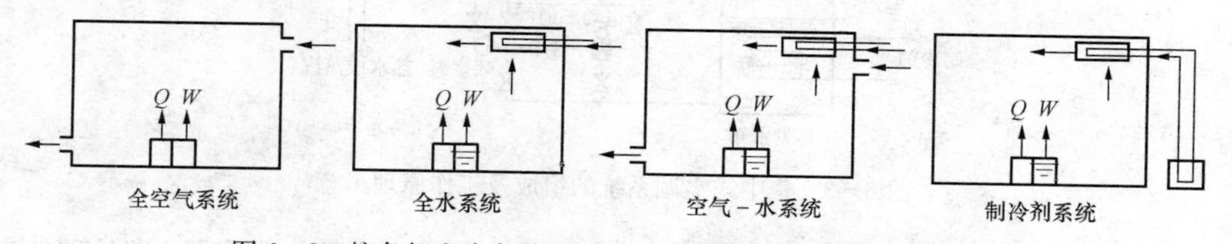

图 6－2　按负担室内负荷所用介质的种类对空调系统分类示意

(3) 空气-水系统。空调房间的室内热湿负荷由空气和水共同负担，既满足了通风换气的要求，又减小了管道所占的空间。带新风的风机盘管就属此类。

(4) 制冷剂系统。这种系统是将制冷系统的蒸发器直接放在室内，空调房间的热湿负荷由制冷剂直接负担的系统。分散安装的局部空调机组属于这类系统，具有安装灵活、使用方便的特点。目前，超级 VRV 系统（变制冷剂流量空调系统）正在得到广泛的应用。

3. 根据集中式空调系统处理的空气来源分

(1) 封闭式系统。处理的空气全部来自空调房间，无室外空气补充，全部为再循环空气。这种系统冷热消耗量最省，但室内卫生差。

(2) 直流式系统。处理的空气全部来自室外，室外空气经过处理送入室内后全部排出室外，适用于不允许采用回风的场合。为了节能，在系统中应设置热回收设备。

(3) 混合式系统。综合封闭式和直流式系统的特点，采用混合一部分回风的系统，既满足卫生要求，又经济合理，因此这种系统应用最广。

4. 其他分类方法

(1) 根据系统的风量固定与否，可以分为定风量系统和变风量系统。

(2) 根据系统风道内空气流速的高低，可以分为低速（8～12m/s）空调系统和高速（20～30m/s）空调系统。

(3) 根据系统的用途不同，可以分为工艺性空调和舒适性空调。

(4) 根据系统控制精度，可以分为一般空调系统和高精度空调系统。

(5) 根据系统的运行时间不同，可以分为全年性空调系统和季节性空调系统。

下面介绍几种典型的空调系统。

（一）集中式空调系统

集中式空调系统属典型的全空气系统，其工作原理如图 6-3 所示。

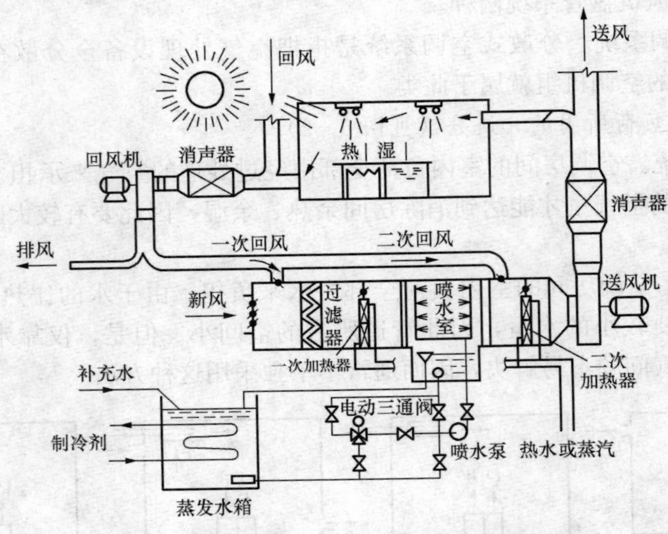

图 6-3 集中式空调系统的组成及工作原理示意

无论在集中式空调系统还是在局部空调机组中，最常用的是混合式系统，即处理的空气来源一部分是新鲜空气，一部分是室内回风。根据新风、回风混合过程的不同，工程上常见的有两种形式：一种是回风与室外新风在喷水室（或空气冷却器）前混合，称一次回风式；另一种是回风与新风在喷水室前混合并经喷雾处理后，再次与回风混合，称二次回风式。二次回风式通常应用在室内温度场要求均匀、送风温差较小、风量较大而又不采用再热器的空调系统中，如恒温恒湿的工业生产车间等。

根据集中式空调系统送入各被调房间的风道数目，可分为单风道系统与双风道系统。单风道系统仅有一根送风管，夏天送冷风，冬天送热风，缺点是为多个负荷变化不一致的房间服务时，难以进行精确调节。双风道系统有两根送风管，即一根热风管，一根冷风管，可通过调节两者的风量比控制各房间的参数，缺点是所占建筑空间大，系统复杂，冷热风混合热损失大，因此初期投资与运行费用高。

集中式空调系统的优点是主要空气处理设备集中于空调机房，易于维护管理。在室外空气温度接近室内空气控制参数的过渡季（如春季与秋季），可以采用改变送风中的新风百分比或利用全新风来达到降低空气处理能耗的目的，还能为室内提供较多的新鲜空气来提高被调房间的空气质量。

（二）半集中式空调系统

1. 风机盘管

在空调房间内设置风机盘管，再加上经集中处理后的新风送入房间，由两者结合运行，这种对空气的局部处理和集中处理相结合的方式就属于半集中方式。风机盘管加新风机组是最常用的半集中式空调系统。

风机盘管机组是由多排称为盘管的翅片管热交换器和风机组成的（见图 6-4），运行时管内通入冷冻水或热水。和集中式空调系统不同，它采用就地处理回风的方式，由风机驱动室内空气流过盘管进行冷却或加热，再送回室内。机组内还装有凝水盘与凝结水管路，用来排除除湿时产生的凝结水。供给盘管的冷热水一般是由集中冷热源提供的。

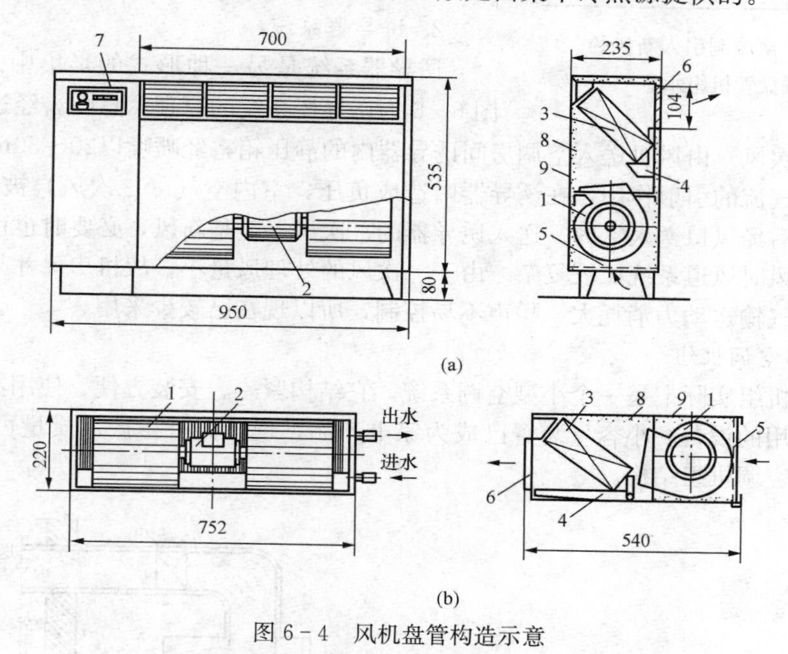

图 6-4 风机盘管构造示意

(a) 立式；(b) 卧式

1—风机；2—电动机；3—盘管；4—凝水盘；5—循环风进口及过滤器；6—出风格栅；7—控制器；8—吸声材料；9—箱体

有的风机盘管系统不设置集中的新风系统，而是在立式机组的背后墙壁上开设新风采气口，并用短管与机组相连接，就地引入新风，见图 6-5。这种做法常用于要求不高或者在旧建筑物中增设空调的场合。

风机盘管系统的调节方式有风量调节与水量调节两种。有的风机盘管可多挡调节风机转速来改变风量，有的风机盘管的水管上装有电动调节阀，由室温控制器控制其开度来改变水量，达到控制室温的目的。

风机盘管的优点是布置灵活，各房间可独立调节室温而不影响其他房间；噪声较小；占建筑空间少；室内无人时可停止运行，经济节能；由于集中处理的新风量小，故集中式空调机房的尺寸与风道的断面小，节省建筑空间。缺点是机组分散设置，台数较多时维护管理工作量大；由于有凝水产生，故无法控制空气洁净度，而且气流分布受限制；风机盘管本身不

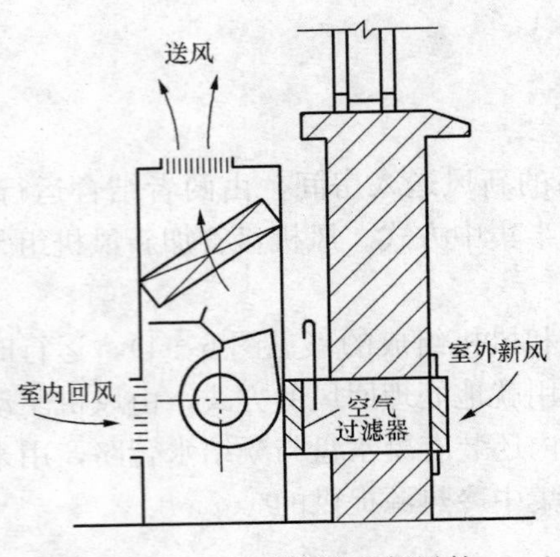

图 6-5 从墙洞引入新风的风机盘管机组示意

能提供新风，故对新风量有要求的情况下需要设置新风处理系统；由于新风处理系统的风量小，故过渡季节可以完全利用新风降温的时间很短。

目前，风机盘管系统已广泛用于宾馆、办公楼、公寓、医院等商用或民用建筑。在国外的大型办公楼中，内区往往终年需要供冷，而周边区冬季一般需要供热，因此常在周边区（如窗下）采用风机盘管处理周边围护结构负荷。由于风机盘管多设在室内，有时可能会与建筑布局产生矛盾，因此需要建筑上的协调与配合。

2. 诱导器系统

诱导器系统是另一种形式的半集中式空调系统。图 6-6 为诱导器系统的原理示意图。经过集中处理的空气（称为一次风）由风机送入空调房间诱导器内的静压箱，经喷嘴以20～30m/s 的高速射出。由于喷出气流的引射作用，在诱导器内造成负压，室内空气（二次风）被引入诱导器，与一次风混合后经风口送入室内。送入诱导器的一次风一般是新风，必要时也可采用部分回风，但采用回风时风道系统比较复杂。由于一次风的处理风量小，故机房尺寸与风道断面均比较小，但空气输送动力消耗大，噪声不易控制，所以现在已较少采用。

（三）局部空调机组

局部空调机组实际上是一个小型空调系统，它结构紧凑、安装方便、使用灵活，是空调工程中广泛应用的设备。小容量装置已成为家电产品，现已大批生产，质量可靠。图 6-7 所示为常见的空调机组结构。

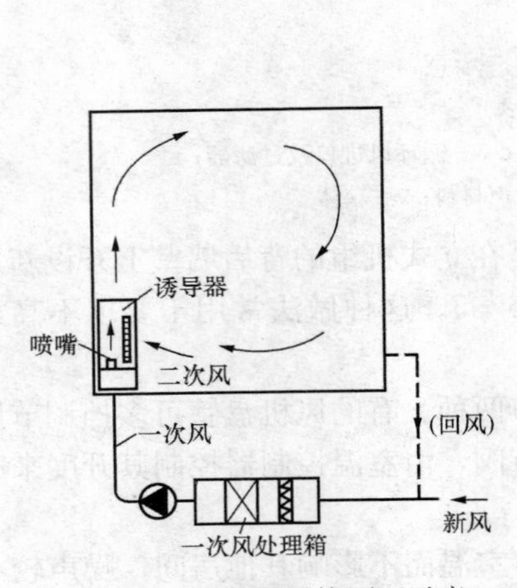

图 6-6 诱导器系统原理示意

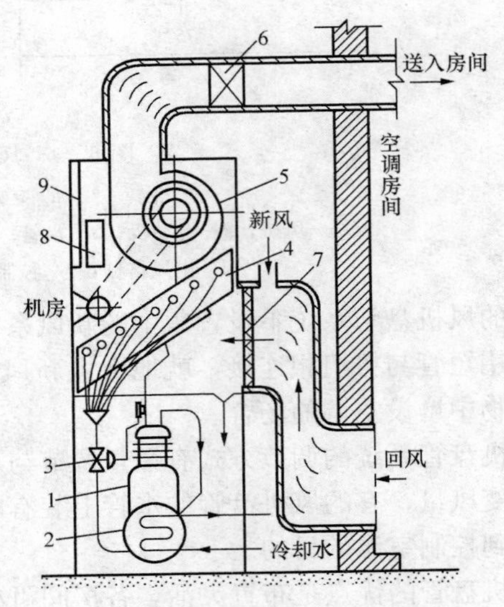

图 6-7 空调机组结构示意

1—制冷机；2—冷凝器；3—膨胀阀；4—蒸发器；5—通风机；6—电加热器；7—空气过滤器；8—电加湿器；9—自动控制屏

空调机组按外形主要可分为窗式和立柜式两种。窗式容量与外形尺寸较小，制冷量一般为7kW以下，风量在1200m³/h（0.33m³/s）以下，安装在外墙或外窗上。立柜式容量与外形尺寸较大，制冷量一般为7kW以上，风量在1200m³/h（0.33m³/s）以上，可直接放在空调房间里，也可设置在邻室并外接风管。此外，装在室内的空调机组或分体机的室内部分的外形还有柱式、悬吊式、落地式、壁挂式、台式等，可根据房间的使用功能、装修设计与家具布置的情况灵活选取。

空调机组按制冷设备冷凝器的冷却方式分为水冷式和风冷式两种。水冷式一般为容量较大的机组，其冷凝器用水冷却，用户必须具备冷却水源。而风冷式可以是容量较小的机组，如窗式［见图6－8（a）］，其中冷凝器部分在墙外，借助风机用室外空气冷却冷凝器；也可以是容量较大的机组，将风冷冷凝器独立装置在室外［见图6－8（b）］。由于风冷式机组无须设置冷却水系统，节约了冷却水的费用，故目前风冷机组在产品中所占的比例越来越大，许多大、中型的空调机组也设计为风冷式。

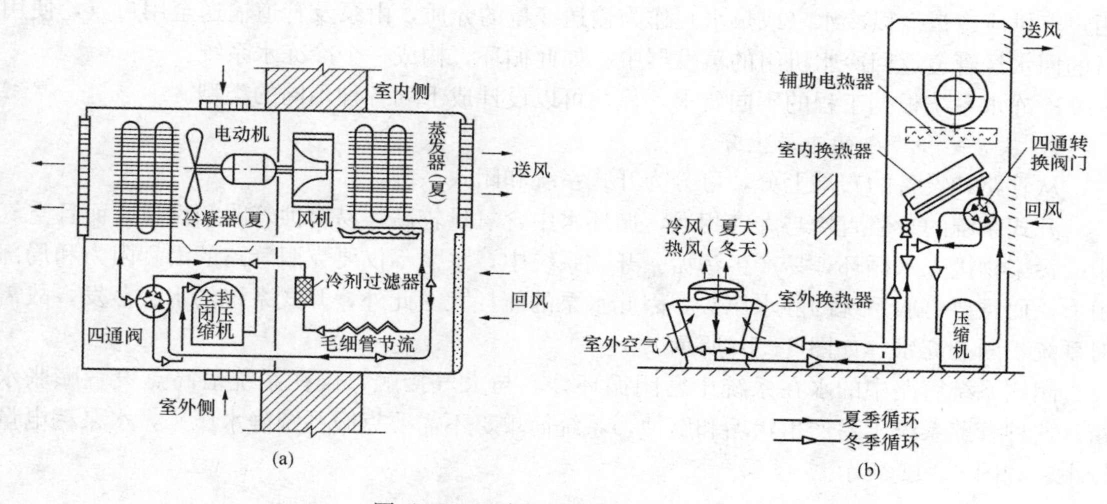

图6－8　风冷式空调机组结构示意

（a）窗式、热泵式；（b）冷凝器分开安装、热泵式

空调机组按供热方式可分为普通式和热泵式两种。普通式冬季用电加热器或其他热源（如城市管网）供暖。热泵式冬季仍由制冷机工作，借四通阀的转换，使冷剂逆向循环，将原蒸发器当做冷凝器（原冷凝器变作蒸发器），空气流过它被加热作为采暖用。图6－8和图6－9都属于热泵式，只要注意图中制冷流程在冬、夏季的走向相反这一特点，就不难理解它的工作原理了。

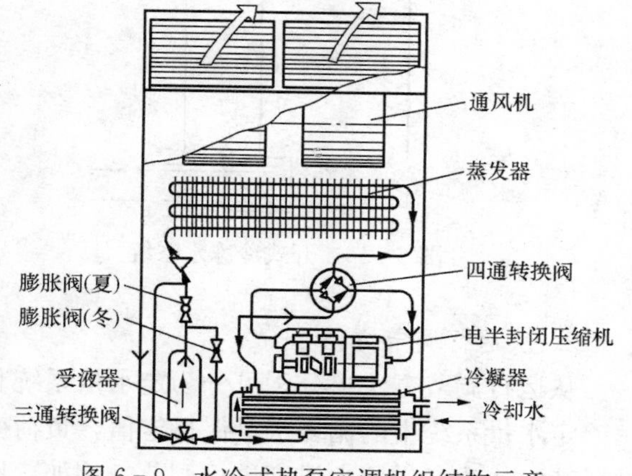

图6－9　水冷式热泵空调机组结构示意

空调机组在结构上可分为整体式和分体式两种。整体式是指压缩机、冷凝器、蒸发器与膨胀阀构成一个整体，虽结构紧凑，但噪声、振动较大。分体式是将蒸发器和室内

风机作为室内侧机组，将冷凝器压缩机组作为室外侧机组，两者用冷剂管相连，可使室内噪声降低。由于传感器、配管技术和机电一体化的发展，分体式机组的型式可有多种。

随着生产规模的发展，各国空调机组的产量都极大，除了工业建筑外，民用建筑的使用也日益普遍。空调机组的功能正向专业化发展，以适应各种特殊需要，例如已生产的有全新风机组、低温机组、净化机组、计算机室专用机组等。

第二节 空调水系统及空调系统设备

一、空调水系统

空调水系统分为冷冻水系统和冷却水系统。

(一) 冷冻水系统

空调系统通常设置集中的冷冻站或冷水机组制备冷冻水，靠冷冻水系统向各分散的空调用户点供应冷量。以冷水（或热水）作为输送冷量的介质，由泵及管道输送至用户点，使用后的回水经管道返回冷水机组的蒸发器中，如此循环，构成一个冷冻水系统。

冷冻水系统根据工程的不同要求，往往可以设计成下列各种不同的类型。

1. 从管路和设备的布局上分

从管路和设备的布局上分，可分为开式系统和闭式系统。

开式系统的管路直接与大气相通，循环水中含氧量较高，易腐蚀管路和设备，而且空气中的污染物进入水循环，易产生污垢。开式系统中，水泵不仅要克服管路的沿程阻力和局部阻力，而且要克服系统的静水压头，因此水泵的能耗大。此外，开式系统的水会蒸发，故需对系统不断补充水，如图 6-10 所示。

闭式系统管路中的水在系统中密闭循环，不与大气接触，仅在系统最高点设置膨胀水箱。这种管路系统不易产生污垢和腐蚀，系统简单，不需要克服系统静水压头，水泵耗电量较小，如图 6-11 所示。

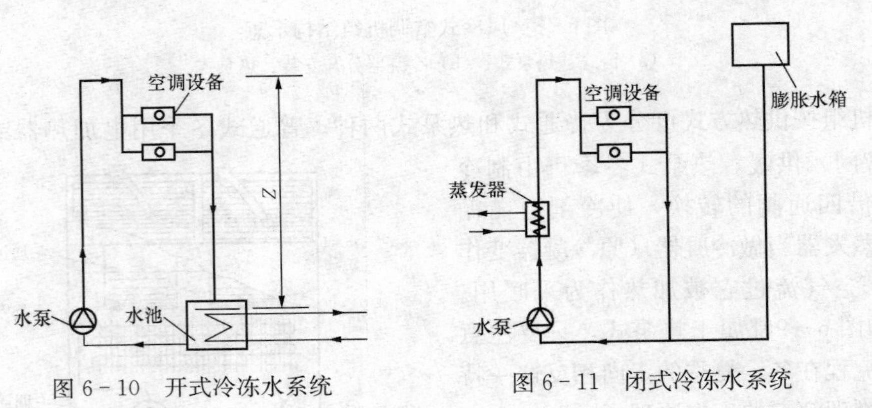

图 6-10 开式冷冻水系统

图 6-11 闭式冷冻水系统

2. 从运行调节方法上分

从运行调节方法上分，可分为定水量系统和变水量系统。

定水量系统中的循环水量保持定值，负荷变化时，可通过改变风量（例如风机盘管的三挡风速）或改变供回水温度进行调节。例如，用供回水支管上的三通调节阀调节供回水量混合比，从而调节供水温度，系统简单、操作方便，不需要复杂的自控设备；缺点是水流量不变，输送能耗始终为设计最大值。

变水量系统中供回水温度保持定值，负荷改变时，通过改变供水量来调节。输送能耗随负荷减少而降低，水泵容量和电耗小，系统需配备一定的自控装置。

3. 从水泵的配置上分

从水泵的配置上分，可分为单式泵水系统和复式泵水系统。

单式泵水系统的冷、热源侧和负荷侧只用一组循环水泵，如图 6-12 所示。这种系统简单、初投资省，但不能调节水泵流量，难以节省水泵输送能量，当各空调区负荷变化规律不一样时，不能适应各区压降较悬殊的情况，因此只适用于中小型建筑物和投资少的场合。

复式泵水系统的冷、热源侧和负荷侧分别设置循环水泵，如图 6-13 所示。这种系统可以实现负荷侧水泵变流量运行，能节省输送能耗，并能适应供水分区压降的需要，系统总的压力低，但系统较复杂、初投资较高，适用于大型建筑物。

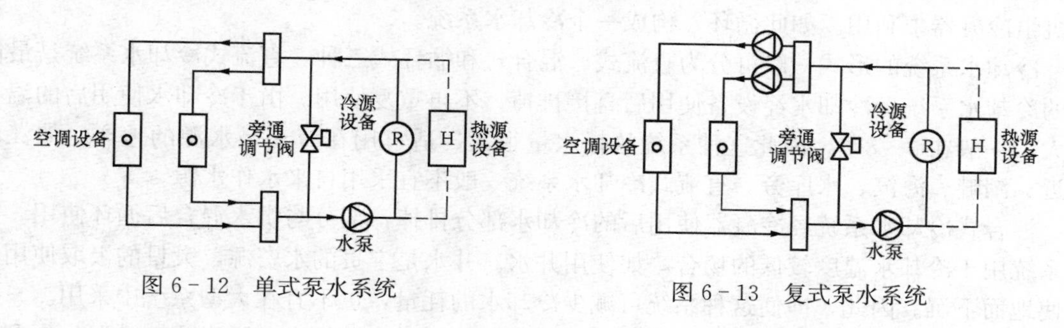

图 6-12 单式泵水系统　　图 6-13 复式泵水系统

4. 从回水布置上分

从回水布置上分，可分为同程式和异程式。

同程式是指供、回水干管中的水流方向相同，并且经过每一环路的管路长度相等，如图 6-14 所示。在各机组的水阻力大致相等时，由于各并联环路的管路总长度相等，因此水量分配均衡，调节方便，系统的水力稳定好；缺点是管路长度增加，初投资较高。

异程式的供、回水干管中的水流方向相反，每一环路的管路长不相等，如图 6-15 所示。这种系统管路简单，不需设回程管，节省管材，但由于各并联环路的管路总长度不等，各环路间存在阻力不平衡现象，导致水流量分配不均匀。因此，在水管设计时要采取一定的措施，如减小干管阻力，在各并联支管上安装流量调节装置，以增大支管阻力等。

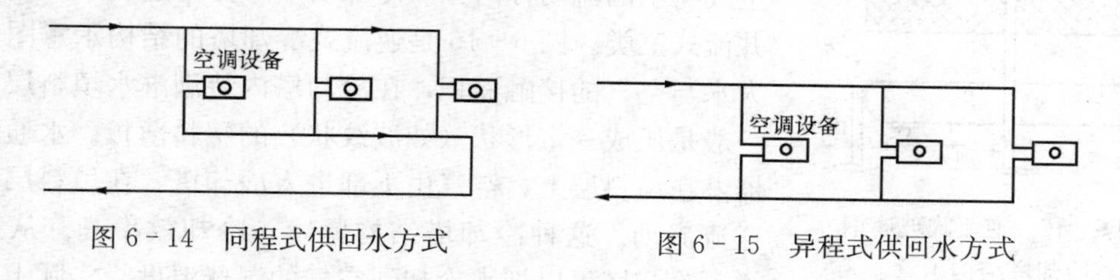

图 6-14 同程式供回水方式　　图 6-15 异程式供回水方式

5. 从进、回水管的数目上分

根据进、回水管的数目，又可分为两管制、三管制和四管制系统。

两管制系统又称双水管系统，即冬天供应热水、夏天供应冷水，都是在相同的管路中进行。其系统简单，初投资较省，但无法同时满足供冷、供热的要求。

三管制系统分别设置供冷、供热的管路，但冷、热回水的管路共用。这种系统可以满足同时供冷、供热的要求，适应负荷变化的能力强，可较好地进行全年温度调节，也可任意调节房间温度，但冷、热回水同时进入回水管，有冷热混合损失，运行效率低；此外，冷、热水管路互相连接，水力工况和管路布置较复杂。

四管制系统的供冷、供热的供、回水管分开设置，具有冷、热两套独立的系统。它和三管制系统一样，可以全年使用冷、热水，调节方便，可适应房间负荷的各种变化情况，并且克服了三管制系统的回水混合损失问题，但其管路系统复杂，初投资较高，管路占用建筑空间较多。

（二）冷却水系统

冷却水是冷冻站或冷水机组的冷凝器的冷却用水。在机组运行时，经过冷凝器后冷却水水温将升高，由水泵及管道输送至冷却塔，经冷却塔冷却后水温下降，然后经管道重新返回至机组冷凝器中利用。如此循环，构成一个冷却水系统。

冷却水系统的形式一般可分为直流式、混合式和循环式三种。直流式冷却水系统是最简单的冷却水系统，冷却水经设备使用后直接排掉，不再重复使用。由于冷却水使用后的温升不大，一般在 3～8℃，因此这种系统的耗水量很大，适宜用在有充足水源的地方，如江河附近、湖畔、海滨、水库旁。直流式冷却水系统一般不宜采用自来水作水源。

混合式冷却水系统经冷凝器使用后的冷却水部分排掉，部分与供水混合后循环使用。这种系统用于冷却水温度较低的场合，如使用井水。井水是宝贵的水资源，大量的汲取使用还会使地面下沉。因此，即使这种系统可减少冷却水的耗量，也不宜在大型系统中采用。

循环式冷却水的特点是冷却水循环使用。冷却水经冷凝器等设备后吸热而升温，再利用水蒸发吸热的原理对它进行冷却。蒸发冷却的装置有两类——喷水池和冷却塔。

冷却塔是借助空气使水得到冷却的专用设备，一般安装在楼房的顶部。从冷凝器排出的热的冷却水是经过冷却塔冷却后循环使用的。冷却塔的冷却机理有两个方面：一方面是借助部分水在冷却塔中蒸发时吸收蒸发潜热而使水降温，另一方面是当水温高于空气温度时利用接触导热使水降温。

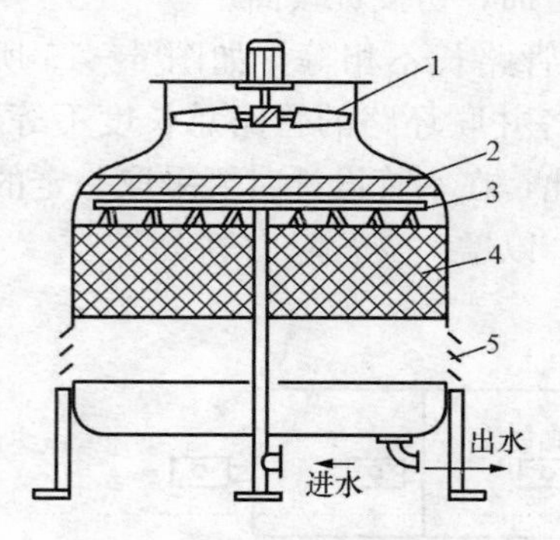

图 6－16 逆流式玻璃钢冷却塔结构示意

1—风机；2—挡水填料；3—布水器；4—淋水填料；5—空气入口

冷却塔有自然通风和机械通风两类，后者是空调、制冷系统常用的设备。目前国内工厂生产的定型的机械通风式冷却塔产品大多用玻璃钢做外壳，故又称为玻璃钢冷却塔。按空气与水的流动方向分，冷却塔又可分为逆流式、横流式和并流式三类。图 6－16 是逆流式冷却塔的结构示意图。为增大水与空气的接触面积，在冷却塔内装满淋水填料层。填料一般是压成一定形状（如波纹状）的塑料薄板。水通过布水器淋在填料层上，空气由下部进入冷却塔，在填料层中与水逆流流动。这种冷却塔结构紧凑，冷却效率高。从理论上说，冷却塔可以把水冷却到空气的湿球温度。实际上，冷却塔的极限出水温度比空气的湿球温度高 3.5～5℃。

采用玻璃钢冷却塔的循环式冷却水系统有两种形式，如图 6－17 所示。其中，图（a）所示为闭式系统，冷却塔出来的冷却水经水泵压送到冷凝器，吸收冷凝热量，再送到冷却塔中蒸发冷却。冷却水在冷却塔与冷凝器之间形成闭式环路。图(b)所示为开式系统，冷却塔出来的冷却水流入水池（通常可利用建筑物内的消防水池）中，再由泵从水池中汲水，并压送到冷凝器和冷却塔。闭式系统的水泵扬程较小，即泵消耗功率少。所以，对于放置在较高处（如多层建筑物屋顶上）的冷却塔，宜采用闭式系统。

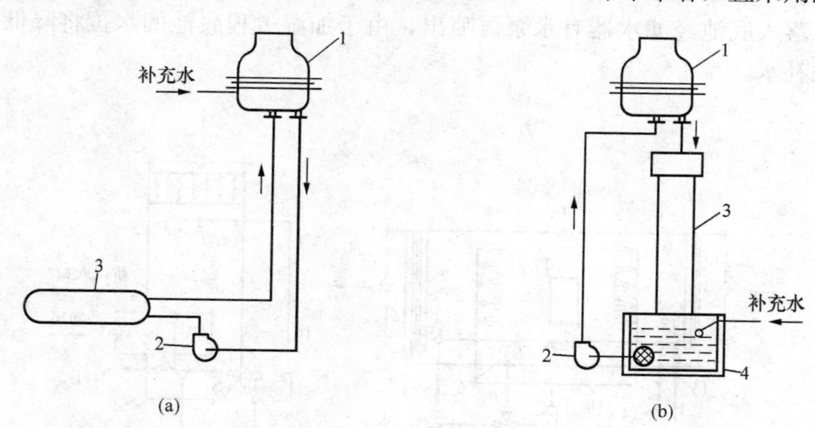

图 6-17　采用冷却塔的循环式冷却水系统

(a) 闭式系统；(b) 开式系统

1—冷却塔；2—水泵；3—凝水器；4—水池

二、空调系统设备

(一) 空气热湿处理设备

为满足空调房间送风温、湿度的要求，在空调系统中必须有相应的热湿处理设备，以便能对空气进行热湿处理，达到所要求的送风状态。不同的空气处理过程需要不同的空气处理设备，如空气的加热、冷却、加湿、减湿设备等。有时，一种空气处理设备能同时实现空气的加热加湿、冷却干燥或者升温干燥等过程。

根据各种热湿交换设备的特点不同可将它们分成两大类：接触式热湿交换设备和表面式热湿交换设备。前者包括喷水室、蒸汽加湿器、局部补充加湿装置以及使用液体吸湿剂的装置等；后者包括光管式和肋管式空气加热器及空气冷却器等。

接触式热湿交换设备的特点是：与空气进行热湿交换的介质直接与空气接触，通常是使被处理的空气流过热湿交换介质表面，通过含有热湿交换介质的填料层或将热湿交换介质喷洒到空气中去，形成具有各种分散度液滴的空间，使液滴与流过的空气直接接触。

表面式热湿交换设备的特点是：与空气进行热湿交换的介质不与空气接触，两者之间的热湿交换是通过分隔壁面进行的。分隔壁面有平表面和带肋表面两种。

在所有热湿交换设备中，喷水室和表面式换热器应用最广。

1. 喷水室

喷水室能实现多种空气处理，对空气具有一定的净化能力，在结构上易于现场加工，且金属耗量少，在空调工程中得以广泛使用。但它对水质要求高，占地面积大，水系统复杂，而且运行费用较高。

喷水室的型式通常有卧式、立式，又有单级和双级，而且还有低速（风速 2～3m/s）和高速（风速 3.5～6.5m/s）之分。

图6-18所示为低速喷水室的构造。喷水室主要由喷嘴、喷嘴排管、挡水板、外壳、底池和管路系统等组成。空气经挡水板进入喷水空间，与喷嘴喷出的水直接接触后，经后挡水板流出。水则落入底池，一部分由回水口（经溢水器）回至蒸发水箱，另一部分经滤水器流至三通调节阀与从蒸发水箱来的水混合再经喷嘴喷出。当喷水室用作加湿使用时，喷循环水，喷出的水落入底池经滤水器有水泵再喷出，由于加湿过程底池的水位将降低，因此应由补水管向底池补水。

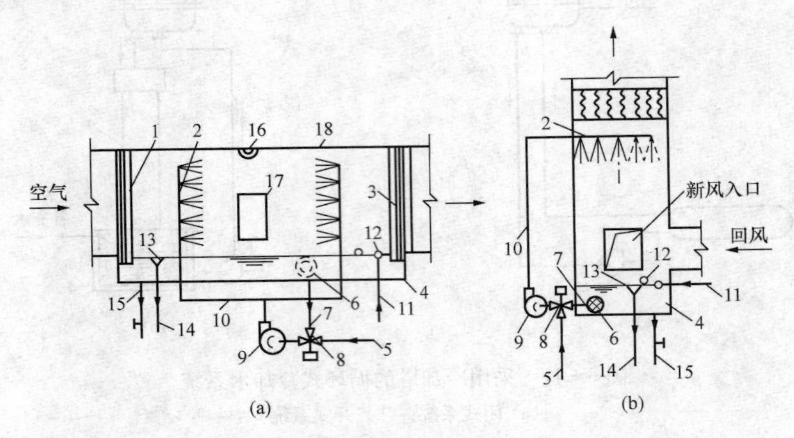

图6-18　低速喷水室的构造

1—前挡水板；2—喷嘴与排管；3—后挡水板；4—底池；5—冷水管；6—滤水器；7—循环水管；8—三通混合阀；9—水泵；10—供水管；11—补水管；12—浮球阀；13—溢水器；14—溢水管；15—泄水管；16—防水灯；17—检查门；18—外壳

2. 表面式换热器

表面式换热器是冷热介质通过金属表面（如光管、肋片管）使空气加热、冷却甚至减湿的设备。常用的表面式换热器有空气加热器和表面冷却器。

空气加热器以热水或蒸汽为热媒，表面冷却器以冷水和冷剂为冷媒。以冷剂为冷媒的表面冷却器称为直接蒸发式表面冷却器，在此介绍以冷水为冷媒的表面冷却器。

与喷水室比较，表面式换热器设备结构紧凑，水系统简单，水与空气不直接接触，故对水质无卫生要求，在处理相同空气量时能实现较大的空气焓降和较高的水温升，从而节约水量。该设备由专门的工厂定型生产，有选择方便、安装简单等优点，所以广泛应用于空调工程中。但它有耗用有色金属材料多、只能对空气进行加热、等湿冷却和减湿冷却，对空气的净化作用差等局限性。

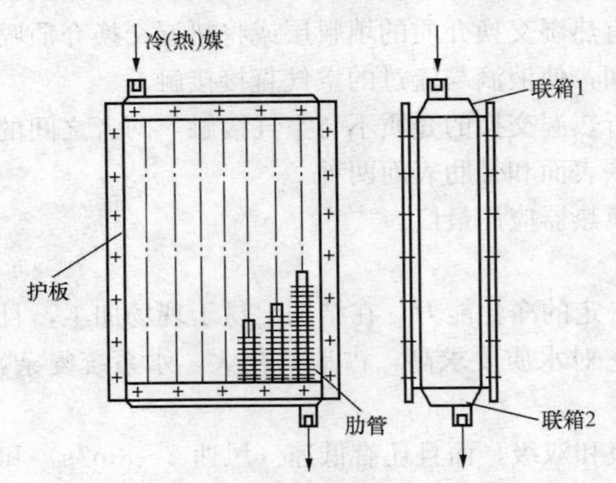

图6-19　表面式换热器结构示意

表面式换热器主要由肋管、联箱和护板组成，如图6-19所示。冷（热）媒进入联箱1后均匀地流过肋管，然后汇集入联箱2流出。空气则在肋管外流过。根据处理空气的要求不同，可选用不同的肋管排数。根据水温升的要求和吸收（或放出）的热量不同，联箱与肋管可有不同的连接方法。

常用的表面式换热器主要有圆形肋管型和整体串片型。

（二）空气的净化处理设备

空气过滤器是在空调过程中用于对含尘量较高的空气进行净化处理的设备。按过滤效率来分类，可分为初效过滤器、中效过滤器、亚高效过滤器和高效过滤器几类。表 6-2 给出了各种空气过滤器的技术指标。其中，过滤效率 η 是指在额定风量下过滤器前、后空气含尘浓度之差（c_1-c_2）与过滤器前空气含尘浓度（c_1）之比的百分数，即

$$\eta=\frac{c_1-c_2}{c_1}\times 100\% \tag{6-1}$$

表 6-2 各种空气过滤器的技术指标

类别	有效的捕集尘粒直径（μm）	适应的含尘浓度（mg/m^3）	过滤效率（%）（测定方法）
初效	>5	<10	<60（大气尘计重法）
中效	>1	<1	60～90（大气尘计重法）
亚高效	<1	<0.3	≤90（对粒径为 0.3μm 的尘粒计数法）
高效	<1	<0.3	≥99.97（对粒径为 0.3μm 的尘粒计数法）

当含尘浓度以质量浓度（mg/m^3）表示时，得出的效率值为计重效率；而以大于和等于某一粒径的颗粒浓度表示时（个/L），则为计数效率。其滤尘机理主要是利用纤维对尘粒的惯性碰撞、拦截、扩散、静电等作用。初效过滤器适用于一般净化要求的空调系统，或在超净空调中作为高效过滤器的前级保护；高效过滤器适用于超净空调系统（见图 6-20）。任何过滤器在使用一段时间后都需要进行清洗或更换。

三、组合式空气处理室

组合式空气处理室也称组合式空调器或空调箱，是集中设置各种空气处理设备的专用小室或箱体，可选用定型产品，也可自行设计。

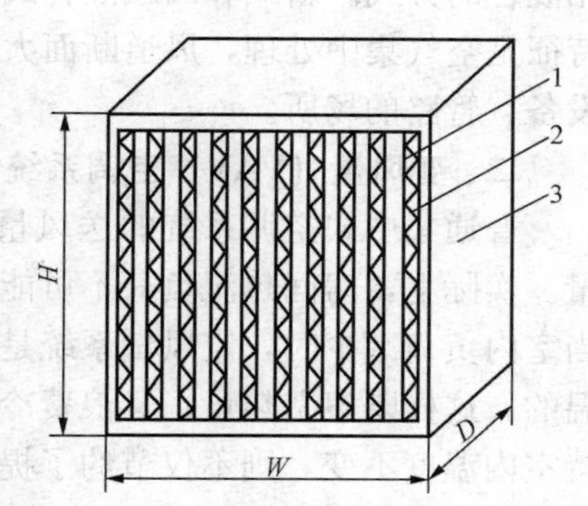

图 6-20 GB 型高效过滤器
1—滤纸；2—分隔板；3—外壳

大型的空调箱多数做成卧式的，小型的也有立式的。自行设计的空调箱的外壳可用钢板或非金属材料制作。后者一般是整个顶部与喷水室部分用钢筋混凝土，其余部分用砖砌。定型生产的空调箱外壳用钢板制作，故也称金属空调箱。这种定型产品是由标准功能段与标准构件组装而成。标准功能段包括各空气处理段、送风机段、回风机段、空气混合段、消声段与供检修用的有检查门的中间段。设计者或使用者可根据设计要求选用必需的标准段与标准构件进行组合装配，灵活性大，施工非常方便。图 6-21 为组合式空调箱的结构示意图，它具有较完整的功能段，实际工程中应根据工程的需要增减各种功能段，以满足工程需要。

空调箱的规格一般以每小时处理的风量来标定，处理风量为一万至十几万立方米每小时。目前我国产品的最大处理风量为 16 万 m^3/h。空调箱的断面面积主要是由处理风量决定，而空调箱的长度主要是由所选取的功能段的多少和种类决定。

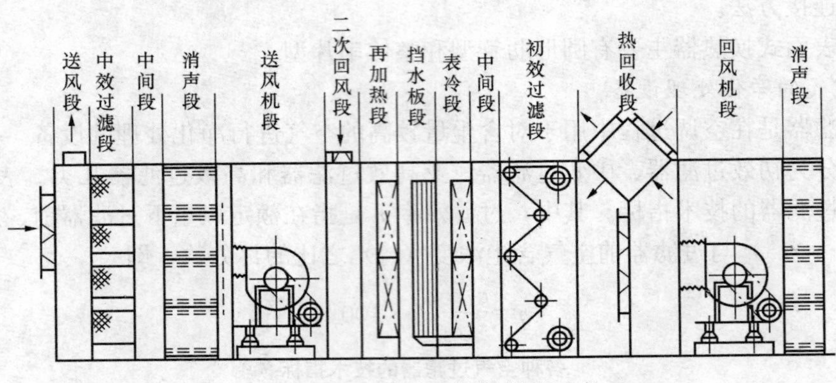

图 6-21 组合式空调箱结构示意

第三节 空调系统节能及一般控制

一、定风量（CAV）空调系统

定风量（CAV）空调系统是指送风量全年固定不变，为适应室内负荷的变化，改变其送风温度来满足要求。普通集中式空调系统（指常用的低速单风道全空气空调系统）是典型的定风量式空调系统。利用空调设备对空气进行较完善的集中处理后，通过风道系统将具有一定品质的空气送入空调房间，实现其环境控制的目的。除了少数全部采用室外新风和无法或无须使用室外新风的特殊工程采用直流式和（封闭）循环式外，通常大都采用新风和回风相混合的方式。新风和回风混合式又可分为一次回风方式和二次回风方式。这种系统的基本特征是空气集中处理，风道断面大，占用空间多，适宜于民用与工业建筑中有较大空间布置设备、管路的场所。

二、变风量（VAV）空调系统

普通集中式空调系统的送风量是全年固定不变的，并且按房间最大热湿负荷确定送风量。实际上，房间热湿负荷不可能经常处于最大值，而是在全年的大部分时间低于最大值。当室内负荷减少时，定风量系统是靠调节再热量以提高送风温度（减小送风温差）来维持室温的。这样既浪费热量，又浪费冷量。如果能采用减少送风量（送风参数不变）的方法来保持室内温度不变，则不仅节约了提高送风温度所需的热量，而且还由于处理风量的减少，降低了风机功率电耗以及制冷机的冷量。这种系统的运行相当经济，对于大容量的空调装置尤为显著。国外随着能源危机的出现，对变风量系统做了很多研究和推广工作，不仅在新建筑物中采用，而且把旧有的空调系统也改造成变风量（VAV）空调系统。

在普通集中低速空调系统中应用变风量的做法如图 6-22 所示。系统中由室温控制的风门来调节室内负荷。为了获得经济和合理的节能效果，在变风量的工程实践中还应考虑许多问题。

变风量空调系统都是通过特殊的送风装置来实现的，这种送风装置统称为“末端装置”，其主要作用是根据室内负荷的变化，自动调节房间风量，以维持所需的室温。目前有以下几种做法：

（1）节流型。用风门调节送风口开启大小的方法来调节送风量是最常用的方法。

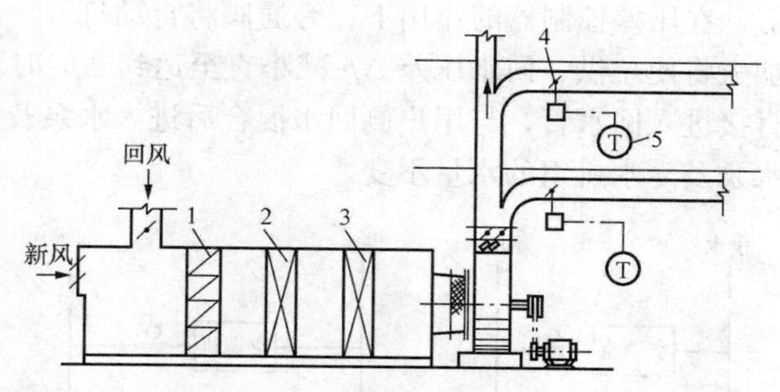

图 6-22　用开关风门控制风量的空调系统示意

1—过滤器；2—冷却器；3—加热器；4—风门；5—室温控制器

(2) 旁通型。当室内负荷减少时，通过送风口的分流机构来减少送入室内的空气量，而其余部分送入顶棚内，转而进入回风管循环。

(3) 诱导型。另一种变风量末端装置是顶棚内诱导型风口，其作用是用一次风高速诱导由室内进入顶棚内的二次风，经过混合后送入室内。

变风量空调系统的优点如下：

(1) 节能。由于风量可以随着负荷的减少而降低，因此系统冷量、风机功率能接近建筑物空调负荷的实际需要，可明显节约风机运行所消耗的电能；在室外空气温度较低时（如过渡季节），可以尽量利用室外新风自然冷量。

(2) 减少冷、热损失。再热损失是定风量系统的主要缺点，当室内负荷减少而减少送风量，则没有冷、热量的相互抵消。

(3) 变风量末端装置上一般均有定风量装置，因此，不需要进行风管阻力平衡；风管、风口等易于定型化，安装简单、迅速，系统调试工作量极少。

(4) 具有一般低速集中空调系统的特点，例如可以进行较好的空气过滤、消声等，并有利于集中管理。

变风量系统的缺点如下：

(1) 风量过小时，室内气流组织会受到一定影响。当风量过低而影响气流分布时，只能以再热来代替进一步降低风量。

(2) 风量过小时，不易保证新风量。

(3) 要克服以上缺点，需增加房间风量控制及系统风量以及最小新风量控制，所以自控系统比较复杂，投资较大。

三、变水量（VWV）空调系统

所谓变水量（VWV）空调系统，实质上是指负荷侧在运行过程中，水量不断改变的系统。一次泵变水量系统是目前我国高层民用建筑中采用最广泛的空调水系统。一方面，从末端设备使用要求来看，用户侧要求水系统作变化量运行；另一方面，冷水机组的特性要求定水量运行，这两者构成一对矛盾。解决此矛盾的最常用的方法是在供、回水总管上设置压差旁通阀，即一次泵变水量系统，如图 6-23 所示。

该系统的工作原理是：在系统处于设计状态下，所有设备都满负荷运行，压差旁通阀开度为零（无旁通水流量），这时压差控制器两端接口处的压力差（又称用户侧供、回水压差）Δp_0即是控制器的设定压差值。当末端负荷变小后，末端的两通阀关小，供、回水压差 Δp

将会提高而超过设定值，在压差控制器的作用下，旁通阀将自动打开，由于旁通阀与用户侧水系统并联，其开度加大将使总供、回水压差 Δp 减小直至达到 Δp_0 时才停止继续开大，部分水从旁通阀流过而直接进入回水管，与用户侧回水混合后进入水泵及冷水机组。在此过程中，基本保持了冷冻水泵及冷水机组的水量不变。

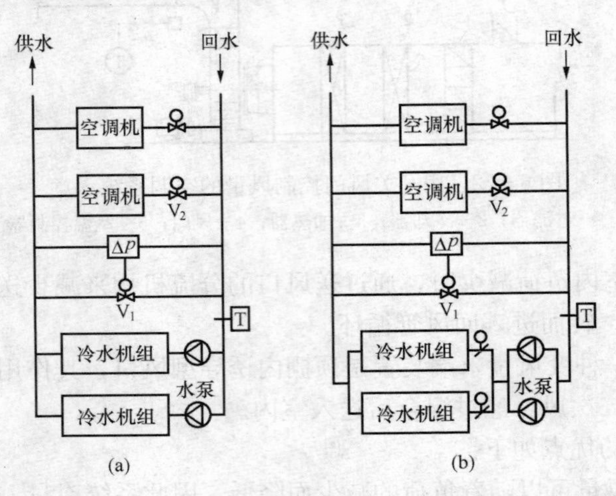

图 6-23 一次泵变水量系统工作原理示意

(a) 先串后并方式；(b) 先并后串方式

目前在一些大型高层民用建筑或多功能建筑群中已经开始采用二次泵变水量系统，二次泵变水量系统是更为合理、更复杂的系统。

四、变制冷剂流量（VRV）空调系统

变制冷剂流量（variable refrigerant volume，VRV）空调系统是近年来在空调领域中新推出的一种空调系统。

变制冷剂流量空调系统是在原普通分体式空调机的基础上发展起来的。普通分体式空调机的室外机一般只能带动 1～2 台室内机，而且作用距离有限（大多为 5～10m），能量控制较为简单，多采用位式控制方式。随着楼房质量、环境的不断提高改善和楼房功能越来越复杂，对空调系统灵活的扩展能力和空调性能的要求越来越高，独立型的空调系统越来越重要，且要求空调机有节能和易于维护等特点。

变制冷剂流量空调系统具有集中式空调系统的若干特点，它主要由室外机、管道（制冷剂管线）及室内机加上一些自控设备组成。由于在技术上的改进，一台室外机可带多个室内机（目前最多可达 32 台），作用距离达到 100m。一组室外机由功能机和恒速机、变频机组成。通过并联室外机系统，将制冷剂管道集中进入一个管道系统，可以方便地根据室内机容量的匹配，对室内机的合适的容量从 12～22.5kW 以 1.5kW 的级差进行选择。室内机有天花板嵌入式、挂壁式、落地式等。型式不同的室内单机可连接到一个制冷回路上，并可进行单独控制。室内单机最小容量为 0.6kW，最大为 3.75kW，室内机的容量可在室外机容量的 50%～130%内调节。因此，若对室内机进一步增加的话，可简单地进行扩充。

变制冷剂流量空调系统可根据系统负荷情况自动调整压缩机转速，改变冷媒流量，从而能保证在从高至低的负荷变化范围内，压缩机都以较高的效率运行。因此，低负荷时的能耗将随之下降，使全年运行能耗有较大的节省。另外，目前新的所谓“热回收”系统，可以同

时运行供冷和供热，并可自动的进行供冷和供热功能的转换。

第四节 空调系统施工图

一、空调系统施工图的构成

空调系统施工图一般由两大部分组成，即文字部分和图纸部分。文字部分包括图纸目录、设计施工说明、设备及主要材料表。图纸部分包括基本图和详图。基本图包括空调通风系统的平面图、剖面图、轴测图、原理图等，详图包括系统中某局部或部件的放大图、施工图、加工图等。如果详图中采用了标准图或其他工程图纸，那么在图纸目录中必须附有说明。

（一）文字部分

1. 图纸目录

图纸目录包括在工程中使用的标准图纸或其他工程图纸目录和该工程的设计图纸目录。图纸目录中必须完整地列出该工程设计图纸名称、图号、工程号、图幅大小、备注等。

2. 设计施工说明

设计施工说明包括采用的气象数据、空调通风系统的划分及具体施工要求等。有时还附有风机、水泵、空调箱等设备的明细表。具体包括以下内容：

(1) 空调通风系统的建筑概况。

(2) 空调通风系统采用的设计气象参数。

(3) 空调房间的设计条件。包括冬季、夏季的空调房间内空气的温度、相对湿度、新风量、平均风速、噪声等级和含尘量等。

(4) 空调系统的划分与组成。包括系统编号、系统所服务的区域、送风量、设计负荷、空调方式及气流组织等。

(5) 空调系统的设计运行工况（只有要求自动控制时才有）。

(6) 水管系统。包括统一规定、管材、连接方式、减振做法、阀门安装、支吊架做法、保温要求、管道试压及清洗等。

(7) 风管系统。包括统一规定、风管材料及加工方法、阀门安装要求、支吊架要求、减振做法及保温等。

(8) 设备。包括制冷设备、供暖设备、空调设备、水泵等的安装要求及做法。

(9) 油漆。包括风管、水管、设备、支吊架等的除锈、油漆要求及做法。

(10) 调试和试运行方法及步骤。

(11) 应遵守的施工规范、规定等。

3. 设备与主要材料表

设备与主要材料的型号、数量一般在“设备与主要材料表”中给出。

（二）图纸部分

1. 平面图

平面图包括建筑各层面各空调通风系统的平面图、制冷机房平面图、空调机房平面图等。

(1) 空调系统平面图。空调系统平面图主要说明空调与通风系统的设备、系统风道、冷热媒管道、凝结水管道的平面布置。其内容主要包括水管系统、风管系统、空气处理设备、尺寸标注等。

(2) 空调机房平面图。空调机房平面图一般包括空气处理设备、风管系统、水管系统及尺寸标注等。

(3) 冷冻机房平面图。冷冻机房平面图主要包括制冷机组的型号与台数、冷冻水泵和冷凝水泵的型号与台数、冷（热）媒管道的布置，以及各设备、管道和管道上的配件的尺寸大小和定位尺寸等。

2. 剖面图

剖面图总是与平面图相对应，用来说明平面图上无法表明的情况。因此，与平面图相对应的空调施工图中，剖面图主要有空调系统剖面图、空调机房剖面图和冷冻机房剖面图等。

3. 轴测图（系统图）

轴测图的作用是从总体上表明所画系统的构成情况及各种尺寸、型号和数量等。轴测图可以用单线绘制，也可以用双线绘制。

4. 详图

空调系统所需详图较多。总的来说，有设备、管道的安装详图，设备、管道的加工详图，设备管道的结构详图等。

二、空调系统施工图识图举例

图 6-24～图 6-26 所示为某大厦多功能厅空调系统的施工图。其中，图 6-24 所示为多功能厅空调系统的平面图，图 6-25 所示为多功能厅空调系统的剖面图，图 6-26 所示为风管系统的轴测图。

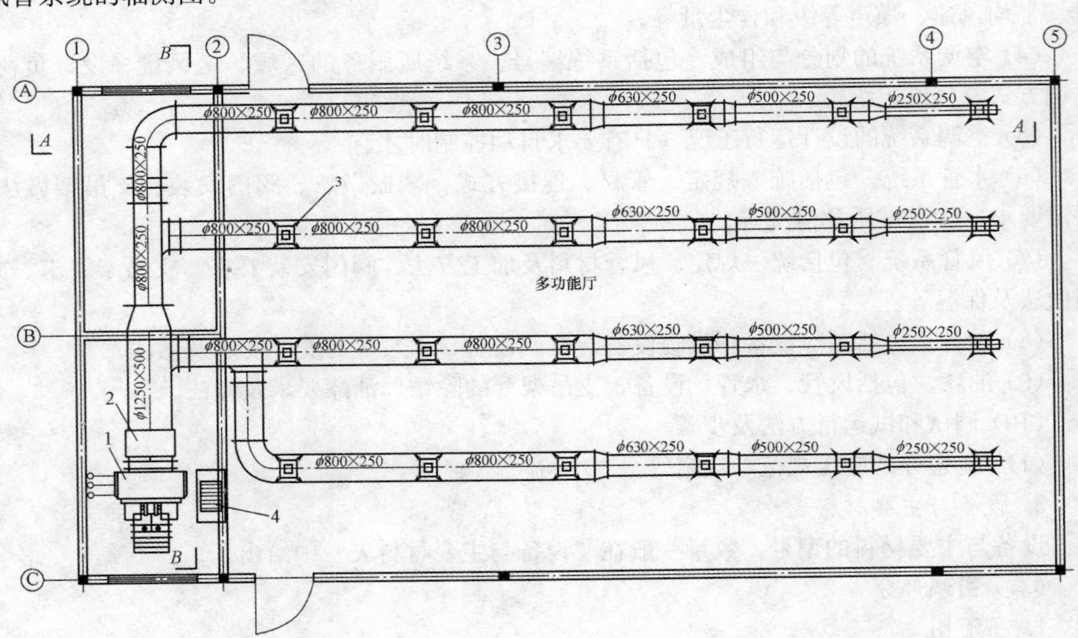

图 6-24 多功能厅空调系统平面图（单位：mm）

1—变风量空调箱，BFP×18，风量 18 000m³/h，冷量 150kW，余压 400Pa，电动机功率 4.4kW；2—微穿孔板消音器，1250×500；3—铝合金方形散流器，240×240，共 24 只；4—阻抗复合式消音器，1600×800，回风口

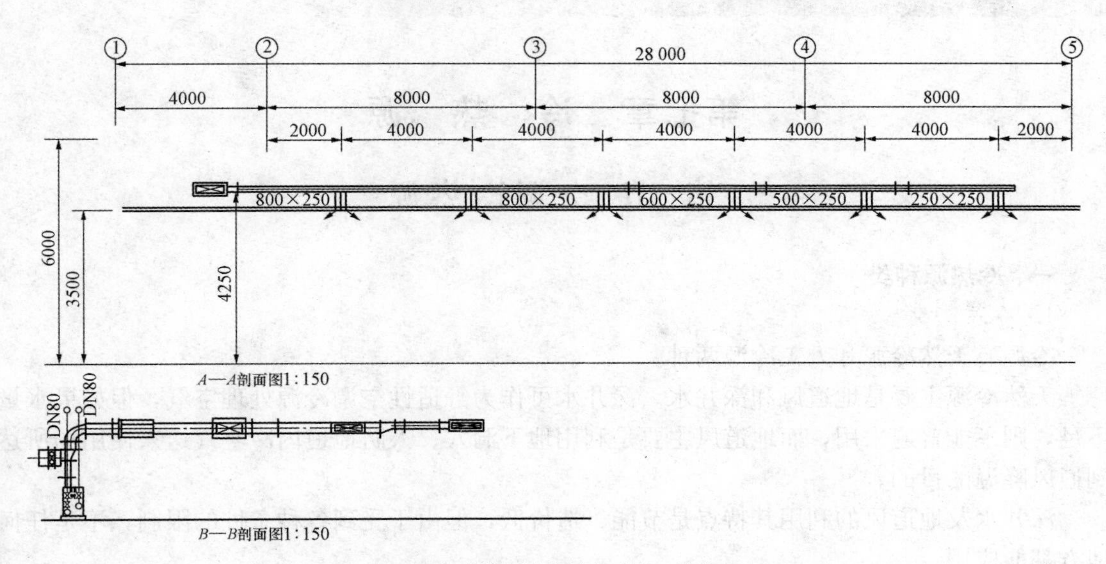

图 6-25 多功能厅空调剖面图（单位：mm）

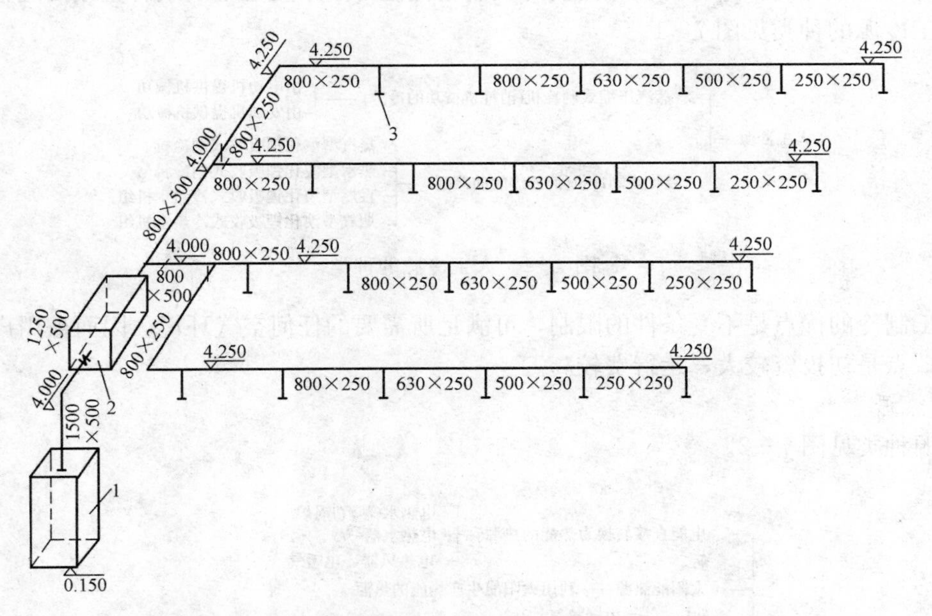

图 6-26 多功能厅风管系统轴测图（高程单位：m；其余尺寸单位：mm）

1—变风量空调箱，BEP×18，风量 18 000m³/h，冷量 150kW，余压 400Pa，电动机功率 4.4kW；
2—微穿孔板消音器，1250×500；3—铝合金方形散流器，240×240，共 24 只

第七章　冷　热　源

第一节　空调冷热源

一、冷热源种类

1. 冷源

冷源有天然冷源和人工冷源两种。

天然冷源主要是地道风和深井水。深井水可作为舒适性空调冷源处理空气，但如果水量不足，则不能普遍采用，而地道风主要是利用地下洞穴、人防地道内冷空气送入使用场所达到通风降温的目的。

深井水及地道风的利用其特点是节能、造价低，但由于受到各种条件的限制，不是任何地方都能应用。

人工冷源主要是采用各种型式的制冷机制备低温冷水来处理空气或者直接处理空气。

人工冷源的种类见图 7-1。

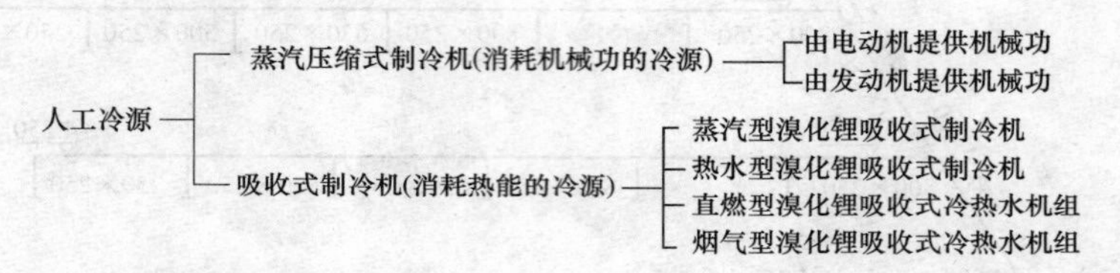

图 7-1　人工冷源的种类

人工制冷的优点是不受条件的限制，可满足所需要的任何空气环境，因而被用户普遍采用。其缺点是初投资较大，运行费较高。

2. 热源

热源种类见图 7-2。

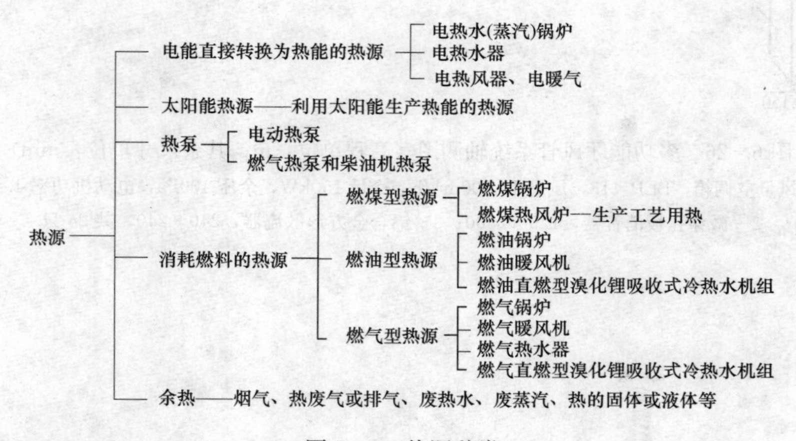

图 7-2　热源种类

二、蒸汽压缩式制冷与热泵的热力学原理

1. 蒸汽压缩式制冷原理

蒸汽压缩式制冷是利用“液体气化时要吸收热量”这一物理特性，通过制冷剂（工质）的热力循环，以消耗一定量的机械能作为补偿条件来达到制冷目的。蒸汽压缩式制冷装置由制冷压缩机、冷凝器、膨胀阀和蒸发器四个主要部件组成，并用管道连接，构成一个封闭的循环系统（见图7-3）。制冷剂在制冷系统中历经蒸发、压缩、冷凝和节流等四个热力过程。

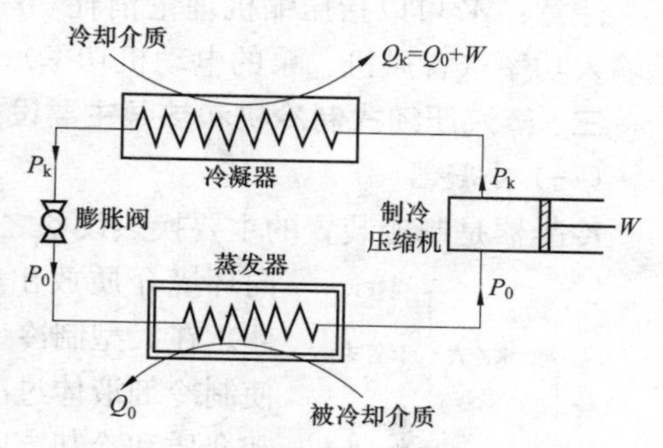

图7-3　压缩式制冷循环原理图

在蒸发器中，低压低温的制冷剂液体吸取其中被冷却介质（如冷冻水）的热量，蒸发成为低压低温的制冷剂蒸汽，吸收热量 Q_0。单位时间吸收的热量也就是制冷机的制冷量。

低压低温的制冷剂蒸汽被压缩机吸入，并被压缩成高压高温的蒸汽后排入冷凝器，在压缩过程中，制冷压缩机消耗功 W。

在冷凝器中，高压高温的制冷剂蒸汽被冷却水冷却，冷凝成高压的液体，放出热量 Q_k（$Q_k=Q_0+W$）。

从冷凝器排出的高压液体，经膨胀阀节流后变成低压低温的液体，进入蒸发器再行蒸发冷却。

由于冷凝器中所使用的冷却介质（冷却水或空气）的温度比被冷却介质（冷冻水或空气）的温度高得多，因此上述人工制冷过程实际上就是从低温物质夺取热量而传递给高温物质的过程。由于热量不可能自发地从低温物体转移到高温物体，因此必须消耗一定量的机械能 W 作为补偿条件，正如要使水从低处流向高处时，需要通过水泵消耗电能才能实现一样。

工质经历了蒸发—压缩—冷凝—节流四个状态循环变化过程，实现了热量从低温到高温的转移，其代价是消耗了功。

当制冷机用于供热（利用转移到高温处的热量）时，称为热泵。

2. 制冷量和制热量

（1）制冷量。单位时间内蒸发器从被冷却介质中提取的热量，用 Q_e 表示（e——蒸发器，evaporator的第一个字母）。

（2）制热量。单位时间内热泵的冷凝器供出的热量，在制冷机中称为冷凝热量，用 Q_c 表示（c——冷凝器，condenser的第一个字母）。

制冷量、制热量法定单位：W、kW。

工程制单位：千卡/小时（kcal/h），英热单位/小时（Btu/h）。

换算关系：1W=0.86kcal/h；1kW=860kcal/h；1kcal/h=1.163W；1W=3.412Btu/h。

3. 压缩机消耗的功率

制冷机或热泵中压缩机在单位时间内消耗的功称为压缩机消耗的功率，用 W 表示，单位为W、kW。

4. 制冷机或热泵的性能系数

（1）制冷机

$$COP=\frac{Q_{e}}{W} \tag{7-1}$$

（2）热泵

$$COP_{h}=\frac{Q_{c}}{W} \tag{7-2}$$

注意：W 可以指压缩机理论消耗功率、轴功率、电动机输入功率或制冷机（热泵）的总输入功率（含风机、泵的电动机功率）。

三、蒸汽压缩式制冷机和热泵主要设备

（一）冷凝器

冷凝器是制冷装置的主要换热设备之一。压缩机排出的高压过热制冷剂蒸汽通过冷凝器向环境介质放出热量而被冷却、冷凝成为饱和液体，甚至过冷液体。在大型制冷装置中，有的设置专用过冷器与冷凝器配合使用，使制冷剂液体过冷，以增大制冷装置制冷量，提高其经济性。按冷却介质和冷却方式不同，可以分为多种类型，如图7-4所示。

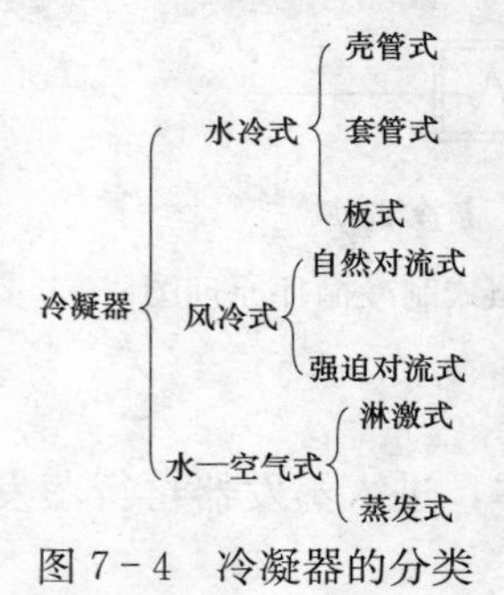

图7-4 冷凝器的分类

1. 水冷式冷凝器

（1）壳管式冷凝器。有立式与卧式两类，建筑常用的是卧式，见图7-5，适用于大、中、小型系统中。

（2）套管式冷凝器，见图7-6，适用于小型系统中。

（3）焊接板式冷凝器，见图7-7，适用于小型系统中。

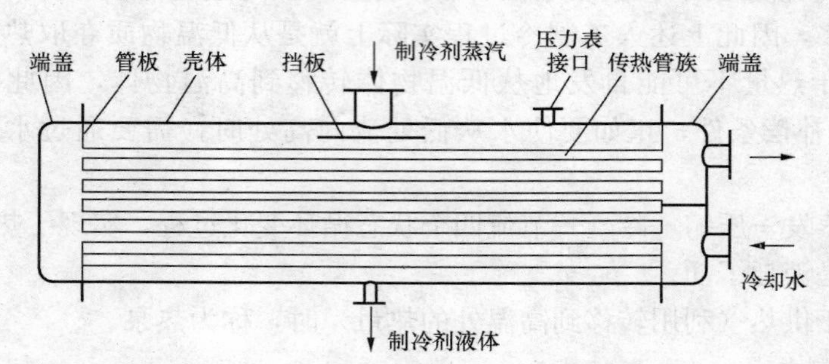

图7-5 卧式壳管式冷凝器结构示意图

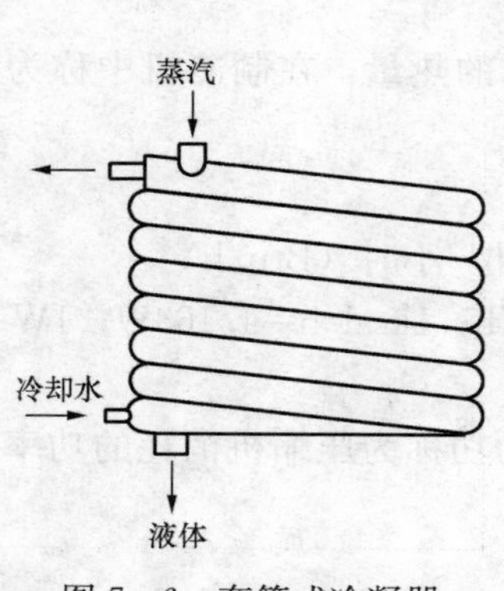

图7-6 套管式冷凝器

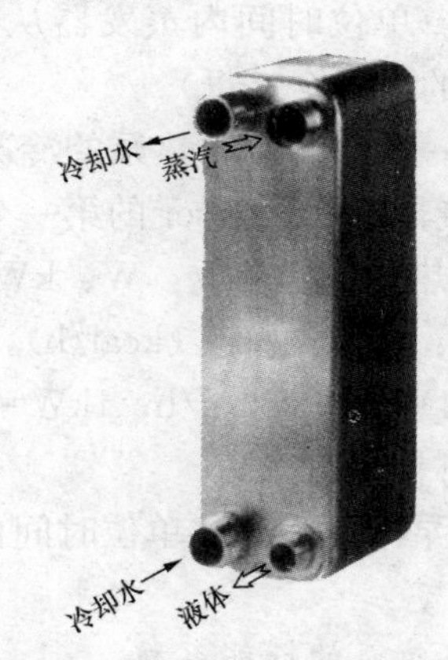

图7-7 焊接板式冷凝器

2. 风冷式冷凝器

建筑冷热源中常用的是强迫对流式风冷冷凝器，如图 7-8 所示。

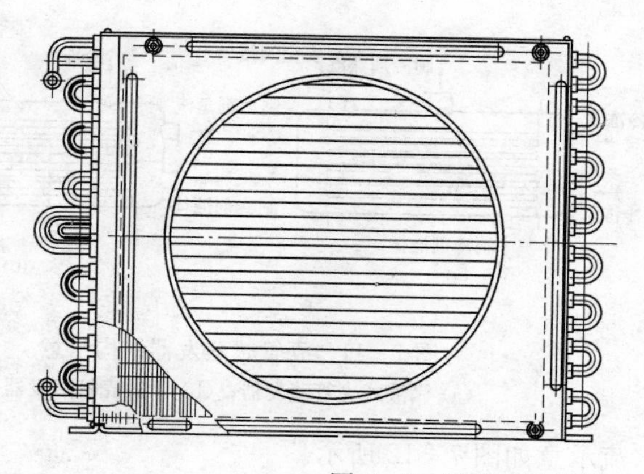

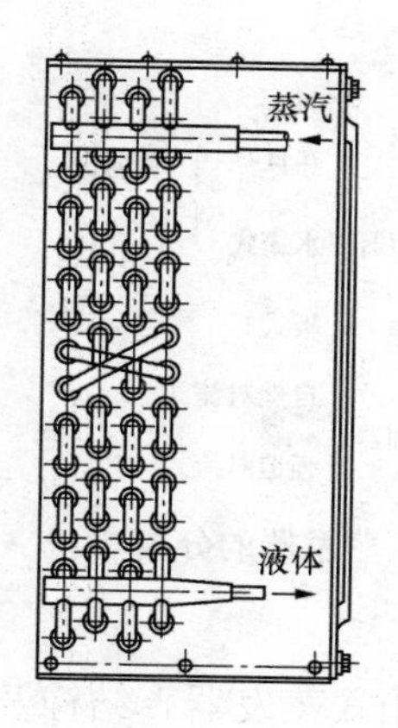

图 7-8 风冷式冷凝器

3. 蒸发式冷凝器

按风机位置分，有吸入式和压送式两大类，如图 7-9 所示。

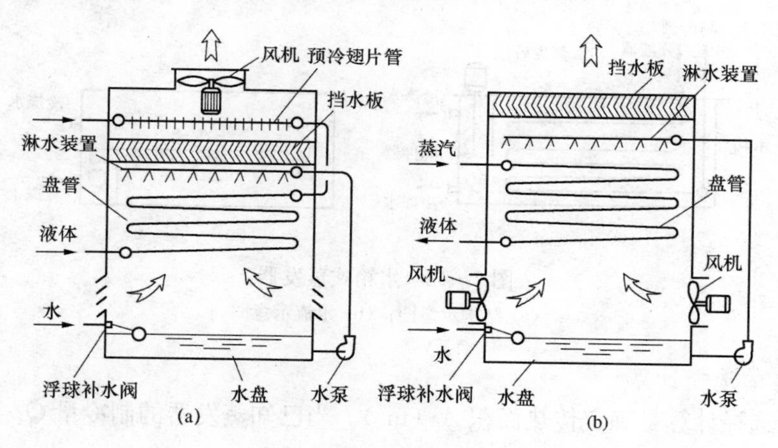

图 7-9 蒸发式冷凝器结构示意

(a) 吸入式；(b) 压送式

冷凝器的选择计算是确定传热面积 A （m^2），对于水冷式和风冷式冷凝器，有

$$Q_c = kA\Delta t_m \tag{7-3}$$

其中

$$\Delta t_m = \frac{t_1 - t_2}{\ln \dfrac{t_1 - t_e}{t_2 - t_e}} \tag{7-4}$$

式中：k 为传热系数，W/(m^2 · ℃)；A 为传热面积，m^2；Δt_m 为平均温差，℃；t_1、t_2 为被冷却液体进、出蒸发器的温度，℃；t_e 为冷却介质温度，℃。

(二) 蒸发器

1. 蒸发器的分类

蒸发器按其冷却介质不同，分为冷却液体载冷剂蒸发器和冷却空气蒸发器，如图 7-10

所示。

(1) 壳管式蒸发器，建筑冷源中应用普遍的一种蒸发器，结构如图 7-11 所示。

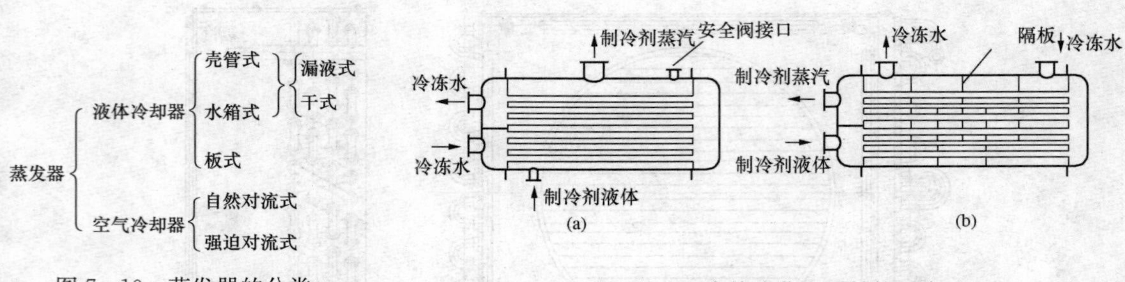

图 7-10　蒸发器的分类

图 7-11　壳管式蒸发器结构示意

(a) 满液式壳管蒸发器；(b) 干式壳管蒸发器

(2) 水箱式蒸发器，结构及水流示意如图 7-12 所示。

(3) 焊接板式蒸发器，结构与焊接板式冷凝器一样。

空调用空气冷却器的结构：铜管串整张铝肋片，排数 3～8 排，片距 2～3mm，迎面风速 2～3m/s。

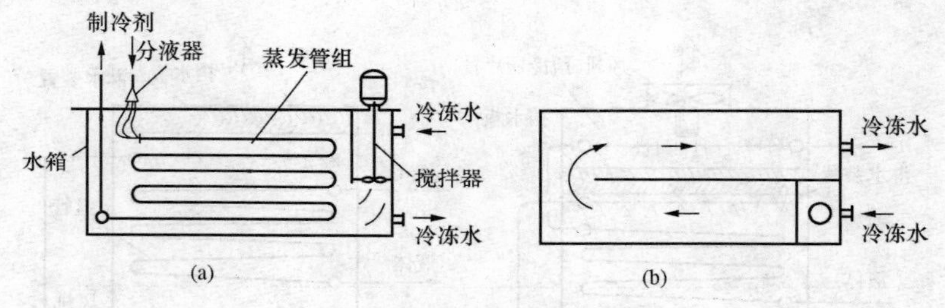

图 7-12　水箱式蒸发器

(a) 结构示意图；(b) 水流示意图

2. 蒸发器的选择计算

蒸发器的选择计算是确定传热面积 A (m^2)。当已知蒸发器的制冷量 Q_e (W) 时，有

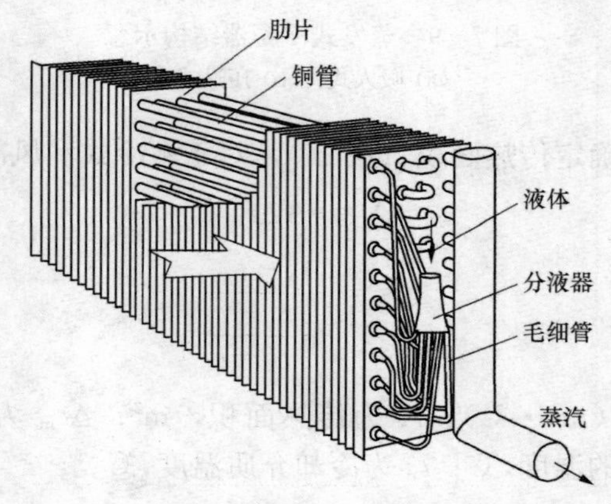

图 7-13　直接蒸发式空气冷却器

$$Q_e = kA\Delta t_m \tag{7-5}$$

$$Q_e = Mc(t_1 - t_2) \tag{7-6}$$

$$Q_e = M(h_1 - h_2) \tag{7-7}$$

式中：M 为被冷却液体（水、乙二醇水溶液）或空气的质量流量，kg/s；c 为被冷却液体的比热容，J/（kg·℃）；t_1、t_2为被冷却液体进、出蒸发器的温度，℃；h_1、h_2为被冷却空气进、出蒸发器的比焓，J/kg。

（三）冷却塔

空调工程中使用的冷却塔主要有开放式冷却塔和密闭式冷却塔两种。开放式冷却塔又分为逆流式和斜交叉式两种。逆流式冷却塔的特点是安装面积小，但高度大，适用于安装高度不受限制的场合；斜交叉式冷却塔的安装面积比逆流式大，但焓移动系数由于比逆流式小，且高度小，因此适用于高层建筑屋顶等高度受限制的场合。对于密闭式冷却塔，通常用于空气污染严重的地区或者闭式水热源、热泵空调系统。

循环水量由制冷机制冷量、冷却水进、出口温差以及断面面积决定。对于双效溴化锂吸收式制冷机，冷却水进口温度为32℃；出口温度为37℃时，冷却水量约 0.017m^3/（min·RT）。图 7-14 为冷却塔水与空气温度变化曲线，t_{s1}、t_{s2}为室外空气的进、出口湿球温度，t_{w1}、t_{w2}为冷却塔进、出口水温，$\Delta t = t_{w2} - t_{w1}$ 称为冷幅，通常为 5℃左右，冷却水温降 $\Delta t_w = t_{w1} - t_{w2}$。按要求，冷却水温降要大，冷幅要小，对压缩式制冷机，通常取 $\Delta t_w = 4 \sim 5$℃；对吸收式制冷机，取 $\Delta t_w = 6 \sim 9$℃，空气进出口温差 $\Delta t_s = t_{s2} - t_{s1}$ 一般为5℃左右，对于 t_{s1}，则由当地气象资料查得（不保证率 5%）。

（1）冷却塔的冷却水量和风量的数学表达形式

$$G = \frac{3600 Q_c}{c(t_{w1} - t_{w2})} \tag{7-8}$$

$$Q = \frac{3600 Q_c}{c(i_{s2} - i_{s1})} \tag{7-9}$$

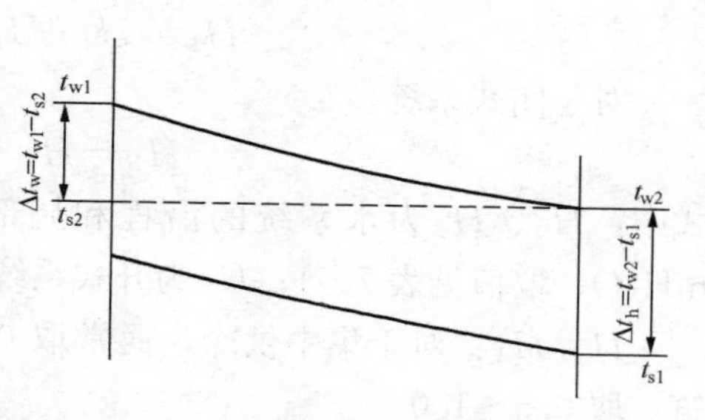

图 7-14 冷却塔水与空气温度变化曲线

式中：G 为冷却水量，kg/h；Q 为风量，kg/h；Q_c为冷却塔冷却热量，kW，对压缩式制冷机，取 1.3Q；c 为水的比热容，kJ/（kg·K）；t_{w1}、t_{w2}为冷却塔进、出口水温，℃；i_{s1}、i_{s2}为对应于 t_{s1}、t_{s2} 的饱和空气焓，kJ/kg。

（2）冷却塔的冷却效率

$$\eta = \frac{t_{w1} - t_{w2}}{t_{w1} - t_{s1}} \tag{7-10}$$

（3）冷却塔的断面面积 A

$$A = \frac{Q}{1.2 \times 3600 v} \tag{7-11}$$

式中：Q 为风量，kg/h；v 为断面风速，m/s，通常取 2.0m/s 左右。

对于单位断面面积水量（G/A），一般取 700～13 000kg/（m^2·h），水气比

$$G/Q = \frac{i_{s2} - i_{s1}}{c(t_{w1} - t_{w2})} \tag{7-12}$$

（4）冷却塔的冷却热量 Q_c，对于逆流式冷却塔，通常按下式估算，即

$$Q_c = KFH\ (MED) \tag{7-13}$$

式中：Q_c为冷却热量，kW；K 为冷却塔填料部分总焓移动系数，kg/(m^3 · s)；H 为填料高度，m；MED 为对数平均焓差，kJ/kg。

$$MED=\frac{\Delta i_1-\Delta i_2}{\ln\ (\Delta i_1/\Delta i_2)}$$

式中：$\Delta i_1=i_{w1}-i_{s2}$，$\Delta i_2=i_{w2}-i_{s2}$，i_{w1}、i_{w2}为对应于 t_{w1}及 t_{w2}的饱和空气焓，kJ/kg。

空调冷却塔的布置原则：冷却塔应布置在空气流畅、风机出口无障碍物的地方，当冷却塔必须用百叶窗遮挡时，百叶窗净孔面积处风速应大于 2m/s。冷却塔应设置在允许水滴飞溅的地方，当对噪声有特殊要求时，应选择低噪声或超低噪声冷却塔，并采取隔声措施。

（四）水泵

(1) 冷却水泵扬程的确定

$$H=H_1+H_2+H_3+H_4\ \ (mH_2O) \tag{7-14}$$

式中：H_1为冷却水系统的沿程及局部阻力损失，mH_2O；H_2为冷凝器内部阻力，mH_2O；H_3为冷却塔中水的提升高度，mH_2O；H_4为冷却塔的喷嘴喷雾压力，常取 $5mH_2O$。

(2) 冷冻水泵的流量可按下式确定，即

$$Q=(1.1\sim1.2)Q_{max}\ \ (m^3/h) \tag{7-15}$$

式中：1.1～1.2 为附加系数，单台水泵工作时取 1.1，两台水泵并联工作时取 1.2。

(3) 冷冻水泵的扬程可按下式确定，即

对于开式系统

$$H_k=H_1+H_2+H_3+H_4\ \ (mH_2O) \tag{7-16}$$

对于闭式系统

$$H_b=H_1+H_2+H_3\ \ (mH_2O) \tag{7-17}$$

式中：H_1、H_2为水系统的沿程和局部阻力损失，mH_2O；H_3为设备内部的阻力损失，mH_2O，取值见表 7-1；H_4为开式系统的静水压力，mH_2O。

H_2/H_1：对于集中供冷，通常取 0.2～0.6；对于小型建筑，取 1～1.5；对于大型建筑，取 0.5～1.0。

表 7-1 设备阻力损失表

序号	名称	内部阻力损失(mH_2O)	注释
1	吸收式冷冻机 蒸发器 冷凝器	 4～10 5～14	根据产品不同而定
2	离心式冷冻机 蒸发器 冷凝器	 3～8 5～8	根据产品不同而定
3	冷热盘管	2～5	v=0.8～1.5m/s 时
4	冷却塔	2～8	不同喷雾压力时
5	风机盘管	1～2	容量越大，阻力越大
6	热交换器	2～5	
7	自动控制阀	3～5	

（五）膨胀水箱

膨胀水箱的容积由系统中水容量和最大水温变化范围决定，其计算公式如下

$$V=\alpha \Delta t V_c \quad (m^3) \tag{7-18}$$

式中：V 为有效容积，m^3；α 为水的体积膨胀系数，$\alpha=0.0006$（1/℃）；Δt 为最大水温差，℃；V_c为系统内水容量，m^3。

经计算确定有效容积后，即可从 T905《采暖通风标准图集》（一）、（二）选择膨胀水箱的规格、型号。

（六）过滤器、除污器

系统中安装除污器或水过滤器，主要是清除过滤水中杂质及水垢，从而避免系统堵塞，保证各类设备、阀门的正常工作。

通常，除污器、过滤器安装在水泵吸入口，热交换器的进水管上。对于除污器，有立式、卧式和卧式角通式三种，可根据建筑平面适当选型。除污器和过滤器都是按连接管的管径选择的。进行阻力计算时，除污器的局部阻力系数常取 4～6，水过滤器的阻力系数常取 2.2。

除污器、过滤器前后应设闸阀，以备检修与系统切断（平时常开）用，安装时必须注意水流方向。

（七）节流机构

节流机构是制冷装置中的重要部件之一，它可将冷凝器或贮液器中冷凝压力下的饱和液体（过冷液体）节流降至蒸发压力和蒸发温度；同时，根据负荷的变化，调节进入蒸发器的制冷剂的流量。

节流机构向蒸发器的供液量，与蒸发器负荷相比过大，部分制冷剂液体会随同气态制冷剂一起进入压缩机，引起湿压缩或液击事故。相反，若供液量与蒸发器热负荷相比太少，则蒸发器部分传热面积未能充分发挥作用，甚至会造成蒸发压力降低，而且使系统的制冷量减少，制冷系数降低，压缩机的排气温度升高，影响压缩机正常润滑。按照节流机构的供液量调节方式，可分为以下五种类型：

(1) 手动调节的节流机构：一般称为手动节流阀，以手动方式调整阀孔的流通面积来改变向蒸发器的供液量。

(2) 用于液位调节的节流机构：通常称为浮球调节阀，通过浮球位置随液面高度变化而变化的阀芯开闭，达到稳定蒸发器内制冷剂流量的目的。

(3) 用蒸汽过热度调节的节流机构：这种节流机构包括热力膨胀阀和电热膨胀阀，通过蒸发器出口蒸汽过热度的大小调整热负荷与供热量匹配关系。

(4) 用电子脉冲进行调节的节流机构：利用压缩机变频脉冲控制阀孔的开度，向蒸发器提供与压缩机变频条件相适应的制冷量。

(5) 不进行调节的节流机构：这类节流机构，如节流管（俗称毛细管）、恒压膨胀阀、节流短管及节流孔等，一般在工况比较稳定的小型制冷装置中使用较多。

四、蒸汽压缩式制冷机和热泵

（一）分类

1. 冷水机组分类

(1) 按结构方式分为往复式冷水机组、螺杆式冷水机组、离心式冷水机组和涡旋式冷水

机组。

(2) 按冷凝器冷却方式分为水冷式冷水机组、风冷式冷水机组和蒸发式冷水机组。

2. 热泵分类

(1) 按低位热源分类，分为空气源热泵、土壤源热泵、水源热泵和太阳能热泵。其中，土壤源热泵和水源热泵为地源热泵。

(2) 按低位热源、热媒种类分类，见表 7 - 2。

表 7 - 2 按低位热源分类

类别	低位热源	热媒
空气-水热泵	空气	水
空气-空气热泵	空气	空气
水-空气热泵	水	空气
土壤-水热泵	土壤	水
土壤-空气热泵	土壤	空气

3. 热泵机组分类

按低温端和高温端传递能量的介质分类，分为水-水热泵机组、空气-水热泵机组、水-空气热泵机组和空气-空气热泵机组。

4. 空调机（器）和热泵型空调机（器）分类

空调机（器）是自带独立冷源对房间进行空气调节的一体化设备，空调机分为风冷式和水冷式两种。

热泵型空调机（器）的制冷系统可进行热泵循环，热泵型空调机分为水-空气热泵空调机和空气-空气热泵空调机。

(二) 典型冷水机组

1. 活塞式冷水机组

活塞式冷水机组由活塞式制冷压缩机、干式蒸发器、卧式壳管式冷凝器、热力膨胀阀等组成。机组配有能量调节及自动保护装置，对于小型机组，适用于 R12、R22、R502 等制冷剂，气缸直径小于 70mm，配用功率不小于 0.37kW；对于中型机组，适用于 R12、R22、R502、R717 等制冷剂，气缸直径为 70～170mm，当冷水机组采用多台压缩机时，可提高冷水机组的供冷范围。

图 7 - 15 所示为活塞式冷水机组的外形及结构组成，整个设备用户只需连接冷冻水管冷却水管及电动机电源，即可进行设备调试。

2. 离心式冷水机组

离心式冷水机组由制冷压缩机、蒸发器、冷凝器以及其他辅助设备、自动保护装置等组成。

离心式冷水机组按驱动方式分，有燃气轮机驱动、蒸汽轮机驱动、电驱动三种形式；按连接方式分，有开式和半封闭式；按冷凝器的冷凝方式分，有水冷式和风冷式；按蒸发器和冷凝器的结构形式分，有单筒式和双筒式；按压缩机使用级数分，可分为单级、二级和三级；按制冷剂使用种类分，可分为 R11、R12、R22 型冷水机组；按机组能量利用程度分，可分为单一制冷型、热泵型、热回收冷水机组；按机组能耗分，可分为一般型（能耗指标

0.253kW/kW)、节能型(0.238kW/kW)、超节能型(≤0.222kW/kW)冷水机组。

离心式冷水机组的特点是制冷压缩机转速高、流量大，制冷范围单机容量通常在581.4kW（50×10^4kcal/h）以上，最大可达3500kW（约3000×10^4kcal/h）制冷量。对于需要空调负荷很大的建筑群，高层建筑等特别适用。图7-16所示为离心式冷水机组的典型流程（制冷剂为R12）。

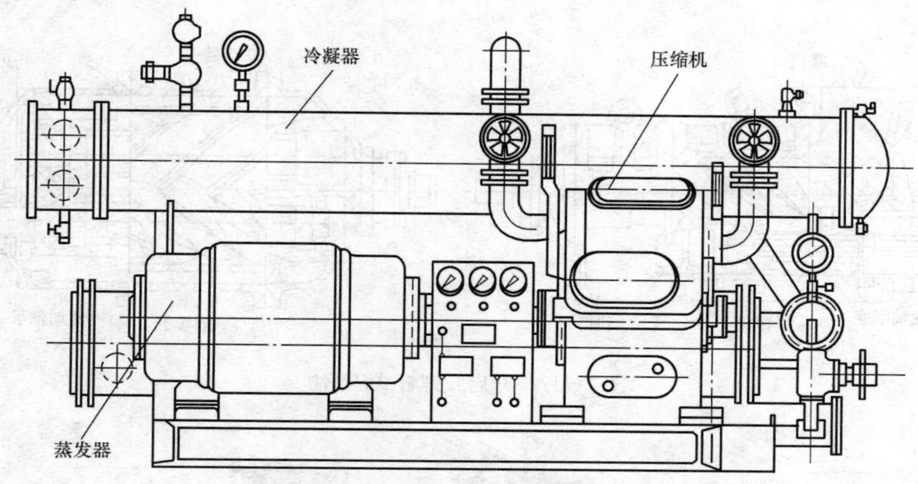

图7-15 活塞式冷水机组的外形及结构组成

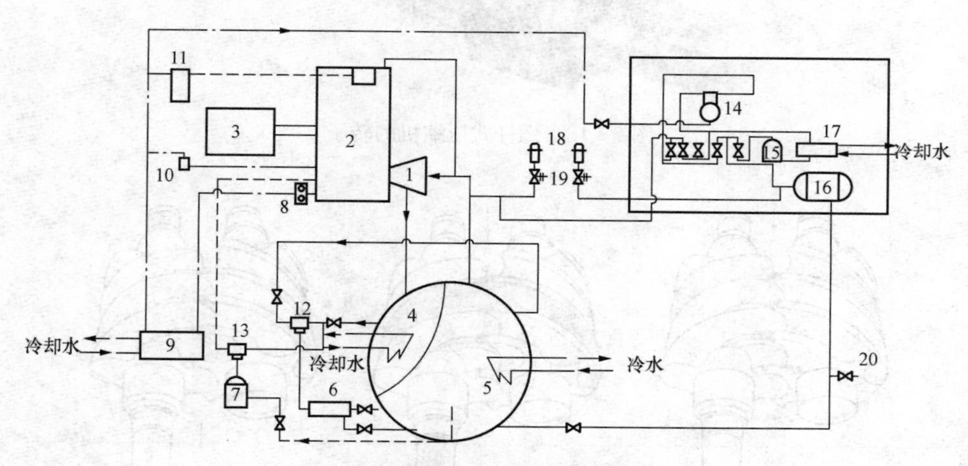

图7-16 R12型离心式冷水机组流程图

1—离心式制冷压缩机；2—增速器；3—电动机；4—冷凝器；5—蒸发器；6—干燥器；
7—回油装置过滤器；8—油泵；9—油冷却器；10—油压调节器；11—供油过滤器；
12、13—射流器；14—制冷剂传送系统压缩机；15—制冷剂传送系统存液瓶；
16—制冷剂传送系统贮液缸；17—制冷剂传送系统冷凝器；18—防爆膜；19—安全阀；20—充氟阀

离心式冷水机组的选型：通常生产厂家在随机供货中附带全套资料，其中包括机组的主要技术参数表、特性表、特性曲线图等，在已知蒸发器提供的冷冻水温度和冷凝器冷却水出水温度的条件下，可确定机组合适的型号。

3. 螺杆式冷水机组

双螺杆压缩机也称螺杆式压缩机，有开启式、半封闭式和全封闭式三类。

螺杆式冷水机组主要由制冷压缩机、蒸发器、冷凝器、热力膨胀阀、油分离器、自控设备等组成。螺杆式压缩机运行时汽缸内需喷油，其作用是：①冷却；②密封；③润滑；④推动油活塞（调节排汽量）。螺杆式冷水机组的制冷剂通常为R22，空调冷量范围为121～1119kW[(10.4～96.2)×10^4kcal/h]。螺杆式冷水机组由于运行平稳、冷量可无级调节、易损件少，目前在空调建筑中广泛应用。螺杆式冷水机组的典型流程详见图7-17～图7-20。

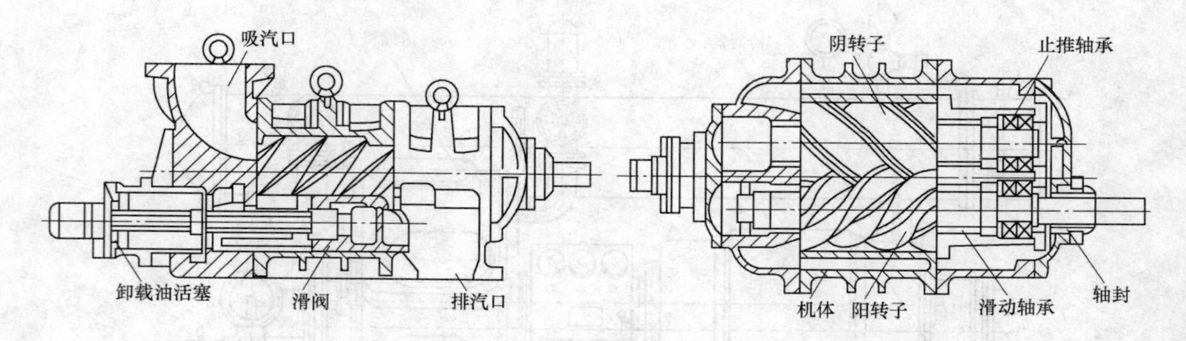

图7-17 开启式螺杆式压缩机

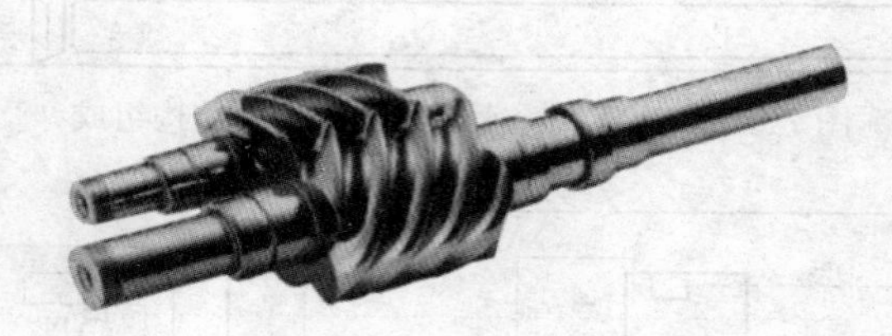

图7-18 螺杆式压缩机的转子

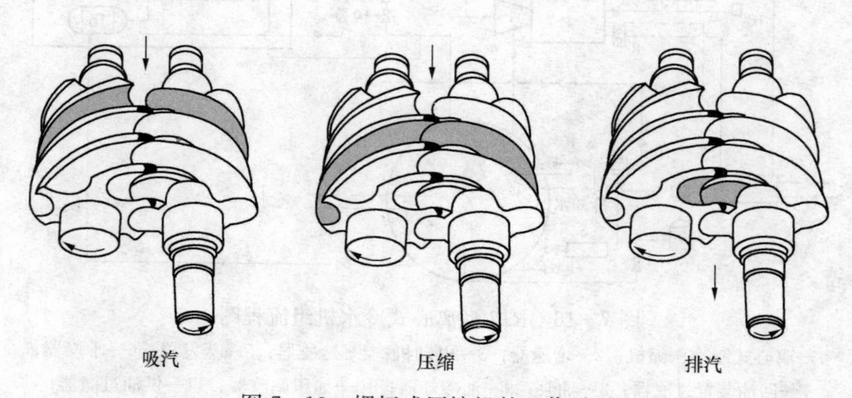

图7-19 螺杆式压缩机的工作过程

螺杆式冷水机组的选型：与离心式冷水机组相同，通过生产厂家提供的技术资料，在已知蒸发器的供水温度以及冷凝器冷却水出水温度的条件下，选出合适的机组型号。

螺杆式冷水机组在安装时，可不装地脚螺栓，直接安放在有足够强度的地面上或楼板上，连接冷冻水管、冷却水管以及电源，除特殊情况，只要加润滑油，制冷剂抽真空就可按说明书要求现场调试。

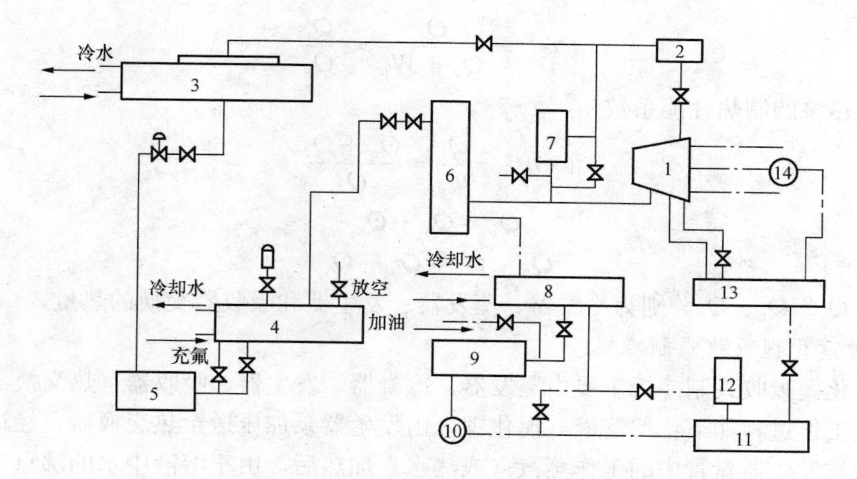

图 7－20　螺杆式冷水机组流程图

1—压缩机；2—吸气过滤器；3—蒸发器；4—冷凝器；5—氟利昂干燥过滤器；6—油分离器；7—安全旁通阀；8—油冷却器；9—油粗滤器；10—油泵；11—油精滤器；12—油压调节阀；13—四通阀

五、溴化锂吸收式制冷机

溴化锂吸收式制冷机是以水为制冷剂、溴化锂为吸收剂，通过水在低压状态下蒸发吸热而进行制冷的。

溴化锂吸收式制冷机主要分为单效、双效和直燃型三种。

吸收式制冷机的工作原理，如图 7－21 所示。

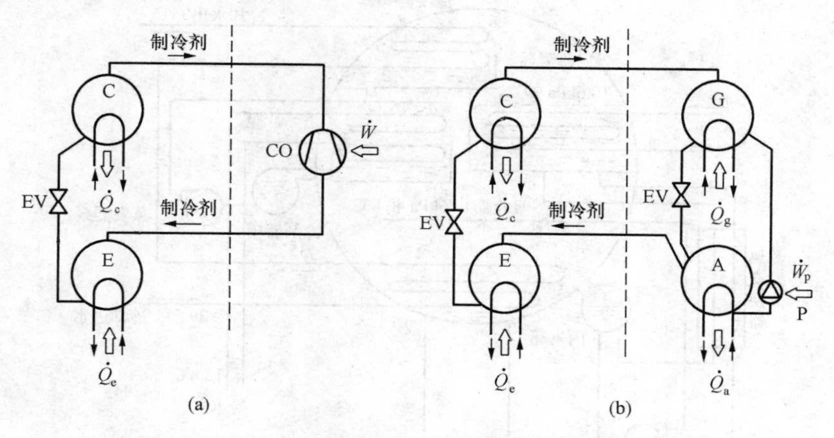

图 7－21　吸收式与蒸汽压缩式制冷机的比较

（a）蒸汽压缩式制冷机；（b）吸收式制冷机

吸收式制冷机的两个循环：

（1）制冷循环：G→C→EV→E→A。

（2）溶液循环：A→P→G→EV→A。

吸收式制冷机的性能系数（又称热力系数）

$$COP = \frac{Q_e}{Q_g + W_p} \approx \frac{Q_e}{Q_g} \tag{7-19}$$

吸收式热泵的制热性能系数

$$COP_h = \frac{Q_h}{Q_g} = \frac{Q_a + Q_c}{Q_g} \tag{7-20}$$

$$Q_h = Q_a + Q_c \tag{7-21}$$

$$Q_a + Q_c = Q_g + Q_e \tag{7-22}$$

式中：Q_c、Q_e、Q_g、Q_a分别为冷凝器、蒸发器、发生器和吸收器交换的热量。

1. 单效溴化锂吸收式制冷机

单效溴化锂吸收式制冷机主要由蒸发器、冷凝器、发生器、吸收器、热交换器、屏蔽泵等组成，其工作过程如下：稀溶液（溴化锂）由发生器泵加压送至热交换器，经过加热后送至发生器内被发生器盘管中的工作蒸汽（或热水）加热后，由于溶液中水的沸点比溴化锂的沸点低得多，因此稀溶液被加热到一定温度后，溶液中的水分汽化成为冷剂水蒸气，这部分冷剂水蒸气经挡板进入冷凝器，被冷凝器盘管内的冷却水吸热冷凝成冷剂水，再经过节流进入蒸发器内，通过蒸发器泵把冷剂水喷洒到蒸发器内盘管外表面上，蒸发吸收流经盘管内冷水的热量，以达到制备冷冻水的目的。

冷剂水蒸气蒸发吸热后进入吸收器，被吸收器泵均匀喷洒在盘管外的混合吸收液吸收成为稀溶液，而这部分吸收热量由吸收器盘管内通过的冷却水带走，从而完成制冷循环。从发生器经热交换器来的浓溶液与吸收器中的稀溶液混合成为中间溶液。图 7-22 为单效溴化锂吸收式制冷机的工作原理图。

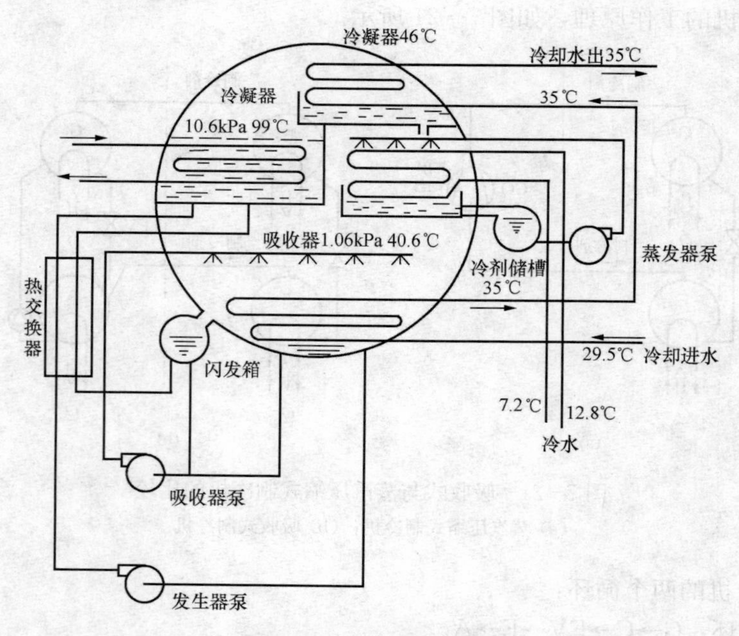

图 7-22 单效溴化锂吸收式制冷机工作原理示意

2. 双效溴化锂吸收式制冷机

主要由蒸发器、冷凝器、高低压发生器、热交换器、吸收器屏蔽泵等组成。与单效溴化锂吸收式制冷机不同的是，稀溶液（溴化锂）先进入高压发生器，被高压发生器盘管中的高压蒸汽加热产生的冷剂蒸汽是作为低压发生器的热源，用来加热低压发生器的中间溶液，充分利用了其汽化潜热，减少了冷凝负荷。图 7－23 为双效溴化锂吸收式制冷机的工作原理图。

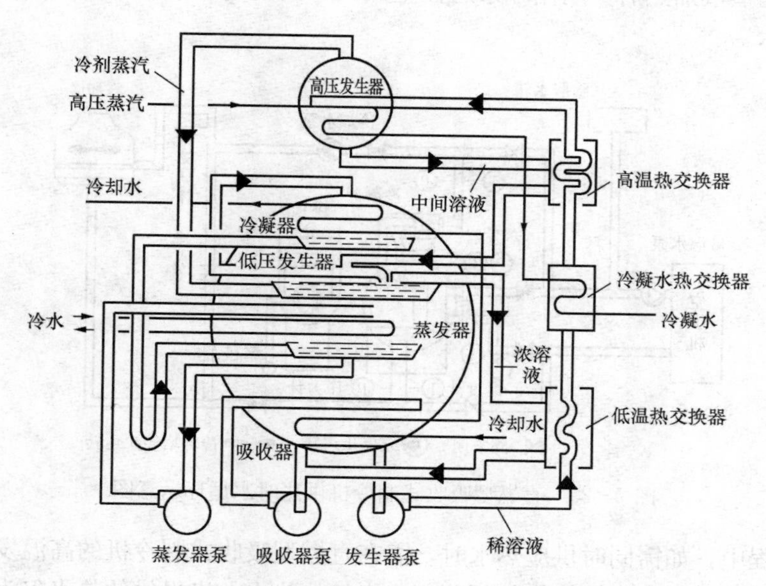

图 7－23　双效溴化锂吸收式制冷机工作原理示意

3. 直燃型吸收式制冷机

主要由蒸发器、冷凝器、高低压发生器、吸收器、屏蔽泵等组成。与双效溴化锂吸收式制冷机不同的是，其高压发生器的热源是燃油或燃气，而不是用高压蒸汽，高压发生器相当于一个火管锅炉，加热溴化锂稀溶液，高压发生器中产生的冷剂蒸汽作为低压发生器的热源，夏季可供空调用冷冻水，冬季可用机组直接供暖或空调热水。图 7－24 为直燃型吸收式制冷机供冷时的循环，图左侧为供冷循环，右侧为冷却水系统。

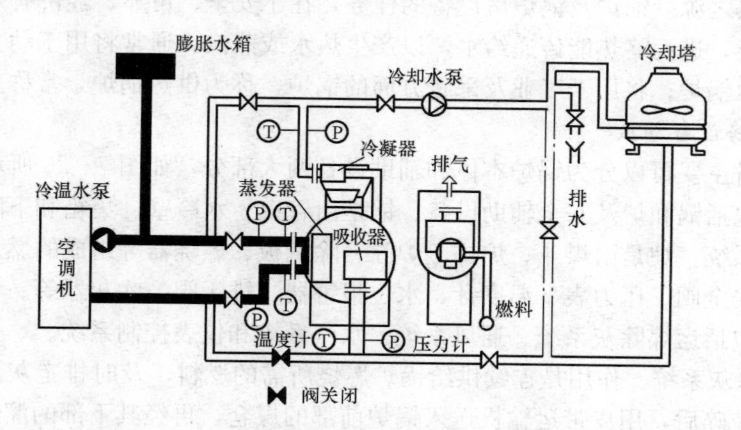

图 7－24　直燃型吸收式制冷机供冷时水循环示意图

夏季当直燃型吸收式制冷机供冷时，左侧空调循环回水流入蒸发器，被蒸发器吸热冷却降温后，由冷冻水泵送入空调机；在冷冻水泵吸入口设定压膨胀水箱，而右侧冷却水则由冷却塔进入吸收器盘管及冷凝器盘管被加热后再通过冷却水泵输送至冷却塔，经放热降温后，再由冷却塔流出循环使用。

冬季当直燃型吸收式制冷机供热时，空调系统回水则先进入吸收器盘管再进入冷凝器盘管，介质被高温蒸汽加热后，用循环泵送往空调机，而此时，蒸发器和冷却塔均停止工作，如图 7-25 所示。

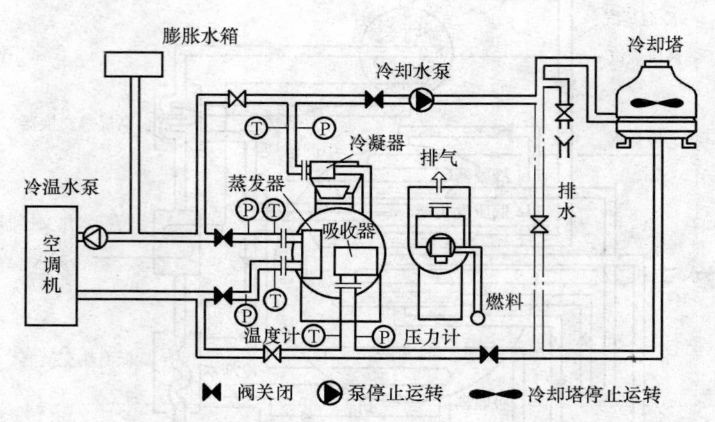

图 7-25 直燃型吸收式制冷机供热时水循环示意图

在制冷过程中，如需同时供应热水时，需在直燃型吸收式制冷机的高温发生器外另加装一个换热器，通过高温发生器提供的部分蒸汽来加热热水；当提供的热水仅为直燃型吸收式制冷机专供热水时的10%左右时，高温再生器的容积可以不变。

第二节 热 源

一、锅炉及锅炉房

锅炉是利用燃料或其他能源的热能把工质加热到一定参数的换热设备。

锅炉是供热之源。锅炉及锅炉房设备的任务，在于安全、可靠、经济有效地将燃料的化学能转化为热能，进而将热能传递给水，以产生热水或蒸汽。通常将用于动力、发电方面的锅炉，称为动力锅炉；将用于工业及采暖方面的锅炉，称为供热锅炉，常称工业锅炉。

（一）锅炉房设备组成

锅炉房设备主要可以分为锅炉本体和辅助设备两大部分，如图 7-26 所示。

锅炉本体包括锅和炉及安全辅助设备。锅是由管束、水冷壁、集箱和下降管等组成的一个封闭的汽水系统。炉是由煤斗、炉排、炉膛、除渣板、燃烧器等组成的燃烧设备。安全辅助设备则是指安全阀、压力表、温度计、水位报警器、排污阀、吹灰器等。

辅助设备包括运煤除灰系统、通风系统、水汽系统和仪表控制系统。

(1) 运煤除灰系统。作用是连续供给锅炉燃烧所需的燃料，及时排走灰渣。煤由煤场运来，经碎煤机破碎后，用皮带运输机送入锅炉前部的煤仓，再经其下部的溜煤管落入炉前煤斗中，依靠自重再落到炉排上，煤燃尽后生成的灰渣则由灰渣斗落到刮板除渣机，由除渣机将灰渣输送到室外灰渣场。

(2) 通风系统。作用是供给锅炉燃料燃烧所需要的空气量，排走燃料燃烧所产生的烟

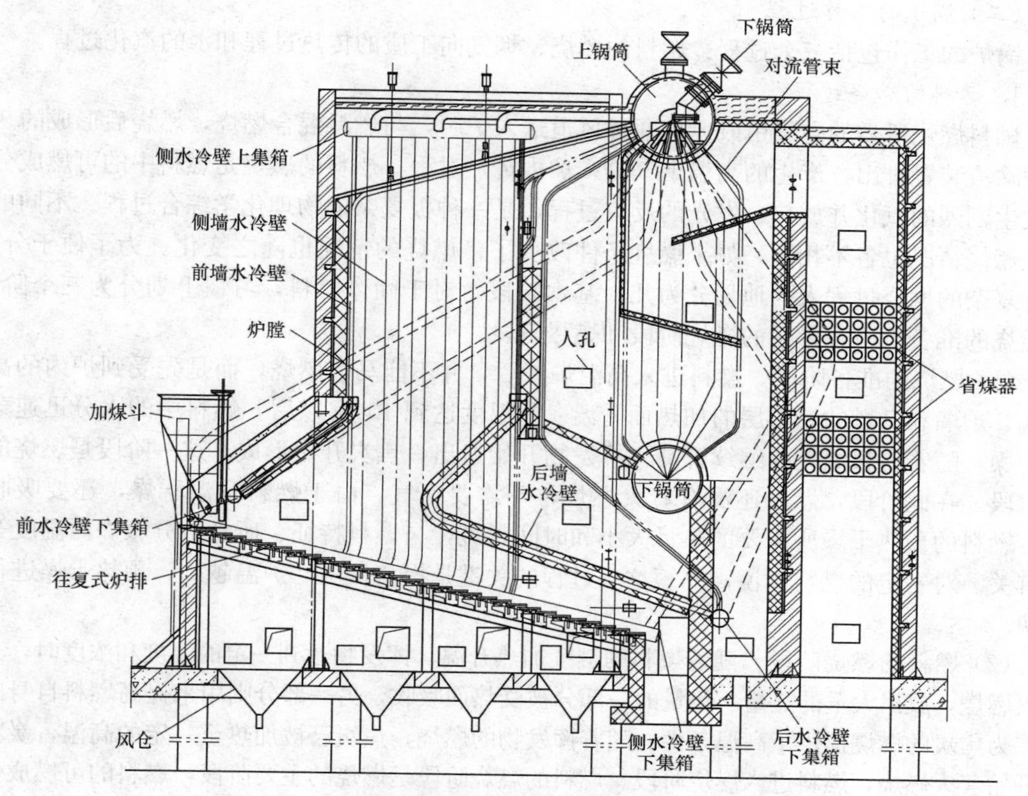

图 7-26 SHW 锅炉（双锅筒横置往复炉排式）

气。空气经送风机提高压力后，先送入空气预热器，预热后的热风经风道达到炉排下的风室中，热风穿过炉排缝隙进入燃烧层。燃烧产生的高温烟气在引风机的抽吸作用下，以一定的流速依次流过炉膛和各部分烟道，烟气在流动过程中不断将热量传递给各个受热面，而使本身温度逐渐降低。为了除掉烟气中携带的飞灰，以减轻对引风机的磨损和对大气环境的污染，在引风机前装设除尘器，烟气经净化，并通过引风机提高压力后，经烟囱排入大气。除尘器捕集下来的飞灰，可由灰车送走。

(3) 水汽系统。作用是不断向锅炉供给符合质量要求的水，将蒸汽或热水分别送到各个热用户。为了保证锅炉要求的给水质量，通常要设水处理设备（包括软化、除氧），经过处理的水进入水箱，再由给水泵加压后送入省煤器，提高水温后进入锅炉，水在锅内循环受热汽化产生蒸汽，过热蒸汽从蒸汽过热器引出送至分汽缸内，由此再分送到通向各用户的管道。热水锅炉房的供热水系统则由热网循环水泵、换热器、热网补水定压设备、分水器、集水器、管道及附件等组成。

(4) 仪表控制系统。为了使锅炉安全、经济地运行，除了锅炉本体上装有的仪表外，锅炉房内还装设有各种仪表和控制设备，如蒸汽流量计、压力表、风压计、水位表以及各种自动控制设备。锅炉的工作可以分为三个过程，即燃料的燃烧过程、高温烟气向水或蒸汽的传热过程以及蒸汽的产生过程，其中任何一个过程进行得正常与否，都会影响锅炉运行的安全性和经济性。

（二）锅炉的工作过程

锅炉的工作包括三个过程：燃料的燃烧、烟气向工质的传热过程和水的汽化过程。

1. 燃料的燃烧过程

燃料燃烧所需的空气由鼓风机通过风道送入炉膛，与燃料混合燃烧，燃烧后形成的灰渣通过除渣装置排出，产生的高温烟气进入炉内传热过程。燃料的燃烧是燃料中的可燃成分与氧发生剧烈的氧化并放热、发光的反应过程，是一种极复杂的物理化学综合过程。不同的燃料，燃烧情况也各不相同，如果燃烧条件改变了，燃烧的情况也随之变化。为了便于分析，常将复杂的燃烧过程人为地划分为几个基本阶段。对于固体燃料，习惯上划分为三个阶段，即燃烧的准备阶段、燃料的燃烧阶段和燃尽阶段。

(1) 燃烧的准备阶段。燃料进入高温炉膛后，并不能马上燃烧，而是先受到炉内的高温烟气、炉墙和已燃的燃料层的加热而升温。当温度达到 100℃以后，燃料中的水分迅速蒸发而干燥，随着燃料温度的继续升高，挥发物开始逸出，焦炭开始形成。这一阶段是燃烧的准备阶段。在此阶段，燃料还没有着火燃烧，不需要空气，由于燃料升温干燥，还要吸收热量。燃料的预热干燥所需要的热量大小和时间长短，与燃料特征、所含水分、炉内温度等因素有关。对一定的燃料来说，缩短这一过程的关键是提高炉温，炉温越高，预热干燥进行得越快。

(2) 燃料的燃烧阶段。随着燃料的继续加热升温，挥发物达到一定的温度和浓度时，开始着火燃烧，放出大量的热量。热量的一部分被受热面吸收，另一部分则用来提高燃料自身的温度，为焦炭的燃烧提供了高温条件。随着挥发物的燃烧，焦炭已被加热至一定的高温，炭粒表面开始着火燃烧，燃料进入燃烧阶段。燃料的燃烧阶段是燃烧的主要阶段，燃料的可燃成分主要集中在这一阶段燃烧。燃料燃烧释放出大量热能，同时需要向炉内供给大量的空气。为使这一阶段燃烧完全，除了供给充足适量的空气外，还必须使之与燃料有良好的混合接触。

(3) 燃尽阶段。随着燃料中可燃成分的减少、燃烧速度的减慢，燃料进入燃尽阶段。由于燃烧是从表面开始进行，因此燃尽的过程是从外部向内部进行，使外部先形成灰壳。灰壳的形成阻碍空气向内部扩散，使被灰壳包住的燃料难以燃尽。这也就导致这一阶段进行得很缓慢，放热不多，所需空气量也不多。为使燃料能全部燃尽，进行必要的拨火以破坏灰壳，维持一定的炉温，延长灰渣在炉内的停留时间，以减少固体不完全燃烧热损失。

以上三个阶段虽有先有后，但不是截然分开的。由于燃煤的特性、燃烧方式及燃烧设备的不同，燃烧的各阶段常互相影响和互相重叠交叉进行。

2. 烟气向工质的传热过程

炉膛的四周墙面上布置有水冷壁。高温烟气与水冷壁进行强烈的辐射换热，将热量传递给管内工质。烟气经炉膛出口冲刷蒸汽过热器、省煤器及空气预热器，与管内工质进行对流换热。

3. 水的汽化过程

锅炉工作时，经过水处理的锅炉给水由给水泵加压，先经过省煤器而得到预热，然后进入汽包。其中一部分锅水经下降管、下联箱进入水冷壁中吸热，形成汽水混合物，进入汽包；另一部分锅水经对流管束吸热后形成汽水混合物进入汽包。借助上锅筒内装设的汽水分离装置，分离出的饱和蒸汽进入蒸汽过热器，成为过热蒸汽；分离下来的饱和水仍回落到上锅筒。

(三) 锅炉的分类与表示

1. 锅炉

工业中使用锅炉压力不超过2.5MPa的锅炉，建筑热源的锅炉是压力不超过1.3MPa的工业锅炉。

按热媒分类，分为蒸汽锅炉和热水锅炉。

按出力分类，分为小型锅炉（蒸发量＜20t/h或热功率＜14MW）和中型锅炉（蒸发量为20～60t/h）。

按受热面形式分类，分为火管锅炉［烟气在管（筒）内，水在管（筒）外］和水管锅炉（水在管内，烟气在管外）。

按出厂形式分类，分为快装锅炉、散装锅炉和组装锅炉。

按热水出口温度分类，分为低温热水锅炉（低于120℃）和高温热水锅炉（高于120℃）。

2. 锅炉型号表示

工业锅炉型号表示如图7-27所示。

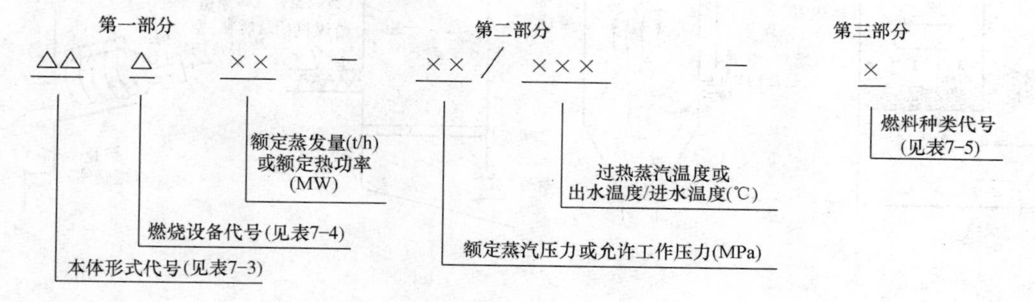

图7-27 工业锅炉型号表示

表7-3 锅炉本体形式代号

锅炉类别	锅炉本体形式	代号	锅炉类别	锅炉本体形式	代号
锅壳锅炉	立式水管	LS	水管锅炉	单锅筒立式	Dl
	立式火管	LH		单锅筒纵置式	DZ
	立式无管	LW		单锅筒横置式	DH
	卧式外燃	WW		双锅筒纵置式	SZ
	卧式内燃	WN		双锅筒横置式	SH
				强制循环式	QX

表7-4 燃烧设备形式或燃烧方式代号

燃烧设备	代号	燃烧设备	代号
固定炉排	G	下饲炉排	A
固定双层炉排	C	抛煤机	P
链条炉排	L	鼓泡流化床燃烧	F
往复炉排	W	循环流化床燃烧	X
滚动炉排	D	室燃炉	S

表 7-5 燃料种类代号

燃烧设备	代号	燃烧设备	代号
Ⅱ类无烟煤	WⅡ	型煤	X
Ⅲ类无烟煤	WⅢ	水煤浆	J
Ⅰ类烟煤	AⅠ	木柴	M
Ⅱ类烟煤	AⅡ	稻壳	D
Ⅲ类烟煤	AⅢ	甘蔗渣	G
褐煤	H	油	Y
贫煤	P	气	Q

（四）燃煤锅炉的燃烧设备

锅炉燃烧的基本方式如图 7-28 所示。

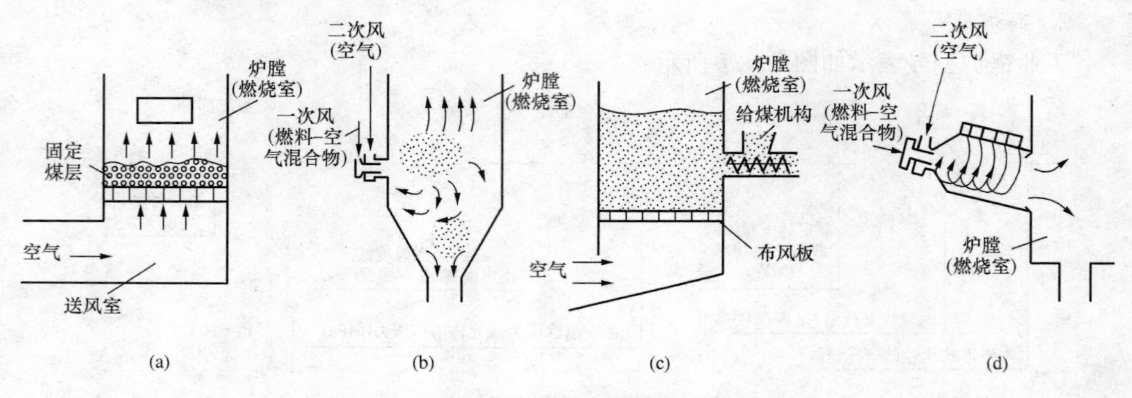

图 7-28 锅炉燃烧的基本方式

(a) 火床燃烧；(b) 火室燃烧；(c) 流化床燃烧；(d) 旋涡燃烧

火床燃烧：煤堆放在火床（炉排）上燃烧；

火室燃烧：在炉内呈悬浮状燃烧；

流化床燃烧：介于火床与火室燃烧之间的燃烧；

旋涡燃烧：在燃烧室中强烈旋涡运动的燃烧。

主要燃烧设备有手工操作火床炉、链条炉、循环流化床锅炉与燃油、燃气锅炉。

1. 手工操作火床炉

结构及工作原理如图 7-29 所示。

燃烧过程分为三个层次：上层为新煤被预热、干燥、挥发物逸出、着火燃烧；中间焦炭层为主要燃烧区；最下层为灰渣层。

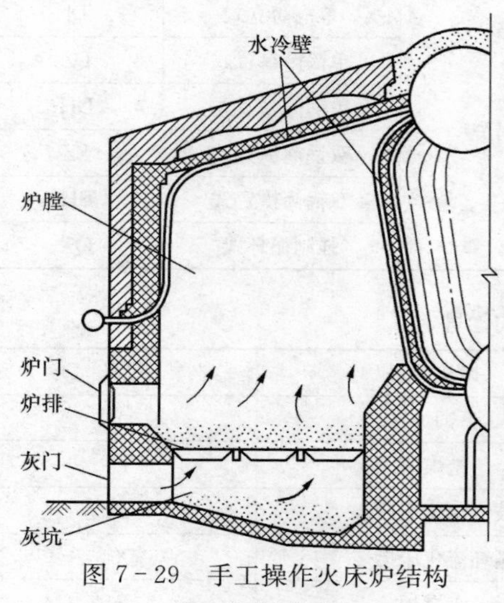

图 7-29 手工操作火床炉结构及工作原理示意

2. 链条炉

链条炉的加煤、拨火和除渣三项主要操作部分或全部由机械代替人工操作称机械化层燃炉（见

图 7－30)，在我国的应用最为广泛。

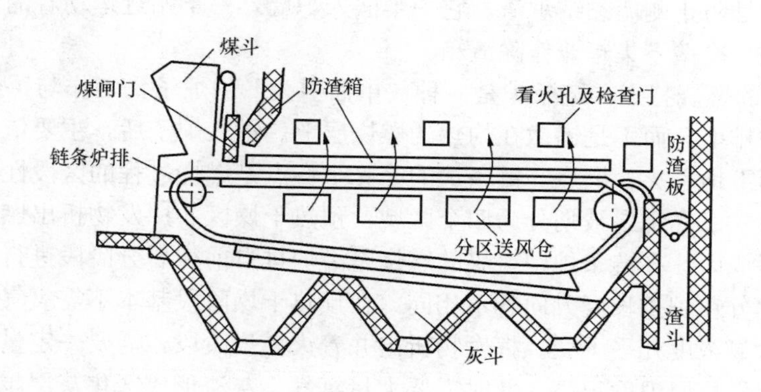

图 7－30　链条炉结构示意图

(1) 链条炉的构造。煤靠自重由炉前煤斗落于链条炉排上，链条炉排则由主动链轮带动，由前向后徐徐运动；煤随之通过被带入炉内，并依次完成预热干燥、挥发物析出、燃烧和燃尽各阶段，形成灰渣最后由装置在炉排末端的除渣板铲落渣斗。煤闸门可以上、下升降，是用以调节煤层厚度的。除渣板俗称老鹰铁，其作用是使灰渣在炉排上略有停滞而延长它在炉内停留的时间，以降低灰渣含碳量，同时也可减少炉排后端的漏风。

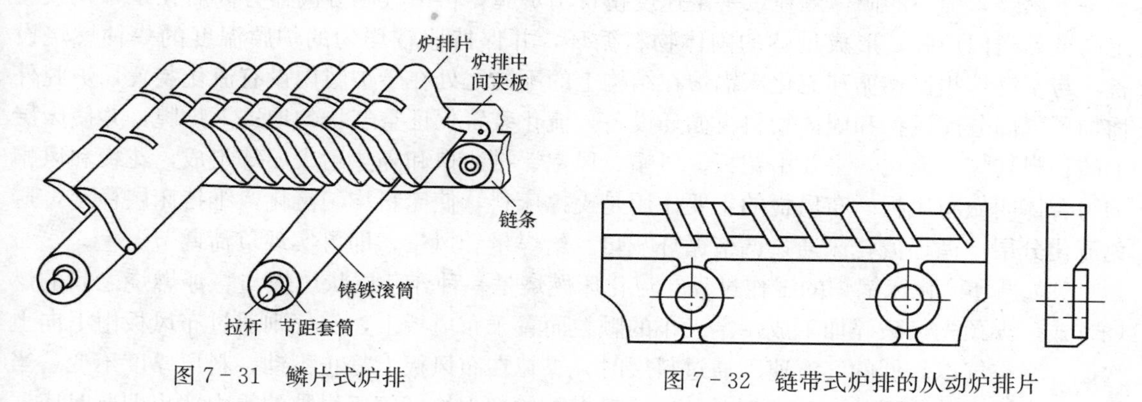

图 7－31　鳞片式炉排　　图 7－32　链带式炉排的从动炉排片

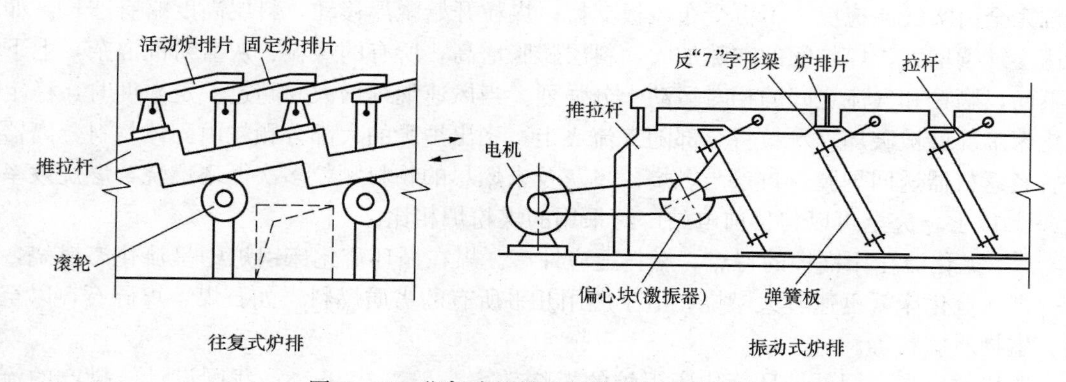

图 7－33　往复式炉排和振动式炉排示意图

在炉膛的两侧分别装有纵向的除渣箱。除渣箱的作用，一是保护炉墙不受高温燃烧层的侵蚀和磨损，二是防止侧墙黏结炉渣。它一半嵌入炉墙，一半贴近运动着的炉排而敞露于炉膛，通常是以侧水冷壁下集箱兼作除渣箱。

(2) 链条炉的燃烧特点。链条炉是一种“单面引火”的炉子，工作与手烧炉不同，煤自煤斗滑落在冷炉排上，而不是铺撒在灼热的燃烧层上。进入炉子后，主要依靠来自炉膛的高温辐射，自上而下地着火、燃烧。链条炉的第二个特点是燃烧过程的区段性，并由此具有分区配风的运行模式。燃烧层被划分为四个区域：预热干燥区、挥发物析出燃烧区、焦炭燃烧还原区和灰渣形成区。在链条炉中，煤的燃烧是沿炉排自前往后分阶段进行的，因此燃烧层的烟气各组成成分在炉排长度方向各不相同。在预热干燥阶段基本不需氧气，通过燃烧层进入的空气，其含氧浓度几乎不变。挥发物析出并着火燃烧阶段，需要一定量的氧气。当进入焦炭燃烧区后，燃烧层温度很高，此时需要大量氧气。灰渣形成区焦灰层越来越薄，所需氧气量较少。

3. 循环流化床锅炉

固体粒子经气体或液体接触而转变为类似流体状态的过程，称为流化过程。流化过程用于燃料燃烧，即为沸腾燃烧，其炉子称为沸腾炉或流化床炉。供热锅炉中应用较多的流化床锅炉主要是循环流化床锅炉。

(1) 循环流化床锅炉的结构。循环流化床锅炉是在炉膛里把颗粒燃料控制在特殊的流化状态下燃烧，细小的固体颗粒以一定速度携带出炉膛，再由气固分离器分离后在距布风板一定高度处送回炉膛，形成足够的固体物料循环，并保持比较均匀的炉膛温度的一种燃烧设备。与室燃炉相比，循环流化床锅炉在结构上的不同之处在于炉膛内设有流化装置，炉膛外增加了气固分离设备和固体物料再循环设备。流化装置保证空气均匀地进入炉膛，并使床层上的物料均匀地流化，主要由花板、风帽、风室、排渣口和隔热耐火层等组成，花板和风帽的组合体叫做布风板。布风板的主要作用是支撑床料，使床料均匀流化，维持床层稳定，避免流化分层。循环流化床通过调节循环灰量、给煤量和风量，即可实现负荷调节。

(2) 循环流化床锅炉的工作过程。流化床燃烧是一种介于层状燃烧与悬浮燃烧之间的燃烧方式。煤预先经破碎加工成一定大小的颗粒而置于布风板上，空气则通过布风板由下向上吹送。当空气以较低的气流速度通过料层时，煤粒在布风板上静止不动，料层厚度不变。当气流速度增大并达到某一较高值时，气流对煤粒的推力恰好等于煤粒的重力，也即此时床层颗粒完全由空气流拖曳，不再受布风板支持；煤粒开始飘浮移动，料层高度略有增长。如气流速度继续增大，煤粒间的空隙加大，料层膨胀增高，所有的煤粒、灰渣纷乱混杂，上下翻腾不已，颗粒和气流之间的相对运动十分强烈。当风速继续增大并超过一定限度时，稳定的流化床工况就被破坏，颗粒将全部随气流飞走。飞出炉膛的大部分颗粒由固体物料分离器分离后经返料器送回炉膛，再参与燃烧。飞灰及未燃尽的物料颗粒多次循环燃烧，燃烧效率可达99%以上，完全可以与目前电站广泛采用的煤粉炉相比。

(3) 循化流化床锅炉的特点。燃料适应性广。煤在循环流化床锅炉中呈流化态燃烧，燃料一进入流化床就迅速着火燃烧，适于燃用几乎所有的劣质燃料，如石煤、煤矸石，以至垃圾、生物质燃料等。

燃烧效率高。国外循环流化床锅炉的燃烧效率一般高达99%；我国设计、投产的流化床锅炉，其燃烧效率也可高达95%～99%。该炉燃烧效率高的主要原因是煤料燃尽率高。

保护环境，易于实现灰渣的综合利用。采用炉内添加石灰石的办法，可以实现燃烧过程中脱硫，降低了排放成本。同时，采用分级送风和低温燃烧（炉内温度仅为850～900℃），能有效抑制氮氧化物（NO_x）的生成和大大减少排放对大气的污染，有利于环境保护。灰渣含碳量低，燃烧温度低，其灰渣可用作水泥熟料，容易实现灰渣的综合利用。循环流化床锅炉也存在结构和系统复杂、投资和运行费用较高等缺点，但因它是高效、清洁的新一代燃烧技术，且在发展成为大容量时具有明显的优越性，故备受世界各国重视，目前已作为最有前途的洁净燃烧方式而得到迅速发展。

4. 燃油、燃气锅炉

燃油、燃气锅炉均属于室燃锅炉，所用燃料均由燃烧器喷入炉膛内燃烧，并且燃料燃烧后不产生灰渣。这种锅炉不用像燃煤锅炉那样设置复杂庞大的破碎、输送燃煤设施和燃烧及除尘设备，从而使得燃油、燃气锅炉结构紧凑、质量轻。

(1) 燃油锅炉。燃油锅炉常以燃用重油为主。燃油锅炉一般为全自动化，配有锅炉启动、停炉程序控制，燃烧、给水、油压和油温的自动调节以及高低水位、熄火、超压和低油压的保护。燃油受热首先汽化为油蒸气，它与空气的混合物达到一定温度开始着火并燃烧。为了强化燃油的汽化过程，常将燃油雾化成细小的油滴喷入炉膛，受炉内高温烟气的加热，油滴很快汽化并同周围空气混合，开始着火、燃烧。从燃油的燃烧过程看出，良好的雾化和合理的配风，是保证燃油迅速而完全燃烧的基本条件，其关键设备是油燃烧器。油燃烧器主要由油喷嘴和调风器组成。油喷嘴的作用是将油雾化成雾状粒子，并使油雾保持一定的雾化角和流量密度，促使其与空气混合，强化燃烧过程和提高燃烧效率。常用的油喷嘴型式有机械雾化喷嘴、蒸汽雾化喷嘴和转杯式雾化喷嘴等。调风器的作用是为已经良好雾化的燃料油提供燃烧所需的空气，并形成有利的空气动力场，使油雾能与空气充分混合。按照调风器出口气流的流动工况，可分为旋流式和直流式两大类。

(2) 燃气锅炉。燃气锅炉燃用的气体燃料有城市煤气、天然气、液化石油气和沼气。气体燃料是一种比较清洁的燃料，它的灰分、含硫量和含氮量比煤及油燃料要低得多，同时燃烧所产生的烟气含尘量也极少，烟气中的SO_x量几乎可忽略不计，燃烧中转化的NO_x也很少，对环境保护提供了十分有利的条件。燃气的燃烧没有燃煤及燃油那种挥发汽化和固体炭粒燃尽过程，其燃烧过程简单，燃烧所需的时间较短，即在炉膛内的停留时间很短，因此燃气锅炉所需要的炉膛容积比同容量的燃煤和燃油锅炉小。燃气的燃烧需要大量的空气，如标准状态下$1m^3$天然气的燃烧需$20\sim25m^3$的空气。因此，燃气锅炉除燃烧器不带雾化器外，其他均同于燃油锅炉，这主要是因为燃油与燃气燃烧特性存在差异而造成的。燃烧器是燃气锅炉的主要部件，其主要由燃气喷嘴和调风器组成。由于燃料性质不同，燃用高热值和低热值的燃气燃烧器的原理和结构有所不同，按照燃气和空气预先混合的情况，常用的燃气燃烧器可分为扩散式燃烧器、部分预混式燃烧器和完全预混式燃烧器。

（五）辅助受热面

锅炉的辅助受热面主要是指过热器、省煤器和空气预热器。

1. 过热器

过热器的作用是将饱和蒸汽加热成具有一定温度的过热蒸汽。在锅炉负荷或其他工况变动时，应保证过热蒸汽温度正常，并处在允许的波动范围之内。蒸汽过热器是由蛇形无缝钢管管束和进、出口及中间集箱等组成。由汽包生产的饱和蒸汽引入过热器进口集箱，然后分配经各并联蛇形管受热升温至额定值，最后汇集于出口集箱由主蒸汽管送出。根据布置位置和传热方式，过热器可分为对流式、半辐射式和辐射式三种型式。对流式过热器位于对流烟道内，对流吸热；半辐射式（屏式）过热器位于炉膛出口，呈挂屏型，对流吸热和辐射吸热；辐射式（墙式）过热器位于炉膛墙上，辐射吸热。供热锅炉采用的均为对流式过热器。

2. 省煤器

省煤器是利用尾部烟气的热量来加热给水的热交换器，作用是利用锅炉尾部低温烟气的热量来加热锅炉给水，降低锅炉排烟温度，提高锅炉的热效率，节约燃料的消耗量。它是锅炉中不可缺少的组成部分。省煤器按制造材料的不同，可分铸铁省煤器和钢管省煤器；按给水被预热的程度，又可分为沸腾式和非沸腾式两种。在供热锅炉中使用得最普通的是铸铁省煤器。它由一根根外侧带有方形鳍片的铸铁管通过180°弯头串接而成。

3. 空气预热器

空气预热器是利用烟气热量来加热燃烧所需空气的一种气-气热交换器。其主要作用是加热燃烧空气和降低排烟温度，从而起到强化燃烧、强化传热、提高锅炉效率和提供固体燃料制粉系统的干燥剂和输送介质的作用。空气预热器按传热方式可分导热式和再生式两类。导热式空气预热器有板式和管式两种，供热锅炉大多采用的是管式空气预热器，烟气和空气各有自已的通道，热量通过传热壁面连续地由烟气传给空气。在回转式空气预热器中，烟气和空气交替流经受热面，烟气流过时将热量传给受热面并积蓄起来，随后空气流过时，受热面将热量传给空气。

（六）锅炉通风

锅炉在运行时，必须连续地向锅炉供入燃烧所需要的空气，并将生成的烟气不断引出，这一过程称为锅炉的通风。

根据锅炉类型和容量大小的不同，锅炉通风可以分为自然通风和机械通风。供热锅炉常用的通风方式是机械通风。目前采用的机械通风方式有以下三种。

1. 负压通风

除利用烟囱外，还在烟囱前装设引风机，用于克服烟、风道的全部阻力。这种通风方式对小容量的、烟风系统的阻力不太大的锅炉较为适用。如烟、风道阻力很大，采用这种通风方式必然在炉膛或烟、风道中造成较高的负压，从而使漏风量增加，锅炉热效率降低。

2. 平衡通风

在锅炉烟、风系统中同时装设送风机和引风机。从风道吸入口到进入炉膛（包括通过空气预热器、燃烧设备和燃料层）的全部风道阻力由送风机克服，而炉膛出口到烟囱出口（包括炉膛出口负压、锅炉防渣管以后的各部分受热面和除尘设备）的全部烟道阻力则由引风机来克服。采用这种通风方式的锅炉房安全及卫生条件较好，锅炉的漏风量也较小。目前在供热锅炉中，大都采用平衡通风。

3. 正压通风

在锅炉烟、风系统中只装设送风机，利用其压头克服全部烟风道的阻力。这时锅炉的炉膛和全部烟道都在正压下工作，因而炉墙和门孔皆需严格密封，以防火焰和高温烟气外泄伤人。这种通风方式提高了炉膛燃烧热强度，使同等容量的锅炉体积较小。因消除了锅炉炉膛、烟道的漏风，故提高了锅炉的热效率。正压通风，目前国内在燃油和燃气锅炉上已有应用。锅炉通风一般采用平衡通风方式和微正压通风方式。

（七）烟气净化

每年从供热锅炉排出大量烟尘的同时，还伴有二氧化硫、氮氧化合物等有害气体，严重地污染了环境，对人体健康、工农业生产和气候等造成了极大的危害。烟气中的SO_2排放到大气中会形成酸雨，CO_2则会造成温室效应。对锅炉本身而言，含尘烟气还将引起受热面和引风机的磨损。

1. 锅炉大气污染物排放标准

烟气中有害气体的主要成分是二氧化硫。目前对在燃煤中含硫量$S\leqslant1.0$和$1.0<S\leqslant2.0$的情况通常采用湿式除尘脱硫技术，其脱硫效率分别为40%和30%；对燃煤中$S>2.0$的情况则采用型煤和循环流化床燃烧脱硫技术，其脱硫效率分别为50%和80%。锅炉排出烟气的含尘量，用$1m^3$排烟体积内含有的烟尘质量（mg或g）来表示，称为烟尘浓度。

锅炉在额定出力下除尘器前的烟尘浓度，称为锅炉的原始烟尘排放浓度，它与燃料特性、燃烧方式、燃烧室结构及运行操作等多种因素有关。《锅炉大气污染物排放标准》（GB 13271—2014）对锅炉出口原始烟尘浓度，根据销售出厂时间，规定了限制值。锅炉在进入烟囱时的烟尘浓度，称为锅炉的烟尘排放浓度，它与除尘器的除尘效率有关，其数值应符合GB 13271—2014中规定的各类区域锅炉烟尘排放浓度的不同限值。按地理、气候、生态、政治经济和大气污染程度，将地区划分为三类：

（1）一类区。国家规定的自然保护区、风景游览区、名胜古迹和疗养地等。

（2）二类区。城市规划中确定的居民区、商业交通居民混合区、文化区、名胜古迹和广大农村等。

（3）三类区。大气污染程度比较重的城镇和工业区以及城市交通枢纽、干线等。烟气净化的任务主要在于降低烟气的含尘浓度以及SO_2含量。

2. 锅炉烟尘的防治

为了减轻锅炉烟尘造成的危害，一方面应改进燃烧设备，进行合理的燃烧调节，使挥发物在炉膛中充分燃烧，达到消烟效果，并尽量设法减少飞灰逸出，降低锅炉烟气中的含尘浓度；另一方面是在锅炉尾部，通常是在引风机前设置除尘脱硫装置，使锅炉排出的烟气符合排放标准。

（1）烟气除尘。常见的除尘设备有干式旋风除尘器、湿式旋风除尘器、静电除尘器和袋式除尘器。

1）干式旋风除尘器。干式旋风除尘器是一种能使含尘烟气做旋转运动，从而使灰尘在离心力的作用下从含尘烟气中分离出来的一种设备。旋风除尘器结构简单，投资省，除尘效率较高，已广泛地应用于供热锅炉烟气除尘。旋风除尘器的种类较多，目前已经设计了与锅炉本体配套的多种型式的旋风除尘器。

2）湿式旋风除尘器。随着环保要求的不断提高，湿式旋风除尘器得到了越来越广泛的应用。其中，带文丘里管的麻石水膜除尘器以其结构简单、效率高、价格低、除尘效率较高的特点而占有很大优势。一船来说，容量在10t/h以上的锅炉都选配此类除尘器。

3）静电除尘器。静电除尘器是利用电力分离作用，即使悬浮于烟气中的尘粒带电，并在电场电力的驱动下做定向运动，从而从烟气中分离出来。

4）袋式除尘器。这是一种过滤式除尘器，主要利用滤料（织物或毛毡）将带飞灰的烟气过滤，使飞灰黏附在滤网上而净化烟气。袋式除尘器结构简单，除尘效率很高，可达

99%以上。

(2) 烟气脱硫。脱硫方法可分为干法和湿法两类。湿法烟气脱硫是用液态吸收剂洗涤烟气来去除烟气中的 SO_2，而干法烟气脱硫是用粉状或粒状的吸收剂来净化烟气中的 SO_2。与干法脱硫比较，湿法脱硫的设备小、投资省，占地面积少；操作要求较低，易于控制和稳定；脱硫效率比干法高。当然，湿法烟气脱硫也有其缺点，主要是存在废水处理问题，易造成二次污染及系统结垢和腐蚀；洗涤后烟气温度较低（一般低于 60℃），影响烟囱的抽力，能耗增加，易产生“白烟”；洗涤后烟气带水，影响到风机的运行。

脱硫一般都采用喷淋法，向烟气喷淋石灰石、石灰及碱（较多采用 Na_2CO_3）溶液，生成含硫废渣，以达到脱硫的目的。目前也有较为高效的脱硫技术，如喷雾脱硫技术、喷雾干燥脱硫技术、脉冲放电烟气脱硫等。

（八）水循环的原理

水和汽水混合物在锅炉蒸发受热面回路中的循环流动，称为锅炉的水循环。由于水的密度比汽水混合物的大，利用这种密度差所产生的水和汽水混合物的循环流动，叫做自然循环；借助水泵的压头使工质流动循环的叫做强制循环。在供热锅炉中，除热水锅炉外，蒸汽锅炉几乎都采用自然循环。图 7－34 为蒸汽锅炉的蒸发受热面自然循环回路示意图，它由锅筒、集箱、下降管和上升管（水冷壁管）所组成。水自锅筒进入不受热的下降管，然后经下集箱进入布置于炉内的上升管；在上升管中受热后部分水汽化，汽水混合物则由于密度较小向上流动输送至锅筒，如此形成了水的自然循环流动。任何一台蒸汽锅炉的蒸发受热面，都是由这样的若干个自然循环回路所组成。

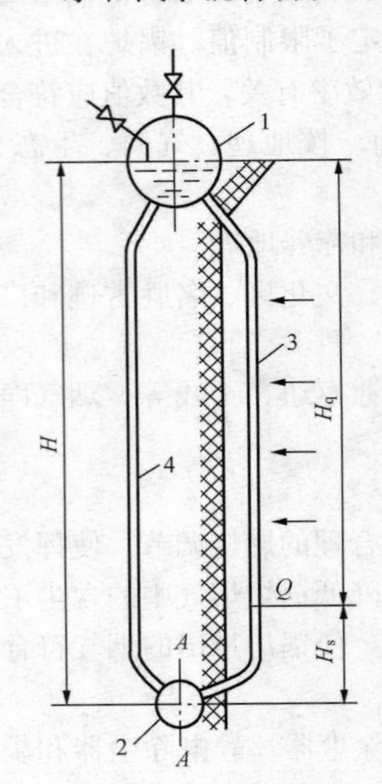

图 7－34 蒸汽锅炉的蒸发受热面自然循环回路示意图
1—上锅筒；2—下集箱；3—上升管；4—下降管

（九）汽水分离

从锅炉水的汽化过程及水循环中可以清楚地知道，各蒸发受热面产生的蒸汽是以汽水混合物的形态连续汇集于锅筒的。要引出蒸汽，尚需要有一个使蒸汽和水彼此分离的装置，锅筒中的蒸汽空间及汽水分离装置就是为此目的而设置的。汽水分离装置的任务，就是使饱和蒸汽中带的水有效地分离出来，以提高蒸汽干度，满足用户的需要。汽水分离装置类型很多，按其分离的原理可分为自然分离和机械分离两类。自然分离是利用汽水的密度差，在重力作用下使水、汽得以分离；机械分离则是依靠惯性力、离心力和附着力等使水从蒸汽中分离出来。目前，供热锅炉常用的汽水分离装置有水下孔板、挡板、匀汽孔板、集汽管、蜗壳式分离器、波纹板及钢丝网分离器等多种。

（十）锅炉水处理

在锅炉房用的各种水源，如天然水（湖水、江水和地下水）以及由水厂供应的生活用水（自来水），由于其中含有杂质，都必须经过处理后才能作为锅炉给水，否则会严重影响锅炉的安全、经济运行。因此，锅炉房必须设置合适的水处理设备以保证锅炉给水质量，这是锅炉房工艺设计中的一项重要工作。

常用的水质处理方法有以下几种。

1. 钠离子交换软化

在水处理工艺中，为了除去水中离子状态的杂质，目前广泛采用的是离子交换法。对于供热锅炉用水，离子交换处理的目的是使水得到软化，即要求降低原水（或称生水，即未经软化的水）中的硬度和碱度，以符合和达到锅炉用水的水质标准。通常采用的是阳离子交换法。常用的阳离子交换水处理有钠离子、氢离子、铵离子交换等方法，进行软化和除碱。

2. 离子交换除碱

钠离子交换的缺点是只能使原水软化，而不能除去水中碱度。为降低经钠离子交换处理后水中的碱度，最简单的方法是向软水中加酸（一般用硫酸），但必须控制加酸量，使处理后的软水中仍保持有一定的残余碱度（一般为0.3～0.5mmol/L），避免加酸过量而腐蚀给水系统的管道及设备。加酸后会增加水中的溶解固形物，如采用氢-钠、铵-钠及部分钠离子交换系统，则就能达到既软化水又降低碱度和含盐量的目的。

3. 锅内加药

我国额定蒸发量小于或等于2t/h，并且额定蒸汽压力小于或等于1.0MPa的蒸汽锅炉和汽水两用锅炉，以及额定功率小于或等于4.2MW非管架式承压的热水锅炉和常压热水锅炉为数不少，而且多为管壳式锅炉，对水质要求较低，所以也常采用锅内加药的方法。

4. 电渗析

电渗析技术的基本原理是将含盐水导入有选择性的阴、阳离子交换膜，浓、淡水隔板交替排列，在正、负极之间形成的电渗析器中，此含盐水在电渗析槽中流道时，在外加直流电场的作用下，利用离子交换树脂对阴、阳离子具有选择透过性的特征，使水中阴、阳离子定向地由淡水隔室通过膜移到浓水隔室，从而达到淡化、除盐的目的。电渗析水处理不仅除盐，同时也达到了除硬、除碱的目的。但单靠电渗析，尚不能达到锅炉给水水质指标，通常作为预处理或与钠离子交换联合使用。

5. 反渗透

渗透是水从稀溶液一侧通过半透膜向浓溶液一侧自发流动的过程。半透膜只允许水通过，而阻止溶解固形物（盐）的通过。浓溶液随着水的流入而不断被稀释。当水向浓溶液流动而产生的压力足够用来阻止水流入时，渗透处于平衡状态。平衡时，水通过半透膜从任一边向另一边流入的数量相等，即处于动态平衡状态，而此时的压力称为溶液的渗透压。当在浓溶液上外加压力，且该压力大于渗透压时，浓溶液中的水就会通过半透膜流向稀溶液，使得浓溶液的浓度更大，这一过程就是渗透的相反过程，称为反渗透。

（十一）水的除氧

水中溶解氧、二氧化碳气体对锅炉金属壁面会产生化学和电化学腐蚀，因此必须采取除气措施，特别是除氧措施。常用的除氧方法有热力除氧、真空除氧、解吸除氧和化学除氧。热力除氧就是将水加热至沸点，将析出于水面的氧除去的方法。供热锅炉较常用的是热力除氧。真空除氧也属于热力除氧，所不同的是它利用低温水在真空状态下达到沸腾，从而达到除氧和减少锅炉房自用蒸汽的目的。解吸除氧是将不含氧的气体与要除氧的软水强烈混合，由于不含氧气体中的氧分压力为零，软水中的氧就扩散到无氧气体中去，从而降低软水的含氧量，以达到除氧的目的。常用的化学除氧有钢屑除氧和药剂除氧。钢屑除氧是使含有溶解氧的水流经钢屑过滤器，钢屑与氧反应，生成氧化铁，达到水被除氧的目的。药剂除氧是向给水中加药，使其与水中溶解氧化合成无腐蚀性物质，以达到给水除氧的目的。

（十二）锅炉排污

含有杂质的给水进入锅内以后，随着锅水的不断蒸发浓缩，水中的杂质浓度逐渐增大，当达到一定限度时，就会给锅炉带来不良影响。为了将锅水水质的各项指标控制在标准范围内，就需要从锅内不断地排除含盐量较高的锅水和沉淀的泥垢，这一过程称为锅炉的排污。锅炉的排污方式有连续排污和定期排污两种。连续排污是排除锅水中的盐分杂质。由于上锅筒蒸发面附近的盐分浓度较高，因此连续排污管就设置在低水位下面，习惯上也称表面排污。定期排污主要是排除锅水中的水渣——松散状的沉淀物，同时也可以排除盐分杂质。所以，定期排污管是装没在下锅筒的底部或下集箱的底部。

（十三）运煤除渣系统

供热锅炉燃用的煤，一般是由火车、汽车或船舶运来，而后用人工或机械的方法将煤卸到锅炉房附近的贮煤场，再通过各种运煤机械运送到锅炉房。运煤系统是从卸煤开始，经煤场整理、输送破碎、筛选、磁选、计量直至将煤输送到炉前煤仓供锅炉燃用。运煤装置和系统的选择，主要根据锅炉房耗煤量大小、地形、自然条件等情况来考虑。对耗煤量不大的锅炉房，可选用系统简单和投资少的电动葫芦吊煤罐和简易小翻斗上煤的运煤系统。耗煤量较大的锅炉房，可选用单斗提升机、埋刮板输送机或多斗提升机的运煤系统。耗煤量大的锅炉房可选用皮带运输机上煤系统，但在占地面积受到限制时，也可用多斗提升机和埋刮板输送机代替。

及时地将炉内燃烧产生的灰渣清除，是保证锅炉正常运行的条件之一。为了保证除灰工人安全生产，改善工人的劳动条件，必须及时熄灭红灰，同时除灰场所还应注意良好的通风，尽量减少灰尘、蒸汽和有害气体对环境的污染。除渣方法可以分为人工除渣和机械除渣，现在的供热锅炉主要采用机械除渣。

（十四）锅炉常用附件

1. 压力表

(1) 压力表用于室测和指示锅炉及管道内介质压力，常用弹簧管式压力表。选用的压力表应符合下列规定：

1) 对于额定蒸汽压力小于 2.5MPa 的锅炉，压力表精确度不应小于 2.5 级；对于额定压力大于或等于 2.5MPa 的锅炉，压力表的精确度不应低于 1.5 级。

2) 压力表应根据工作压力选用。压力表表盘刻度极限值应为工作压力的 1.5～3.0 倍，最好选用 2 倍。

3) 压力表表盘大小应保证饲炉人员能清楚地看到压力指示值，表盘直径不应小于 100mm。选用的压力表应符合有关技术标准的要求，其校验和维护应符合国家计量部门的规定，压力表装用前应进行校验并注明下次的校验日期。压力表的刻度盘上应划红线指示出工作压力。压力表校验后应封印。

(2) 压力表的装设应符合下列要求：

1) 应装设在便于观察和吹洗的位置，并应防止受到高温、冰冻和震动的影响。

2) 蒸汽空间设置的压力表应有存水弯。存水弯用钢管时，其内径不应小于 10mm。压力表与筒体之间的连接管上应装有三通阀门，以便吹洗管路、卸装、校验压力表。汽空间压力表上的三通阀门应装在压力表与存水弯之间。

2. 水位计及水位警报器

水位计是锅炉运行的重要部件，其应有下列标志和防护装置：

(1) 水位计应有指示最高、最低安全水位和正常水位的明显标志，水位计的下部可见边缘应比最高火界至少高 50mm，且应比最低安全水位至少低 25mm，水位计的上部可见边缘应比最高安全水位至少高 25mm。

(2) 为防止水位计损伤时伤人，玻璃管式水位计应有防护装置（如保护罩、快关阀、自动闭锁珠等），但不得妨碍观察真实水位。

(3) 水位表应有放水阀门并接到安全地点的放水管。水位计的结构和装置应符合下列要求：锅炉运行中能够吹洗和更换玻璃板（管）、云母片；用两个及两个以上玻璃板或云母片组成一组的水位计，能够保证连续指示水位；水位计与锅筒（锅壳）之间的汽水连接管内径不得小于 18mm，当连接管长度大于 500mm 或有弯曲时，内径应适当放大，以保证水位计灵敏、准确；连接管应尽可能地短；如连接管不是水平布置时，汽连管的凝结水应能自行流向水位计，水连管中的水应能自行流向锅筒（锅壳），以防止形成假水位；阀门的流通直径及玻璃管的内径不得小于 8mm。水位报警器应能满足锅炉工作压力和温度的要求，并应发出音响信号，据音响信号的变化分出高、低水位。在报警器和锅筒的连管上，应装截止阀，当锅炉运行时，将阀门全打开，并安装防拧动装置；报警器的浮球应保持垂直灵活，安装时调整到最佳状态，并与水位计进行对照，使两者保持统一；连接报警器和锅筒的管道直径不小于 DN32，其材质应为无缝钢管。

3. 安全阀

(1) 蒸汽锅炉安全阀安装要求。安全阀应逐个进行严密性实验。锅筒和过热器的安全阀始启压力的整定应符合表中的规定。锅炉上必须有一个安全阀按表中较低的始启压力进行整定。对有过热器的锅炉，按较低压力进行整定的安全阀必须是过热器上的安全阀，过热器上的安全阀应先开启。安全阀必须垂直安装，并应装设有足够截面的排汽管，其管路应畅通，并直通至安全地点；排汽管底部应装有疏水管；省煤器的安全阀应装排水管。锅筒和过热器的安全阀在锅炉蒸汽严密性实验后，必须进行最终的调整；省煤器安全阀始启压力为装设地点工作压力的 1.1 倍；调整应在蒸汽严密性实验前用水压的方法进行。安全阀应检验其始启压力、起座压力及回座压力。在整定压力下，安全阀应无泄漏和冲击现象。安全阀经调整检验合格后，应做标记。

(2) 热水锅炉安全阀安装。安全阀应逐个进行严密性实验。安全阀起座压力应按下列规定进行整定：

1) 起座压力较低的安全阀的整定压力应为工作压力的 1.12 倍，且不应小于工作压力加 0.07MPa。

2) 起座压力较高的安全阀的整定压力应为工作压力的 1.14 倍，其不应小于工作压力加 0.1MPa。

3) 锅炉上必须有一个安全阀按较低的起座压力进行整定。

4) 安全阀必须垂直安装，并装设泄放管。泄放管应直通安全地点，并应有足够的截面面积和防冻措施，确保排泄畅通。

5) 安全阀经调整检验合格后，应做标记。

4. 温度计

(1) 温度计常用带套筒的水银温度计，应安装于便于检修、观察且不受机械损伤及外部介质影响的位置。通过焊接于锅筒或管道上的钢制管接头（管箍），螺纹连接。

(2) 测温装置安装时，应符合下列要求：

1) 测温元件应装在介质温度变化灵敏并具有代表性的地方，不应装在管道和设备的死角处。

2) 温度计插座的材质应与主管道相同。温度仪表外接线路的补偿电阻，应符合仪表的规定值。线路电阻的允许偏差：热电偶为±0.2Ω；热电阻为±0.1Ω。

5. 锅炉排污管、疏放水管

锅炉排污管、疏放水管道安装应符合下列要求：

(1) 管道本身在运行状态下有不小于0.2%的坡度，能自由热补偿及不妨碍汽包、联箱和管系的热膨胀。

(2) 不同压力的排污管、疏放水管不应接入同一母管。

(3) 锅炉定期排污管必须在水冷壁联箱经过冷拉和内部清理后再进行连接。

(4) 运行中可能形成闭路的疏放水管，其压力等级的选取应与所连接的管道相同。

(5) 取样管安装要求：管道应有足够的热补偿，保持管束在运行中走向整齐。蒸汽取样器安装方向应正确。取样冷却器安装前应检查蛇形管的严密性。

(6) 排气管安装时应注意留出热膨胀间隙，使汽包、联箱和管道能自由膨胀；其支吊架应牢固。安全阀排气管的重量不应压在安全阀上。

(十五) 供热锅炉节能

1. 提高燃烧及传热效率，减少热损失

(1) 提高锅炉热效率有两个基本方向：①提高燃烧效果，降低固体不完全燃烧热损失和气体不完全燃烧热损失；②提高传热效率，降低排烟热损失和散热损失。

(2) 锅炉热平衡实验与节能的关系。采取节能技术，以提高锅炉热效率之前，首先要摸清锅炉热能利用的水平；然后分析造成热效率低的原因何在，针对存在的问题，有的放矢地采取节能措施；进行改善后，检查节能效果。

(3) 采用富氧燃烧。所谓富氧燃烧，是指向锅炉输送含氧量高的富氧空气，改善燃烧条件的燃烧方式。富氧空气的得到是利用空气中各组分透过膜时的渗透速率不同，在压力差驱动下，使空气中的氧气优先通过膜。富氧燃烧可以提高火焰温度，加快燃烧速度，促进燃烧完全，降低燃料的燃点温度，降低过量空气系数，减少燃烧后的排气量，增加热量利用率。

2. 改善传热效果

(1) 合理布置受热面，避免烟气短路。

1) 合理分配与布置受热面。设计锅炉时不仅要有足够的受热面，而且要合理地分配与布置受热面。辐射受热面的受热强度远大于对流受热面；锅炉对流管束中是近于饱和温度的锅水，而烟气流过对流管束时温度越来越低，过多地布置对流管束，其末端温差减小，传热效果降低。因此，常在锅炉尾部设置省煤器及空气预热器等尾部受热面。辐射受热面、对流管束及尾部受热面三部分的分配是否恰当，是影响锅炉传热效率及经济性的重要因素。

2) 防止隔墙损坏造成烟气短路。锅炉隔墙损坏会造成烟气短路，使一部分受热面得不到冲刷，而传热量减少，烟气离开受热面的温度升高，散热损失增加。

(2) 保持受热面的内部清洁：

1) 加强锅炉水处理、水质管理，防止结垢及腐蚀。锅炉应遵守现行锅炉水质标准的规定，采用给水软化、除盐处理，否则锅水在受热面水侧结垢或腐蚀，将影响传热并易发生事故。同时加强锅炉排污管理。热水管网的回水管网上设置除污器，要求其性能可靠。

2) 锅炉和热网的冲洗。锅炉及热网竣工时要冲洗。

3) 保持烟风道严密，及时清灰。

3. 提高运行管理

(1) 优化过量空气系数及排烟温度，减少排烟热损失。

(2) 加强炉墙、管道保温，减少散热损失。

(3) 提高运行人员技术水平，开展班组运行指标竞赛，提高运行效率。

4. 余热利用

(1) 灰渣热损失热量的回收。q_6热损失包括灰渣物理热损失和其他热损失，而其他热损失中最常见的是冷却热损失。总的来说，q_6所占比例很小，一般难以降低，故不考虑减少的措施，而多从这些热量的回收着手。

(2) 排污余热梯级利用。

(3) 烟气热损失热量回收。锅炉烟气中含有大量余热，在不造成低温腐蚀的情况下，应尽可能利用。

(4) 采用新型节能技术和设备。采用高效热管换热器、变频泵、变频风机、热泵可以提高能量利用率。

二、锅炉表示与计算

(一) 锅炉基本特性的表示方法

锅炉参数是表示锅炉性能的主要指标，用于区别各类锅炉构造、燃用燃料、燃烧方式、容量大小、参数高低、汽水流动方式以及运行经济性等特点，包括锅炉容量、蒸汽（或热水）参数、受热面蒸发率或发热率、锅炉热效率等。

1. 锅炉容量

锅炉的容量又称锅炉的出力，是锅炉的基本特性参数，对于蒸汽锅炉用蒸发量表示，对于热水锅炉用热功率表示。

(1) 额定蒸发量。额定蒸发量是指蒸汽锅炉在额定蒸汽参数、额定给水温度、使用设计燃料和保证设计效率的条件下，连续运行时单位时间内产生的最大蒸汽量，也称蒸汽锅炉的额定容量或出力，单位为 t/h。蒸汽锅炉铭牌上标示的蒸发量，指的就是该锅炉的额定蒸发量。

(2) 额定热功率。额定热功率是指热水锅炉在额定供回水温度和额定水循环量的条件下，长期连续运行时的最大供热量，单位为 MW。热水锅炉出厂铭牌所标示的热功率，指的就是该锅炉的额定热功率。

蒸汽锅炉热功率与蒸发量之间的关系为

$$Q=0.000\,278D(i_q-i_{gs}) \tag{7-23}$$

式中：Q 为蒸汽锅炉的热功率，MW；D 为蒸汽锅炉的蒸发量，t/h；i_q、i_{gs}为蒸汽和给水的焓值，kJ/kg。

对于热水锅炉，热功率的计算公式为

$$Q=0.000\ 278G(i_{cs}-i_{js}) \tag{7-24}$$

式中：Q 为热水锅炉的热功率，MW；G 为热水锅炉每小时的出水量，t/h；i_{cs}、i_{js} 为锅炉出水和进水的焓值，kJ/kg。

2. 蒸汽（或热水）参数

锅炉产生的蒸汽参数，是指锅炉出口处蒸汽的额定压力（表压）和温度。对生产饱和蒸汽的锅炉来说，一般只标明蒸汽压力；对生产过热蒸汽的锅炉，则需标明压力和过热蒸汽温度；对热水锅炉来说，则需标明出水压力和温度。

蒸汽锅炉出汽口处的蒸汽额定压力或热水锅炉出水口处热水的额定压力称为锅炉的额定工作压力，又称最高工作压力，单位为 MPa。对于热水锅炉，则有额定出口热水温度和额定的进口回水温度之分。与额定热功率、额定热水温度及额定回水温度相对应的通过热水锅炉的水流量称为额定循环水量，单位为 t/h。

工业锅炉的容量、参数，既要满足生产工艺上对蒸汽的要求，又要便于锅炉房的设计、锅炉配套设备的供应以及锅炉本身的标准化，因而要求有一定的锅炉参数系列，详见《工业蒸汽锅炉参数系列》（GB/T 1921—2004）及《热水锅炉参数系列》（GB/T 3166—2004）。

3. 受热面蒸发率或发热率、金属耗率

锅炉受热面是指锅内的汽水等介质与烟气进行热交换的受压部件的传热面积，一般用烟气侧的金属表面积来计算受热面积，并用符号 H 表示，单位为 m^2。每平方米受热面每小时所产生的蒸汽量，称为锅炉受热面蒸发率，用符号 D/H 表示，单位为 $kg/(m^2 \cdot h)$。同一台锅炉内，各处受热面所处的烟气温度不同，其受热面蒸发率也各不相同。例如，炉内辐射受热面的蒸发率可能达到 $80kg/(m^2 \cdot h)$ 左右，对流受热面的蒸发率只有 $20\sim30kg/(m^2 \cdot K)$，对整台锅炉来说，这个指标反映的只是蒸发率的一个平均值。热水锅炉每小时每平方米受热面所产生的热量称为受热面的发热率，用符号 Q/H 表示，单位是 $kJ/(m^2 \cdot h)$。

锅炉受热面蒸发率或发热率是反映锅炉工作强度的指标，其数值越大，表示传热效果越好，锅炉所耗金属量越少。一般蒸汽锅炉的 $D/H<40kg/(m^2 \cdot h)$；热水锅炉的 $Q/H<83\ 700kJ/(m^2 \cdot h)$。

金属耗率是指相应于锅炉每吨蒸发量所耗用的金属材料的质量，工业锅炉这一指标为 2～6t/t。

4. 锅炉热效率、煤水比或煤汽比、耗电率

锅炉热效率是指锅炉有效利用热量与单位时间内锅炉的输入热量的百分比，也称锅炉效率，用符号 η 表示，它是表明锅炉热经济性的指标。一般工业燃煤锅炉的热效率为 60%～85%，燃油、燃气锅炉的热效率为 85%～92%。

有时为了粗略衡量蒸汽锅炉的热经济性，运行中常用煤水比或煤汽比，即锅炉在单位时间内的耗标煤量和该段时间内循环水量或产汽量之比来表示。

蒸汽锅炉房的耗电率为生产 1t 额定温度和压力的蒸汽，锅炉房的耗电数，一般为 10kWh/t。热水锅炉房的耗电率为生产 1t 额定温度和压力的热水，锅炉房的耗电数，单位为 kWh/t。

（二）锅炉燃料与燃烧计算

不同的燃料因其性质各异，需采用不同的燃烧方式。燃料的燃烧特性与锅炉构造、运行操作以及锅炉工作的经济性有着密切的关系。因此，了解锅炉燃料的分类、组成、特性以及

分析这些特性在燃烧过程中所起的作用具有重要意义。燃烧计算包括燃料燃烧所需提供的空气量、燃烧生成的烟气量和空气及烟气焓计算。燃烧计算的结果，为锅炉的热平衡计算、传热计算和通风设备选择计算提供可靠的依据。

1. 燃料的成分及分析基准

(1) 燃料的元素分析成分。燃料是多种物质组成的混合物，其主要成分有碳、氢、氧、氮、硫、灰分和水分等。

1) 碳：用符号C表示，是燃料的主要可燃成分，但不是以单质的形式存在，燃料中的含碳量越多，发热量越高。一般碳约占煤的可燃成分的50%～95%。

2) 氢：用符号H表示，是燃料中最活泼的成分，氢含量越多，燃料越容易着火。煤中氢含量约为可燃成分的2%～6%。液体燃料的氢含量约为可燃成分的10%～14%。

3) 硫：用符号S表示，是燃料中的一种有害元素。硫燃烧生成二氧化硫（SO_2）或三氧化硫（SO_3）气体，污染大气，对人体有害，这些气体又与烟气中的水蒸气凝结在受热面上的水珠结合，生成亚硫酸（H_2SO_3）或硫酸（H_2SO_4）腐蚀金属。不仅如此，含硫烟气排入大气还会造成环境污染。含硫多的煤易自燃。我国煤中硫含量为0.5%～5%。

4) 氧：用符号O表示，是不可燃成分。

5) 氮：用符号N表示，是不可燃成分，但在高温下可与氧反应生成氮氧化物（NO_x），是有害物质。在阳光紫外线的照射下，可与碳氢化合物作用而形成光学氧化剂，引起大气污染。

6) 灰分：用符号A表示，是煤中不能燃烧的固体灰渣，由多种化合物构成。熔化温度低的灰易软化结焦，影响正常燃烧，所以，灰分多，煤质差。煤中灰分占5%～35%。

7) 水分：用符号M表示，煤中水分过多会直接降低煤燃烧所产生的热量，使燃烧温度降低，排烟热损失增大。

(2) 分析基准。由于燃料中的灰分和水分含量随着开采、运输和储存条件的不同而变化，因此，同一燃料各种成分的质量分数也随之变化。为了更准确地评价燃料的种类和特性，表示燃料在不同状态下各种成分的含量，通常采用四种分析基准对燃料进行分析，即收到基、空气干燥基、干燥基和干燥无灰基，如图7-35所示。

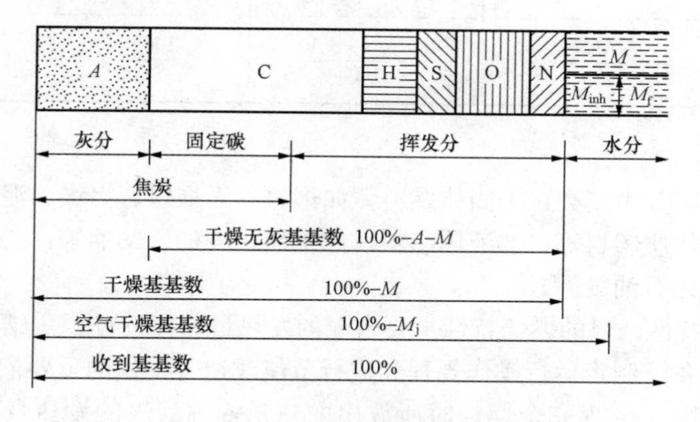

图7-35 燃料不同基成分示意图

用炉前准备燃烧的燃料成分总量为基准进行分析得出的各种成分，称为收到基成分，用下角标“ar”表示，它计入了燃料的灰分和全水分，其组成为

$$C_{ar}+H_{ar}+O_{ar}+S_{ar}+N_{ar}+M_{ar}+A_{ar}=100\% \tag{7-25}$$

用经过自然风干除去外水分的燃料成分总量为基准进行分析得出的成分，称为空气干燥基成分，用下角标“ad”表示，其组成为

$$C_{ad}+H_{ad}+O_{ad}+S_{ad}+N_{ad}+M_{ad}+A_{ad}=100\% \tag{7-26}$$

以烘干除去全部水分的燃料成分总量为基准分析得出的各种成分，称为干燥基成分，用下角标“d”表示，其组成为

$$C_{d}+H_{d}+O_{d}+S_{d}+N_{d}+M_{d}+A_{d}=100\% \tag{7-27}$$

以除去水分和灰分的燃料成分总量为基准进行分析得出的成分，称为干燥无灰基成分，用下角标“daf”表示，其组成为

$$C_{daf}+H_{daf}+O_{daf}+S_{daf}+N_{daf}+M_{daf}+A_{daf}=100\% \tag{7-28}$$

以上四种分析基准各有用途，应根据不同情况加以选用。当锅炉进行热工计算和热平衡实验时，采用收到基成分；为了避免燃料中的水分在分析过程中变化，实验室中进行燃料分析时采用空气干燥基成分；为了表示燃料中的灰分含量，需要用干燥基成分，因为只有在不受水分变化的影响下，才能真实地反映灰分含量；为了表明燃料的燃烧特性和对煤进行分类，常采用比较稳定的干燥无灰基成分。燃料的各种基之间可以互相换算。由一种基成分换算成另一种基成分时乘以换算系数即可，不同成分的换算系数见表 7-6。

欲求基成分=已知基成分×换算系数

表 7-6 燃料不同基成分换算系数表

x_0 \ x	收到基	空气干燥基	干燥基	干燥无灰基
收到基	1	$\frac{100-M_{ad}}{100-M_{ar}}$	$\frac{100}{100-M_{ar}}$	$\frac{100}{100-M_{ar}-A_{ar}}$
空气干燥基	$\frac{100-M_{ar}}{100-M_{ad}}$	1	$\frac{100}{100-M_{ad}}$	$\frac{100}{100-M_{ad}-A_{ad}}$
干燥基	$\frac{100-M_{ar}}{100}$	$\frac{100-M_{ad}}{100}$	1	$\frac{100}{100-A_{ad}}$
干燥无灰基	$\frac{100-M_{ar}-A_{ar}}{100}$	$\frac{100-M_{ad}-A_{ad}}{100}$	$\frac{100-A_{ad}}{100}$	1

2. 燃料的种类及特性

工业锅炉用燃料分为三类：①固体燃料，如烟煤、无烟煤、褐煤、泥煤、油页岩、煤矸石、垃圾燃料、生物质燃料等；②液体燃料，如重油、渣油、柴油等；③气体燃料，如天然气、人工燃气、液化石油气等。

(1) 煤的燃烧特性。煤的燃烧特性主要指煤的发热量、挥发分、焦结性和灰熔点，它们是选择锅炉燃烧设备、制定运行操作规程和进行节能改造等工作的重要依据。

1) 煤的发热量。1kg 煤完全燃烧时所放出的热量，称为煤的发热量。根据燃烧产物中水的物态不同，发热量分有高位发热量 Q_{gw} 和低位发热量 Q_{dw} 两种。高位发热量指 1kg 燃料完全燃烧后所产生的热量，包括燃料燃烧时生成的水蒸气完全凝结成水放出的汽化潜热。低位发热量指 1kg 燃料完全燃烧后所产生的热量，不包括燃料燃烧时生成的水蒸气完全凝结成

水放出的汽化潜热。我国目前的锅炉燃烧设备都是按实际应用煤的低位发热量来进行计算的。煤的品种不同，其发热量往往差别很大。为了便于比较不同煤种的发热量，特引入“标准煤”的概念。通常将 Q_{dw}＝29 307kJ/kg 的煤定义为标准煤。

2）挥发分。将失去水分的干燥煤样置于隔绝空气的环境中加热至一定温度时，煤中有机质分解而析出的气态物质称为挥发物，其百分数含量即为挥发分。可见，挥发物不是以现成状态存在于燃料中的，而是在燃料加热中形成。挥发物主要由各种碳氢化合物、氢、一氧化碳、硫化氢等可燃气体和少量的氧、二氧化碳及氮等不可燃气体组成。煤的挥发分含量对燃烧过程的发生和发展有较大影响。挥发分含量高的煤，不但着火迅速、燃烧稳定，而且也易于燃烧完全。

3）焦结性。煤在隔绝空气加热时，水分蒸发、挥发分析出后的固体残余物是焦炭，它由固定碳和灰分组成。煤种不同，其焦炭的物理性质、外观等也各不相同，有的松散呈粉末状，有的则结成不同硬度的焦块。焦结性是煤的又一重要的燃烧特性，它对煤在炉内的燃烧过程和燃烧效率有着很大影响。焦结性很强的煤，焦呈块状，焦炭内的质点难于与空气接触，使燃烧困难；同时，炉层也会因焦结而粘连成片失去多孔性，既增大了阻力，又使燃烧恶化。

4）灰熔点。当焦炭中的可燃物——固定碳燃烧殆尽时，残留下来的便是煤的灰分。灰分的熔融性习惯上称为煤的灰熔点。煤的灰熔点是用四个特征温度表示的，分别为变形温度、软化温度、半球温度和流动温度，其值通常用试验方法——角锥法测得。灰锥尖端开始变圆或弯曲时的温度，称为变形温度。灰锥弯曲至锥尖触及托板或灰锥变成球形时的温度，称为软化温度。灰锥变形至近似呈半球体，即高度约等于底长的一半时的温度，称为半球温度。灰锥熔化展开成高度在 1.5mm 以下的薄层时的温度，称为流动温度。灰熔点对锅炉工作有较大的影响。灰熔点低，容易引起受热面结渣。熔化的灰渣会把未燃尽的焦炭裹住而妨碍继续燃烧，甚至会堵塞炉排的通风孔隙而使燃烧恶化。工业上一般以煤灰的软化温度作为衡量其熔融性的主要指标。对固态排渣煤粉炉，为避免炉膛出口结渣，出口烟温要比软化温度低 100℃。

（2）液体燃料的燃烧特性。燃油锅炉的燃料多用重油，重油是石油炼制加工工艺中提取轻质馏分——汽油、煤油和柴油后的重质残余物的总称，是燃料油中密度最大的一种油品，一般由常压重油、减压重油和裂化重油等按一定比例调和制成。重油的成分与煤一样，但主要元素成分是碳和氢，其含量甚高（C_{daf}＝81%～87%，H_{daf}＝11%～14%），发热量高而稳定，极易着火与燃烧。而灰分、水分的含量很少，锅炉受热面很少积灰和腐蚀，对环境污染小，属于一种清洁型燃料，但易发生低温腐蚀。

1）发热量（Q）。油的重度越小，则发热量越高。由于油中的碳、氢含量比煤高，因此其发热量为 39 800～44 000kJ/kg。

2）黏度。油的流动速度，不仅取决于使油流动的外力，而且也取决于油层间受外力作相对运动的内部阻力，这个内部阻力就称为黏度。目前国内较常用的是 40℃运动黏度（对馏分型燃料油）和 100℃运动黏度（对残渣型燃料油）。我国过去的燃料油行业标准采用恩氏黏度（80、100℃）作为油品质量控制指标，用 80℃运动黏度划分油品牌号。

恩氏黏度是一种条件黏度。它是以 200mL 试验燃料油在温度为 t（℃）时，从恩氏黏度计标准容器中流出的时间 t 与 200mL 温度为 20℃的蒸馏水从同一曲度计标准容器中流出的时间之比值。

3）凝固点。油的凝固点表示油在低温下的流动特性。凝固点是指燃料油由液态变为固态时的温度。测定凝固点的标准方法是，将某一温度的试样油放在一定的试管中冷却，并将它倾斜45°，如试管中的油面经过5～10s保持不变，则这时的油温即为油的凝固点。

凝点高低关系着燃油在低温下的流动性能，在低温下输送凝点高的油时，油管内会析出粒状固体物，引起阻塞不通，必须采取加热或防冻措施。

4）闪点。燃油表面上的蒸汽和周围空气的混合物与火接触，初次出现黄色火焰的闪光的温度称为闪点或闪光点。

闪点是燃料油在使用、储运中防止发生火灾的一个重要指标，因此燃料油的预热温度必须低于闪点。敞口容器中的油温至少应比闪点低10℃，封闭的压力容器和管道内的油温则可不受此限。闪点≤45℃的油品称为易燃品。在燃油运行管理中，除根据油种闪点确定允许的最高加热温度外，更须注意油种的变化及闪点的变化。

5）燃点（着火点）。在常压下，油品着火连续燃烧（时间不少于5s）时的最低温度称为燃点或着火点。无外界明火，油品自行着火燃烧时的最低温度称为自燃点。燃点高于闪点，重油的闪点为80～130℃，燃点比闪点高10～30℃。

6）爆炸极限。油蒸汽与空气混合物的浓度在某个范围内，遇明火或温度升高就会发生爆炸，这个浓度范围就称为该油品的爆炸极限。空气中所含可能引起爆炸的最小和最大的油品蒸气体积分数或浓度，称为该油品的爆炸上限和爆炸下限，以%或g/m^3表示。此外，油品很容易在摩擦时产生静电，在静电作用下，油层被击穿，导致放电，产生火花，此火花可将油蒸汽引燃。因此，静电是使用油品发生燃烧和爆炸的原因之一。

(3) 气体燃料的燃烧特性。气体燃料通常按获得的方式分类，可分为天然气体燃料和人工气体燃料两大类。

天然气体燃料的主要成分是甲烷，主要有天然气、煤田气、油田气。天然气在标准状态下的低位发热量为36 000～42 000kJ/m^3，煤田气在标准状态下的低位发热量为13 000～19 000kJ/m^3，油田气在标准状态下的低位发热量为39 000～44 000kJ/m^3。

人工气体燃料主要有气化炉煤气、焦炉煤气、高炉煤气、油制气、液化石油气，是指以煤或石油产品为原料，经过各种加工方法而产生的燃气。气化炉煤气又可分为发生炉煤气、水煤气和加压气化煤气，主要可燃成分为一氧化碳和氢气。发生炉煤气在标准状态下的低位发热量5000～5900kJ/m^3，水煤气在标准状态下的低位发热量10 000～12 000kJ/m^3，加压气化煤气的热值可达16 000kJ/m^3。

焦炉煤气是煤在炼焦过程中的副产品，含有大量的氢和甲烷，在标准状态下的低位发热量15 000～17 200kJ/m^3。高炉煤气是炼铁高炉的副产品，主要可燃成分是一氧化碳和氢气，在标准状态下的低位发热量3200～4000kJ/m^3。高炉煤气中带有大量的灰分，灰分含量可达60～80g/m^3。高炉煤气在使用前应进行净化处理，有时与重油或煤粉掺合作为工业炉窑和锅炉的燃料。油制气是以石油及其加工制品作原料，经由加热裂解等制气工艺获得的燃料气，主要可燃成分是甲烷、乙烯和氢气，标准状态下的低位发热量为35 900～39 700kJ/m^3。

液化石油气是在气田、油田的开采中或从石油炼制过程中获得的气体燃料，可燃成分主要是丙烷、丁烷、丙烯和丁烯，标准状态下的低位发热量为90 000～120 000kJ/m^3。在输送、储存和使用过程中，液化石油气因其爆炸下限低，仅为2%，如有泄漏极易形成爆炸性气体，一旦遇明火会引起火灾和爆炸事故，因此必须随时随地加以防范，避免造成不应有的损失。沼气为生物质能源，是生物质气化产物。它以植物秸秆枝叶、动物残骸、人畜粪便、城市有机垃圾和工业有机废水为原料，在厌氧环境中经发酵、分解而得到。它的主要可燃成分是甲烷，标准状态下的低位发热量约为 23 000kJ/m^3。

(4) 水煤浆燃料的燃烧特性。水煤浆是一种经济、洁净、可替代石油和天然气的液体燃料和化工燃料。它是一种将一定颗粒的煤粉分散于水介质中，制成高浓度的煤/水分散体系。典型的水煤浆由 65%～70%的煤、30%～35%的水和 0.1%～1.0%的添加剂组成，其热值约为 15MJ/kg。它既保持了煤炭原有的物理特性，又具有像石油一样的流动性和稳定性，在运输、储存、泵送和雾化燃烧的调节控制等方面都十分近似于石油。

燃烧水煤浆可以显著提高煤炭的燃烧效率，减少对环境的污染。在实际应用中，2.1t 水煤浆的能量相当于 1t 的石油，但成本远低于石油。在环保方面，由于煤粉经过洗选，硫分和灰分降低约 40%，又由于水煤浆锅炉比燃煤锅炉燃烧时温度低 200℃左右，故 NO_x 排放量大幅度降低，明显净化了空气。

(5) 生物质固体燃料的燃烧特性。生物质固体燃料是指由生物质直接或间接产生的燃料，其主要成分是纤维素、半纤维素、木质素。该燃料来源于农业、畜牧业、食品加工业、林业及林业加工等行业的固体生物质或挤压成型的固体颗粒。固体生物质燃料通常有两种分类：一是按生长源和来源分类，主要分为木质生物质、草本生物质、果实生物质，以及上述生物质的掺合物和混合物四大类；二是按贸易时主要商品形式分类，包括木块、木丸、木片、圆木、锯屑、树皮、禾草包、拱曲燃料、压榨橄榄油后的渣饼等。固体生物质燃料的利用主要有以下四种形式：

1) 直接燃烧。这是目前我国最主要的利用方式。该方法燃料利用率低，污染环境严重；工业锅炉燃烧作为一种简单廉价技术，广泛应用于中、小型系统。这种锅炉适用于灰分较低和颗粒尺寸较小的固体生物质燃料。

2) 固化成型。固体生物质能量密度小，固化成型就是将其压制成型。

3) 与煤混燃（生物煤）。低品位的煤炭和农林等产业废弃物制成的复合固体燃料称为生物煤。将煤炭和固体生物质干燥、粉碎，加入脱硫固化剂挤压成型，提高了煤的燃尽性，同时，可把燃料中的硫固定到灰中。

4) 与固态氧化剂混合成新型燃料。目前，一种来源丰富、廉价的、可取代空气氧化剂的固体氧化剂的研究开发，能使燃料近于完全燃烧。

3. 锅炉热平衡与燃烧计算

锅炉热平衡是基于能量和质量守恒定律，研究稳定工况下锅炉的输入热量和输出热量及各项热损失之间的关系。为了全面评定锅炉的工作状况，必须对锅炉进行测试，这种实验称为锅炉的热平衡（或热效率）实验。实验的目的在于掌握和弄清锅炉燃料的热量在锅炉中的利用情况，求出锅炉的热效率和燃料消耗量，寻求提高锅炉热效率的途径。

(1) 锅炉热平衡。锅炉生产蒸汽或热水的热量主要来源于燃料燃烧生成的热量。但是，进入炉内的燃料由于种种原因不可能完全燃烧放热，而燃烧放出的热量也不会全部有效地利用于生产蒸汽或热水，其中必有一部分热量会损失掉。为了确定锅炉的热效率，就需要锅炉在正常稳定的运行工况下建立锅炉热量的收、支平衡关系，通常称为热平衡。

锅炉热平衡是以 1kg 固体燃料或液体燃料（气体燃料以 1m^3）为单位组成的。

锅炉热平衡方程如下

$$Q_r = Q_1 + Q_2 + Q_3 + Q_4 + Q_5 + Q_6 \tag{7-29}$$

式中：Q_r为锅炉的输入热量，kJ/kg；Q_1为锅炉的输出热量，即锅炉有效利用热量，kJ/kg；Q_2为排烟损失热量，即排出烟气所带走的热量，称为锅炉排烟热损失，kJ/kg；Q_3为气体不完全燃烧损失热量，它是未燃烧完全的那部分可燃气体损失掉的热量，称为气体不完全燃烧热损失，kJ/kg；Q_4为固体不完全燃烧损失热量，它是未燃烧完全的那部分固体燃料损失掉的热量，称为固体不完全燃烧热损失，kJ/kg；Q_5为锅炉散热损失热量，由炉体和管道等热表面散热损失掉的热量，称为锅炉散热热损失，kJ/kg；Q_6为灰渣物理热损失热量，kJ/kg。

如果式（7-29）两边分别除以Q_r，则锅炉热平衡方程就可用占输入热量的百分数来表示，即

$$q_1 + q_2 + q_3 + q_4 + q_5 + q_6 = 100\% \tag{7-30}$$

式中：q_1为锅炉热效率，%；q_2为排烟热损失，%；q_3为气体不完全燃烧热损失，%；q_4为固体不完全燃烧热损失，%；q_5为锅炉散热损失，%；q_6为灰渣热损失，%。

(2) 锅炉效率。锅炉的输入热量Q_r是指由锅炉外部输入的热量，它由以下各项组成，即

$$Q_r = Q_{net,ar} + i_r + Q_{zq} + Q_{wl} \tag{7-31}$$

式中：$Q_{net,ar}$为燃料收到基的低位发热量，kJ/kg；i_r为燃料的物理显热，kJ/kg；Q_{zq}为喷入锅炉的蒸汽带入的热量，kJ/kg；Q_{wl}为用外来热源加热空气带入的热量，kJ/kg。

锅炉热效率可用热平衡实验方法测定，测定方法有正平衡法和反平衡法两种。热平衡实验必须在锅炉稳定的运行工况下进行。

1) 正平衡法。正平衡实验按式（7-30）进行，锅炉效率为输出热量（即有效利用热量）占燃料输入锅炉热量的份额。对应于1kg燃料的有效利用热量Q_1可按下式计算，即

$$Q_1 = Q_{gl}/B \tag{7-32}$$

式中：Q_{gl}为锅炉每小时有效吸热量，kJ/h；B为每小时燃料消耗量，kg/h。

对于蒸汽锅炉，每小时有效吸热量Q_{gl}按下式计算，即

$$Q_{gl} = D(i_q - i_{gs}) \times 10^3 + D_{ps}(i_{ps} - i_{gs}) \times 10^3 \tag{7-33}$$

由于供热锅炉一般都是定期排污，为简化测定工作，在热平衡测试期间可不进行排污。

对于热水锅炉和油载热体锅炉，每小时有效吸收热量Q_{gl}按下式计算，即

$$Q_{gl} = G(i'' - i') \times 10^3 \tag{7-34}$$

式中：G为热水锅炉循环水量或油载体锅炉循环油量，t/h；i'、i''为热水锅炉进、出口水的焓或油载体锅炉进、出口油的焓，kJ/kg。

供热锅炉采用正平衡法来测定效率时，只要测出燃料量（B）、燃料收到基低位发热量（$Q_{net,ar}$）、锅炉蒸发量D以及蒸汽压力和温度，即可算出锅炉的热效率，是一种比较常用而且简便的方法。对于电加热锅炉，输出蒸汽或热水时，只要测得其每小时的耗热量（kWh），同样可以很方便地算出锅炉热效率。

2) 反平衡法。正平衡法只能求得锅炉的热效率，它的不足是不可能据此分析影响锅炉热效率的种种因素，以寻求提高热效率的途径。因此，在实际实验过程中，往往测出锅炉的各项热损失来计算锅炉的热效率，这种方法称为反平衡法。锅炉热效率测定应同时采用正平衡法和反平衡法，其值取两种方法测得的平均值。

在设计一台新锅炉时，必须先根据同类型锅炉运行经验选定 q_3、q_4及 q_5，再根据选定的排烟温度和过量空气系数以及燃料的灰分，计算出 q_2及 q_6的数值，然后求出锅炉效率。

(3) 各种热损失。

1) 固体不完全燃烧热损失（q_4）。固体不完全燃烧热损失主要发生在固体燃料燃烧过程中，是由于进入炉膛的燃料有一部分没有参与燃烧或未燃尽而被排出炉外引起的热损失，主要存在于灰渣、漏煤和飞灰中。影响固体不完全燃烧热损失的因素有锅炉结构、燃料特性及运行情况。

2) 气体不完全燃烧热损失（q_3）。气体不完全燃烧热损失是烟气中残留的 CO、H_2、CH_4等可燃气体未释放出燃烧热就随烟气排出所造成的热损失。影响气体不完全燃烧热损失的因素有锅炉结构、燃料特性及运行情况。

3) 排烟热损失（q_2）与灰渣热损失（q_6）。烟气离开锅炉排入大气时，温度比环境温度高很多，排烟所带走的热量损失称为排烟热损失。它是锅炉热损失中较大的一项，装有省煤器的水管锅炉 q_2为 6%～12%；不装省煤器时，可高达 20%以上。影响排烟热损失的主要因素是排烟温度和排烟容积。灰渣离开锅炉时，温度比环境温度高很多，灰渣所带走的热量损失称为灰渣热损失。影响灰渣热损失的主要因素是灰渣温度和燃料特性。

4) 散热损失（q_5）。锅炉运行过程中，锅炉炉墙、金属构架及汽水管道、烟风道等的表面温度均比周围环境温度高，这样不可避免地会将部分热量散失于大气，形成锅炉的散热损失。散热损失的大小主要取决于锅炉散热表面积的大小、表面温度及周围空气温度等因素，它与水冷壁和炉墙的结构、保温层的性能和厚度有关。

(4) 锅炉的毛效率及净效率。按式（7－30）所确定的锅炉效率，是不扣除锅炉自用蒸汽和辅助设备耗用动力折算热量的效率，称为锅炉的毛效率。通常所说的锅炉效率指的都是毛效率。有时为了进一步分析及比较锅炉的经济性能，要用净效率 η_j表示。锅炉净效率是在毛效率的基础上扣除锅炉自用汽和电能消耗后的效率，可按下式计算，即

$$\eta_j = \eta_{gl} - \Delta\eta \qquad (7-35)$$

式中：$\Delta\eta$ 为由于自用汽（如汽动给水泵、预热给水和蒸汽引射二次风等用汽）和自用电能消耗（锅炉本身和辅助设备耗电量）所相当的锅炉效率降低值。

三、其他热源

（一）电热式热源

电热锅炉按生产的介质不同，可分为热水锅炉和蒸汽锅炉；按生产热源介质压力不同，可分为常压锅炉和承压锅炉。

1. 电热式常压热水锅炉

电热式常压热水锅炉一般具有如下结构特点：

(1) 电热式热水锅炉为开式结构，被加热水与大气直接相通，并有足够的泄压能力，锅炉总是在常压状态下运行，不存在爆炸隐患，不受劳动部门监管。

(2) 炉体采用优质锅炉钢材制造，主要焊接部位采用埋弧自动焊或气体保护焊焊接，质量稳定、可靠。

(3) 炉体整机保温，外部采用塑料或不锈钢板包装，造型美观、大方。

(4) 电热式锅炉为筒式结构，0.06～0.23MW 的为立式结构，电热管布置在顶端；0.35MW 以上以卧式结构为主，电热管布置在筒体侧面。

2. 电热式承压热水锅炉

电热式承压热水锅炉与电热式常压热水锅炉结构基本一致，但强度大大提高，其设计、生产、检验程序均有所不同。具体结构特点如下：

(1) 炉体设计、生产严格按照工业锅炉制造规范和压力容器制造规范的要求进行。

(2) 炉体采用优质锅炉钢材制造，主要焊接部位采用埋弧自动焊或气体保护焊焊接，炉体纵、环焊缝进行不小于20%的X射线无损探伤检测。总装后作水压试验。

(3) 承压型电热式热水锅炉为承压锅炉，最大承压1.2MPa，每台锅炉出厂前均由有关锅炉压力容器监督检验机构鉴定。

(4) 0.93MW以上的锅炉设有两个安全阀。

3. 电热式蒸汽锅炉

电热式蒸汽锅炉与传统燃煤型蒸汽锅炉完全不同，能迅速稳定地生产高品质蒸汽，具有高效、安全、安静、无污染等优点。

(1) 由于没有炉膛或水管等受热部件，结构较燃煤型蒸汽锅炉大大简化，质量控制点减少且易控制。

(2) 筒式炉体，整体式结构，外形尺寸小。

(3) 炉体纵、环焊缝100%的X射线无损探伤。

(4) 采用新型旋转式汽水分离装置，能有效分离汽水，蒸汽品质优良。

(5) 总装后做水压试验和气密性试验。

(二) 太阳能热源

太阳能是无穷无尽的、干净的能源，是21世纪人类可期待的最有希望的能源。太阳能作为热源，可构成以下几种情况：

1. 太阳能直接供冷暖系统

该系统用平板型太阳能集热器通过热水集热，经过蓄热槽就可供辐射、热风采暖等低温采暖系统进行供暖。必要时可采用辅助热源。其集热温度，冬季为30～50℃，夏季为40～70℃。

2. 太阳能热泵供（冷）暖系统

该系统是用平板型太阳能集热器（多为无玻璃盖）通过热水集热，再利用热泵升温至30～50℃进行供暖。夏季通过外供电驱动制冷剂供冷。并根据需要可采用辅助热源。其集热温度，冬季为10～20℃，夏季为30～50℃。

3. 太阳能热供（冷）暖系统

该系统是用平板型太阳能集热器（具有选择性吸收涂层），以作为吸收式或压缩式制冷剂驱动机构的热源进行制冷。冬季用相同的集热器直接供暖，必要时可采用辅助热源；备用制冷剂、蓄热槽（冷热水）。其集热温度，冬季为40～50℃，夏季为80～100℃。

4. 太阳能自然供暖系统（即被动式太阳房）

该系统将射入玻璃窗和墙体内的太阳能有效地吸收储存起来，利用隔热保温材料和建筑结构防止夜间损失，以节约热量。室内的入射热还可以通过热泵回收。其冬季集热温度达20℃，夏季可通过气流方向的改变来达到降温的目的。

5. 太阳能热电联产联合供给系统

该系统是将冷却光电池的空气（或水）用于供暖，或者是利用热力发电的低温排热来供暖。其集热温度，冬季为25～45℃，夏季放热（供热水）。

6. 太阳能供热水系统

该系统用太阳能热水器来供热水，有自然循环、强制循环、热虹吸式等方式。加热法则可分为直接加热和热泵两种。其集热温度，冬季为5～60℃，夏季为20～60℃。

7. 区域性太阳能供冷暖系统

该系统在区域性供热水时采用直接加热式和热泵加热式；在区域供暖时采用单管供给式（直接）；在区域供冷暖时采用热源水供给式和热电联合供给式。

（三）可再生热源

1. 地热能

地球内部蕴藏着巨大的热能。从地球表面向地球内部深入，温度逐渐上升，地壳的平均温度为20～60℃/km。大陆地壳底部的温度为500～1000℃。地球中心的温度约为6000℃。据估算，在距地表1km的地壳外层内的储热量约为1.26×10^{27}J，相当于世界上煤的可采储量所含热量的7万多倍。

地热能源的类型：蒸汽型、热水型、地压型、干热岩型和岩浆型。

2. 风能

风能是太阳能的一种转换形式，地球接收到的太阳能辐射约有20%被转换成风能。全球的风能总量估计有1.3×10^{14}W，这是一个巨大的潜在能源宝库。如果有1%的风能被利用，即可满足人类对能源的需求。

但是，风能具有能量密度小、风力机效率低、风能的获取不稳定及使用不方便等缺点。目前，风能利用的主要形式是风能发电和风能提水，其主要设备是风力机及辅助设备。风力发电在农村、海岛、草原、边远山区的局部地区具有明显的优越性。

3. 生物能

生物能是指太阳能通过光合作用以生物的形态储存的能量，包括农、林、牧及水生作物资源等含有的能量。作为能源资源利用的生物质一般包括林产品下脚料、薪柴、农作物秸秆、水生作物，以及作为沼气资源的人畜粪便和城市生活、生产过程的一些废弃物等。生物质的基本特点是挥发分含量较高，易于着火燃烧，但体积松散，能量密度低，不能直接作为商品能源。

目前，生物质资源通常作为农村生活用能源，但存在两方面的缺点：一是可作为能源的生物质资源未能充分使用，二是能量利用率极低。据估计，农村家用炉灶中燃烧秸秆、薪柴等的热效率只有14%左右，大量的能量资源未能有效利用。提高生物能量利用率的主要途径有两个：一是研究生物燃料的燃烧技术，改进燃烧装置；二是要开发高效的生物能转换技术，将其变成便于使用的高品位商品化能源。

生物质转换成气体燃料的工艺主要有两大类：一类为发酵法，主要是利用各种有机质发酵产生沼气；另一类为热解法（分为干馏和汽化）。

4. 海洋能

海洋能是一个较为广泛的概念，包括潮汐、潮流、海流、波浪、温差、盐质量浓度差等潜在的能源。有人估计这种可再生能源的蕴藏量达10^{9}kW，潜力巨大。目前，受到普遍重视的首先是潮汐的动力，其次是利用海水温差、波浪发电。

我国广阔的海域和5000多个大小岛屿，海岸线长约2×10^{4}km，开发海洋能具有很大潜力，并已在广东、浙江等地建立了一些小型潮汐电站。另外，在波浪能利用等方面也开始了小规模开发试验，并已取得一些成果。

第三节 制冷剂与冷热媒（工质与水系统）

一、制冷剂

（一）制冷剂的热力学性质

（1）压力：制冷剂的压力水平用标准沸点来区分，见表7-7。

（2）标准沸点：标准大气压（101.3kPa）下的沸点。

表7-7 几种制冷剂标准沸点和不同温度下的饱和压力

制冷剂	标准沸点（℃）	在下列温度下的饱和压力（MPa）			
		−15℃	5℃	30℃	55℃
R123	27.87	0.016	0.041	0.11	0.247
R134a	−26.16	0.164	0.243	0.77	1.491
R717	−33.3	0.237	0.517	1.169	2.31
R22	−40.76	0.296	0.584	1.192	2.174
R407C	−40.79	0.338	0.665	1.356	2.475
R23	−82.1	1.632	2.853		

几种制冷剂在 t_c/t_e=40℃/5℃时的单位容积制冷量（q_V）见表7-8。

表7-8 几种制冷剂在 t_c/t_e=40℃/5℃时的单位容积制冷量（q_V）

制冷剂	R717	R22	R134a	R123	R407C①
q_V（kJ/m³）	4443.3	3901.8	2480.5	399.5	4000.5

① t_c、t_e均取泡点和露点的平均值。

制冷剂循环效率和排汽温度见表7-9。

表7-9 制冷剂循环效率和排汽温度

制冷剂	R134a	R22	R717	R123
循环效率 η_R（%）	80.4	81.2	84.2	91.3
排汽温度 t_2（℃）	44	58.4	95.7	40

（二）制冷剂的物理、化学、安全等的性质

1. 制冷剂与油相溶解的优缺点

（1）润滑条件好。

（2）换热表面油膜热阻。

（3）会降低润滑油的黏度。

（4）引起蒸发温度升高，沸腾时泡沫多。

制冷剂与水不溶解，在节流阀处可能出现结冰——称冰塞；氨与水无限溶解，卤代烃与水溶解性差。

2. 可燃性

（1）在18℃、101kPa大气压的空气中不传播火焰。

(2) 在 21℃、101kPa 条件下，最低可燃极限浓度大于 0.1kg/m^3 和燃烧热值小于 19 000kJ/kg。

(3) 在 21℃、101kPa 条件下，最低可燃极限浓度不大于 0.1kg/m^3 或燃烧热值不小于 19 000kJ/kg。

表 7-10　　几种制冷剂的安全性等级

安全性等级	制冷剂	安全性等级	制冷剂
A1	R22、R134a、R125、R507A、RC318	B1	R123
A2	R32、R152a	B2	R717
A3	R50、R290、R600		

3. 制冷剂对材料的腐蚀性

(1) 卤代烃：对金属（除镁、锌和含镁超过 2%的铝合金）无腐蚀作用；对天然橡胶有溶解作用。

(2) 氨：对铜、黄铜和铜合金（除磷青铜外）有腐蚀作用。

4. 制冷剂对环境的影响

(1) 对大气臭氧层的破坏作用：评价指标——ODP（臭氧消耗潜能值），CFC11 的 ODP=1，见表 7-11。

(2) 温室效应：评价指标——GWP（全球变暖潜能值），CO_2 的 GWP=1.0。

表 7-11　　几种制冷剂的 ODP 和 GWP 值

制冷剂	R11	R22	R32	R123	R134a	R152a	R407C	R507A
ODP	1.0	0.034	0	0.012	0	0	0	0
GWP	4600	1700	550	120	1300	120	1700	3900

（三）几种常用制冷剂的性质

1. R22

传统制冷剂，在《蒙特利尔议定书》中 R22 被限定于 2020 年淘汰，是目前应用普遍的过渡性替代 CFC 的制冷剂。其热力性质良好；无毒，无燃烧爆炸危险。

2. R134a

替代 R12 的新制冷剂，是温室气体。热力性质良好；无毒，无燃烧爆炸危险。

3. R123

替代 R11 的过渡性制冷剂。压力水平低；q_V 小；应采用回热循环，以保证干压缩；适宜用于离心式压缩中。

4. R407C

非共沸混合制冷剂，性质与 R22 相近。

5. R717

传统制冷剂，在冷库中广为应用。热力性质良好；与环境友好；有毒性，有燃烧爆炸危险。

二、冷媒和热媒

冷媒和热媒是用于传递冷量和热量的中间介质，冷媒又称载冷剂。

1. 水

优良的冷媒和热媒。作冷媒时称为冷冻水，作热媒时称为热水。

水作为冷、热媒的特点：比热容大，黏度小，腐蚀性小，无毒，无燃烧爆炸危险，化学稳定性好，来源充沛，只能用于0℃以上场合。

2. 乙二醇、丙二醇水溶液

用于0℃以下的系统作冷媒，相比水而言比热容小，某些化合物具有一定的毒性。

乙二醇、丙二醇水溶液的凝固点与浓度有关，见表7-12。

表7-12 乙二醇水溶液和丙二醇水溶液的凝固点

质量浓度(%)	10	15	20	22	24	26	28	30	35
乙二醇水溶液(℃)	-3.2	-5.4	-7.8	-8.9	-10.2	-11.4	-12.7	-14.1	-17.9
丙二醇水溶液(℃)	-3.3	-5.1	-7.1	-8	-9.1	-10.2	-11.4	-12.7	-16.4

溶液性质：无色，无味，无电解性，无燃烧性，化学性质稳定；有腐蚀性，需添加缓蚀剂；乙二醇水溶液略有毒性，丙二醇水溶液无毒。溶液的密度、比热容、热导率、黏度与浓度及温度有关。

3. 盐水溶液

氯化钙和氯化钠水溶液，盐水冰点比纯水低，因此在蒸发温度低于0℃的制冷装置中可作为载冷剂。其主要缺点是会对一些金属材料产生腐蚀。

4. 蒸汽

蒸汽作热媒的优点：靠压力流动，不需设泵，密度小，用于高层建筑中不会给底层带来超压危险，系统维修方便，利用汽化潜热传递热量，质量流量小；缺点：运行时，管路系统有“水击”发生，凝结水管内有可能产生“二次蒸汽”；易产生跑冒蒸汽；系统停止运行时，空气进入，管路易腐蚀。

三、冷源水系统

(一) 系统分类

1. 空调冷源按布置方式分

空调冷源按布置方式分，有开式和闭式系统两类。

开式系统的特点是与大气相通。因此，外界空气中的氧气、污染物等极易进入水循环系统，管道、设备等易腐蚀、易堵塞。与闭式系统相比，开式系统的水泵不仅要克服系统的沿程阻力及局部阻力损失，还要克服系统的静水压头，水泵能耗较大。现今在空调工程中，特别是冷冻水系统中，已经很少采用开启式循环系统。

闭式系统由于管道及设备腐蚀小、水泵能耗小，在空调工程中已广泛应用。

2. 空调冷源的流程按调节方式分

空调冷源的流程按调节方式分，有定流量系统和变流量系统两种。

定流量系统的特点是系统水量不变，通过改变供回水温度差满足空调建筑的要求。定流量系统通常在末端设备或风机盘管侧采用双位控制的三通阀进行调节，即室温超出设计值时，室温控制器发出信号使三通阀的直通阀座部分关闭，使供水经旁通阀座全部流入回水干管中。当室温没有达到设计值时，室温控制器作用使三通阀直通部分打开，旁通阀关闭，供水全部流入末端设备或风机盘管以满足室温要求。

变水量系统中，供回水温度不变，要求空调末端设备或风机盘管侧的供水量随负荷的增减而改变，故系统输送能耗也随之变化。要求变水量系统中水泵的设置和流量的控制必须采取相应的措施。

3. 空调水系统按水泵的设置方法分

空调水系统按水泵的设置方法分，分为单级泵系统和复式泵系统两类。

单级泵系统是在空调冷热源侧（制冷机、换热器、锅炉）和负荷侧（末端设备或风机盘管）合用水泵的循环供水方式，适用于中小型建筑。

复式泵系统是在空调水系统的冷热源侧（制冷机、换热器、锅炉）和负荷侧（末端设备或风机盘管）分别设置水泵的循环供水方式。复式泵系统特别适用于空调分区负荷变化大，或作用半径相对悬殊的场合。

（二）定流量系统

1. 一级泵定流量水系统

一级泵定流量水系统的流程如图 7-36 所示。

冷冻机锅炉均采用单台系统，用三通阀调节进入盘管的水量。这种系统的优点是系统简单、易管理；缺点是：水泵侧流量不能调节，在部分负荷时运行费用较高，同时系统各区阻力需平衡，水泵的扬程需按最大阻力分区的环路确定。

对于冷源设置两台以上，系统部分负荷时，可使相应的冷冻水泵停止工作，同时切断阀门，供水温度不变，或者停止冷冻机运行，不停水泵，则水温上升，这些方法都可使系统运行费用降低。

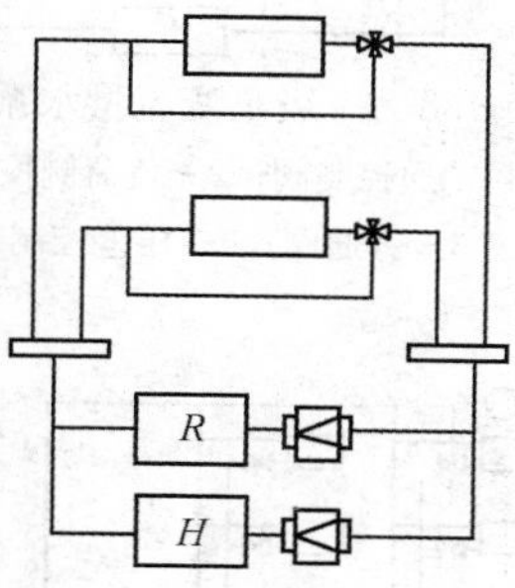

图 7-36　一级泵定流量水系统流程

2. 二级泵定流量水系统

二级泵定流量水系统流程如图 7-37 所示。

二级泵系统与一级泵系统相比，由于降低了冷热源的承压力，同时也降低了用户侧的承压力，因此适用于高层、超高层、区域建筑等大系统。

二级泵供水系统的冷热源设备有两台及两台以上时，如果共用连通集管（或分集水器连通），当冷热源及水泵停止运行时，系统内的循环水量仍能保持一定，只是随着时间的变化，供水温度会升高或降低。

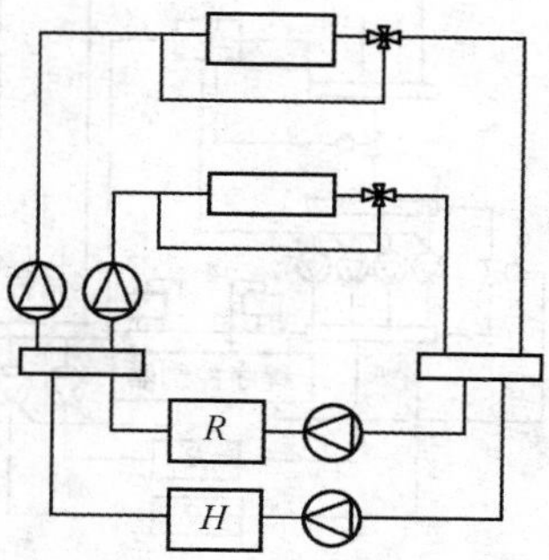

图 7-37　二级泵定流量水系统流程

（三）变流量系统

1. 一级泵变流量水系统

一级泵变流量水系统流程如图 7-38 所示。

冷源设置多台机组形式，用户由室温调节器调节二通阀进行控制，在冷源与用户之间的供回水总管上安装旁通管，在旁通管上安装压差调节器，用来控制旁通管上二通阀的启闭。

当用户负荷减少时，用户侧水流量也减少，反映在系统供回水总管之间压差增大，这时压差调节器工作使旁通管二通调节阀开大，使一部分水经旁通管由高压侧流至低压侧；相反，当用户负荷增加时，水流量增加，系统供回水总管之间压差减小，流经旁通管的水量减少，从而保持冷源水量不变，同时也保证用户供回水压力的恒定。

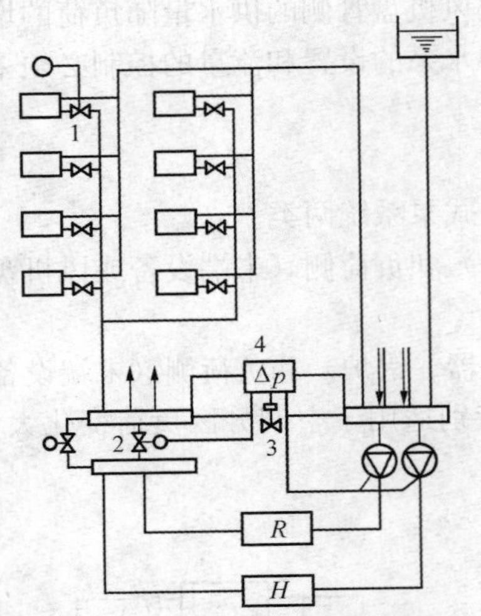

图 7-38 一级泵变流量水系统流程

1—二通控制阀；2—负荷侧控制阀；3—旁通阀；4—压差控制器

对于一级泵变流量系统，可以通过供回水管压力的变化控制冷水机组和冷冻水泵工作台数（一台冷冻水泵对应一台冷水机组互为联锁控制），也可由供回水温度的变化通过卸缸等方法调节冷水机组的供冷量，这样可以使冷水机组在系统部分负荷运行时达到节能的目的。

2. 二级泵变流量系统

二级泵变流量水系统流程如图 7-39 所示。

冷源设有多台冷水机组和多台并联的一次泵，用户侧设有多台并联的二次泵。对于冷源侧一次泵，采用流量法控制水泵的运行台数；对于用户侧二次泵，采用压差控制法控制二次泵启动的台数。在分集水器的连通管上设置流量计和流量开关。

（1）当二次泵系统水流量增加，一次泵的水流量不足时，就有一部分水从旁通管右边流向左边。当这部分旁通流量达到一台一次泵运行流量时，流量开关的电讯号传至程序控制器，自动启动一台一次泵和冷水机组。

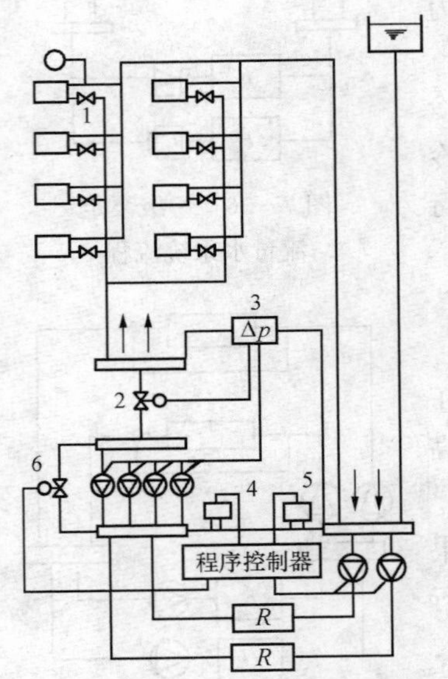

图 7-39 二级泵变流量水系统流程

1—二通控制阀；2—负荷侧控制阀；3—压差控制器；4—流量计；5—流量开关；6—旁通阀

（2）当二次泵系统流量减小时，一次泵的水流量过剩，这时多余的水量经过旁通管由左边流向右边。当这部分流量达到一台一次泵流量时，流量计的电讯号传至程序控制器，自动关掉一台一次泵和冷水机组。

（3）一次泵的选择：流量按所对应的冷水机组的额定流量确定，扬程按克服一次泵环路内的冷热源内部阻力（蒸发器或锅炉，或水加热器）、供回水管路的沿程及局部阻力损失（不包括用户侧阻力损失）。

（4）二次泵的选择：流量按考虑负荷系数和同时作用系数后在设计工况下的水流量确定，扬程按克服空调末端设备的阻力以及系统环路的沿程、局部阻力损失确定。

（5）旁通管的确定：旁通管通常按一台冷水机组的水量确定其管径，旁通管应有 0.3～1.0mH_2O 的阻力损失（为了改善流量计使用效果）。

二次泵变流量系统的温度控制法，如图 7-40 所示。

在冷水机组的供水总管上设置测温元件 T_1，在一次泵供回水总管之间的旁通管两侧设置测温元件 T_2 和 T_3，在此旁通管上设置差压调节阀。

系统编制控制程序时，温差范围应按接近一台水泵的流量确定，以避免机组和水泵启动过于频繁。由于供水温度 T_1 是不变的，T_2 及 T_3 是变化的，当 T_3 升高或降低到规定值时，由控制器控制开启或停止一台一次泵的运行。

二次泵变流量系统的热量控制法，如图 7-41 所示。

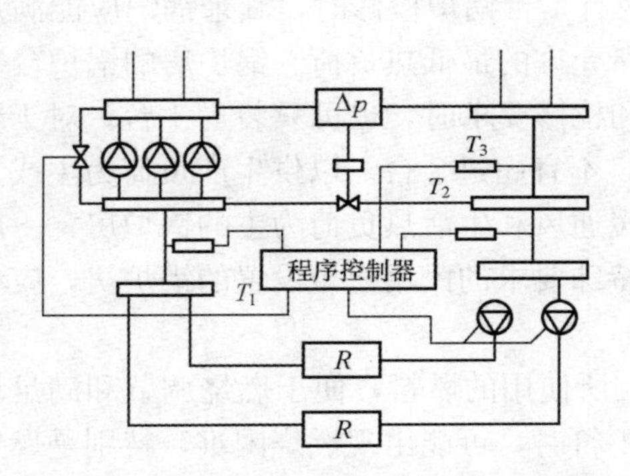

图 7-40 二次泵变流量温度控制系统流程

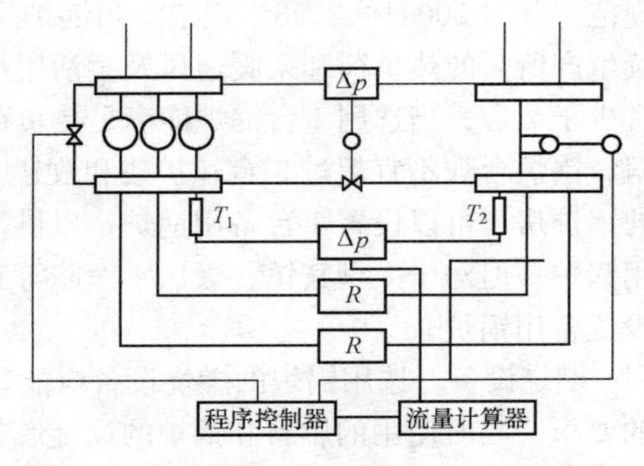

图 7-41 二次泵变流量热量控制系统流程

在一次泵的供回水总管上设置测温元件和流量测量元件并配置程序控制器（其主要部分是带微处理机的热量计算器），系统把温差讯号和流量讯号同时输入热量计算器进行计算，并由控制器发出指令对冷水机组和水泵进行台数控制。

热量控制法的优点是操作使用方便，缺点是初投资较大，需要较高的管理及维护水平，适于标准高的区域及高层建筑的空调工程。

第四节 冷热源设计及实例

一、设备选择

1. 冷源设备容量及台数的选择

冷源设备的选择计算主要是根据工艺的要求和系统总耗冷量来确定的，是在耗冷量计算的基础上进行。冷源设备选择得恰当与否，将会影响到整个冷源装置的运行特性、经济性能指标以及运行管理工作。冷源设备的选择计算一般按下列步骤进行：

(1) 确定制冷系统的总制冷量。

(2) 确定制冷剂种类和系统形式。制冷剂种类、制冷系统形式以及供冷方式，一般根据系统总制冷量、冷媒水量、水温以及使用条件来确定。

(3) 确定系统的设计工况。制冷系统的设计工况包括蒸发温度、冷凝温度，以及压缩机吸气温度和过冷温度。

(4) 制冷机组选择。机组的选择计算，主要是根据制冷系统总制冷量及系统的设计工况，确定机组的台数、型号和每台机组的制冷量以及配用电动机的功率。

2. 锅炉型号及台数的选择

在选定锅炉供热介质和参数后，应根据用户的要求和特点选择锅炉型号和确定锅炉的台数。

(1) 选择原则。锅炉型号和台数根据锅炉房热负荷、介质、参数和燃料种类等因素选择，并应考虑技术经济方面的合理性，使锅炉房在冬、夏季均能经济、可靠运行。

(2) 锅炉台数的确定。选用锅炉的台数时应考虑对负荷变化和意外事故的适应性，以及建设和运行的经济性。一般来说，单机容量较大的锅炉其效率较高，锅炉房占地面积小，运行人员少，经济性好；但台数不宜过少，否则适应负荷变化的能力和备用性就差。《锅炉房设计规范》(GB 50041—2008)规定：当锅炉房内有1台锅炉检修时，其余锅炉应能满足工艺连续生产所需的热负荷和采暖通风及生活用热所允许的最低热负荷。锅炉房的锅炉台数一般不宜少于2台；当选用1台锅炉能满足热负荷和检修要求时，也可只装置1台。对于新建锅炉房，锅炉台数不宜超过5台；扩建和改建时，不宜超过7台。以供生产负荷为主或常年供热的锅炉房，可以设置1台备用锅炉；以供采暖通风和生活热负荷为主的锅炉房，一般不设备用锅炉；但对于大型宾馆、饭店、医院等有特殊要求的民用建筑设置的锅炉房，应根据情况设置备用锅炉。

(3) 燃烧设备。选用锅炉的燃烧设备应能适应所使用的燃料，便于燃烧调节和满足环境保护的要求。当所使用的燃料和锅炉的设计燃料不符时，可能出现燃烧困难，特别是燃料的挥发分和发热量低于设计燃料时，锅炉效率和蒸发量都将不能保证。工业锅炉房负荷不稳定，燃烧设备应便于调节。大周期厚煤层燃烧的炉子难以适应负荷调节的要求，煤粉炉调节幅度则相当有限。蒸发量小于1t/h的小型锅炉虽可采用手烧炉，但难以解决冒黑烟问题。各种机械化层燃炉和“反烧”的小型锅炉，正常运行时烟气黑度均可满足排放标准。但抛煤机炉、沸腾炉和煤粉炉的烟气含尘量相当高，用于环境要求高的地方，除尘费用很高。

(4) 备用锅炉。《蒸汽锅炉安全技术监察规程》规定，“运行的锅炉每两年应进行次停炉内外部检验，新锅炉运行的头两年及实际运行时间超过10年的锅炉，每年应进行一次内外部检验”。在上述计划检修或临时事故停炉时，允许减少供汽的锅炉房可不设备用锅炉；减少供热可能导致人身事故和重大经济损失时，应设置备用锅炉。

3. 冷热源机房设计

冷热源机房按功能分为两类：一类为区域性集中供热或供冷机房，另一类是为某一建筑物或小建筑群体服务的机房。机房位置的选择确定，应符合有关建筑设计防火规范、采暖通风规范、空气调节设计规范、燃油燃气供应设计规范及锅炉安全技术监察规程等，并应综合考虑以下要求：

(1) 机房应力求靠近冷、热负荷比较集中的区域或建筑物。

(2) 应便于引出热力管道，有利于凝结水的回收，并使室内外管道的布置在技术、经济上合理；冷冻站应尽量靠近空调机房，以便缩短冷媒水管道，减少冷损失和节省基建投资。

(3) 应位于交通便利的地方，便于燃料的储存运输，并宜使人流和车辆分开。

(4) 机房的位置应尽量靠近水源和电源，以节省管线。

(5) 应有利于减少烟气中的有害成分对周围环境的影响。全年运行的机房宜位于居民区和主要环境保护区的全年主导风向的下风侧；在动力站区域内，一般应布置在乙炔站、锅炉房、煤气站、堆煤场等散发尘埃建筑物的上风侧，以保证冷冻站的清洁和安全。

(6) 冷热源机房应有较好的朝向，有利于自然通风和采光。

(7) 设在高层民用建筑内的冷热源机房尽可能地设置在建筑物底层或半地下层。

二、设备布置

设备布置的基本原则如下：

(1) 制冷机房内设备的布置应保证操作方便，检修设备的布置应尽量紧凑，以节省建筑面积。

(2) 大中型冷水机组(离心式、螺杆式、吸收式制冷机)间距为1.5～2.0m，蒸发器和冷凝器一端应留有检修空间，长度按厂家要求确定。

(3) 对分离式制冷系统，其分离设备的布置应符合下列要求：

1) 风冷冷水机组，室外机应设在室外（屋顶）。当设在阳台或转换层时，应防止进排气管短路。同时要按厂家要求布置设备，满足出风口到上面楼板的允许高度。

2) 风冷冷凝器、蒸发式冷凝器安装在室外时，应尽量缩短与制冷机的距离；当多台布置时，间距一般为0.8～1.2m。

3) 卧式壳管式冷凝器布置时，外壳离墙≥0.5m，端部离墙≥1.2m，另一端留有不小于管子长度的空间，其间距为d+(0.8～1.0)（d为冷凝器外壳直径）。

4) 贮液器离墙距离为0.2～0.3m，端部离墙0.2～0.5m，间距为d+(0.2～0.3)（d为贮液器外径），贮液器不得露天放置。

5) 压缩机的主要通道及压缩机突出部分到配电盘的通道宽度≥1.5m；两台压缩机突出部分间距≥1.0m；制冷机与墙壁间距离以及非主要通道≥0.8m。

6) 制冷机房净高：对活塞式，小型螺杆式制冷机高度一般为3～4.5m；对于离心式制冷机，大、中型螺杆式制冷机，高度一般为4.5～5.0m（布置起吊设备时，还应考虑起吊设备工作高度）；对吸收式制冷机，设备最高点到梁下的距离不小于1.5m，设备间净高不应小于3m。

7) 大型制冷机房应设值班室、卫生间、修理间，同时要考虑设备安装口。

8) 寒冷地区的制冷机房室内温度不应低于15℃，设备停运期间不得低于5℃。

9) 制冷机房应有通风措施；其通风系统不得与其他通风系统联合，必须独立设置。

三、设计实例——北京西单百货商场

1. 工程简介

(1) 商场一、二期工程总面积A=25 350m²。

(2) 营业厅夏季温度t_n=26～27℃，相对湿度φ为60%左右；冬季温度t_n=18～20℃条件下，最小新风量按9m³/（人·h）选定。

(3) 商场北半部分为第一期工程建筑，中跨和南半部分为第二期工程，现连为一体，地下一层、地上四层（局部五层），营业厅建筑面积为总建筑面积的三分之二，其他为办公仓库及附房等，现增设两层商场。

(4) 空调冷源为三台日本DAIKIN HTE500J2KR型冷水机组，供应7～12℃冷冻水，机组布置在地下室空调制冷机房内，制冷机组的容量考虑预留了建筑北侧拟增设建筑的容量（预新建西单商场北场，属高层建筑）。空调用冷却塔设置在建筑屋面上。

2. 空调冷源主要设备

(1) 离心式冷水机组：日产HTE500J2KR三台，冷量Q=1900kW，冷冻水温度7℃，冷却水入口32 ℃，功率P=370kW。

(2) 空调机：日产AV120M，风量Q=75 000m³/h，功率P=578.01kW/台。

(3) 冷却水泵EBARA200×150FS4K575四台，Q=420～480m³/h，H38～28H20，P=750kW。

(4) 冷冻水泵：四台，同上。

(5) 冷却塔：SHINWA型，SBC-250ES三台，P=5.5kW。

(6) 蓄水池：原有深井水水池。

(7) 冷冻水膨胀水箱：直径1500mm、高1200mm，设于屋顶。

(8) 分水器：直径600mm、高1500mm，一个。

(9) 除污器：直径400mm，一个；直径600mm，一个。

3. 空调冷冻机房主要设备布置图（见图7-42）

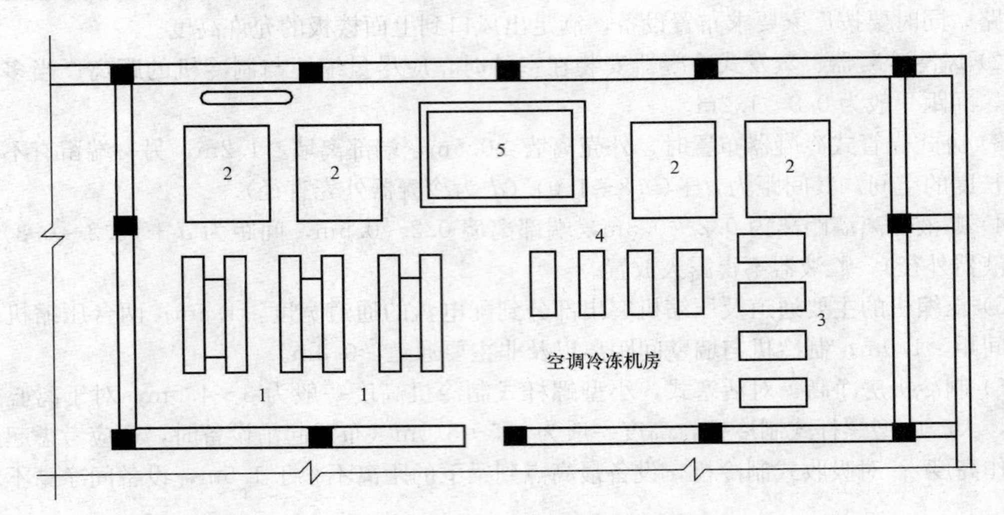

图7-42　空调冷冻机房主要设备布置图

1—冷水机组；2—空调机；3—冷冻水泵；4—冷却水泵；5—蓄水池

4. 空调冷冻、冷却水泵水系统（见图7-43）

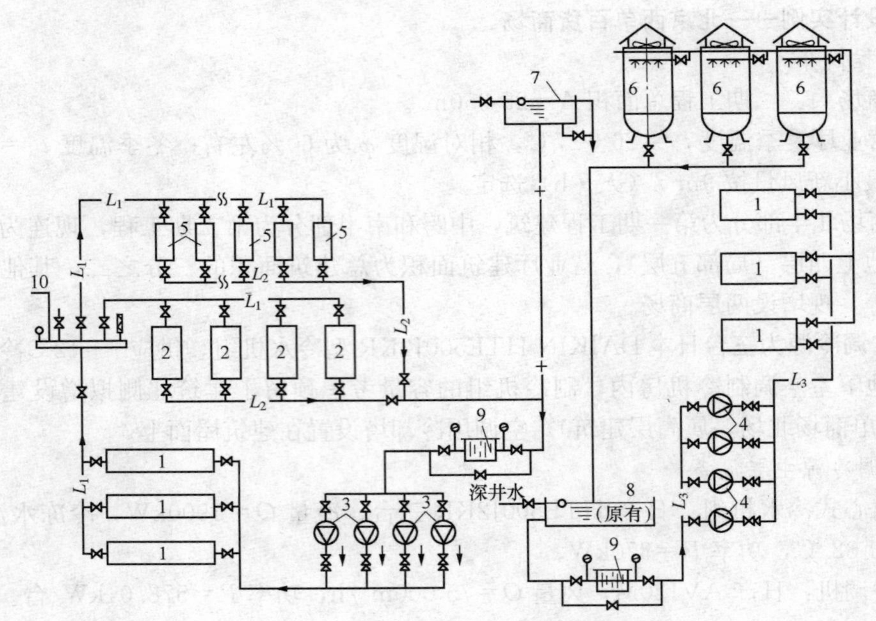

图7-43　空调冷冻、冷却水系统流程图

1—冷水机组（HTE500J2KR）；2—空调机（AV120M）；3—冷冻水泵（200×150，FS4575）；
4—冷却水泵（200×150，FS4575）；5—风机盘管；6—冷却塔；7—膨胀水箱；
8—蓄水池；9—除污器；10—分水器

第八章　燃气输配工程

第一节　城镇燃气及其质量标准

一、城镇燃气的组成

城镇燃气是由多种气体组成的混合气体，含有可燃气体和不可燃气体。其中，可燃气体有碳氢化合物（如甲烷、乙烷、乙烯、丙烯、丁烯等烃类可燃气体）、氢和一氧化碳等，不可燃气体有二氧化碳、氮和氧等。

燃气设计中，确定城市输配系统的压力级制、管径、燃气管网构筑物及防护和管理措施，以及有关燃气应用都与使用的燃气种类有关。城市燃气在管道中输送的距离较长，管道的造价及金属用量在输配系统中所占的比重较大。显然，输送热值较高的燃气对输配系统的经济性是有利的。

二、燃气的分类

根据燃气的生成原因、热值大小或燃烧特性进行分类，便于有针对性地进行输配系统和燃气燃烧器的设计或选择。

（1）按燃气的生成原因分，有天然气、人工燃气和液化石油气。天然气是自然生成的，主要包括气田气（纯天然气）、石油伴生气、凝析气田气和煤层气。人工燃气主要是通过能源转换技术，将煤炭或重油转换而成的煤制气和油制气。液化石油气是石油加工过程的副产气，属于二次能源。

（2）按燃气热值分，有高等热值燃气（30MJ/m³）、中等热值燃气（20MJ/m³ 左右）和低等热值燃气（12～13MJ/m³ 或更低）。

（3）按燃气燃烧性分，有一类燃气、二类燃气和三类燃气，见表 8-1。

表 8-1　国际煤气联盟（IGU）燃气分类

分类	华白指数（MJ/m³）	典型燃气
一类燃气	17.8～35.8	人工燃气
二类燃气 L族 H族	35.8～53.7 35.8～51.6 51.6～53.7	天然气
三类燃气	71.5～87.2	液化石油气

依据华白指数的大小，对燃气进行了分类。华白指数作为燃具相对热负荷的一个量度，是燃具设计选型的重要依据。

三、燃气的基本性质

（一）混合气体及混合液体的平均分子量、平均密度和相对密度

（1）混合气体的平均分子量可按下式计算，即

$$M=\sum y_i M_i \tag{8-1}$$

式中：M 为混合气体平均分子量；y_1、y_2、⋯、y_n 为各单一气体容积成分，%；M_1、M_2、⋯、

M_n为各单一气体分子量。

(2) 混合液体的平均分子量可按下式计算，即

$$M=\sum x_i M_i \tag{8-2}$$

式中：M 为混合液体平均分子量；x_1、x_2、…、x_n为各单一液体分子成分，%；M_1、M_2、…、M_n为各单一液体分子量。

(3) 混合气体的平均密度和相对密度按下式计算，即

$$\rho=\frac{M}{V_{\mathrm{M}}} \tag{8-3}$$

$$S=\frac{\rho_0}{1.293}=\frac{M}{1.293V_{\mathrm{M}}} \tag{8-4}$$

式中：ρ 为混合气体平均密度，$\mathrm{kg/m^3}$；V_{M}为混合气体平均摩尔容积，$\mathrm{m^3/kmol}$；S 为混合气体相对密度，空气为1；1.293为标准状态下空气的密度，$\mathrm{kg/m^3}$。

注：对于由双原子气体和甲烷组成的混合气体，标准状态下的V_{M}可取22.4$\mathrm{m^3/kmol}$，而对于由其他碳氢化合物组成的混合气体，则取22$\mathrm{m^3/kmol}$。

混合气体的平均密度还可按下式计算，即

$$\rho=\frac{1}{100}(y_1\rho_1+y_2\rho_2+\cdots+y_n\rho_n) \tag{8-5}$$

(4) 燃气通常含有水蒸气，则湿燃气密度可按下式计算，即

$$\rho_{\mathrm{w}}=(\rho+d)\frac{0.833}{0.833+d} \tag{8-6}$$

式中：ρ_{w}为湿燃气密度，$\mathrm{kg/m^3}$；ρ 为干燃气密度，$\mathrm{kg/m^3}$；d 为水蒸气含量，$\mathrm{kg/m^3}$ 干燃气；0.833为水蒸气密度，$\mathrm{kg/m^3}$。

(5) 干、湿燃气容积成分按下式换算，即

$$y_{\mathrm{w}i}=ky_i \tag{8-7}$$

式中：$y_{\mathrm{w}i}$为湿燃气容积成分，%；y_i为干燃气容积成分，%；k 为换算系数，$k=\frac{0.833}{0.833+d}$。

(二) 临界参数及实际气体状态方程

1. 临界参数定义

温度不超过某一数值，对气体进行加压，可以使气体液化，而在该温度以上，无论加多大压力都不能使气体液化，这个温度就叫做该气体的临界温度。

在临界温度下，使气体液化所必需的压力叫做临界压力。图8-1所示为几种气体的平衡曲线。

气体的临界温度越高越易液化。气体温度比临界温度越低，则液化所需压力越小。

2. 实际气体状态方程

$$pv=ZRT \tag{8-8}$$

式中：p 为气体的绝对压力，Pa；v 为气体的比体积，$\mathrm{m^3/kg}$；Z 为压缩因子；R 为气体常数，J/(kg·K)；T 为气体的热力学温度，K。

气体压缩因子与温度、压力的关系见图8-2。

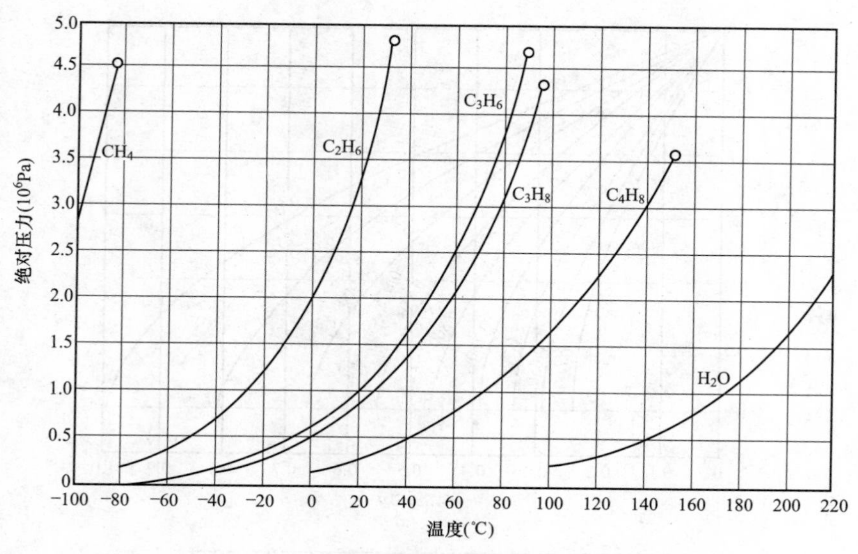

图 8-1 几种气体的液态-气态平衡曲线

所谓对比温度 T_r，就是工作温度 T 与临界温度 T_c 的比值，而对比压力 p_r，就是工作压力 p 与临界压力 p_c 的比值。此处温度为热力学温度，压力为绝对压力。

（三）黏度

（1）混合气体的动力黏度可以近似地按下式计算，即

$$\mu=\frac{g_1+g_2+\cdots+g_n}{\frac{g_1}{\mu_1}+\frac{g_2}{\mu_2}+\cdots+\frac{g_n}{\mu_n}} \tag{8-9}$$

式中：μ 为混合气体在 0℃时的动力黏度，Pa·s；g_n 为各组分的质量成分，%；μ_n 为相应各组分在 0℃时的动力黏度，Pa·s。

黏度随压力升高而增大，绝对压力小于 1MPa 时，可忽略压力的影响，只考虑温度的影响。

t（℃）时混合气体的动力黏度按下式计算，即

$$\mu_t=\mu\frac{273+C}{T+C}\left(\frac{T}{273}\right)^{\frac{3}{2}} \tag{8-10}$$

式中：μ_t 为 t（℃）时混合气体的动力黏度，Pa·s；T 为混合气体的热力学温度，K；C 为混合气体的无因次实验系数。

液态碳氢化合物的动力黏度随分子量的增加而增大，随温度的上升而急剧减小。气态碳氢化合物的动力黏度则正相反，分子量越大，动力黏度越小，温度越上升，动力黏度越增大，这对于一般的气体都适用。

（2）混合液体的动力黏度可以近似地按下式计算，即

$$\frac{1}{\mu}=\frac{x_1}{\mu_1}+\frac{x_2}{\mu_2}+\cdots+\frac{x_n}{\mu_n} \tag{8-11}$$

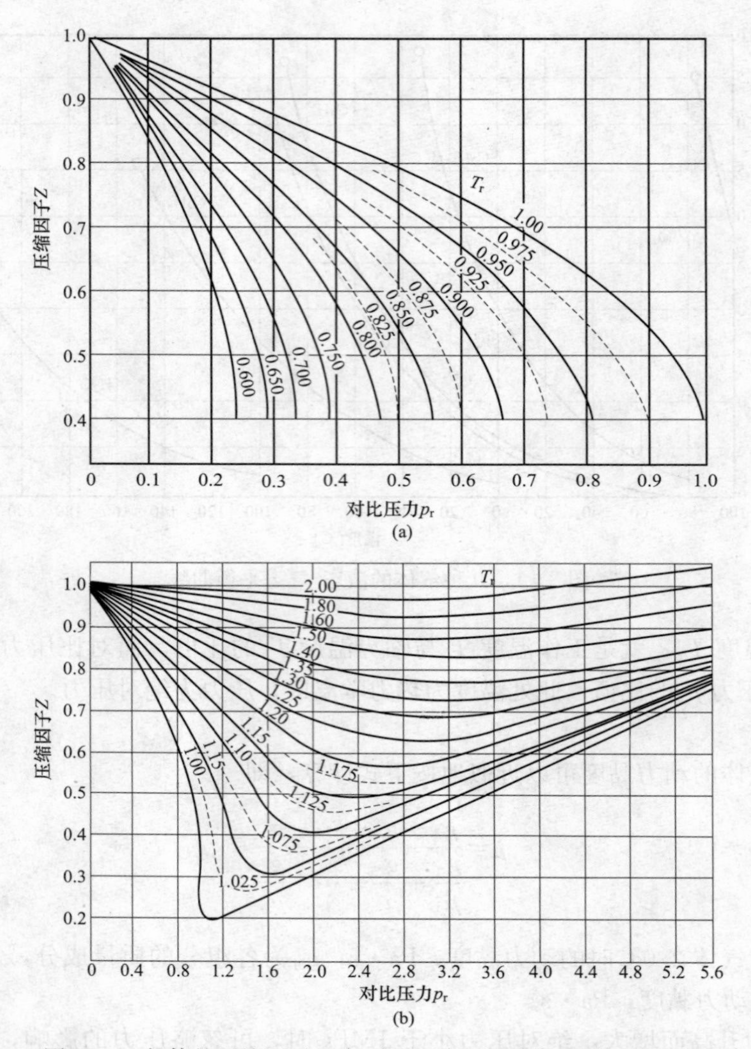

图 8-2　气体的压缩因子 Z 与对比温度 T_r、对比压力 p_r的关系

(a) 当 $p_r<1$ 时，$T_r=0.6\sim1.0$；(b) 当 $p_r<5.6$ 时，$T_r=1.0\sim2.0$

式中：x_n 为各组分的分子成分，%；μ_n 为各组分的动力黏度，Pa・s；μ 为混合液体的动力黏度，Pa・s。

(3) 混合气体和混合液体的运动黏度为

$$\nu=\frac{\mu}{\rho} \tag{8-12}$$

式中：ν 为混合气体或混合液体的运动黏度，m^2/s；μ 为相应的动力黏度，Pa・s；ρ 为混合气体或混合液体的密度，kg/m^3。

(四) 饱和蒸气压及相平衡常数

1. 饱和蒸气压的概念

液态烃的饱和蒸气压（简称蒸气压），就是在一定温度下密闭容器中的液体及其蒸气处于动态平衡时蒸气所表示的绝对压力。蒸气压与密闭容器的大小及液量无关，仅取决于温度。温度升高时，蒸气压增大，见图 8－3。

混合液体的蒸气压为

$$p=\sum p_i=\sum x_i p_i' \tag{8-13}$$

式中：p 为混合液体的蒸气压，MPa；p_i 为混合液体任一组分的蒸气分压，MPa；x_i 为混合液体中该组分的摩尔分数，%；p_i' 为该纯组分在同温度下的蒸气压，MPa。

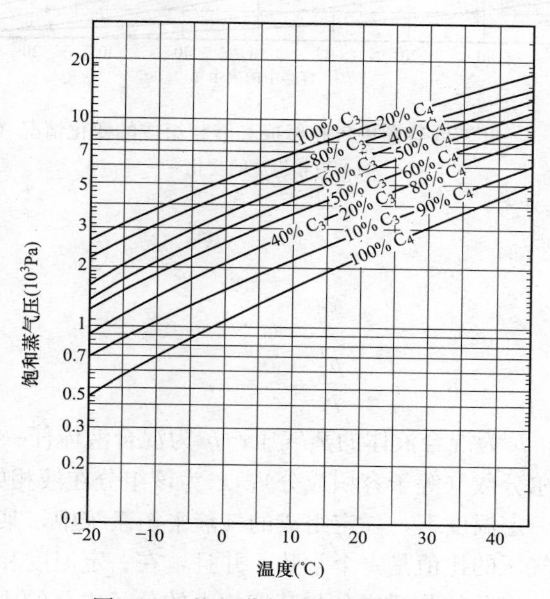

图 8－3　饱和蒸气压与温度的关系

如果容器中为丙烷和丁烷所组成的液化石油气，则当温度一定时，其蒸气压取决于丙烷和丁烷含量的比例。当使用容器中的液化石油气时，总是先蒸发出较多的丙烷，而剩余的液体中丙烷的含量渐渐减少，所以温度虽然不变，容器中的蒸气压也会逐渐下降。

图 8－4 所示为随着丙烷、正丁烷混合物的消耗，15℃时容器中不同剩余量气相组成和液相组成的变化情况。

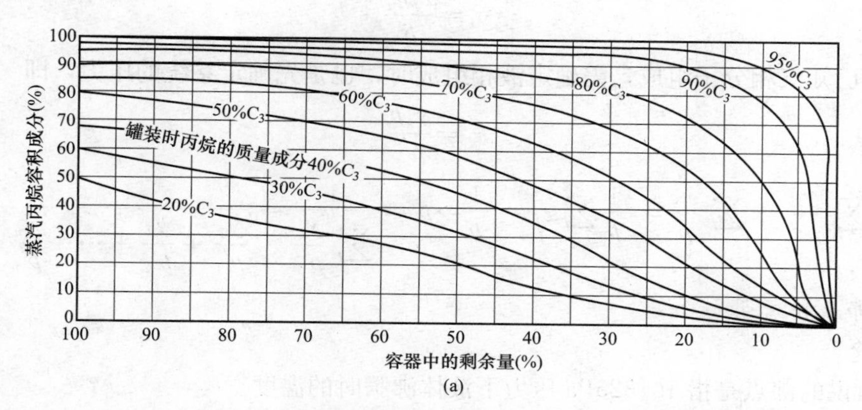

图 8－4　15℃时容器中气相组成和液相组成的变化情况（一）

（a）气相组成的变化

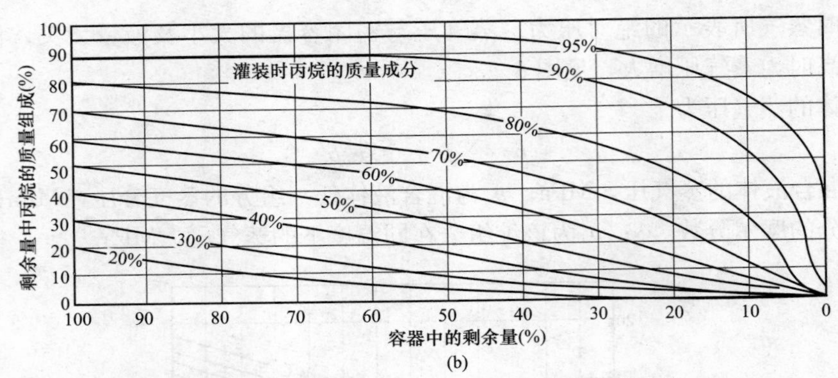

图 8-4 15℃时容器中气相组成和液相组成的变化情况（二）
(b) 液相组成的变化

2. 相平衡常数的概念

由 $\left.\begin{matrix} p_i = x_i p'_i \\ p_i = y_i p \end{matrix}\right\}$ 可得

$$\frac{p'_i}{p} = \frac{y_i}{x_i} = k_i \tag{8-14}$$

式中：k_i 为相平衡常数；p 为混合液体的蒸气压；p' 为混合液体任一组分的饱和蒸气压；y_i 为该组分在气相中的摩尔分数（等于容积成分）；x_i 为该组分在液相中的摩尔分数。

相平衡常数表示在一定温度下，一定组成的气液平衡系统中，某一组分在该温度下的饱和蒸气压与混合液体蒸气压的比值是一个常数。并且，在一定温度和压力下，气液两相达到平衡状态时，气相中某一组分的分子成分与其液相中的分子成分的比值，同样是一个常数。

工程上，常利用相平衡常数来计算液化石油气的气相组成或液相组成，k 值可由图 8-5 查得。

液化石油气的气相和液相组成之间的换算还可按下列公式计算：

(1) 当已知液相分子组成，需确定气相组成时，先计算系统的压力，然后确定各组分的分子成分，即

$$y_i = \frac{x_i p'_i}{p} \tag{8-15}$$

(2) 当已知气相分子组成，需确定液相组成时，也是先确定系统的压力，即

$$x_i = \frac{y_i p}{p'_i}$$

$$\sum \frac{y_i}{p'_i} = \sum \frac{x_i}{p} = \frac{1}{p} \sum x_i = \frac{1}{p} \Rightarrow p = \frac{1}{\sum \frac{y_i}{p'_i}} = \frac{1}{\frac{y_1}{p'_1} + \frac{y_2}{p'_2} + \cdots + \frac{y_n}{p'_n}} \tag{8-16}$$

（五）沸点和露点

1. 概念

通常所说的沸点是指 101325Pa 压力下液体沸腾时的温度。

饱和蒸汽经冷却或加压，立即处于过饱和状态，当遇到接触面或凝结核便液化成露，这时的温度称为露点。

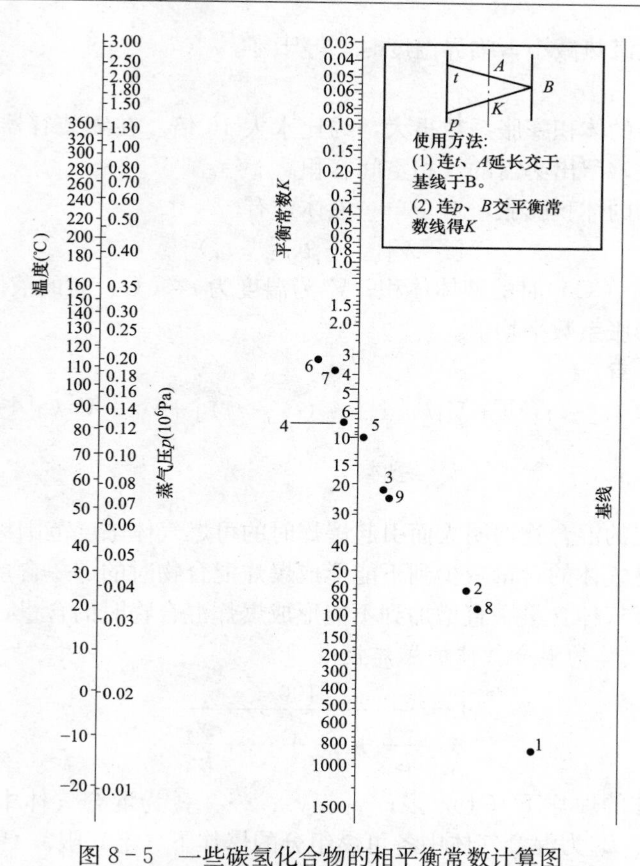

图 8-5 一些碳氢化合物的相平衡常数计算图

1—甲烷；2—乙烷；3—丙烷；4—正丁烷；5—异丁烷；6—正戊烷；7—异戊烷；8—乙烯；9—丙烯

当用管道输送气体碳氢化合物时，必须保持其温度在露点以上，以防凝结，阻碍输气。

2. 露点的直接计算

工程中，特别是液化石油气管道供气的工程中所处理的气态液化石油气或液化石油气-空气混合气一般处于压力为 0.1～0.3MPa 的范围内，很需要对它们进行露点计算。用于这种情况的计算公式是

$$t_d = 55 \times \left(\sqrt{cp\sum \frac{y_i}{a_i}} - 1\right) \tag{8-17}$$

式中：a_i 为第 i 组分的系数。

（六）液化石油气的气化潜热

气化潜热就是单位质量（1kg）的液体变成与其处于平衡状态的蒸气所吸收的热量。部分碳氢化合物的沸点及沸点时的气化潜热见表 8-2。

表 8-2　部分碳氢化合物的沸点及沸点时的气化潜热

名称	甲烷	乙烷	丙烷	正丁烷	异丁烷	乙烯	丙烯	丁烯-1	顺丁烯-2	反丁烯-2	异丁烯	正戊烷
沸点（℃）（101 325Pa）	−162.6	88.5	42.1	0.5	10.2	103.7	47.0	6.26	3.72	0.88	6.9	36.2
气化潜热（kJ/kg）	510.8	485.7	422.9	383.5	366.3	481.5	439.6	391.0	416.2	405.7	394.4	355.9

温度升高，汽化潜热减小，临界温度时，等于零。

（七）体积膨胀

液态碳氢化合物的体积膨胀系数很大，约比水大16倍。在灌装容器时必须考虑由温度变化引起的容积增大，留出必需的气相空间容积。

液态碳氢化合物的体积膨胀，对于单一液体，有

$$V_2=V_1[1+\beta(t_2-t_1)] \tag{8-18}$$

式中：V_1为温度为t_1（℃）时的液体体积；V_2为温度为t_2（℃）时的液体体积；β为$t_1\sim t_2$温度范围内的容积膨胀系数平均值。

对于混合液体，有

$$V'_2=V'_1k_1[1+\beta_1(t_2-t_1)]+V'_1k_2[1+\beta_2(t_2-t_1)]+\cdots+V'_1k_n[1+\beta_n(t_2-t_1)] \tag{8-19}$$

（八）爆炸极限

可燃气体和空气的混合物遇明火而引起爆炸时的可燃气体浓度范围称为爆炸极限。在这种混合物中，当可燃气体的含量减少到不能形成爆炸混合物时的那一含量，称为可燃气体的爆炸下限；而当可燃气体含量一直增加到不能形成爆炸混合物时的含量，称为爆炸上限。

1. 只含有可燃气体的混合气体的爆炸极限

$$L=\frac{100}{\dfrac{y_1}{L_1}+\dfrac{y_2}{L_2}+\cdots+\dfrac{y_n}{L_n}} \tag{8-20}$$

式中：L为混合气体的爆炸下（上）限；y_1、y_2、…、y_n为混合气体中各可燃组分的体积分数；L_1、L_2、…、L_n为混合气体中各可燃组分的爆炸下（上）限。

2. 含有惰性气体的混合气体的爆炸极限

$$L=\frac{100}{\left(\dfrac{y'_1}{L'_1}+\dfrac{y'_2}{L'_2}+\cdots+\dfrac{y'_n}{L'_n}\right)+\left(\dfrac{y_1}{L_1}+\dfrac{y_2}{L_2}+\cdots+\dfrac{y_n}{L_n}\right)} \tag{8-21}$$

式中：L为含有惰性组分的燃气爆炸极限；y'_1、y'_2、…、y'_n为由某一可燃组分与某一惰性组分组成的混合组分在混合气体中的体积分数；L'_1、L'_2、…、L'_n为由某一可燃组分与某一惰性组分组成的混合组分在该混合比时的爆炸极限；y_1、y_2、…、y_n为未与惰性组分组合的可燃组分在混合气体中的体积分数；L_1、L_2、…、L_n为未与惰性组分组合的可燃组分的爆炸极限。

3. 含有氧气的混合气体爆炸极限

$$L^T=\frac{L^{nA}}{100-y_{Air}} \tag{8-22}$$

（九）水合物

1. 概念

如果碳氢化合物中的水分超过一定含量，在一定温度和压力条件下，水能与液相和气相的C_1、C_2、C_3和C_4生成结晶水化物$C_mH_n\cdot xH_2O$（对于甲烷，$x=6\sim7$；对于乙烷，$x=6$；对于丙烷及异丁烷，$x=17$）。

2. 水化物生成条件

在湿气中形成水化物的主要条件是：压力和温度；次要条件是：含有杂质、高速、紊

流、脉动（例如由活塞式压送机引起的）、急剧转弯等因素。

水化物的生成，会缩小管道的流通断面，甚至堵塞管线、阀件和设备。

3. 防止水化物的生成

采用降低压力、升高温度、加入可以使水化物分解的反应剂（防冻剂）；脱水，使气体中的水分含量降低到不致形成水化物的程度。

（十）烃类气体的状态图

在进行气态或液态碳氢化合物的热力计算时，一般需要使用饱和蒸气压 p、比容 v、温度 T、焓值 i 及熵值 S 等 5 种状态参数。为了使用上的方便，将这些参数值绘制成曲线，一般称之为状态图，见图 8－6。

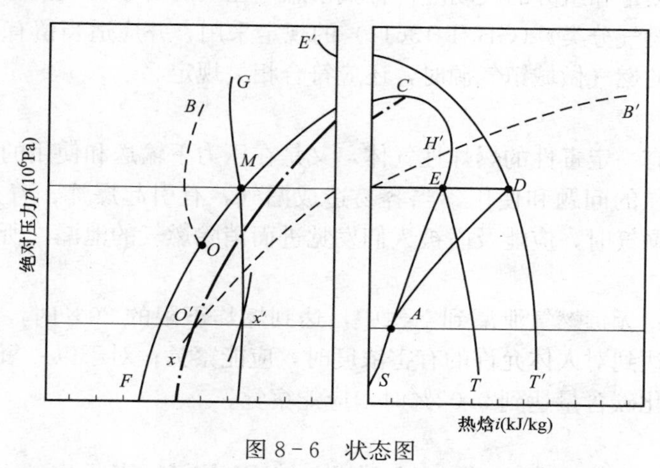

图 8－6　状态图

只要知道上述五个参数中的任意两个，即可在状态图上确定其状态点，相应查出该状态下的其他各参数值，见图 8－7。

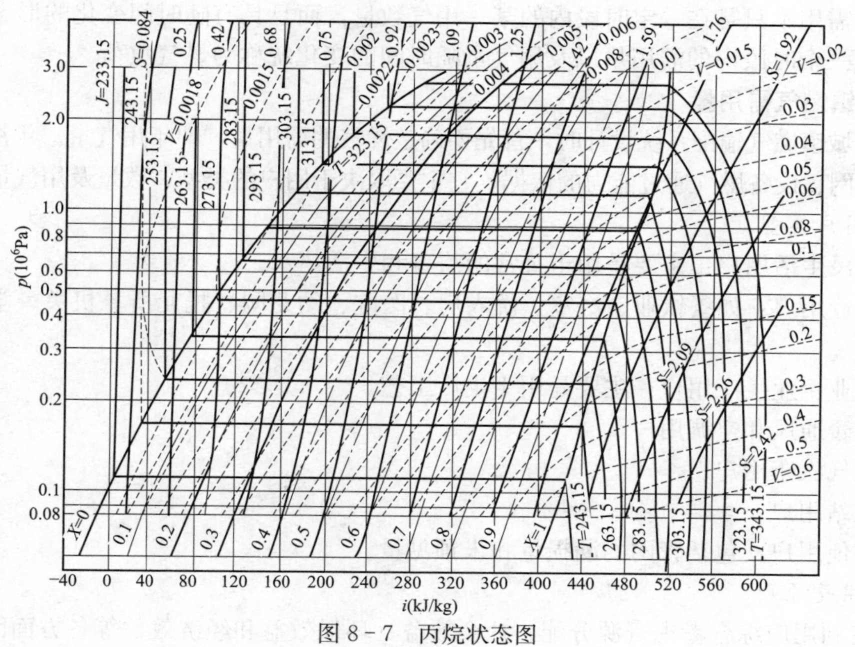

图 8－7　丙烷状态图

四、对燃气质量的要求

1. 燃气中的主要杂质

(1) 人工煤气中的主要杂质：焦油与灰尘、萘、硫化物、氨、一氧化碳、氧化氮。

(2) 天然气中的主要杂质：烃类凝析液、冷凝水、夹带的岩屑粉尘、硫化氢等。

(3) 液化石油气中的主要杂质：硫分、水分、二烯烃、乙烷和乙烯、残液。

2. 城镇燃气的质量标准

满足热值相对稳定、毒性小、杂质少，保障用气安全、减少管道腐蚀与堵塞、降低环境污染。

城镇燃气的发热量和组分的波动应符合城镇燃气互换的要求。城镇燃气偏离基准气的波动范围宜按《城市燃气分类》(GB/T 13611) 的规定采用，并应适当留有余地。

采用不同种类的燃气做城镇气源时，还应符合相关规定。

3. 城镇燃气的加臭

城镇燃气是具有一定毒性的爆炸性气体，又是在压力下输送和使用的。由于管道及设备材质和施工方面存在的问题和使用不当容易造成漏气，有引起爆炸、着火和人身中毒的危险，因此，当发生漏气时，应能及时被人们发觉进而消除燃气的泄漏。所以，需要对没有臭味的燃气进行加臭。

加臭剂最小量：无毒燃气泄漏到空气中，达到爆炸下限的20%时，应能察觉；有毒燃气泄漏到空气中，达到对人体允许的有害浓度时，应能察觉；对于以一氧化碳为有毒成分的燃气，空气中一氧化碳含量达到0.02%时，应能察觉。

第二节 城镇燃气用气负荷

燃气系统终端用户对燃气的需用气量形成燃气系统最基本的负荷，即燃气用气负荷。用户对燃气的需用不只是在一定时段内的某一用气数量，而且具有随时间变化的形态。将终端用户对燃气一个时段内的需用量以及用气量随时间的变化统称为燃气负荷。

一、城镇燃气需用量

在进行城镇燃气输配系统设计时，首先要确定燃气的需用量，即年用气量。年用气量是确定气源、管网、设备燃气通过能力的依据，它主要取决于用户的类型、数量及用气量指标。

(一) 用户类型

(1) 居民生活用户：主要是用于日常的炊事和生活热水。

(2) 商业用户：如餐饮业、浴室、洗衣房、医院、幼儿园、托儿所、机关、学校和科研机构等。

(3) 工业企业生产用户：主要是用于生产工艺。

(4) 采暖通风和空调用户。

(5) 燃气汽车用户。

(6) 电站用户。

(7) 其他用户：包括管网的漏损量和未预见量。

(二) 供气原则

天然气利用应综合考虑资源分配、社会效益、环保效益和经济效益等各方面因素。优先发展民用用气，即居民生活用气和商业用气，它们是城市燃气供应的基本对象，其中，又应优先供给居民生活用户。在发展民用用户的同时，也要发展一部分工业用气，两者应兼顾。

采暖通风和空调用气量，在气源充足的条件下，可酌情纳入。燃气汽车用气量仅当以天然气和液化石油气为气源时才考虑纳入。

（三）用气量

用气量指标，即用气定额。年用气量计算时，应分别计算各类用户的年用气量，它们之和即为该城镇的年用气量。用气量指标需要按不同类型用户分别加以确定。用气量指标与一定的时间和地域条件有关，需要经由实际调查用气或能耗情况的途径，采用数理统计方法对数据进行处理并加以确定。

1. 居民生活用户年用气量

居民生活用户年用气量取决于居民生活用户用气量指标（用气定额）、气化百分率及城市居民人口数。气化率是指城镇居民使用燃气的人口数占城镇居民总人口数的百分数，它与居民生活用户年用气量的关系如下

$$Q_a = \frac{Nkq}{H_1} \tag{8-23}$$

式中：Q_a为居民生活用户年用气量，m^3/a；q 为居民生活用户用气定额，kJ/(人·a)；k 为气化率，%；N 为居民人口数，人；H_1为燃气低热值，kJ/m^3。

影响居民生活用户用气量指标的因素很多，通常包括用气设备设置情况、公共生活服务网的发展程度、居民的生活水平和生活习惯、居民每户平均人口数、地区的气象条件、燃气价格及住宅内有无集中供暖设备和热水供应设备等。

2. 商业用户年用气量

商业用户年用气量取决于商业用户用气量指标（用气定额）、城市居民人口数及各类用户用气人数占总人口比例，即

$$Q_a = \frac{NMq}{H_1} \tag{8-24}$$

式中：Q_a为商业用户年用气量，m^3/a；q 为各类商业用户用气定额，kJ/(人·a)；M 为各类用气人数占总人口的比例；N 为居民人口数，人；H_1为燃气低热值，kJ/m^3。

影响商业用户用气量指标的重要因素主要有城市燃气的供应状况，燃气管网布置情况，商业的分布情况，居民使用公共服务设施的程度，用气设备的性能、热效率、运行管理水平和使用均衡程度，以及地区的气候条件等。

商业设施标准，例如居民每一千人中入托儿所、幼儿园的人数，居民每一千人应设置的医院、旅馆床位数等。

3. 工业企业用户年用气量

与生产规模、班制、工艺特点有关，工业产品用气定额及其年产量计算公式如下

$$Q = \sum_{i=1}^{n} q_i m_i \tag{8-25}$$

式中：Q 为工业企业用户耗热量，MJ/a；q_i 为某一项工业产品的用气量指标，MJ/件；m_i 为某一项工业产品的年产量，件/a。

当缺乏产品用气定额计算时，通常将该工业企业用户其他燃料的年用量折算成用气量，即

$$Q_a=\frac{1000G_aH'_1\eta'}{H_1\eta} \tag{8-26}$$

式中：Q_a为工业企业用户年用气量，m^3/a；G_a为其他燃料年用量，t/a；H'_1为其他燃料的低热值，kJ/kg；H_1为燃气低热值，kJ/m^3；η'为其他燃料燃烧设备的热效率；η为燃气燃烧设备的热效率。

4. 建筑物采暖通风空调年用气量

与建筑面积、耗热指标和供暖期长短有关，其计算公式如下

$$Q_a=\frac{Fq_fn}{H_1\eta} \tag{8-27}$$

式中：Q_a为建筑物采暖通风空调年用气量，m^3/a；F为使用燃气供热的建筑面积，m^2；q_f为民用建筑物的热指标，$kJ/(m^2\cdot h)$；H_1为燃气低热值，kJ/m^3；n为供暖最大负荷利用小时数，h/a；η为供暖系统的热效率。

供暖最大负荷利用小时数，计算公式如下

$$n=n_1\frac{t_1-t_2}{t_1-t_3} \tag{8-28}$$

式中：n为供暖最大负荷利用小时数，h/a；n_1为供暖期，h/a；t_1为供暖室内计算温度，℃；t_2为供暖室外平均气温，℃；t_3为供暖室外计算温度，℃。

5. 燃气汽车年用气量

应根据当地燃气汽车种类、车型和使用量的统计数据分析或计算后确定。

6. 其他用气量

包括管网的漏损量和未预见量，一般按总用气量的5%计算。

二、燃气需用工况

各类燃气用户的需用工况，即用气量变化是不均匀的。用气不均匀性可分为三种：月不均匀性、日不均匀性和时不均匀性。各类用户的用气不均匀性由于受很多因素的影响，很难从理论上推算，只有在大量积累资料的基础上，经过分析整理得出可靠的数据。城镇燃气需用工况与各类燃气用户的需用工况及各类用户在总用气量中所占的比例有关。

1. 月不均匀性

影响居民生活用气月不均匀性的主要因素是气候条件。商业用户用气的月不均匀性与各类用户的性质有关，一般与居民生活用气的月不均匀性情况基本相似。工业企业用气在生产区域内一般按均匀考虑。工业企业用气的月不均性主要取决于生产工艺的性质以及气候条件。

每月的用气不均匀情况用月不均匀系数K_m表示，即

$$K_m=\frac{\text{该月平均日用气量}}{\text{全年平均日用气量}} \tag{8-29}$$

一年12个月中，平均日用气量最大的月，即月不均匀系数最大的月称为计算月，并将该月的月不均匀系数称为月高峰系数。

2. 日不均匀性

影响日用气不均匀情况的因素主要是居民生活习惯、工业企业的工作和休息制度及气象条件等。前两个影响因素比较有规律。

一个月（或一周）的日用气不均匀情况用日不均匀系数 K_d 表示，可按下式计算，即

$$K_d = \frac{\text{计算月中某日用气量}}{\text{计算月中平均日用气量}} \tag{8-30}$$

计算月中，日最大不均匀系数称为日高峰系数。

3. 时不均匀性

各类用户小时用气不均匀情况各不相同，居民生活用户和商业用户用气的时不均匀性最显著，这主要与居民的生活习惯、气化住宅的数量、居民的职业以及工作休息制度等因素有关。

一天中每个小时的用气不均匀性可用小时不均匀系数 K_h 表示，即

$$K_h = \frac{\text{计算月中最大日的某小时用气量}}{\text{计算月中最大日的平均小时用气量}} \tag{8-31}$$

计算月中，最大日的小时最大不均匀系数称为小时高峰系数。

三、燃气输配系统的小时计算流量

城镇燃气输配系统的管径及设备的通过能力不能直接用燃气的年用量来确定，而应按计算月的小时最大用气量来计算。小时计算流量的确定关系着燃气输配系统的经济性和可靠性。小时计算流量定得偏高，将会增加输配系统的基建投资和金属耗量；定得偏低，又会影响用户的正常用气。确定燃气管网小时计算流量的方法有两种：不均匀系数法和同时工作系数法。

（一）不均匀系数法

1. 计算公式

由年用气量和用气不均匀系数求得，计算公式如下

$$Q_h = \frac{Q_a}{365 \times 24} K_m^{max} K_d^{max} K_h^{max} \tag{8-32}$$

式中：Q_h 为燃气小时计算流量，m^3/h；Q_a 为年用气量，m^3/a；K_m^{max} 为月高峰系数；K_d^{max} 为日高峰系数；K_h^{max} 为小时高峰系数。

用气高峰系数应根据城镇用气量的实际统计资料确定，也可参考相关手册。当缺乏资料时，结合当地具体情况，也可按下列范围选用：

(1) $K_m^{max}=1.1 \sim 1.3$；

(2) $K_d^{max}=1.05 \sim 1.2$；

(3) $K_h^{max}=2.2 \sim 3.2$；

(4) $K_m^{max} K_d^{max} K_h^{max}=2.54 \sim 4.99$。

不均匀系数法适用于规划、设计阶段确定居民生活和商业燃气小时计算流量。

2. 参数的选取原则

各类用户的用气量和用气不均匀性取决于很多因素，如气候条件、居民生活水平及生活习惯，机关作息制度和工业企业的工作班次，建筑物内装置用气设备的情况等，因此在进行参数选取时，要结合当地的具体情况综合考虑。一般供应用户多时，小时高峰系数取偏小的数值。对于个别的独立居民点，当总用户数少于1500户时，作为特殊情况，可取3.3～4.0。

居民生活及商业用户小时最大流量也可采用供气量最大利用小时数来计算，即

$$Q_h = \frac{Q_a}{n} \quad (8-33)$$

式中：Q_h为燃气管道计算小时流量，m^3/h；Q_a为年用气量，m^3/a；n为供气量最大利用小时数，h/a。

根据
$$Q_h = \frac{Q_a}{365 \times 24} K_m^{max} K_d^{max} K_h^{max}，Q_h = \frac{Q_a}{n}$$

则

$$n = \frac{365 \times 24}{K_m^{max} K_d^{max} K_h^{max}}$$

可见，不均匀系数越大，供气量最大利用小时数越小；城镇人口数越多，用气越均匀，最大利用小时数越大。

供暖负荷最大利用小时数

$$n = n_1 \frac{t_1 - t_2}{t_1 - t_3}$$

大型工业用户：一班制，n＝2000～3000；两班制，n＝3500～4000；三班制，n＝6000～6500。

（二）同时工作系数法

室内和庭院燃气管道的计算流量一般按燃气用具的额定耗气量和同时工作系数K_0来确定。其计算公式如下

$$Q_h = K_t \sum K_0 Q_n N \quad (8-34)$$

式中：Q_h为燃气管道的计算流量，m^3/h；K_t为不同类型用户的同时工作系数，当缺乏资料时，可取k_t＝1；K_0为燃具的同时工作系数，居民生活用燃具可参见相关手册，商业和工业用具可按加热工艺要求确定；N为同一类型燃具的数目；Q_n为同一类型燃具的额定流量，Nm^3/h。

同时工作系数K_0反映燃气用具集中使用的程度，它与用户生活规律、燃气用具的种类及数量等因素密切相关。燃具的用气定额指标及同时工作系数可参考相关手册。同时工作系数法适用于独立居民小区、庭院燃气支管和室内燃气管道计算流量的确定。

小时最大用气量应根据所有用户燃气用量的变化叠加后确定。特别要注意，对各类用户，高峰小时用气量可能出现在不同时刻，在确定小时计算流量时，不应将各类用户的高峰小时用气量简单地进行相加。

四、燃气输配系统的供需平衡

城镇燃气的需用工况是不均匀的，随月、日、时而变化，但一般燃气气量的供应是均匀的，不可能按需用工况而变化。为了解决均匀供气与不均匀用气之间的矛盾，保证各类燃气用户有足够流量和压力的燃气，必须采取合适的方法使燃气输配系统供需平衡。

（一）调节供需平衡的方法

1. 改变气源的生产能力和设置机动气源

需考虑气源运转、停止的难易程度，气源生产负荷变化的可能性和变化幅度，同时应考

虑供气的安全可靠和技术经济合理性。可以调节季节性或日用气不均匀性，甚至可以平衡小时用气不均匀性。

2. 利用缓冲用户进行调节

主要利用一些大型的工业企业和锅炉房等作为缓冲用户，不同季节燃料变化，可以平衡季节不均匀用气；调节厂休日和作息时间，平衡部分日不均匀用气。

3. 利用储气设施进行调节

地下储气（储气量大，造价和运行费用低，可平衡季节不均匀用气）；液态储存（负荷调节范围广，可调节各种不均匀用气）；管道储气（包括高压燃气管束储气及长输干管末端储气，是平衡日不均匀和小时不均匀用气的有效方法，也是常用方法）；储气罐储气（可用来平衡日不均匀用气和小时不均匀用气，投资及运营费用较大）。

4. 改变开启气化装置数量

压缩天然气、液化天然气为主气源时，可不必考虑调峰手段，而通过改变开启气化装置数量的方式实现供需平衡。

（二）储气容积的确定

1. 储气罐的主要功能

随燃气用量的变化，补充制气设备所不能及时供应的部分燃气量。停电、管道设备发生故障或维修时，保证一定程度的供气。掺混不同组分的燃气，使燃气性质均匀。

2. 储气罐所需储气量的计算方法

确定该周内燃气供应总量；计算一周内逐日、逐小时的燃气供应量累计值；计算一周内逐日、逐小时的燃气需要量累计值。

求出每日、每小时的燃气供应和需要的累计量的差值，即为燃气的储存量。

找出储存量正、负最大的两个值，并将这两个值的绝对值相加，即得出调节供需波动所需的储气量 Q。

在 Q 的基础上，考虑燃气生产及使用上预报的误差，生产中可能出现故障等影响，以及储气罐工作条件及规格等因素调整，最终确定选用的储气罐容积。

当气源产量能够根据需用量改变一周内各天的生产工况时，储气容积以计算月最大日燃气供需平衡要求确定，否则应按计算月平均周的燃气供需平衡要求确定。

第三节　城镇燃气输配系统

城镇燃气输配系统是指自门站或人工燃气气源厂至用户的全部设施构成的系统，包括门站或气源厂压缩机站、储气设施、调压装置、输配管道、计量装置等。其中，储气、调压与计量装置可单独或合并设置，也可设在门站或气源厂压缩机站内。

一、城镇燃气管网的分类及其选择

（一）输气管道的分类

(1) 按用途分类：长距离输气管线、城镇燃气管道（输气管道、配气管道、用户引入管、室内燃气管道）、工业企业燃气管道（工厂引入管和厂区燃气管道、车间燃气管道、炉前燃气管道）。

(2) 按敷设方式分类：地下敷设、架空敷设。

(3) 按输气压力分类：低压、中压 B、中压 A、次高压 B、次高压 A、高压 B、高压 A。

(4) 按管网形状分类：环状管网、枝状管网、环枝状管网。

(二) 城镇燃气输配系统的构成

城镇燃气输配系统有两种基本方式：一种是管道输配系统；一种是液化石油气瓶装系统。管道输配系统一般由接收站（或门站）、输配管网、储气设施、调压设施以及运行管理设施和监控系统等共同组成，如图 8-8 所示。

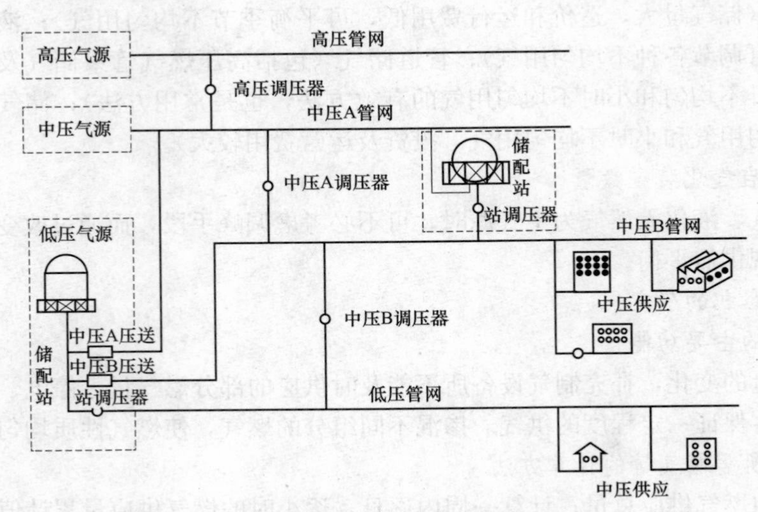

图 8-8 燃气输配系统示意图

1. 接收站

接收站（门站）负责接收气源厂、矿（包括煤制气厂、天然气、矿井气及有余气可供应用的工厂等）输入城镇使用的燃气，进行计量、质量检测，按城镇供气的输配要求，控制与调节向城镇供应的燃气流量与压力，必要时还需对燃气进行净化。

2. 输配管网

输配管网是将接收站（门站）的燃气输送至各储气点、调压室、燃气用户，并保证沿途输气安全可靠。

3. 燃气储配站

燃气储配站的作用：①储存一定量的燃气以供用气高峰时调峰用；②当输气设施发生暂时故障、维修管道时，保证一定程度的供气；③对使用的多种燃气进行混合，使其组分均匀；④将燃气加压（减压），以保证输配管网或用户燃具前燃气有足够的压力。

4. 燃气调压室

燃气调压室是将输气管网的压力调节至下一级管网或用户所需的压力，并使调节后的燃气压力保持稳定。

(三) 城镇燃气管网系统

根据所采用的管网压力级制不同，可分为：

(1) 一级系统：仅由低压或中压一级压力级别组成的管网输配系统，如图 8-9、图 8-10所示。

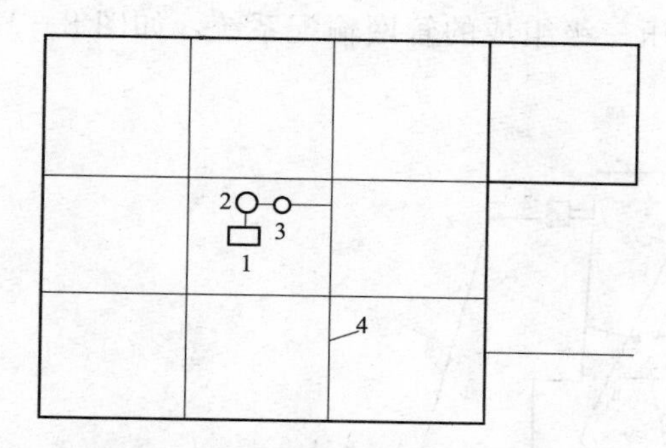

图 8-9　低压单级管网系统示意图

1—气源厂；2—低压储气罐；3—稳压器；4—低压管网

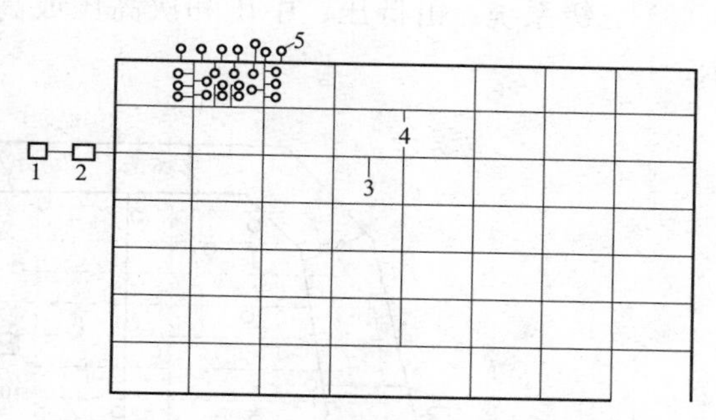

图 8-10　中压（A）或（B）单级管网示意图

1—气源厂；2—储气站；3—中压（A）或（B）输气管网；4—中压（A）或（B）配气管网；5—箱式调压器

（2）两级系统：由低压和中压 B 或低压和中压 A 两级组成的管网输配系统，如图 8-11、图 8-12 所示。

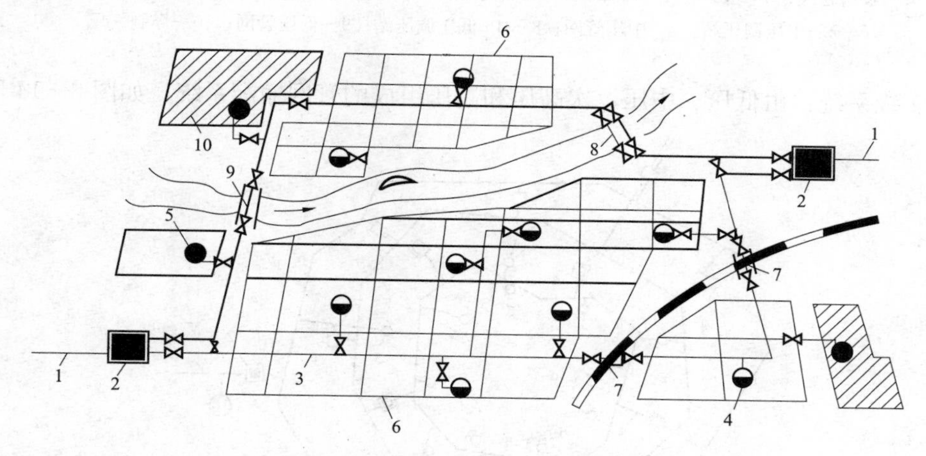

图 8-11　低压-中压 A 二级管网系统

1—长输管线；2—城镇燃气分配站；3—中压 A 管网；4—区域调压站；5—工业企业专用调压站；6—低压管网；7—穿越铁路的套管敷设；8—穿越河底的过河管道；9—沿桥敷设的过河管道；10—工业企业

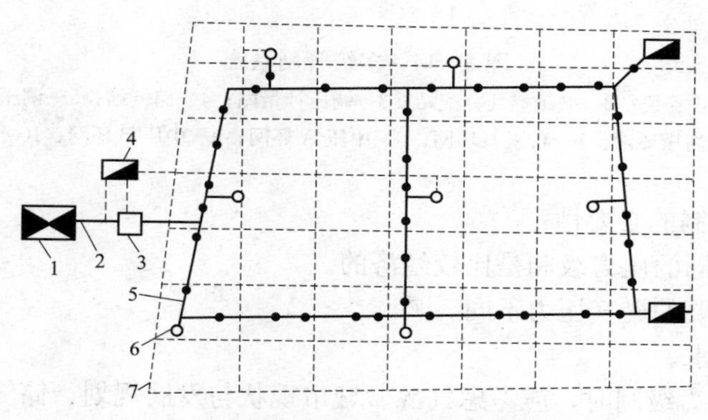

图 8-12　低压-中压 B 二级管网系统

1—气源厂；2—低压管道；3—压气站；4—低压储气站；5—中压 B 管网；6—区域调压站；7—低压管网

（3）三级系统：由低压、中压和次高压或高压三级组成的管网输配系统，如图 8－13 所示。

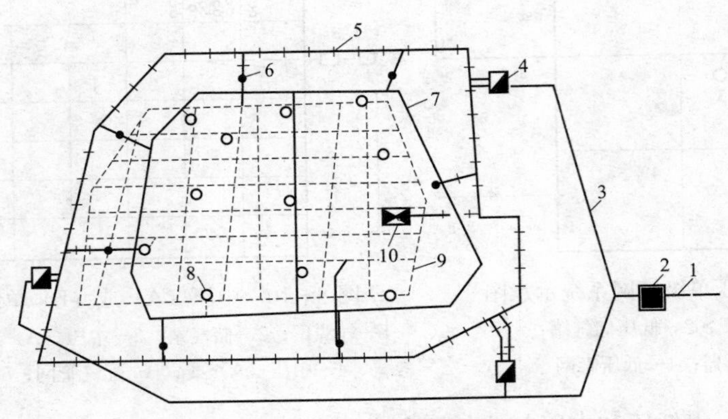

图 8－13　三级管网系统

1—长输管线；2—城镇燃气分配站；3—郊区高压管道（1.2MPa）；4—储气站；5—高压管网；6—高-中压调压站；7—中压管网；8—中-低压调压站；9—低压管网；10—煤制气厂

（4）多级系统：由低压、中压、次高压和高压组成的管网输配系统，如图 8－14 所示。

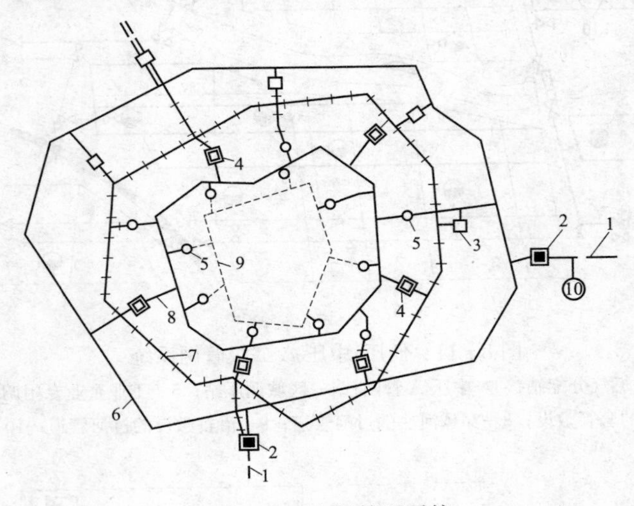

图 8－14　多级管网系统

1—长输管线；2—城镇燃气分配站；3—调压计量站；4—储气站；5—调压站；6—2.0MPa 的高压环网；7—高压 B 环网；8—中压 A 环网；9—中压 B 环网；10—地下储气库

采用不同压力级制的必要性：

（1）管网采用不同的压力级制是比较经济的。

（2）各类用户需要的燃气压力不同。

（3）消防安全要求。

确定输配系统压力级制时，应考虑气源、城市现状与发展规划、储气措施、大型用户与特殊用户的状况。由长输管道送至城市的天然气具有压力高的特点，应充分利用此压力，采用技术先进、运行安全与经济合理的储气与输气措施。对天然气的压力，不仅要考虑在长输管道投产初期因未达设计流量而出现较低压供气的现状，更应结合长输管道设计压力以及其增压可行性，确定城市输配系统的压力级制。

城市天然气输配系统结合管道储气或储罐储气可采用的压力级制一般为高（次高）中压与单级中压。当部分城区因道路、建筑等状况，特别是未经改造的旧城区，从安全考虑可采用中低压输配系统。原有人工燃气中低压输配系统改输天然气时需经改造，但压力级制不变。中压系统设计压力的确定须结合储气设施的运行作技术经济比较进行优化。

（四）燃气管网系统的选择

在选择燃气输配管网系统时，应考虑的主要因素有：

（1）气源情况。

（2）城镇规模、远景规划情况、街区和道路的现状和规划、建筑特点、人口密度、各类用户的数量和分布情况。

（3）原有的城镇燃气供应设施情况。

（4）对不同类型用户的供气方针、气化率及不同类型的用户对燃气压力的要求。

（5）大型燃气用户的数目和分布。

（6）储气设备的类型。

（7）城镇地理地形条件，敷设燃气管道时遇到天然和人工障碍物（如河流、湖泊、铁路等）的情况。

（8）城镇地下管线和地下建筑物、构筑物的现状和改建、扩建规划。

（9）对城镇燃气发展的要求。

设计城镇燃气管网系统时，应全面考虑上述因素进行综合，从而提出数个方案进行技术经济比较，选用经济合理的最佳方案。方案的比较必须在技术指标和工作可靠性相同的基础上进行。

二、城镇燃气管道的布线

（一）城镇燃气管道的布线依据

地下燃气管道宜沿城镇道路、人行便道敷设，或敷设在绿化地带内。在决定城镇中不同压力燃气管道的布线问题时，必须考虑到下列基本情况：

（1）管道中燃气的压力。

（2）街道及其他地下管道的密集程度与布置情况。

（3）道路现状和规划。

（4）街道交通量和路面结构情况，以及运输干线的分布情况。

（5）所输送燃气的含湿量、必要的管道坡度、街道地形变化情况。

（6）与该管道相连接的用户数量及用气情况，该管道是主要管道还是次要管道。

（7）线路上所遇到的障碍物情况。

（8）土壤性质、腐蚀性能和冰冻线深度。

（9）该管道在施工、运行和万一发生故障时，对交通和人民生活的影响。

由于输配系统各级管网的输气压力不同，其设施和防火安全的要求也不同，而且各自的功能也有所区别，故应按各自的特点进行布置。

（二）高压燃气管道的布置

高压燃气管道的主要功能是输气，通过调压站向压力较低管网的各环网配气，其布置原则如下：

（1）城镇燃气管道通过的地区，应按沿线建筑的密集程度划分为四个管道地区等级，并依据管道地区等级作出相应的管道设计。管道与建筑物之间的水平和垂直净距离应符合相关标准。

（2）管道易采用埋地方式敷设，当个别地段需要采用架空敷设时，必须采取安全防护措施。

（3）管道不应通过军事设施、易燃易爆仓库、国家重点文物保护单位的安全保护区、飞机场、火车站、海（河）港码头。当受条件限制管道必须通过上述区域时，必须采取安全防护措施。

（三）次高压、中压及低压燃气管道的布置

（1）地下燃气管道不得从建筑物和大型建（构）筑物的下面穿越。地下燃气管道与建筑物、构筑物以及其他各种管道之间应保持必要的水平和垂直净距离，并符合国家相关标准。

（2）低压管道的输气压力低，沿程压力降的允许值也较低，故低压管网的每环边长一般宜控制在 300～600m。

（3）有条件时低压管道宜尽可能布置在街区内兼作庭院管道，以节省投资。

（4）低压管道应按规划道路布线，并应与道路轴线或建筑物的前沿相平行，尽可能避免在高级路面下敷设。

（5）地下燃气管道埋设的最小覆土厚度应满足下列要求：

1）埋设在机动车道下时，不得小于 0.9m；

2）埋设在非机动车道下时，不得小于 0.6m；

3）埋设在机动车不可能到达的地方时，不得小于 0.3m。

（6）输送湿燃气的管道，应埋设在土壤冰冻线以下，燃气管道坡向凝水缸的坡度不宜小于 0.003。布线时最好能使管道的坡度和地形相适应，在管道的最低点应设排水器。

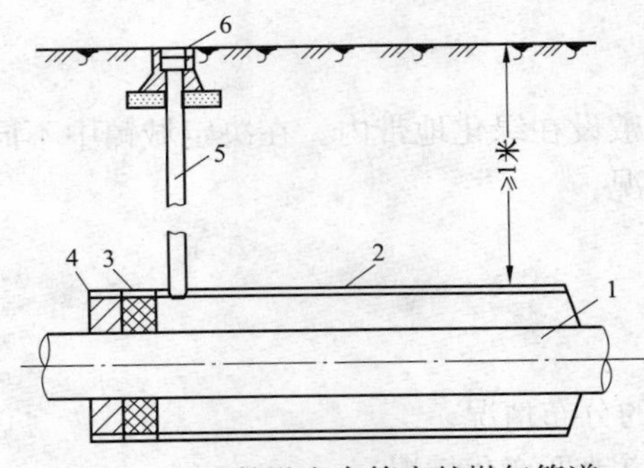

图 8-15 敷设在套管内的燃气管道

1—燃气管道；2—套管；3—油麻填料；4—沥青密封层；5—检漏管；6—防护罩

（7）在一般情况下，燃气管道不得穿过其他管（沟），如因特殊情况要穿过其他大断面管道（污水干管、雨水干管、热力管沟等）时，需征得有关方面的同意，同时燃气管道必须安装在钢套管内，如图 8-15 所示。

（8）燃气管道穿越铁路、高速公路、电车轨道或城镇中主要干道时宜与上述道路垂直敷设，如图 8-16 所示。燃气管道在穿越一、二、三级公路或城镇主干道时，宜敷设在套管或地沟内。燃气管道穿越铁路和电车轨道时，必须采用保护套管或混凝土套管，并要垂直穿越。

（9）燃气通过河流时，可以采用穿越河底或采用管桥跨越的形式。当条件许可时，可以利用道路桥梁跨越河流。穿越或跨越重要河流的管道，在河流两岸均应设置阀门。

1）燃气管道水下穿越河流，如图 8-17、图 8-18 所示。

燃气管道在水下穿越河流的敷设方法有沟埋敷设、裸管敷设、顶管敷设。为防止水下穿越燃气管道产生浮管现象，必须采用稳管措施。

2）附桥架设，如图 8-19 所示。

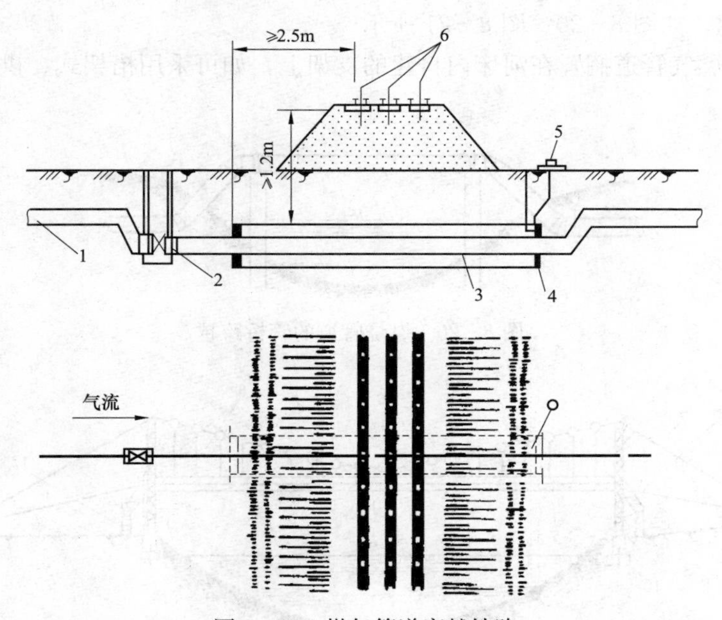

图 8-16　燃气管道穿越铁路

1—输气管道；2—阀门井；3—套管；4—密封层；5—检漏管；6—铁道

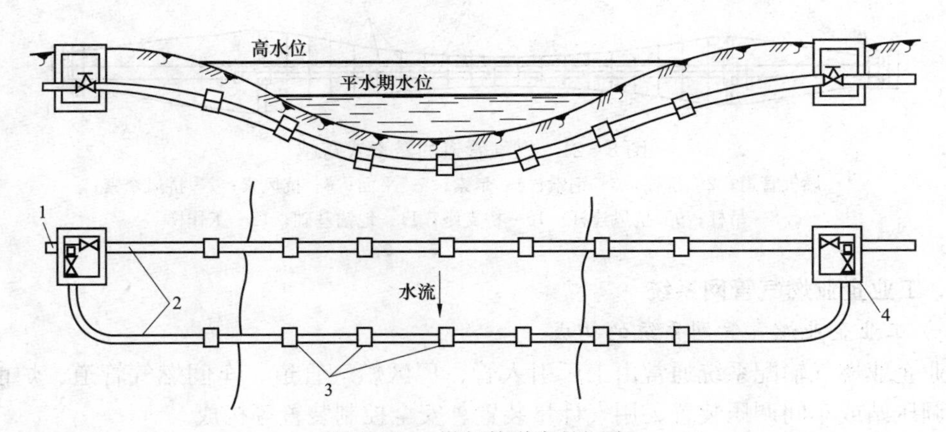

图 8-17　燃气管道穿越河流

1—燃气管道；2—过河管；3—稳管重块；4—阀门井

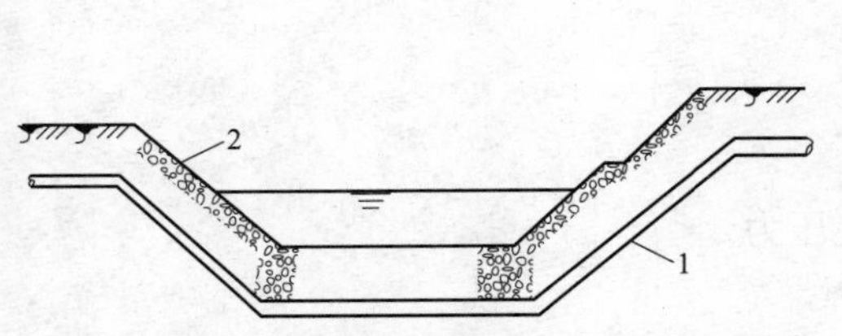

图 8-18　燃气管道的水下沟埋式敷设示意

1—燃气管道；2—水泥砂浆

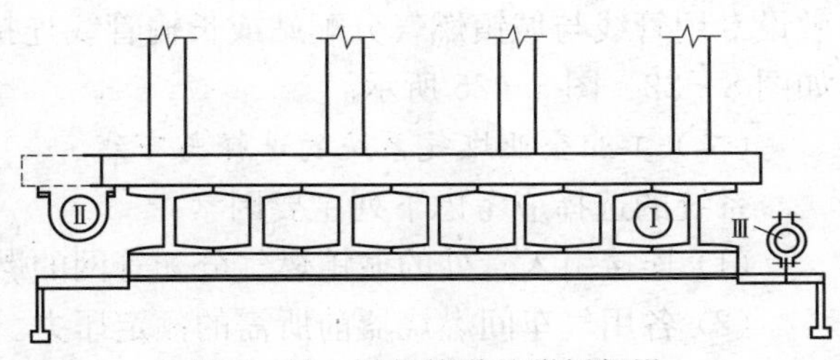

图 8-19　燃气管道的附桥架设

3）管桥跨越，如图 8－20、图 8－21 所示。

管桥法系将燃气管道搁置在河床内自建的支架上，如可采用桁架式、拱式、悬索式以及栈桥式。

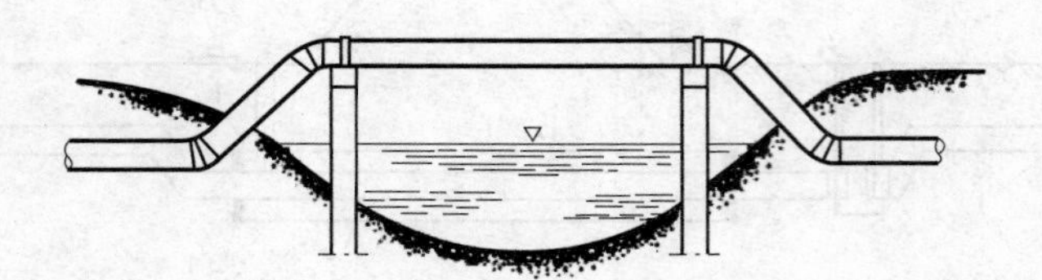

图 8－20　燃烧管道的管桥跨越

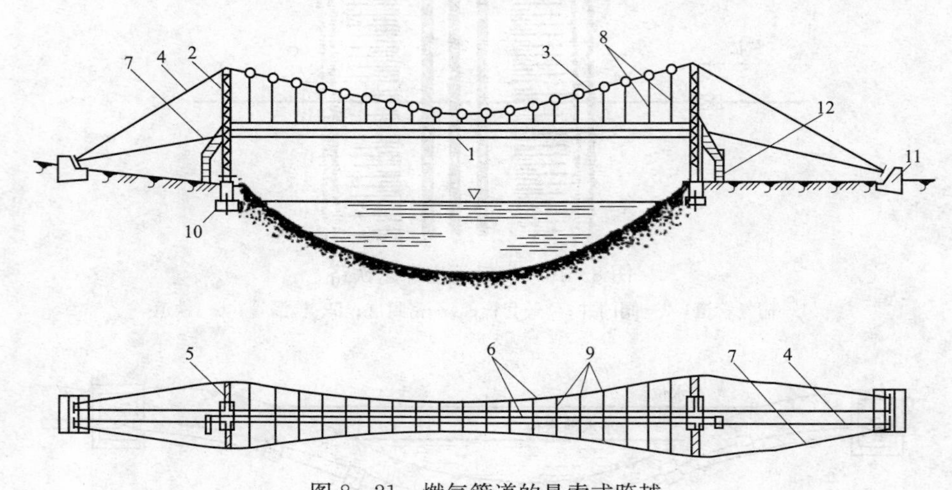

图 8－21　燃气管道的悬索式跨越

1—燃气管道；2—桥柱；3—钢索；4—牵索；5—平面；6—抗风索；7—抗风牵索；8—吊杆；9—抗风连杆；10—桥支座；11—地锚基础；12—工作梯

三、工业企业燃气管网系统

（一）工业企业燃气管网系统的构成

工业企业燃气输配系统通常由工厂引入管、厂区燃气管道、车间燃气管道、炉前管道、工厂总调压站或车间调压装置、用气计量装置、安全控制装置等构成。

工业企业用户一般由城镇中压或高压管网供气，用气量小（50～150Nm^3/h）且用气压力为低压的用户也可以由低压管网供气，应根据具体情况选择最佳的供气方案。大型企业可敷设专用管线与城镇燃气分配站或长输管线连接。常用的系统有一级系统和二级系统两种，如图 8－22～图 8－25 所示。

（二）工业企业燃气系统的选择与布线

系统的选择应考虑下列主要因素：

（1）连接引入管处的城镇燃气分配管网的燃气压力。

（2）各用气车间燃烧器前所需的额定压力。

（3）用气车间在厂区分布的位置。

（4）车间的用气量及用气规模。

（5）与其他管道的关系及管理维修条件。

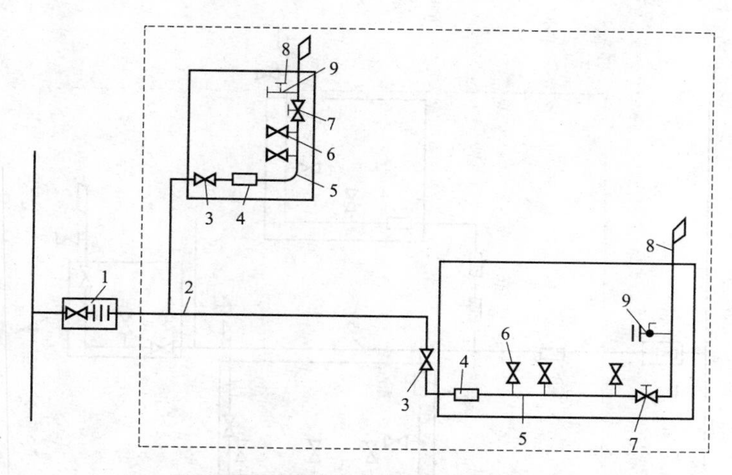

图 8-22　工业企业低压一级管网系统

1—工厂引入管总阀门及补偿器；2—厂区燃气管道；3—车间引入管总阀门；4—燃气计量装置；5—车间燃气管道；6—燃烧设备前的总阀门；7—放散管阀门；8—放散管；9—吹扫取样短管

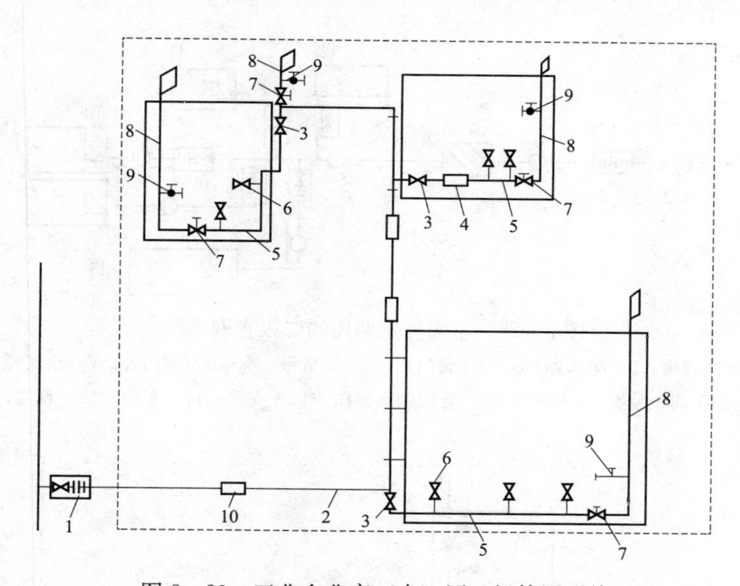

图 8-23　工业企业高（中）压一级管网系统

1—工厂引入管总阀门及补偿器；2—厂区燃气管道；3—车间引入管总阀门；4—燃气计量装置；5—车间燃气管道；6—燃烧设备前的总阀门；7—放散管阀门；8—放散管；9—吹扫取样短管；10—总调压站和计量室

厂区燃气管道的布线原则：厂区管道敷设常采用地下敷设、架空敷设；两个固定支架间设置补偿器，固定支架间距长可设置活动支架；管道末端应设置放散管；管材为钢管，穿越位置应注意防护；架空管道应设置接地、坡度、排水，要保证管底垂直净距；与其他管道、构筑物应有距离的保证。

（三）车间燃气管网系统

车间燃气管网系统的布线要考虑车间总阀门的设置，管道架设的要求，坡度、管道的连接方式等。车间燃气管网系统如图 8-26、图 8-27 所示。

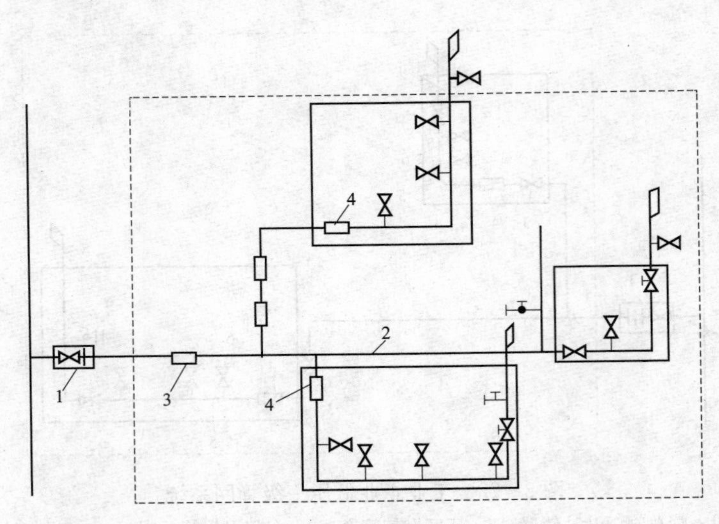

图 8-24　工业企业二级管网系统

1—工厂引入管总阀门及补偿器；2—厂区燃气管道；3—总调压站和计量室；4—车间调压装置

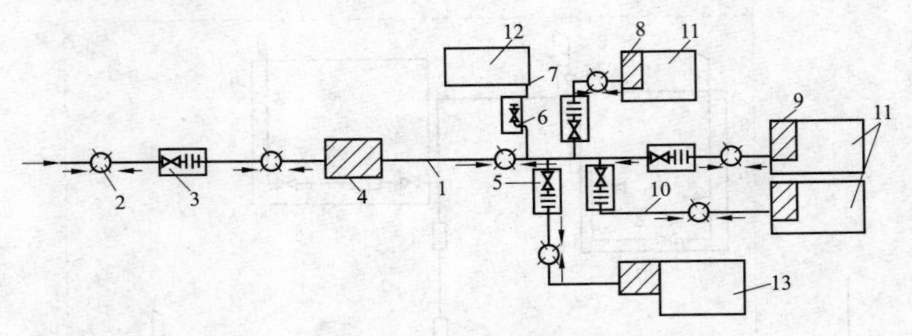

图 8-25　车间分别调压的二级管网系统

1—厂区燃气管道；2—排水器；3、5—阀门井；4—计量室；6—小型阀门井；7—箱式调压装置；8—高（中）-中压调压装置；9—高（中）-低压调压器门；10—支管；11—车间；12—食堂；13—锅炉房

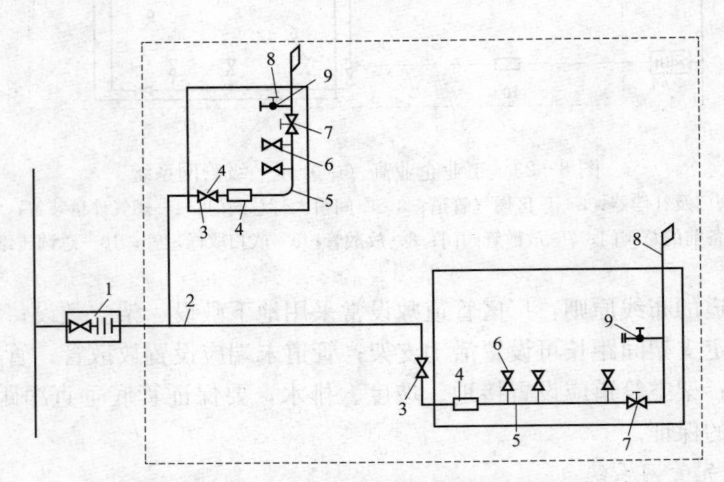

图 8-26　工业企业低压一级管网系统

1—工厂引入管总阀门及补偿器；2—厂区燃气管道；3—车间引入管总阀门；4—燃气计量装置；5—车间燃气管道；6—燃烧设备前的总阀门；7—放散管阀门；8—放散管；9—吹扫取样短管

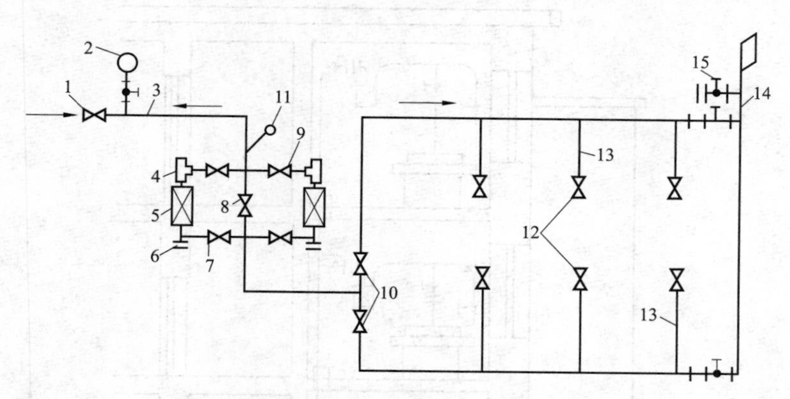

图 8-27　设有燃气计量装置的车间环网系统

1—车间入口的阀门；2—压力表；3—车间燃气管道；4—过滤器；5—燃气计量表；6—带堵三通；7—计量表后的阀门；8—旁通阀；9—计量表前的阀门；10—车间燃气分支管上的阀门；11—温度计；12—日用气设备前的总阀门；13—支管；14—放散管；15—取样管

四、建筑燃气供应系统

（一）建筑燃气供应系统的构成

建筑燃气供应系统，一般由用户引入管、水平干管、立管、用户支管、燃气计量表、用具连接管和燃气用具组成，如图 8-28 所示。

(1) 引入管：用户引入管与城镇或庭院低压分配管道连接，在分支管处设阀门，如图 8-29所示。输送湿燃气的引入管一般由地下引入室内，当采取防冻措施时，也可由地上引入。

(2) 水平干管：引入管上既可连一根燃气立管，也可连若干根立管，后者则应设置水平干管。水平干管可沿楼梯间或辅助房间的墙壁敷设，坡向引入管，坡度应不小于 0.002。

(3) 燃气立管：立管一般应敷设在厨房或靠近厨房的阳台、走廊内。

(4) 用户支管：由立管引出的用户支管，在厨房内其高度不低于 1.7m。敷设坡度不小于 0.002，并由燃气计量表分别坡向立管和燃具。

(5) 用具连接管（又称下垂管）：在支管上连接燃气用具的垂直管段，其上的旋塞应距地面 1.5m 左右。

（二）高层建筑燃气供应系统

对于高层建筑的室内燃气管道系统，还应考虑三个特殊的问题：

(1) 补偿高层建筑的沉降：引入管处安装伸缩补偿接头。

(2) 克服高程差引起的附加压头的影响：高层、低层分别供气；用户调压器；低一低压调压器。

(3) 补偿温差产生的变形：立管底部设置支墩，管道两端固定，中间安装挠性管或波纹补偿。

（三）超高层建筑燃气供应系统的特殊处理

(1) 为防止建筑沉降或地震以及大风产生的较大层间错位破坏室内管道，除了立管上安装补偿器以外，还应对水平管进行有效的固定，必要时在水平管的两固定点之间也应设置补偿器。

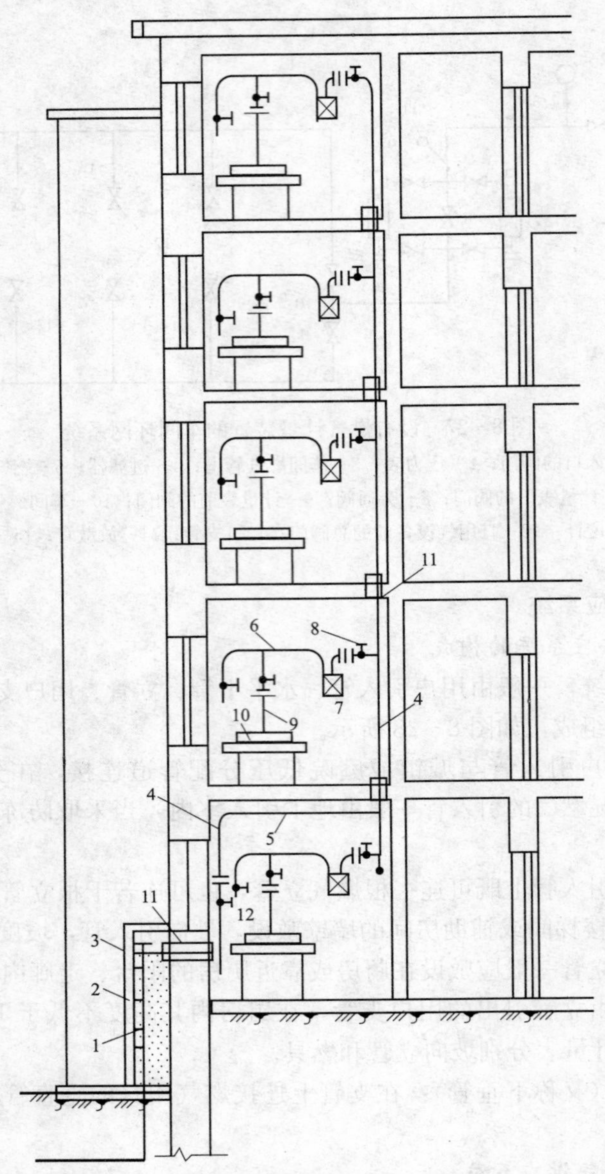

图 8-28 建筑燃气供应系统剖面图

1—引入管；2—砖台；3—保温层；4—立管；5—水平干管；6—用户支管；
7—燃气计量表；8—表前阀门；9—灶具连接管；10—燃气灶；11—套管；12—燃气热水器接头

(2) 建筑中安装的燃气用具和调压装置，应采用粘接的方法或用夹具予以固定，防止地震时产生移动，导致连接管道脱落。

(3) 为确保供气系统安全可靠，超高层建筑的管道安装，在采用焊接方式连接的地方应进行 100%的超声波探伤和 100%的 X 射线检查，检查结果应达到Ⅱ级的要求。

(4) 在用户引入管上设置切断阀，在建筑物的外墙上还应设置燃气紧急切断阀，保证在发生事故等特殊情况时随时关断。燃气用具处应设置燃气泄漏报警器和燃气自动切断装置，而且联动。

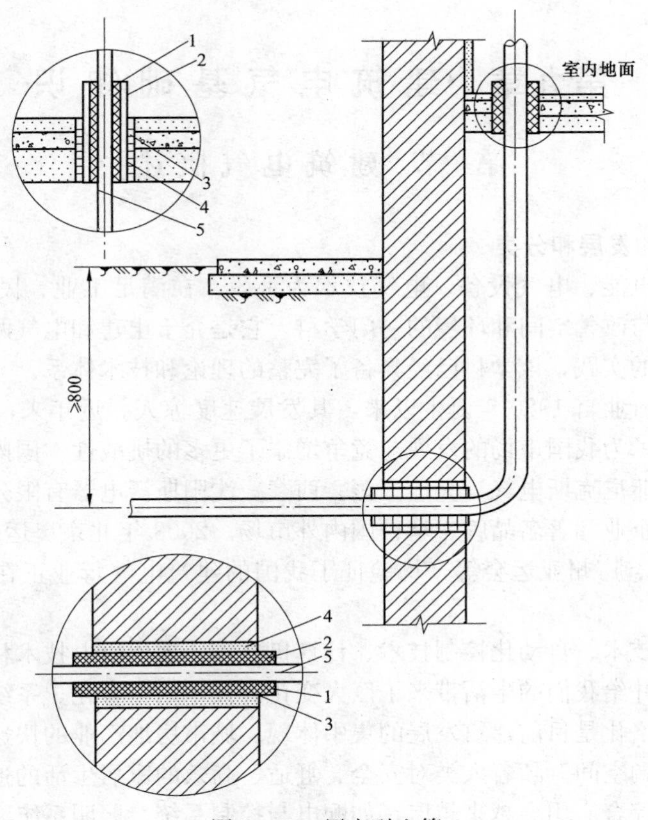

图 8-29 用户引入管

1—沥青密封层；2—套管；3—油麻；4—水泥砂浆；5—燃气管道

(5) 建筑总体安全报警与自动控制系统的设置。

第九章　建筑电气基础知识

第一节　建筑电气概述

一、建筑电气的发展和分类

建筑电气是以电能、电气设备、电气技术为手段，在满足工业、民用建筑要求的基础上，来创造、维持与改善空间和环境的一门学科。它是介于土建和电气两大类学科之间的一门学科，经过多年的实践，该学科已经具备了完整的理论和技术体系。

我国建筑电气行业自1980年诞生以来，其发展速度惊人。近年来，许多国际建筑电气企业先后入驻我国，为我国市场的发展与竞争增添了更多的挑战性。国内也涌现出了许多像松本、正野、南京菲尼克斯电气、大连国彪、西蒙、沈阳斯沃电器有限公司等实力雄厚的现代化建筑电气生产企业和著名品牌，享誉国内外市场。2008年北京奥运会的水立方和鸟巢，2010年上海世博会、广州亚运会等，均验证了我国的建筑电气行业正在朝着绿色、智能的方向发展。

如今，以信息技术、自动化控制技术、计算机技术、现代机电技术相结合的建筑电气行业正在迅猛发展，并给我们的生活带来了巨大变化。技术的综合化、系统的集成化、性能的智能化、应用的网络化是目前建筑发展的集中体现。城市房地产业的快速发展给建筑电气技术的发展提供了广阔空间。随着人类对安全、舒适、高效的家居生活的追求越来越高，建筑电气与智能科技的综合应用会越来越广，如配电与控制系统、照明系统、能源管理系统、太阳能采集控制系统。另外，电力电子及电气传动技术也逐渐应用到发电、输电、配电系统和市政建设、住宅小区工程中。

建筑电气按照强、弱电两大系统分类。

1. 强电系统

主要包括建筑电工电气和建筑照明产品。建筑电工电气由供、配、变电设备，高、低压电源电器开关，开关柜电箱，插座，断路器，接触器，电容器，启动器，室、内外配电器，电流、电压互感器，电气节能改造装置，电气防火，变换器，各类仪器仪表，建筑电气系统集成；建筑照明产品则包括指示灯、光源、灯具灯饰、照明配件、照明电工产品、照明器材、调光设备、智能照明控制系统。

2. 弱电系统

主要包括建筑综合布线系统、建筑安防与消防系统、建筑通信自动化系统及公用设施的自控系统等。

(1) 建筑综合布线系统：楼宇设备管理自控系统，可视、非可视楼宇对讲系统，楼宇电力装置、家居自动化系统、出入口控制系统，智能家居系统综合布线产品与方案。

(2) 建筑安防与消防系统：防盗与监控报警系统，各种镜头，办公住宅楼安全防护技术，防伪技术与产品，一卡通、门禁、监控、抄表等社区服务系统和自动灭火、火灾报警系统以及联动系统等。

(3) 建筑通信自动化系统：VOD设备、信息家电控制系统、室内集中控制产品计算机安全监察及应用器材，电脑设计软件等。

(4) 公用设施的自控系统：中央空调、冷/热水机组、制冷设备、空调机等设备的自控。

二、建筑电气设计

电气专业一般设计程序如下。

1. 方案设计阶段

(1) 确定设计内容：根据建筑规模、功能定位及使用要求确定工程拟设置的电气系统。

(2) 确定变、配电系统容量及要求：

1) 确定负荷级别：一、二、三级负荷的主要内容。

2) 负荷估算：该阶段主要采用单位容量法或单位指标法进行估算。

3) 电源：根据负荷性质和负荷容量，提出要求外供电源的回路数、容量、电压等级的要求。

4) 确定变、配电所的位置、数量、容量及变压器台数。

(3) 确定是否需要设应急电源系统以及备用电源和应急电源型式。

(4) 对照明、防雷、接地、智能建筑设计的相关系统构成形式进行说明。

2. 初步设计阶段

该阶段应在方案设计确定的设计内容基础上与业主沟通后展开各系统的技术设计；向设备专业了解设备配置情况，跟建筑、结构专业提出电气技术设计要求。

(1) 确定变配电系统形式：

1) 确定负荷等级：一、二、三级负荷的主要内容。

2) 负荷计算：根据设备专业提供的设备资料，分类进行负荷计算，并算出总负荷；此计算书应在初设校审阶段与图纸一并提交，并同时归档。

3) 对于大中型项目（大于 5000m^2），专业负责人应提供两个以上的变配电系统方案提交专业委员会进行讨论比选，由项目工作会议确定设计方案，并将方案报给业主，协助业主配合供电部门确定最终供电方案。

4) 根据确定的变配电方案，提出电源数量及回路数要求，向业主了解电源引自何处；确定高低压供电系统接线形式及运行方式；确定重要设备的供电方式；明确是否需要设置备用电源。

5) 确定变电站的数量、位置、面积，绘制设备布置平、剖面图。

6) 绘制竖向系统图，标注各配电箱编号、对象名称。

7) 确定配电干线主要敷设路由；确定各主要配电间、电气管井位置及面积。

8) 画出配电干线平面图，并标出主要配电箱的位置及编号。

(2) 考虑照明系统：

1) 确定照明种类、灯具型式及照度标准。

2) 确定应急照明电源型式。

3) 确定照明线路型号的选择及敷设方式。

4) 绘制照明灯具（包括应急照明及疏散照明）平面布置图，可以不连线。

(3) 设计消防系统：

1) 依据《火灾自动报警系统设计规范》(GB 50116) 确定该项目的消防保护等级。

2) 绘制消防系统图。

3）绘制消防布点平面图。

（4）考虑弱电系统。了解业主对建筑项目智能化程度的设想及现有市政条件。

1）确定各弱电系统的构成形式，绘制各系统原理图。

2）确定各弱电主机房位置及面积。

3）确定弱电主要敷设路由。

（5）防雷及接地系统。确定防雷等级，校审时提供防雷等级计算书。

（6）给其他专业的技术设计条件。所有条件由专业负责人提交建筑专业，由建筑专业综合后提给各相关专业。

1）给建筑专业：各机房位置、面积、层高以及对防火的要求；强弱电管井位置及面积；变电站及剪力墙上洞口的定位及尺寸；提出强弱电桥架路由，由建筑专业协调进行初步管线综合。

2）给结构专业：提出设备机房（如变电站、控制室、弱电机房等）荷载。

3）给设备专业：提出各机房对通风、采暖、上下水的要求；提出强弱电主要桥架路由与设备管道进行初步综合。

（7）按照工程报批要求，在规定时间内提交本专业人防、消防报批图纸。

（8）初步设计图纸清单。初步设计阶段电气专业应包括以下图纸：

1）目录。

2）电气专业初步设计说明。

3）图例表。

4）竖向配电系统图。

5）10kV 配电系统图（有变电站时出）。

6）变电站平面布置图（有变电站时出）。

7）低压配电系统图及各主要设备机房配电系统图。

8）配电干线平面图及照明灯具布置平面图。

9）火灾自动报警及消防联动系统说明及系统图。

10）消防布点。

11）各弱电系统分项系统图。

以上各图纸应达到初步设计深度的要求。

三、建筑供用电

（一）电力系统简介

电能是由发电厂生产的，发电厂都建在一次能源所在地，一般距离人口密集的城市和用电集中的工业企业很远，因此，必须用高压输电线路进行远距离输电。图 9-1 所示为电能从发电厂到用户的送电过程。

由各种电压的电力线路将一些发电厂、变电站和电力用户联系起来的发电、输电、变压、配电和用电的整体，称为电力系统。其中，升压变电站将 6～10kV 电压转换为 110kV 或 220kV 或 550kV 的高压电能以利远距离输送；降压变电站将远距离传送而来的高压电能转换为中压（10kV）、低压（380/220V）电能，以满足末端需要。

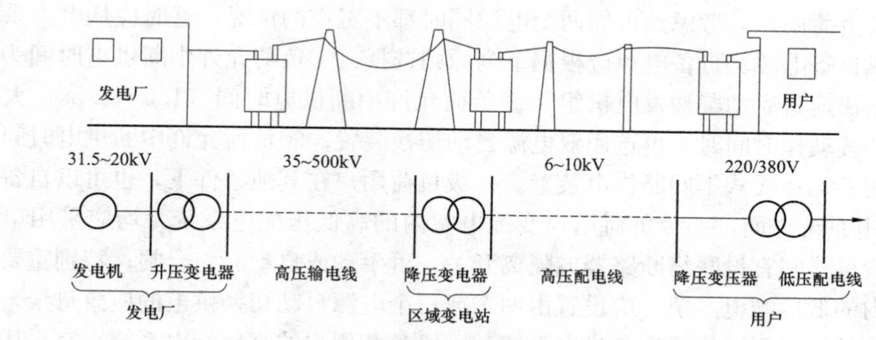

图 9-1 电能从发电厂到用户的送电过程示意

（二）负荷分级及供电要求

1. 负荷分级

根据供电可靠性要求及中断供电在政治、经济上所造成的损失或影响的程度，可将电力负荷分为一、二、三 3 级。

（1）一级负荷用户或设备。中断供电将造成人身伤亡、重大政治影响以及重大经济损失或公共秩序严重混乱的用电单位或重要负荷设备。对于某些特等建筑，如国宾馆、国家级及承担重大国家的会堂、国家级大型体育中心，经常用于重要国际活动的大量人员集中的公共场所，以及重要的交通枢纽和通信枢纽等的一级负荷，为特别重要的负荷用户。

中断供电将影响实时处理计算机及计算机网络正常工作，如主要业务用电子计算机电源，剧场调光用、图书馆检索用、体育馆计时计分用电子计算机电源等的一级负荷，为特别重要的负荷设备。

中断供电后将发生爆炸、火灾以及严重中毒的一级负荷，大型或重要建筑物中用于火灾时灭火、排烟、送风、人员疏散等的消防用电，均视为特别重要的负荷设备。

（2）二级负荷用户或设备。中断供电将造成较大政治影响、经济损失以及公共场所秩序混乱的用电单位和用电设备。如高层普通住宅、甲等电影院、中型百货商店、大型冷库等，为二级负荷用户。

普通办公楼、高层普通住宅楼、百货商场等二级负荷用户中的客梯电力、主要通道照明等用电设备，为二级负荷设备。

（3）三级负荷。不属于一级和二级负荷的其他电力负荷。

特殊说明：防范报警、保安监视（摄录）系统、巡更系统以及值班照明、警卫照明、障碍标志灯等应与主体建筑中最高等级的用电负荷相同；消防用电设备（包括消防电梯）、应急照明（包括避难层照明）、屋顶停机坪专用信号灯等，应首先明确建筑防火类别，属一类防火建筑的为一级负荷，属二类防火建筑的二级负荷；对于综合商厦、贸易中心等公用建筑，因内容不一，可根据具体部位和使用功能，参照用户负荷等级表确定负荷等级。对特殊没有规定的，应与有关部门协商确定。

2. 各级负荷对电源及供电系统的要求

（1）一级（包括特别重要）负荷用户和设备。

1）在供电电源方面：一级负荷应由两个电源供电，当一个电源发生故障时，另一个电源应不致同时受到损坏；另一个电源应能承担该用户的全部一级和特别重要负荷的供电。

特别重要负荷用户，考虑到可能两个电源同时都不工作的情况，这时应从电力系统取得第三路电源或自备电源。自备电源应根据下列原则选择：①负荷允许中断供电时间为15s以上时，可选用快速自启动柴油发电机组；②负荷允许中断供电时间（1.5～2.5s）大于双电源自动切换装置动作时间时，可选用双电源自动切换装置；③负荷允许中断供电时间为毫秒级时，可选用各类在线式不间断供电装置。一级负荷用户在其他条件下，也可以自备电源。

2）在供电系统方面：一级负荷用户变配电室内的高低压配电系统，均应采用单母线分段系统。各段母线间宜设联络断路器或隔离开关，可手动或自动分、合闸；特别重要负荷用户变配电室内的低压配电系统，应设置由两个或三个电源自动切换供电的应急母线，并由该母线及其引出的供电回路构成应急供电系统；一级负荷用户的高压配电系统，宜采用断路器保护；应急供电系统中的消防用电设备应采用专用的供电回路；供给一级负荷设备的两个电源宜在最末一级配电盘处切换；分散小容量一级负荷，如电话机房、消防中心、应急照明等设备，也可采用设备自带蓄电池作为自备应急电源；对特别重要负荷设备的供电，必要时可就地设置不间断电源装置（UPS）。

（2）二级负荷用户和设备。

1）在供电电源方面：由两个电源供电，第二个电源引自地区电网或邻近单位，也可引自自备柴油发电机组；由同一座区域变电站的两段母线分别引来的两个回路供电；由一路6kV以上专用架空线路供电，或采用两根电缆供电，且每根电缆应能承担全部二级负荷。

2）在供电系统方面：二级负荷设备的供电系统，应做到当电力变压器或线路发生常见故障时，不致中断供电或中断供电能迅速恢复；为二级负荷设备供电的两个电源的两回路，应在适当位置设置的配电箱内自动切换。

（3）三级负荷对供电无特殊要求，采用单回路供电。当向以三级负荷为主，但有少量一、二级负荷的用户供电时，可设置仅满足一、二级负荷需要的自备电源。三级负荷用户的高压系统，也可采用负荷开关加熔断器保护。

（三）供电电压

（1）低压电压：单相为220V，三相为380V。

（2）高压电压：10kV。

因工程需要必须采用其他电压等级供电时，应与供电部门协商确定；用电设备的设备容量在100kW及以下或变压器容量在50kVA及以下者，可采用低压三相四线制供电，特殊情况也可采用高压供电。

（四）电能质量

在正常运行情况下，用电设备受电端的电压允许偏差值（额定电压的百分数表示）：一般电动机为±5%；电梯电动机为±7%；一般照明为±5%（视觉要求高的为+5%、−2.5%）；应急照明、道路照明、警卫照明为+5%、−10%；无特殊要求的用电设备为±5%。

（五）供配电方式

供配电方式是指电源与电力用户之间的接线方式。电源与电力用户之间的接线有以下几种方式：

1. 放射式

放射式供配电接线的特点是由供电电源的母线分别用独立回路向各用电负荷供电，某供电回路的切除、投入及故障不影响其他回路的正常工作，因而供电可靠性较高，如图9-2所示。

2. 树干式

树干式供配电接线的特点是由供电电源的母线引出一个回路的供电干线，在此干线的不同区段上引出支线向用户供电。这种供电方式较放射式接线所需供配电设备少，具有减少配电所建筑面积及设备、节省投资等特点。但当供电干线发生故障，尤其是靠近电源端的干线发生故障时，停电面积大。因此，此接线方式的供电可靠性不高，一般用于三级负荷供电，如图 9-3 所示。

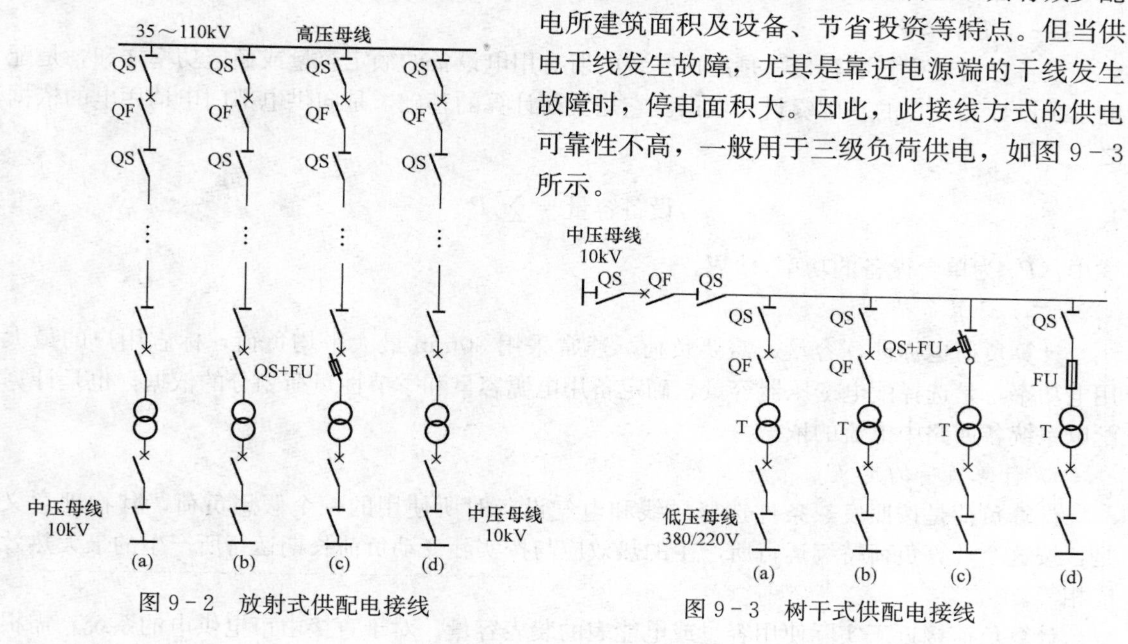

图 9-2　放射式供配电接线

图 9-3　树干式供配电接线

3. 环式

环式供配电接线的特点是由一变电站引出两条干线，由环路断路器构成一个环网。正常运行时环路断路器闭合，继续对系统中非故障部分供电。环式供电系统可靠性高，适用于一个地区的几个负荷中心，如图 9-4 所示。

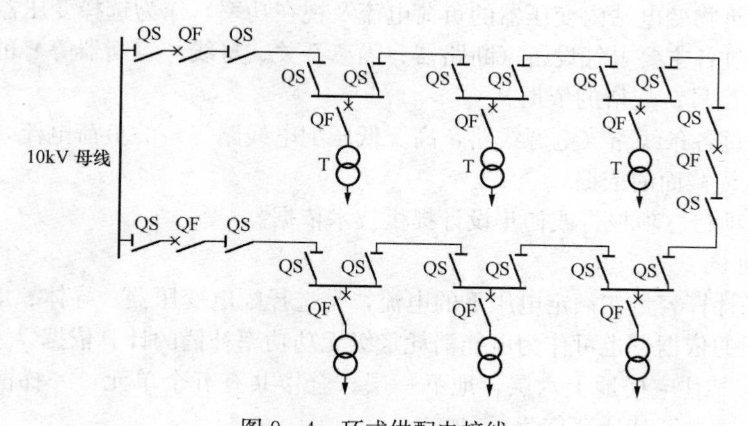

图 9-4　环式供配电接线

第二节　建筑供配电系统

建筑供配电系统的电气设计是指从取得电源到将电能通过输电、变压和分配到 380/

220V 低压用电的系统设计。

一、负荷计算

负荷计算主要包括设备容量、计算负荷、计算电流。

(一) 设备容量

设备容量也称安装容量，是用户安装的所有用电设备的额定容量或额定功率之和，是配电系统设计和计算的基础资料和依据。它是负荷计算的基础，是向供电部门申请用电的依据之一。

$$设备容量=\sum_{i=1}^{n}P_i$$

式中：P_i 为单台设备的功率，kW。

(二) 计算负荷

计算负荷也称计算容量、需要负荷。通常采用 30min 最大平均负荷，标志用户的最大用电功率，是选择配电变压器容量、确定备用电源容量和季节性负荷划分的依据，也是计算配电系统各回路中电流的依据。

1. 计算负荷的定义

计算负荷是按照发热条件选择导线和电气设备时所使用的一个假想负荷，其物理意义是：按这个计算负荷持续运行所产生的热效应与按实际变动负荷长期运行所产生的最大热效应相等。

计算负荷接近于实际使用容量或电能表的装表容量。对于直接由市电供电的系统，需根据计算容量选择计量用的电能表，用户的用电极限是在这个装表容量下使用。

2. 负荷计算的目的

负荷的大小和级别不同，对电源的可靠性要求和电源变压器的容量要求也不同。为了确定电力变压器的容量，必须计算负荷的容量。负荷计算的目的在于：

(1) 计算建筑物变电站内变压器的负荷电流及视在功率，作为选择变压器容量的依据。

(2) 计算流过各主要电气设备（断路器、隔离开关、母线、熔断器等）的负荷电流，作为选择这些设备型号、规格的依据。

(3) 计算流过各条线路（电源线路，高、低压配电线路等）的负荷电流，作为选择这些线路的导线或电缆截面的依据。

(4) 为工程项目立项报告或初步设计提供技术依据。

(三) 计算电流

计算电流是计算容量在额定电压下的电流，是选择配电变压器、导体、电器、计算电压偏差、功率损耗的依据，也可作为电能消耗量级无功功率补偿的计算依据。

[例 9-1] 某住宅楼地上六层，地下一层。全楼共有五个单元，一梯两户，由三相四线制线路供电，试估算其计算负荷。

解 负荷计算按一般家庭生活考虑，设所用家用电器及其功率如下：电视机 100W、洗衣机 120W、电冰箱 120W、电风扇 60W、空调 1000W、电脑 200W、电熨斗 500W、照明及其他 300W，合计 2400W。

每户家用电器设备容量为 2400W，电压为 220V，由负荷需用系数据表查得 $K_d=0.5$，功率因数取加权平均值，按 0.75 考虑，则每户的计算负荷为

$$P_c = K_d \Sigma P_N = 0.5 \times 2400 = 1200\ (\mathrm{W})$$

$$I_c = \frac{P_c}{U_n \cos\phi} = \frac{1200}{220 \times 0.75} = 7.3\ (\mathrm{A})$$

每层一个单元为一梯两户，地上六层，每单元的地下室、楼梯灯电流按 2A 考虑，单元同时系数取 0.7，则一个单元总的计算电流为

$$I = 2 \times 7.3 \times 6 \times 0.7 + 2 = 63.3\ (\mathrm{A})$$

五个单元，拟由 A 相供一单元，B 相供二、三单元，C 相供四、五单元用电，取两单元同时系数为 0.9，则

$$I_a = 63.3\ (\mathrm{A})$$

$$I_b = I_c = 0.9 \times 2 \times 63.3 = 113.94\ (\mathrm{A})$$

二、变电站

变电站是建筑供电系统的中心环节，是进行电压变换、接收和分配电能的场所，它由变压器、高低压配电装置和附属设备组成。变压器的一次侧电压通常采用 6～10kV（或 35kV），低压侧为 0.4/0.23kV。

（一）电气主接线

1. 电气主接线概念

电气主接线图又称一次接线图，它是发电厂、变电站、电力系统中传送电能的电路。主接线是发电厂、变电站电气的主体，用来表示电能传送和分配的路线。它由各种主要电气设备（变压器、隔离开关、负荷开关、断路器、熔断器、互感器、电容器、母线电缆等）连接而成。一次接线图中的所有电气设备称为一次电气设备。主接线的确定与电力系统整体及发电厂、变电站本身运行的可靠性、灵活性和经济性密切相关，并且对电气设备选择、配电装置布置、继电保护和控制方式的拟定有较大影响。因此，必须正确处理好各方面的关系，全面分析有关影响因素，通过技术经济比较，合理确定主接线方案。

在 6～10kV 的民用建筑供电系统中，常用的高压一次电气设备有高压熔断器、高压隔离开关、高压负荷开关、高压断路器和高压开关柜等。

（1）高压熔断器：在 6～10kV 高压线路中，户内广泛采用管式熔断器，户外则通常采用跌落式熔断器。

（2）高压隔离开关：主要是用来隔离高压电源，并造成明显的断开点，以保证其他电气设备能安全检修。因为隔离开关没有专门的灭弧装置，所以，不允许它带负荷断开或接通线路。

（3）高压负荷开关：具有简单的灭弧装置，专门用在高压装置中通断负荷电流。但这种开关的断流能力并不大，只能通断额定电流，不能用于分断短路电流。高压负荷开关必须和高压熔断器串联使用，用熔断器切断短路电流。从外形上看，负荷开关与隔离开关很相似，但却有着原则上的区别：线路正常工作时，负荷开关可以带负荷进行操作，而隔离开关不能。

（4）高压断路器：又称高压开关，它具有相当完善的灭弧机构和足够的断流能力，作用是接通和分断高压负荷电流，并在线路严重过载和短路时自动跳闸，切断过载电流和短路电流。民用建筑中常用的是真空断路器和六氟化硫断路器。

（5）高压开关柜：一种柜式成套设备。它按一定的接线方式将所需要的一、二次设备如

开关设备、监测仪表、保护电器及一些操作辅助设备组装成一个整体，在变电站中作为控制和保护变压器及电力线路之用。高压开关柜分为固定式和手车式两大类。开关柜的进出线方式有下列几种：

1）下进下出方式，需要在柜下做电缆沟或电缆夹层；

2）上进上出方式，采用电缆桥架或封闭式母线架设；

3）混合式出线，上进上出和下进下出根据需要混合使用。

常用的低压配电装置有低压隔离开关（刀闸开关）、低压负荷开关、低压断路器、熔断器、互感器、接触器、低压配电柜（屏）、动力配电箱、照明配电等。低压开关类设备与高压一次设备的作用类似。

2. 电气主接线方式

电气主接线方式可分为有汇流排的接线和无汇流排的接线两种。汇流排也称母线。有汇流排的接线方式包括单母线、分段单母线、双母线、分段双母线、增设旁路母线或旁路隔离开关等。民用建筑中常用的是单母线和分段母线的接线方式。

（1）有汇流母线的电气主接线：

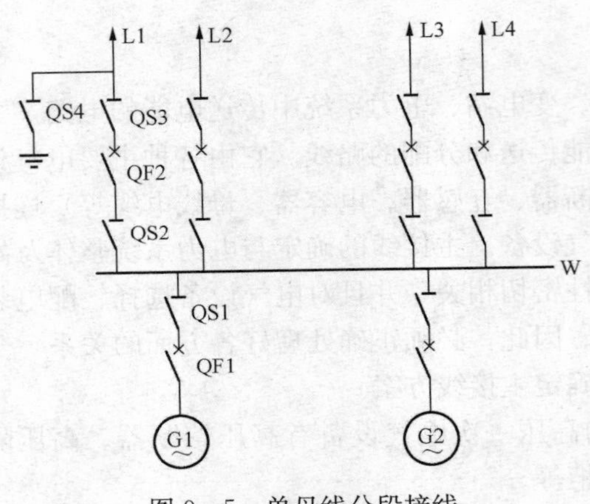

图 9－5 单母线分段接线

QF—断路器；QS—隔离开关；L—线路；W—母线

1）单母线接线。图 9－5 所示为单母线接线，其供电电源在发电厂是发电机或变压器，在变电站是变压器或高压进线回路。母线即可保证电源并列工作，又能使任一条出线都可以从电源 1 或电源 2 获得电能。各出线回路输送功率不一定相等，应尽可能使负荷均匀地分配于母线上，以减少功率在母线上的流动。每条回路中都装有断路器和隔离开关，靠近母线侧的隔离开关称为母线隔离开关，靠近线路侧的称为线路隔离开关。由于断路器具有开和电路的专用灭弧装置，可以开断或闭合负荷电流和开断短路电流，故用来作为接通或切断电路的控制电器。隔离开关没有灭弧装置，其开合电流能力极低，只能用于设备停运后退出工作时断开电路，保证与带电部分隔离，起着隔离电压的作用。所以，同一回路中在断路器可能出现电源的一侧或两侧均应配置隔离开关，以便检修断路器时隔离电源。若馈线的用户侧没有电源，断路器通往用户的那一侧，可以不装设线路隔离开关。但如费用不大，为了阻止过电压的侵入，也可以装设。若电源是发电机，则发电机与其出口断路器 QF1 之间可以不装隔离开关，因断路器 QF1 的检修必然在停机状态下进行。但有时为了便于对发电机单独进行调整和试验，也可以装设隔离开关或设置可拆连接点。

同一回路中串接的隔离开关和断路器，在运行操作时，必须严格遵守下列操作顺序：①如对馈线 L1 送电时，须先合上母线侧隔离开关 QS2，后合上负荷侧隔离开关 QS3，再投入断路器 QF2。②如欲停止对其供电，须先断开 QF2，然后断开负荷侧隔离开关 QS3，再断开母线侧隔离开关 QS2。

为了防止误操作，除严格按照操作规程实行操作票制度外，还应在隔离开关和相应的断路器之间加装电磁闭锁、机械闭锁或电脑钥匙。接地隔离开关（又称接地刀闸）QS4 是在检修线路和设备时合上，取代安全接地线的作用。当电压在 110kV 及以上时，断路器两侧的隔离开关和线路隔离开关的线路侧均应配置接地隔离开关。对 35kV 及以上的母线，在每段母线上亦应设置 1～2 组接地隔离开关或接地器，以保证电器和母线检修时的安全。

单母线接线具有简单清晰、设备少、投资小、运行操作方便，且有利于扩建等优点。但其可靠性和灵活性较差，当母线或母线隔离开关故障或检修时，必须断开它所接的电源；与之相接的所有电力装置，在整个检修期间均需停止工作。此外，在出线断路器检修期间，必须停止该回路的工作。因此，这种接线只适用于 6～220kV 系统中只有一台发电机或一台主变压器，且出线回路数又不多的中、小型发电厂或变电站，它不能满足Ⅰ、Ⅱ类用户的要求。但若采用成套配电装置，由于可靠性高，也可用于较重要用户的供电。

2）单母线分段接线。为了弥补单母线接线可靠性不高的缺点，可以采用单母线分段接线来提高对用户供电的可靠性，如图 9－6 所示。单母线用分段断路器 QF1 进行分段，以提高供电可靠性和灵活性。对重要用户，可以从不同段引出两回馈电线路，由两个电源供电。当一段母线发生故障隔离时，保证正常段母线不间断供电，不至于使重要用户停电。两段母线同时故障的几率甚小，可以不予考虑。在可靠性要求不高，亦可用隔离开关分段（QS1）任一段母线故障时，将造成两段母线同时停电，在辨别故障后，拉开分段隔离开关 QS1，完好段即可恢复供电。

分段的数目取决于电源数量和容量。段数分得越多，故障时停电范围越小，但是用断路器的数量亦越多，且配电装置和运行也越复杂，通常以 2～3 段为宜。这种接线广泛用于中、小容量发电厂的 6～220kV 变电站中。

3）加设旁路母线接线。断路器经过长期运行和切断数次短路电流后都需要检修。为了检修出线断路器，不致中断该回路供电，可增设旁路母线 W2 和旁路断路器 QF2，如图 9－7所示。旁路母线经旁路隔离开关 QS3 与出线连接。正常运行时，QF2 和 QS3 断开。当检修某出线断路器 QF1 时，先闭合 QF2 两侧的隔离开关，再闭合 QF2 和 QS3，然后再断开 QF1 及其线路隔离开关 QS2 和母线隔离开关 QS1。这样 QF1 就可退出工作，有旁路断路器 QF2 执行其任务，即在检修 QF1 期间，通过 QF2 和 QS3 向线路 L3 供电。

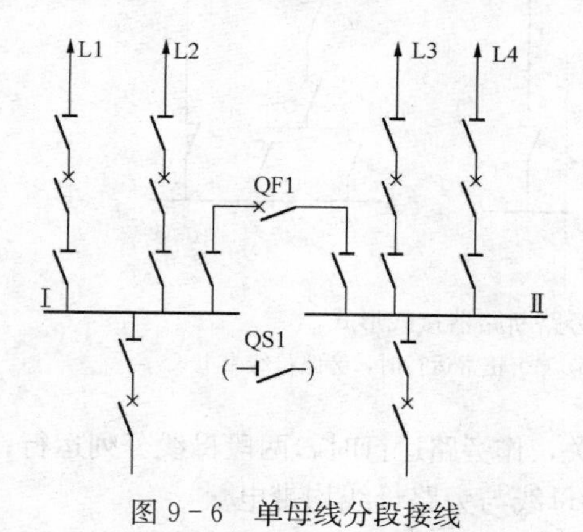

图 9－6　单母线分段接线

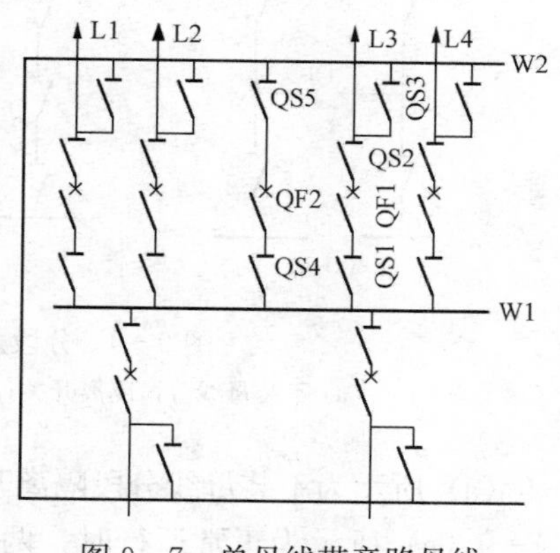

图 9－7　单母线带旁路母线

当检修电源回路断路器期间不允许断开电源时，旁路母线还可与电源回路连接，此时还需在电源回路中加装旁路隔离开关。

有了旁路母线，检修与它相连的任一回路的断路器时，该回路便可以不停电，从而提高了供电的可靠性。该接线形式广泛地用于出线数较多的110kV及以上的高压配电装置中，因为电压等级高、输送功率较大、送电距离较远、停电影响较大，同时高压断路器每台检修时间也较长。而35kV及以下的配电装置一般不设旁路母线，因为负荷小，供电距离短，容易取得备用电源，有可能停电检修断路器，并且断路器的检修、安装或更换均较方便。一般35kV以下配电装置多为屋内型，为节省建筑面积、降低造价，都不设旁路母线。只有在向特殊重要的Ⅰ、Ⅱ类用户负荷供电不允许停电检修断路器时，才设置旁路母线。

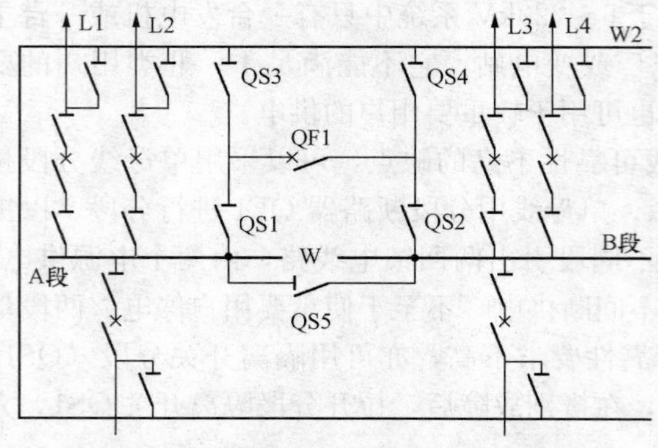

图9-8 单母线分段兼旁路断路器母线

带有专用旁路断路器的接线，多装了价高的断路器和隔离开关，增加了投资。这种接线除非供电可靠性有特殊需要或接入旁路母线的线路过多、难于操作时才采用。一般来说，为节约建设投资，可以不采用专用旁路断路器。对于单母线分段接线，常采用图9-8所示的以分段断路器兼作旁路断路器的接线。

两段母线均可带旁路母线，正常时旁路母线W3不带电，分段断路器QF1及隔离开关QS1、QS2在闭合状态，QS3、QS4、QS5均断开，以单母线分段方式运行。当QF1作为旁路断路器运行时，闭合隔离开关QS1、QS4（此时QS2、QS3断开）及QF1，旁路母线即接至A段母线；闭合隔离开关QS2、QS3及QF1（此时QS1、QS4断开）则接至B段母线。这时，A、B两段母线分别按单母线方式运行，亦可以通过隔离开关QS5闭合，A、B两段母线合并为单母线运行。这种接线方式，对于进出线不多，容量不大的中、小型发电厂和电压为35～110kV的变电站较为实用，具有足够的可靠性和灵活性。此外，有些工程亦采用更简易的、以分段兼旁路的连接方式，如图9-9所示。

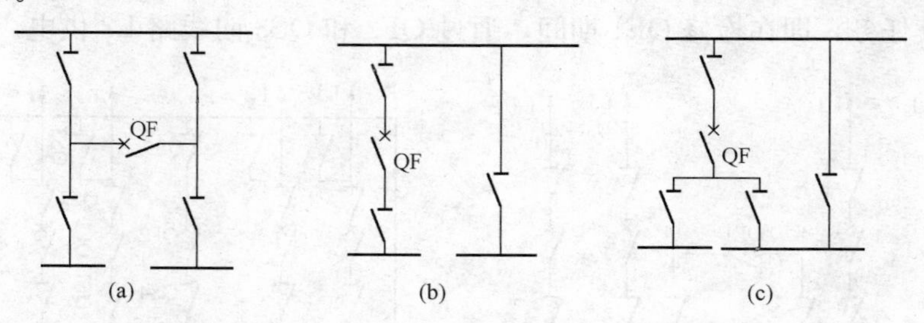

图9-9 分段兼旁路断路器接线形式

（a）不装母线分段隔离开关；（b）（c）正常运行时，旁路母线带电

图9-9（a）所示为不装母线分段隔离开关，作旁路运行时，两段母线分列运行；图9-9（b）与图9-9（c）所示为正常运行时，两段母线与旁路母线均带电。

有下列情况之一者，可以不设旁路母线：①采用可性高的、检修周期长的SF_6断路器或真空断路器；②采用可以迅速替换的手车式断路器时；③系统允许线路停电检修时，如双回路、线路利用小时数不高、允许安排断路器检修而不影响供电及负荷点可由系统的其他电源供电的。

4）双母线接线。如图 9-10 所示，它具有两组母线 W1、W2。每回线路都经一台断路器和两组隔离开关分别与两组母线连接，母线之间通过母线联络断路器（简称母联断路器）QF 连接，称为双母线接线，有两组母线后，运行的可靠性、灵活性大大提高，其特点如下：

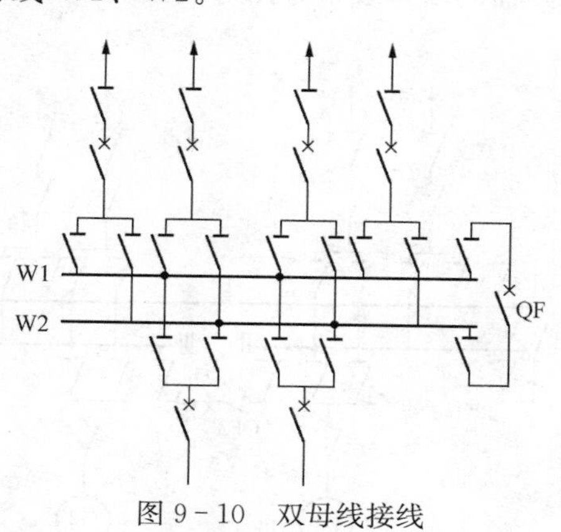

图 9-10　双母线接线

a. 供电可靠。通过两组母线隔离开关的倒换操作，可以轮流检修一组母线而不致使供电中断；一组母线故障后，能迅速恢复供电；检修任一回路的母线隔离开关时，只需断开此隔离开关所属的一条线路和与此隔离开关相连的该组母线，其他线路均可通过另一组母线继续运行，但其操作步骤必须正确。例如，欲检修工作母线，可将全部电源和线路倒换到备用母线上。其步骤是：先合上母联断路器两侧的隔离开关，再合母联断路器 QF，向备用母线充电，这时，两组母线等电位，为保证不中断供电，按“先通后断”原则进行操作，即先接通备用母线上的隔离开关，在断开工作母线上的隔离开关。完成母线转换后，再断开母联 QF 及其两侧的隔离开关，即可使原工作母线退出运行进行检修。

b. 调度灵活。各个电源和各回路负荷可以任意分配到某一组母线上，能灵活地适应电力系统中各种运行方式调度和电流变化的需要。通过倒换操作可以组成下面各种运行方式：①母联断路器闭合，进出线分别接在两组母线上，即相当于单母线分段运行；②母联断路器断开，一组母线运行，另一组母线备用，全部进出线均接在运行母线上，即相当于单母线上，称为固定连接方式运行。

根据系统调度的需要，双母线还可以完成下面几种特殊操作：①与系统进行同期或解列操作；②个别回路需要单独运行试验时（如发电机或线路检修后需要试验），将该回路单独接到备用母线上运行；③当线路利用短路方式熔冰时，亦可用一组备用母线作为熔冰母线，不致影响其他回路工作。

c. 扩建方便。向双母线左右任何方向扩建，均不会影响两组母线的电源和负荷自由组合分配，在施工中也不会造成原有回路停电。

双母线接线具有供电可靠、调度灵活又便于扩建等优点，在大、中型发电厂和变电站中广泛采用，并已积累了丰富的运行经验。但这种接线使用设备多（特别是隔离开关），配电装置复杂，投资较多；运行中隔离开关作为操作电器，容易发生误操作。尤其是当母线出现故障时，须短时切换较多电源和负荷；当检修出线断路器时，仍然会使该回路停电。为此，必要时须采用母线分段和增设旁路母线系统等措施。

当进出线回路数或母线上电源较多、输送和通过功率较大时，在 6～10kV 配电装置中，短路电流较大，为选择轻型设备和选择较小截面的导体，限制短路电流，提高接线的可靠性，常采用双母线三分段，并在分段处加装母线限流电抗器，如图 9-11 所示。

这种接线具有很高的可靠性和灵活性，但增加了母联断路器和分段断路器的数量，配电装置投资较大，35kV 以上很少采用。

若加装旁路母线，则可避免检修断路器时造成短时停电。图 9-12 所示为具有专用旁路断路器的双母线带旁路母线接线。

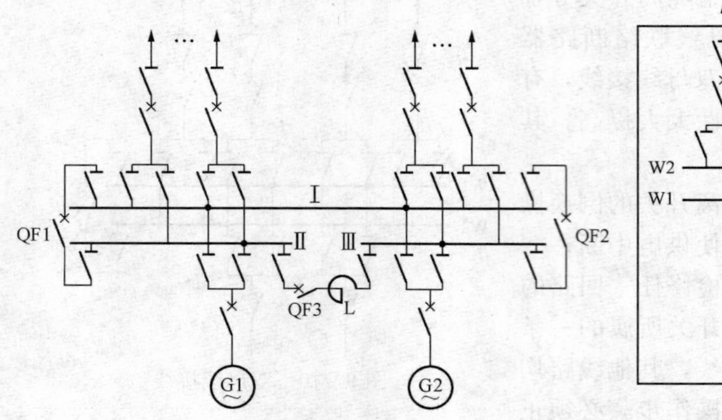

图 9-11 双母线分段连接
QF1、QF2—母联断路器；QF3—分段断路器；
L—电抗器及线路；G1、G2—发电机

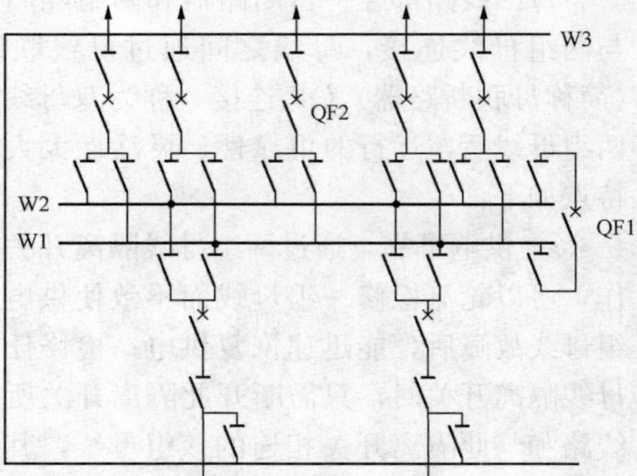

图 9-12 具有专用旁路断路器的双母线带旁路母线连接

这种接线运行操作方便，不影响双母线正常运行，但多装一台断路器，增加了投资和配电装置的占地面积，且旁路断路器的继电保护为适应各回出线的要求，其整定较复杂。为了节省专用旁路断路器、节省投资，常以母联断路器兼作旁路断路器，如图 9-13 所示。

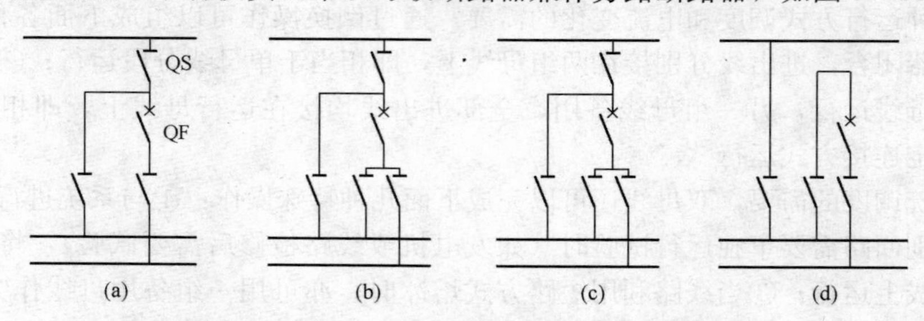

图 9-13 母联断路器兼作旁路断路器的接线形式
(a) 一组母线能带旁路；(b) 两组母线均带旁路；(c)、(d) 设有旁路跨条

正常运行时 QF 起母联作用，当检修断路器时，将所有回路都切换到一组母线上，然后通过旁路隔离开关将旁路母线投入，以母联断路器代替旁路断路器工作。采用母联断路器兼作旁路断路器接线虽然节省了断路器，但在检修期间把双母线变成单母线运行，并且增加了隔离开关的倒闸操作，可靠性有所降低。

5）一台半断路器接线。如图 9-14 所示，每两个回路用三台断路器接在两组母线上，即每一回路经一台断路器接到一组母线，两条回路间设一台联络断路器，形成一串，故称为一台半断路器接线，又称二分之三接线。实质上它又属于一个回路由两台断路器供电的双重链接的多环形接线，这种接线是大型发电厂和变电站超高压配电装置广泛应用的一种形式。它具有较高的供电可靠性和运行调度灵活性，即使母线发生故障，也只跳开与此母线相连的所有断路器，任何回路均不停电。正常运行时，两组母线和全部断路器都闭合，形成多环形供电，运行调度灵活、可靠，且隔离开关不作为操作电气，只承担隔离电压的任务，减少了误操作的几率，对任何断路器检修都可不停电，因此操作检修方便。为防止一串中的中间联络断路器故障，可能同时切除该串所连接的线路，以减少供电损失，应尽可能地把同名元件布置在不同串上。

这种接线方式使用设备较多，特别是断路器和电流互感器，投资较大，且二次控制接线和继电保护配置都比较复杂。

（2）无汇流母线的电气主接线。无汇流母线的电气主接线，其最大特点是使用断路器数量较少，一般采用的断路器数都等于或小于出线回路数，从而结构简单、投资较小。一般在6～220kV电压及电气主接线中广泛采用。常见的有以下几种基本形式。

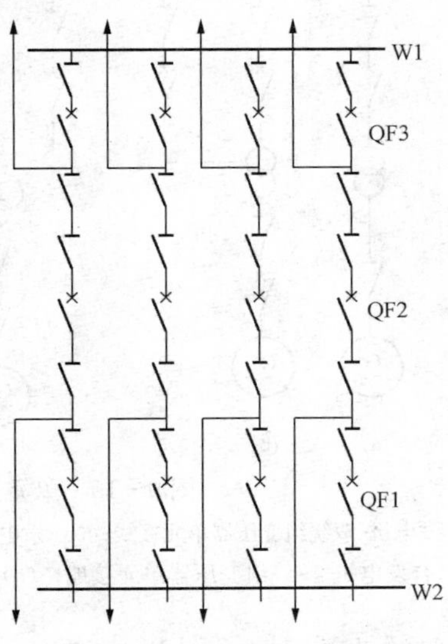

图 9-14 一台半断路器接线

1）单元接线。发电机与变压器直接连接成一个单元，组成发电机-变压器组，成为单元接线。它具有接线简单、开关设备少、操作简便，以及因不设发电机电压级母线，使得发电机和变压器低压侧短路时，短路电流相对于具有母线时有所减小等特点。

图 9-15（a）所示为发电机-双绕组变压器组成的单元接线，是大型机组广泛采用的接线形式。发电机和变压器容量应配套设置（注意量纲）。发电机出口不装断路器，为调试发电机方便可装隔离开关；对200MW及以上机组，发电机出口多采用分相封闭母线，为了减少开断电，亦可不装，但应留有可拆点，以利于机组调试。这种单元接线避免了由于额定电流或短路电流过大，使得选择出口断路器时受到制造条件或价格甚高等原因限制造成的困难。图 9-15（b）和（c）所示为发电机与自耦变压器或三绕组变压器组成的单元接线。为了在发电机停止工作时，还能保持和中压电网之间的联系，在变压器的三侧均应装断路器。三绕组变压器中压侧由于制造原因均为死抽头，从而将影响高、中压侧电压水平及负荷分配的灵活性。此外，在一个发电厂或变电站中采用三绕组变压器台数过多时，增加了中压侧引线的构架，造成布置的复杂和困难。所以，通常采用的三绕组主变压器一般不多于3台。图 9-15（d）所示为发电机-变压器-线路组成的单元接线，它适用于一机、一变、一线的厂（所）。此接线最简单，设备最少，不需要高压配电装置。

为了减少变压器和高压侧断路器数量，并节省配电装置占地面积，在系统允许时，将两台发电机与一台变压器相连接，组成扩大单元接线，如图 9-16（a）所示。

2）桥形接线。当只有两台变压器和两条输电线路时，采用桥形接线，使得断路器数量最少，如图 9-17 所示。

按照桥连断路器（QF3）的位置，桥形接线可分为内桥式和外桥式。前者，桥连断路器设置在变压器侧；而后者，桥连断路器则设置在线路侧。桥连断路器正常运行时处于闭合状态。当输电线路较长、故障几率较大，而变压器又不需经常切除时，采用内桥接线比较合适；外桥接线则在出线较短，且变压器随经济运行的要求经常切换时更为适宜；有时，采用三台变压器和三回出线组成双桥形接线形式，如图 9-17（c）所示。

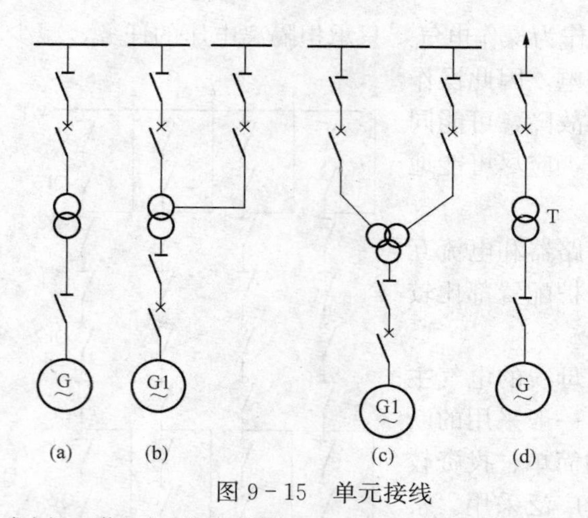

图 9－15　单元接线

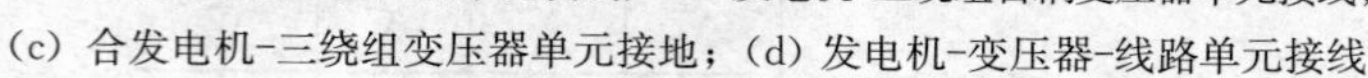
(a) 发电机-双绕组变压器单元接线；(b) 发电机-三绕组自耦变压器单元接线；
(c) 合发电机-三绕组变压器单元接地；(d) 发电机-变压器-线路单元接线

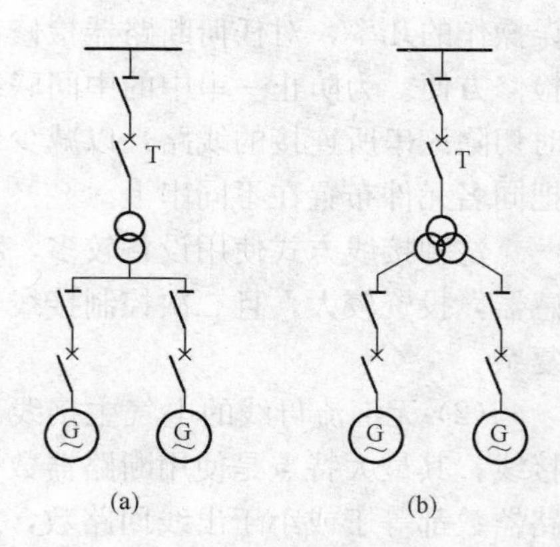

图 9－16　扩大单元接线

(a) 发电机-双绕组变压器扩大单元接线；
(b) 发电机-分裂绕组变压器扩大单元接线

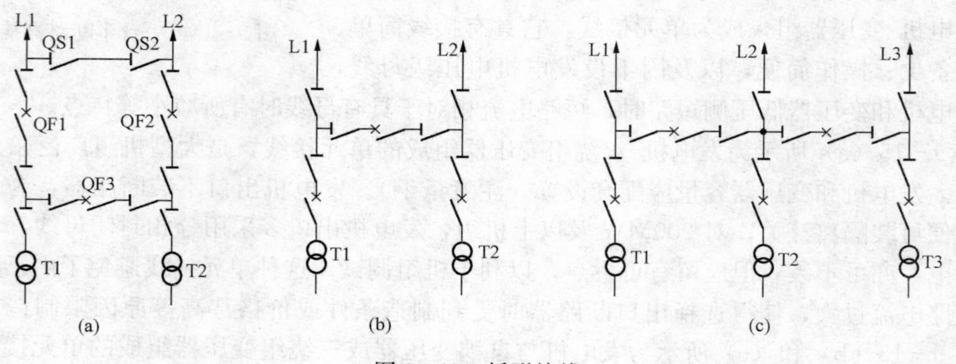

图 9－17　桥形接线

(a) 内桥接线；(b) 外桥接线；(c) 双桥接线

为了检修桥连断路器时不致引起系统开环运行，可增设并联的旁路隔离开关以供检修之用，正常运行时则断开。有时在并联的跨条上装设两台旁路隔离开关（QS1、QS2），是供轮流检修任一台旁路隔离开关之用。桥形接线虽采用设备少、接线清晰简单，但可靠性不高，且隔离开关又用作操作电器，因此只适用于小容量发电厂或变电站，以及作为最终将发展为单母线分段或双母线的初期接线方式。

3）角形接线。当母线闭合成环形，并按回路数利用断路器分段时，即构成角形接线。角形接线中断路器数等于回路数，且每条回路都与两台断路器相连接，检修任一台断路器都不致中断供电，隔离开关只在检修设备时起隔离电压的作用，从而具有较高的可靠性和灵活性。

图 9－18（a）所示为三角形接线，图（b）所示为四角形接线，图（c）所示为五角形接线。为防止在检修某断路器出现开环运行时，恰好又发生另一断路器故障，造成系统解列或分成两部分运行，甚至造成停电事故，一般应将电源与馈线回路相互交替布置，如四角形接线按“对角原则”接线，将会提高供电可靠性。

角形接线在开环和闭环两种运行状态时，各支路所通过的电流差别很大，可能使电器选择造成困难，并使继电保护复杂化。此外，角形接线也不便于扩建。这种接线多用于最终规

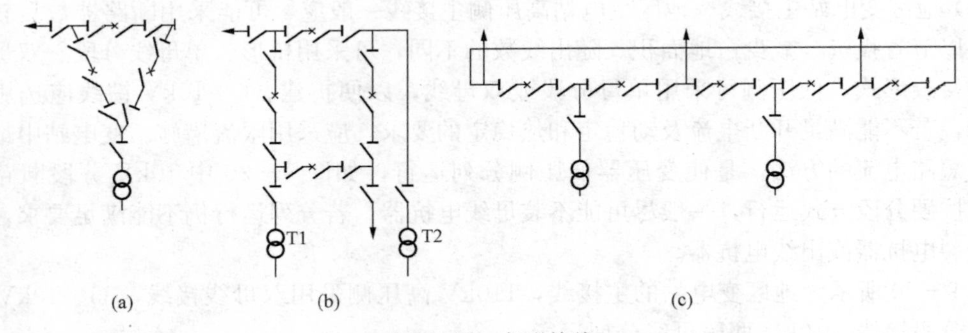

图 9－18　角形接线
(a) 三角形接线；(b) 四角形接线；(c) 五角形接线

模较明确的 110kV 及以上的配电装置中，且以不超过六角形为宜。

3. 电气主接线应用

以上介绍了主接线的各种基本接线形式，基本上适应各种类型的变电站。但是，由于变电站的容量、负荷性质及在电力系统中的地位和作用、出线回路数、设备特点、周围环境等条件的不同，应结合具体情况，并满足供电可靠、运行灵活、操作方便、节约资金和便于扩建等要求选用接线形式。下面以枢纽变电站、地区变电站和民用建筑变电站为例，说明不同类型的变电站的主接线特点。

(1) 枢纽变电站主接线。枢纽变电站的高压侧一般都是超高压电压等级，宜采用双母线带旁路母线接线或采用一台半断路器接线形式，中压侧可采用双母线接线、双母线带旁路接线或单母线分段接线，低压侧一般为静止补偿装置，采用单母分段接线。图 9－19 所示为大容量枢纽变电站主接线，采用两台自耦变压器连接 500kV 和 220kV 两种电压等级，500kV 电压等级采用一台半断路器接线形式，且采用交叉接线形式，虽然在配电装置布置上比不交叉多用了一个间隔，增加了占地面积，但供电的可靠性明显得到了提高。220kV 电压等级采用双母线旁路接线形式，并设专门的旁路断路器。35kV 电压等级用于连接静止补偿装置。

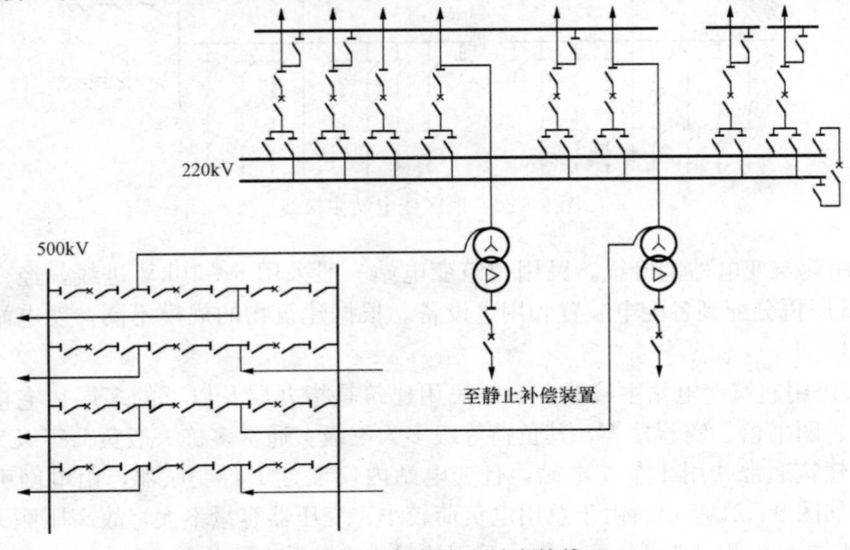

图 9－19　枢纽变电站主接线

(2) 地区变电站主接线。地区变电站高压侧主接线一般应尽可能采用断路器数目较少的接线，以节省投资，减少占地面积。随出线数的不同，可采用桥形、单母线分段、双母线及角形等接线形式。低压侧可采用单母分段或双母线，以便扩建。6～10kV 馈线应选用轻型断路器，若不能满足开断电流及动稳定和热稳定的要求，应采用限流措施。变电站中最简单的限制短路电流的方法，是使变压器低压侧分列运行，如图 9-20 中 10kV 分段断路器断开，即按硬分段方式运行，一般尽可能不装母线电抗器。若分列运行仍不能满足要求，则可装设分裂电抗器或出线电抗器。

图 9-20 所示为地区变电站的主接线，110kV 高压侧采用双母线接线，35、10kV 侧为单母线分段接线，10kV 两段母线分列运行。

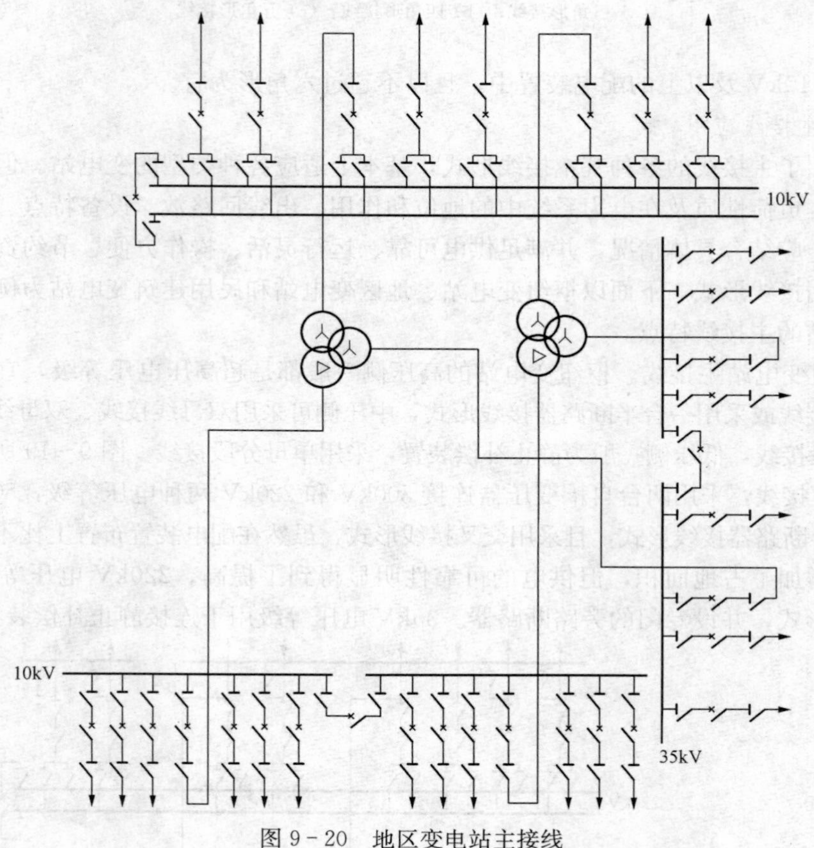

图 9-20　地区变电站主接线

(3) 民用建筑变电站主接线。民用建筑变电站一般采用 6～10kV 进线，经变压器降至 220/380V 低压再分配到各配电装置和用电设备。根据建筑物的规模不同，变电站主接线亦存在很大的区别。

1) 一般民用建筑变电站主接线。一般民用建筑是指九层及以下的多层住宅楼、办公楼以及教学楼、图书馆、实验楼等，其负荷等级多为三级。通常多栋一般负荷等级为三级。多栋一般民用建筑通常共用 1 个变电站，且变电站内仅设置 1 台变压器，由电网引入单回电源，其主线如图 9-21 所示。由于总用电负荷较小，变压器容量不大，故高压侧无须设置高压开关柜，只在低压侧设置低压配电屏，采用放射式或树干式配电方式对各建筑物供电。对于变压器容量小于或等于 630kVA 的露天变电站，其电源进线一般经跌落式熔断器接入变压器，如图 9－21（b）所示。对于室内变电站，当变压器容量在 320kVA 及以下，且变压器不经常进行投切操作时，高压侧采用隔离开关和户内式高压熔断器；如根据经济运行需要变压器需经常进行投切操作，或变压器容量在 320kVA 以上，高压侧应采用复合开关和高压熔断器。

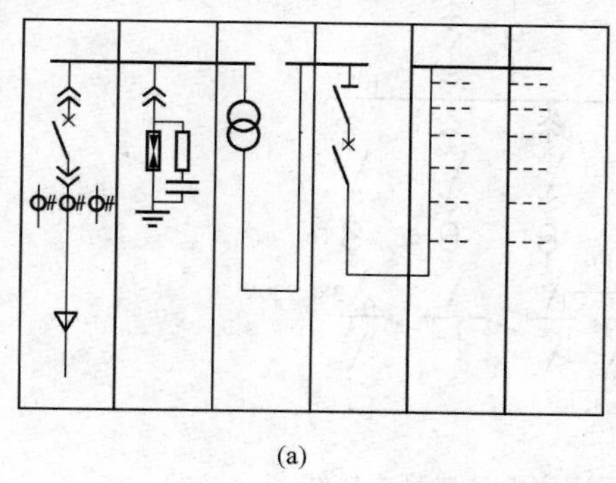
(a)

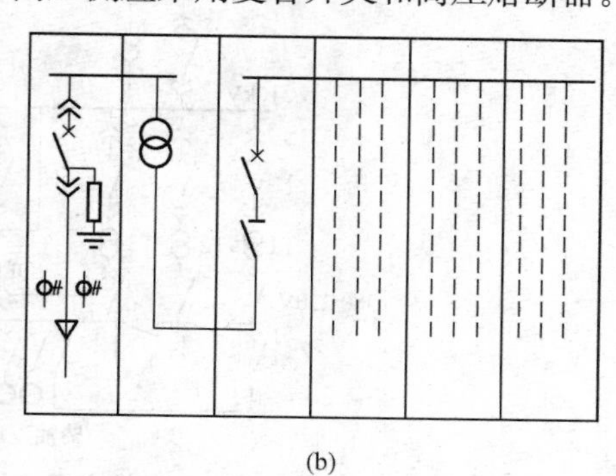
(b)

图 9－21 典型组合式变电站构成

（a）户内式；（b）户外式

2）高层民用建筑变电站主接线。九层以上高层与民用住宅楼、十层及以上高层科研办公楼均属于高层民用建筑。其用电负荷特点是：十九层及以上高层住宅的消防泵、排烟风机、消防电梯、事故照明及疏散诱导标志等消防用电设备为一级负荷，十九层以下的消防用电设备及客梯为二级负荷，照明、空调器等各种家用电器为三级负荷。对于一级负荷，应双路独立电源供电，这两个电源可取自系统，另一个为自备电源。当一个电源发生故障或检修时，由另一个电源继续供电。二级负荷也应由两个电源供电，这两个电源宜取自系统 10kV 变电站的两段母线，或引自两台配电变压器的 0.4kV 低压母线。在双电源的基础上若再增设一自备发电机，则供电可靠性将会得到充分的保证。高层民用建筑变电站的典型主接线如图 9－22 所示。高、低压母线均采用单母线断路器分段，并增设一柴油发电机组和相应的母联转换开关 QFL3，大大提高了运行的灵活性和可靠性，因此，该系统适用于高层民用建筑的各级负荷。

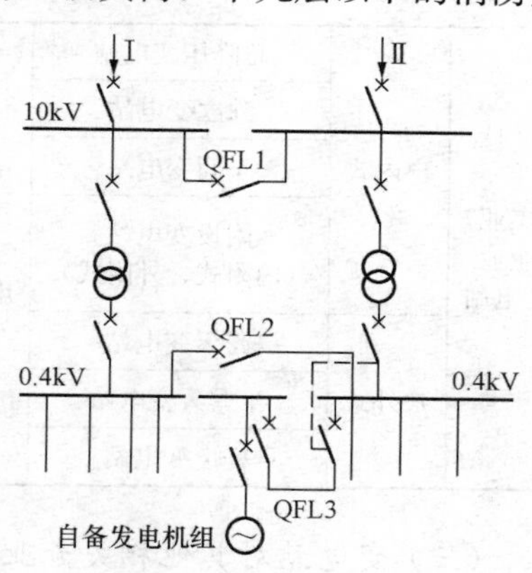

图 9－22 高层民用建筑变电所的典型主结线

现代高层宾馆饭店的旅游型建筑与一般高层民用建筑不同，其内部设施齐全，集居住、商业、办公、娱乐等功能于一身，形成高标准的多元化功能。这类建筑内部配套电气设备多，以满足现代化办公、管理、娱乐和生活的需要，同时还具有人员密度大、火灾隐患多、对消防保安要求高的特点，因此，建筑内多为一、二级负荷，应设置两个及以上独立电源同时供电，在国外有的甚至多达五个独立电源供电。图 9－23 为某现代高层宾馆饭店变电站典型主接线示例。图中为两路独立电源同时引入，每路独立电源均由两根电力电缆组成，一用一备。高、低压侧为单母线分段，母线间设有母线联络断路器。低压侧设有多段母线，各段母线均采用断路器分断，并且在低压侧设置两台互为备用的自备柴油发电机组，发电机组母线与低压母线间设有联络断路器。这种接线可以充分保证供电的可靠性。

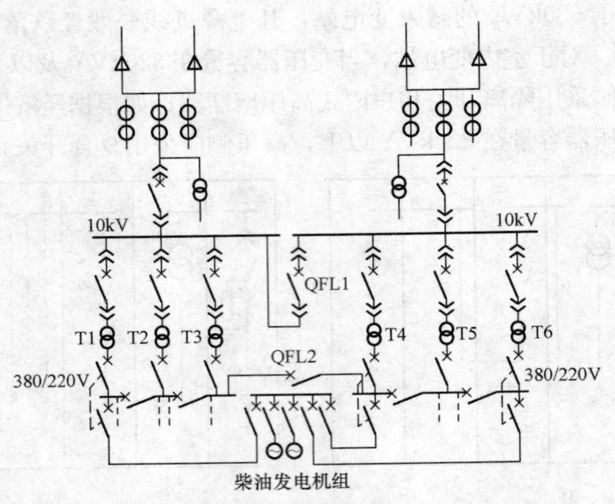

图 9－23 现代高层宾馆饭店变电站典型主接线

（二）变电站的分类

变电站的类型按其电压等级、供电容量、供电范围及其在电力系统中所处的地位，可分为枢纽变电站、地区变电站和终端变电站，见表 9－1。

表 9－1 变电站的类型

类别	形式	变电站
工业企业变电站	户内式	总降压变电站
		独立变电站
		车间变电站
		附设变电站（内附式、外附式）
	户外式	露天变电站
		半露天变电站
		杆上变电站

类别	形式	位置	说明
居民变电站	独立变电站	室外	用于供给分散负荷。居民区多设此类。高层建筑中有防火、防爆、防尘或建筑管理需要时也设置独立变电站
		地下室及高层	多用于屋面有较大容量负荷的高层建筑
	楼内变电站	地下室式	多用于一、二类高层建筑
		地下室及中间设备夹层式	多用于一类高层建筑

（三）变电站对其他相关专业的要求

1. 变电站对结构专业的要求

（1）导线及避雷线的架设应考虑梁上作用人和工具重 2kN，以及相应的风荷载、导线及避雷线张力、自重等。

（2）根据实际检修方式的需要，可考虑三相同时上人停电检修及单相跨中上人带电检修两种情况的导线张力、相应的风荷载及自重等；对挡距内无引下线的情况，可不考虑跨中上人。

（3）考虑水平地震作用及相应的风荷载或相应的冰荷载、导线及避雷线强力、自重等，地震情况下的结构抗力或设计强度均允许提高 25％使用。

（4）运行情况通常取 30 年一遇的最大风（无冰、相应气温）、最低气温（无冰无风）及最严重覆冰（相应温及风速）等三种情况及其相应的导线及避雷线张力、自重等。

（5）设计应考虑下列两种极限状态：

1）承载能力极限状态：这种极限状态对应于结构或结构构件达到最大承载能力或不适于继续承载的变形。要求在设计荷载作用下所产生的结构效应应小于或等于结构的抗力或设计强度。

2）正常使用极限状态：这种极限状态对应于结构或结构构件达到正常使用中耐久性能的某项规定极限值。要求在标准荷载作用下所产生的结构长期及短期效应不宜超过规定值。

建筑物、构筑物的安全等级均应采用二级，相应的结构重要性系数应为1.0。当基础处于稳定的地下水位以下时，应考虑浮力的影响，此时基础容重取混凝土或钢筋混凝土的容重减去10kN/m³，土壤容重宜取10～11kN/m³。屋外构筑物的基础，当验算上拔或倾覆弯稳定性时，设计荷载所引起的基础上拔力或倾覆弯矩应小于或等于基础抗拔力或抗倾覆弯矩除以稳定系数。

2. 变电站对暖通专业的要求

(1) 变压器室宜采用自然通风，夏季的排风温度不宜高于45℃，进风和排风的温差不宜大于15℃。变压器室应有良好通风装置的目的，在于排除变压器在运行过程中散出的热量，以保证变压器在一年中任何季节均能在额定负荷下安全运行和有正常的使用寿命。若周围环境污浊，宜在进风口处加空气过滤器。高压配电室装有较多油断路器时，宜装设排烟装置。装设事故排烟装置，是当油断路器发生爆炸事故时，通过排烟装置能较快地抽走烟气，便于迅速进行事故处理。装有六氟化硫的配电装置、变压器房间的排风系统要考虑设底部排风口。

(2) 干式变压器、电容器室、配电装置室、控制室设置在地下层时，在高潮湿场所宜设吸湿机或在装置内加装去湿电加热，在地下室内应有排水设施。有人值班的配变电站，宜设有上下水设施。为了防止电缆浸水后造成事故和配电室内湿度太大，电缆沟和电缆室应采取防水排水措施。如防水层处理不好或施工时保护管穿墙处堵塞不严，地沟内很容易浸水。特别是在严寒地区，沟内浸水后，冬季基础冻胀，会造成墙体开裂。因此，应考虑地沟底有些坡度和集水坑，或采取其他有效措施，以便将沟内积水排走。

(3) 在采暖地区控制室及值班室应采暖，配电室采暖后对巡视和检修人员也有利，有条件时可接入空调系统，计算温度为18℃。在特别严寒地区的配电装置室装有电度表时应设采暖。采暖计算温度为5℃。控制室和配电室内的采暖装置宜采用钢管焊接，且不应有法兰、螺纹接头和阀门等。位于炎热地区的配变电站，屋面应有隔热措施。

(4) 电容器室应有良好的自然通风，通风量应根据电容器温度类别，按夏季排风温度不超过电容器所允许的最高环境空气温度计算。当自然通风不能满足设备排热要求时，可采用自然进风和机械排风方式。电容器室内应有反映室内温度的指示装置。

(5) 换气原则是用机械把一定量的室外新鲜清洁空气送入或吸入室内，使室内空气经常处于卫生状态。对于配电室，除上述目的外，还为了保持室内正压，防止灰尘侵入和使室内冷却。

1）以卫生为目的的换气：换气量需要10m³/(m²·h)。换气方法为：设适当气孔，仅用排风机通风的通道及送风机与排风机并用的换气方法。若配电室面积为A(m²)，则换气量Q=10Am³/h。

2）以冷却为目的的换气：为防止大气设备因发热而使室内温度升高，须将热量排出室外。

3）以防尘为目的的换气：这种换气是为了防止由于室内外气压差而使灰尘进入室内，为此室内最好保持在1～5mmHg的正压程度。任何建筑物都有自然换气，这是通过门、窗的间隙以及门的开、闭进行的。尤其是室外风力越大时，室内外温差越大，换气量也越多。设自然换气的次数为N（次/b），则对混凝土造配电室，N值最好为1/2；对钢架、铁板造配电室，N值最好为1。

（6）从防尘角度出发时考虑换气设备配电室，最好保持气密性，即做成全封闭式，人进去时，启动气体处理装置即可。这种方法有利于节能。使用换气装置使大容积配电室冷却是不可能的。作为设备，应设置风机或在屋顶上设风机室，通过管道向各室送风，并在空气的出入口设置过滤装置净化空气。

在电气设备中，半导体设备需要空调，其他电磁继电器或开关不需要空调。为减轻空调负荷，宜把电气设备按功能分区，以减少空调区。配电装置室有楼层时，其楼层应设防水措施。配电装置室可按事故排烟要求，装设事故通风装置。

3. 变电站对建筑专业的要求

（1）油浸变压器室耐火等级为一级。

（2）非燃或难燃介质的变压器室、高压配电室（少油断路器）、高压电容器室（油浸式电容器）、控制室、值班室等耐火等级不应低于二级。

（3）低压配电室、干式变压器室、真空断路器或非燃介质断路器的高压配电室、低压干式电容器室，耐火等级不应低于三级。屋顶承重构件耐火等级应为二级。

（4）有充油设备的高压配电室、高压电容器室的门，应为向外开启的甲级防火门。

（5）油浸变压器室的门应为向外开启的甲级防火门。

（6）低压配电室、无油高压配电室、干式变压器室及控制室值班室的门，不宜低于乙级防火门的标准。

（7）变电站各房间之间的通道门宜双向开启或向低压侧开启。

（8）变电站经常开启的门窗，不应直通相邻的酸、碱、蒸汽、粉尘和噪声严重的建筑。

（9）变电站开向室外的门窗，通风窗等应设有防雨雪和小动物进入室内的设施。

（10）高压配电室宜设不能开启的采光窗，窗台距室外地坪不宜少于1.8m；低压配电室可以设能开启的窗，但临街的侧墙不宜开窗。

（11）变压器及配电装置室的门宽及门高，应按最大运输件加外部尺寸0.3m。

（12）配电室长度大于7m时，应设有两个出口，并宜设置在配电室的两端；两个出口的距离超过60m时，宜增加一个出口。

（13）当变配电站设在楼上或地下室时，应设有设备运输吊装孔，其吊装孔的尺寸应能满足最大设备运输的需要。

（14）油浸变压器室的墙宜为砖墙勾缝、刷白，变配电站其他房间为抹灰刷白。

（15）变配电站各房间地面宜采用高强度等级的水泥抹面压光或水磨石地面，有通风要求的变压器室和电容器室，应采用抬高地坪的方案，变压器室的地面应设有坡向中间通风洞2%的坡度。

（16）设置在地下室的变配电站，为防止地面水的浸入，要求变配电站的地面抬高不小于100～300mm。

（17）变配电站的电缆夹层、电缆沟和电缆室，应考虑防水、排水措施。

4. 变配电站对水专业的要求

(1) 变配电站中消防设施的设置，一类建筑地下室的变配电站宜设火灾自动报警系统及固定式灭火装置；二类建筑的变配电站，可设置火灾自动报警系统及手提式灭火装置。

(2) 设在地下室变电站的电缆沟电缆夹层应设有防水、排水措施，其进出地下室的电缆管线均应设有挡水板及防水砂浆封堵等措施。

(3) 有值班室的变电站宜设有厕所及上下水设施。

(4) 电缆沟、电缆隧道及电缆夹层等低洼处应设有集水口，并通过排污泵将积水排出。

(5) 变电站不应有与其无关的管道和线路通过。

(四) 变电站选址

(1) 变电站的选址应符合下列条件：

1) 接近负荷中心或大容量用电设备处、民用建筑中，常位于设备层。

2) 进出线方便。

3) 靠近电源侧。

4) 避开有剧烈震动的场所。

5) 便于设备的装卸和搬运。

6) 不应设在多尘、含有水雾或腐蚀性气体的场所。

7) 不应设在厕所、浴室或其他经常积水场所的正下方或贴邻。

8) 不应设在火灾危险性大的场所正上方或正下方。当贴邻布置时，其墙的耐火等级应为一级，门应为甲级防火门。

(2) 变电站位于高层建筑的地下室（或其他地下建筑）时，不宜设在最底层。当地下室仅有一层时，应采取抬高变电站地面等防水措施。

(3) 变电站贴邻设备专业用房时，应采取抬高变配电站地面等防水措施，一般抬高 300mm。

(4) 变压器室不宜与有防电磁干扰要求的设备或机房贴邻，或位于正上方或正下方，不满足时应采取防电磁干扰措施。

(五) 高压配电室

10kV 高压配电采用成套式的高压配电柜，布置时应便于设备的操作、搬运、检修和试验，并考虑高、低压进出线引入地点和远期发展需要，预留 1～2 台空柜位以备扩展。高压配电柜一般可靠墙安装，当柜后有母线引入时，需留有不小于 0.8m 的安装及维护通道。开关柜单列布置时，固定柜前的操作通道宽度不小于 1.5m，手车柜前的操作通道宽度不小于车长外加 0.9m。双列布置时，固定柜间的操作通道宽度不小于 2m，手车柜间的操作通道宽度不小于双车长外加 0.6m。主接线为单母线分段接线方式时，母线分段处应设防火隔板或隔墙。

高压配电室的长度不足 7m 时，可以只设一个出入口朝低压配电室。高压配电室的高度按柜顶引出线确定，柜顶的高压母线距屋顶（梁除外）一般不小于 0.8m。采用 GG－1A (F) 型高压柜（GG－1A 型高压柜的母线在柜顶部）时，高压配电室的净高不宜低于 4.2m，局部有混凝土梁处时可略低。高压配电室开门应满足人员出入和设备搬运要求，宽（高）度应比设备最大不可拆卸部分尺寸宽（高）度加 0.3m。门高一般取 2.5～2.8m；一扇门宽于 1.5m 时，其上应开一个宽 0.6m、高 1.8m 的小门供值班人员出入。小门门宽可取 0.7～

1m，门高取 2～2.5m。高压配电室的门应向外开，并装弹簧锁。下进下出的高压开关柜下应设电缆沟，其深度一般为 0.6～1.2m，高压柜在电缆沟上用槽钢支起。

（六）变压器室

设置在一、二类高、低层主体建筑中的变压器，应选择干式、气体绝缘式或非可燃性液体绝缘的变压器。独立于变电站的变压器室内，可装设油浸式变压器。装设于居住小区变电站内的单台油浸式变压器的容量不得大于 630kVA，超过则需采用非燃型的电力变压器。低压为 0.4kV 的变电站中单台变压器的容量不宜大于 1000kVA，当用电容量较大、负荷集中且运行合理时，可选用较大容量的变压器。

变压器室的设计，应按实装变压器的容量加大一级考虑，以备增容。变压器的布置分为宽面推进及窄面推进两种，当变压器为窄面推进，变压器储油柜应向外，以便于确保在带电时对油位、油温等进行观察。同样原因，当变压器为宽推进时，变压器的低压侧向外。

为使变压器在运行时有良好的散热条件，变压器室的大门不宜朝西，且需采取通风措施。大容量变压器应尽量采用变压器底部进风，变压器室后墙、上部出风的方式，如无条件，可改为变压器室两侧墙上部出风。这种方式可使冷空气进入室内流向变压器，使热量直接送往出风口排出。变压器门下进风、门上出风时，冷空气的一部分短路流出，排热效果差，因此仅用于容量较小的变压器室。

变压器室的进出风口均需设置防雨百叶，下部进风百叶窗还需加铁丝网，以防止小动物进入。

（七）低压配电室

低压配电室一般采用成套低压配电柜（屏），布置时应便于设备的操作、搬运、检修和试验，并考虑低压出线引出地点和预留若干空柜位以备扩展。低压柜一般为离墙安装，柜（屏）后需留有不小于 1.0m（有困难时可为 0.8m）的维护通道。

同一配电室的两段母线，如任一段母线有一级负荷，母线分段处应有防火隔断措施。成排布置的配电屏，其长度超过 6m 时，屏后的通道应有两个通向本室或其他房间的出口，并宜布置在配电室两端。当两个出口之间的距离超过 15m 时，其间还应增设出口。低压进线配电柜一般靠近变压器室布置，以使低压母线的距离最短，在两端各留出一面配电柜的位置（按一台变压器留一面的位置为宜）。电缆沟盖板采用花纹板及角钢制成，便于开启和防火。低压配电柜顶母线居屋顶不应小于 1m，局部在梁下时，高度可适当降低。低压配电室的高度除了满足低压电柜距顶棚的要求外，还要根据变压器引来低压母线的高度确定。低压配电室的长度大于 7m 时，需有两个出入口，门应向外开，对室外的门应设雨棚，室内可开采光窗，但应避开配电柜的位置。与低压配电室无关的管道不应穿越其间，需要采暖时，其要求同高压配电室。低压配电柜后的通道，需在墙壁上设弯管灯照明。

下进下出的低压配电柜（屏）下及柜（屏）后应设电缆沟，其深度一般为 0.4～1.0m，低压配电柜在电缆沟上用角钢或槽钢支起，沿电缆每 800mm 设置水平电缆支架。

配电室土建的耐火等级不应低于三级，窗可采用木制，其下缘距地面 1m 以上，配电装置应避开窗口，寒冷或风沙大的地区应设双层窗或密闭窗。配电室的门应向外开，里外应刷防火涂料。配电室内一般不采暖，有人值班时可设置暖气，但暖气管路在配电室内应焊接连接。给排水及热力管道均不得穿越配电室，配电室不得位于厨房、厕所等有水房间的正下方。

三、低压配电系统

（一）低压配电系统的分类

1．低压配电系统按带电导体系统的形式分类

所谓带电导体，是指正常通过工作电流的相线和中性线。按该种形式分，有三相四线制、三相三线制、两相三线制和单相二线制，如图 9－24 所示。

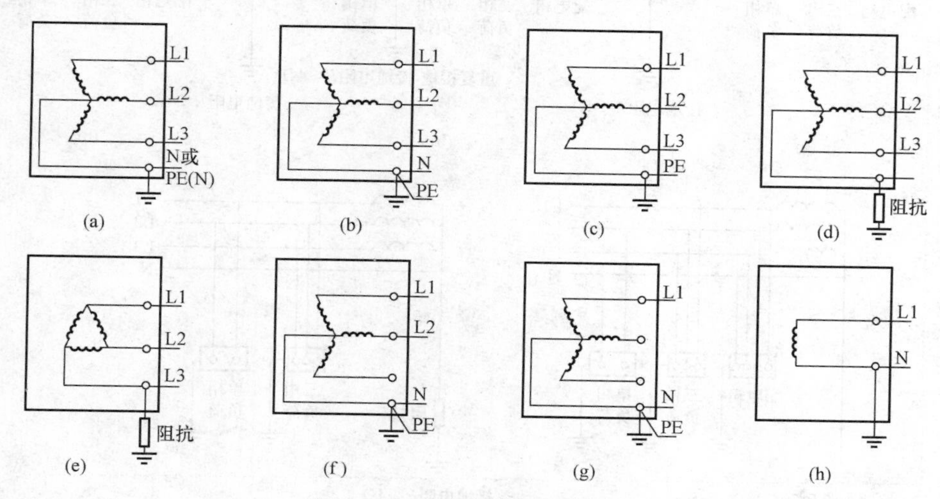

图 9－24　带电导体系统的型号

(a)(b) 三相四线制；(c)(d)(e) 三相三线制；(f) 两相三线制；(g)(h) 单相二线制

2．低压配电系统接地形式分类

按系统接地形式分类，低压配电系统可分为：TN 系统（TN－C，保护接地线 PE 与中性线 N 合用；TN－C－S，PE 与 N 在局部合用；TN－S，PE 与 N 完全分开）；TT 系统，保护接地系统；IT 系统，中性点不接地系统，电气设备外壳直接接地，如图 9－25 所示。

（二）常用的低压系统接线方式

低压供配电的配电线由配电装置（配电盘）及配电线路（干线及分支线）组成。配电接线方式有放射式、树干式、变压器干线式、链式、环形网络及混合式等。

1．放射式接线

如图 9－26（a）所示，这种接线的优点是各个负荷独立受电，因而故障范围一般仅限于本回路，故障时互不影响，供电可靠性较高，便于管理。同时，回路中电动机启动引起电压波动，对其他回路的影响也较小。其缺点是系统灵活性较差，所需开关和线路较多，线路有色金属消耗较多，投资较大。一般用于用电设备容量大、负荷性质重要或潮湿、有腐蚀性环境的建筑物内。对居住小区内的高层建筑群配电，宜采用放射式。

2．树干式接线

如图 9－26（b）所示，这种接线结构简单，配电设备及有色金属消耗较少，系统灵活性好，但干线发生故障时影响范围大，因此可靠性较差。但当干线上所接用的配电盘不多时，仍然比较可靠，例如对于居住小区的多层建筑群配电。在多数情况下，一个比较大的系统一般采用树干式与放射式相混合的配电方式。例如，对多层或高层民用建筑各楼层配电箱配电时，多采用分区树干接线方式。

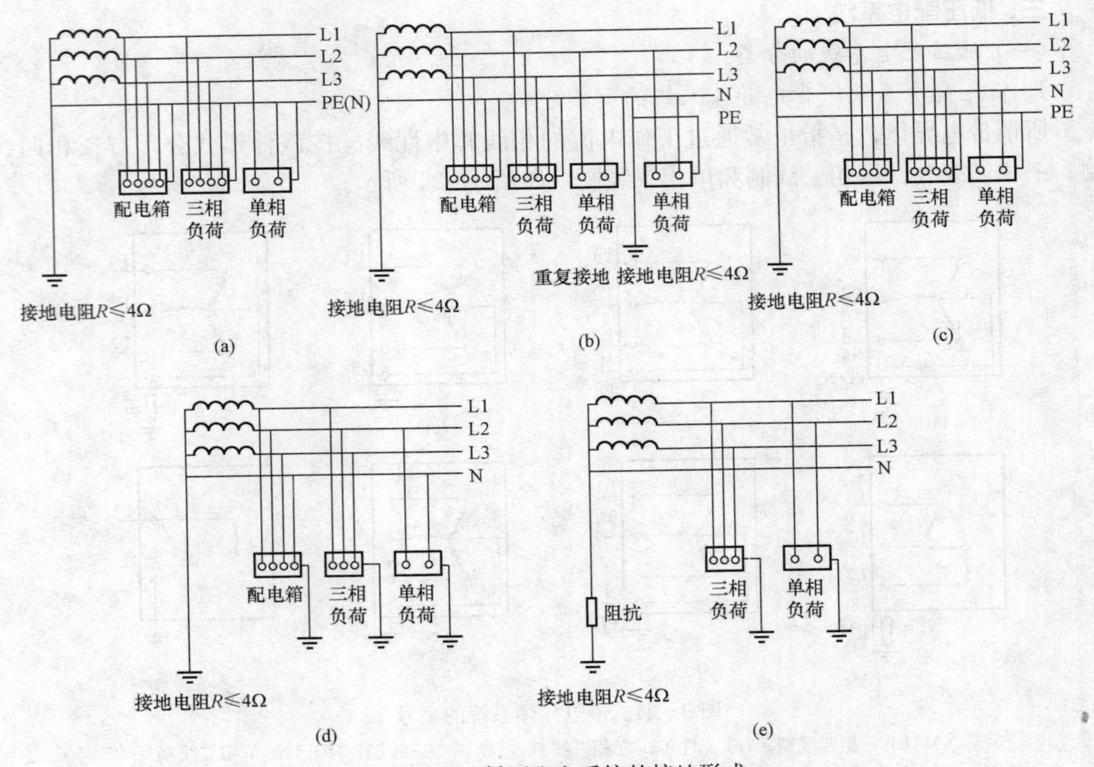

图 9－25　低压配电系统的接地形式

(a) TN－C系统；(b) TN－C－S系统；(c) TN－S系统；(d) TT系统；(e) IT系统

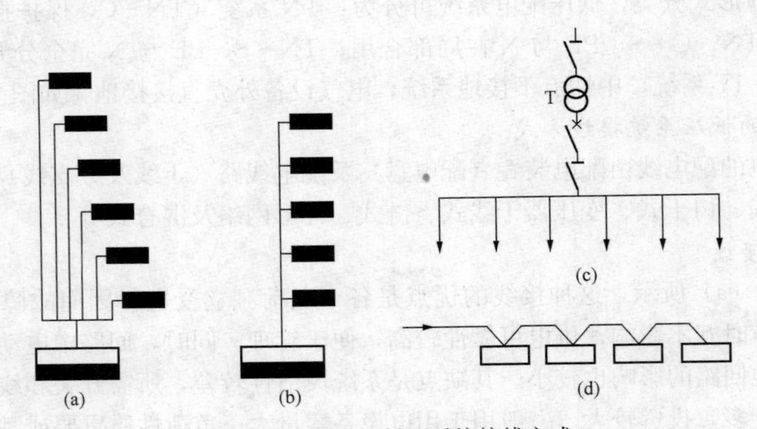

图 9－26　常用的低压系统接线方式

(a) 放射式；(b) 树干式；(c) 干线式；(d) 链式

3．变压器干线式接线

如图 9－26 (c) 所示，由变压器引出总干线，直接向各分支回路的配电箱配电。这种接线比树干式接线简单、经济，并能节省大量的低压配电设备。为了兼顾到供电可靠性，从变压器接出的分支回路数一般不超过 10 个。对于频繁启动、容量较大的冲击性负荷，为了减少用电负荷的电压波动，不宜采用此方法配电。

4. 链式接线

如图 9－26（d）所示，链式接线适用于距供电点较远而用电设备相距很近且容量小的非重要场所，每一回路的链接设备一般不宜超过 5 台或总容量不超过 10kW。民用建筑中，链式接线常用于住宅楼层电能表箱间的接线。

（三）低压配电线路

1. 配电线路的分类

（1）电力负荷配电线路。电力用电设备绝大部分属于三级负荷。对于电力负荷，一般采用三相制供电线路，此时应注意将单相电力负荷尽量平衡地接在三相线路上。

（2）照明负荷配电线路。民用建筑中，照明用电设备主要为各种照明灯具、家用电器和电热电器。照明负荷基本上都是单相负荷，一般用单相交流 220V 供电，在照明线路的设计和负荷的计算中，应充分考虑家用电器的需要和发展。

2. 动力配电系统

民用建筑中，动力负荷按使用性质分有多种类型，如运输设备、水暖设备等。动力负荷的配电需按使用性质归类，按容量及布置位置分路。对电梯、冷水机组等大容量集中负荷，采取放射式配电干线。对容量较小的分散负荷，采取树干式配电，依次连接各个动力负荷配电箱。

多层或高层建筑物，当各层均有动力负荷时，宜在每个伸缩沉降区的中心每层设置动力配电点，并设分总开关为检修线路或紧急事故切断电源用。电梯设备的配电，一般直接由总配电室的配电柜引至电梯机房。

3. 照明配电系统

照明配电系统由馈电线、干线和支线组成。馈电线将电能从变电站低压配电柜送至分区照明配电箱，再由干线将电能送至末端照明配电箱，最终由支路将电能送至照明器。照明配电线路按建筑物的功能和布局选择配电点。一般情况下，配电点的位置应使照明线路的长度不超过 40m。如条件允许，最好将配电点选在负荷中心。

规模较小的建筑物，一般在电源引入的首层设总配电箱。箱内设置能切断整个建筑照明供电的总开关，作为紧急事故或维护干线时切断总电源用。

建筑物的每个配电点均设置照明分配电箱，箱内设置照明支路开关及能分断各支路电源的总开关，为紧急事故拉闸或维护支路开关时断开电源用。

照明支路开关的功能主要是进行灯具的短路、分支线路的短路与过负荷保护，通常采用微型低压断路器或带熔断器的刀开关。每个支路开关要注明负荷容量，计算电流、相别及照明负荷的所在区域。

照明配电箱内的单相回路应尽量均匀地分配在 L1、L2、L3 三相上；若不能满足，则应在数个配电箱之间保持三相平衡。

4. 照明配电箱和动力配电箱

目前常用的照明配电箱内的主要元件是微型断路器和接线端子板。微型断路器是一种模数化的标准原件，分为单极、二级、三级、四级 4 种，还可以装设漏电保护装置。

室内照明配电箱分为明装、暗装及半暗装三种形式。当箱的厚度超过墙的厚度时，才采用半暗装形式。暗装或半暗装配电箱的下沿距地一般为 1.4～1.5m。

常用的动力配电箱有两种：一种用于动力配电，为动力设备提供电源，如电梯配电箱；

另一种用于动力配电及控制，如各种风机、水泵的配电控制柜。前一种动力配电箱中应装有配电开关，而后一种除开关外，还装有接触器、热继电器及相关控制回路及电动机保护器。

动力配电箱中的进出线开关为断路器或负荷开关，断路器一般为塑壳断路器，这种断路器的容量比微型断路器大，短路电流分段能力高。小型配电箱的结构与照明配电箱类似，但其中装设的断路器所具有的工作特性与照明配电箱不同，是专用于电动机控制的。

小型动力配电箱也分为明装、暗装及半暗装三种形式，一般暗装在机房或专用的房间内，为了操作方便，底边距地高度一般为 1.4m。

各种类型的动力配电箱的正前方，应有不小于 1.5m 宽的操作通道，以保证安全操作和便于检修。

四、配电线路敷设、导线截面选择及线路保护

（一）线路的敷设

1. 配电线路的敷设

配电线路是用于供配电系统两点之间配电的，由一根或多根绝缘导体、电缆、母线及其固定部分构成的组合。建筑物电气装置中的配电线路又称为布线系统。

配电线路的敷设应符合场所的环境特征、建筑物和构筑物的特征、人与布线之间可接近的程度、能承受短路可能出现的机电应力、能承受安装期间或运行中布线可能遭受的其他应力和导线的自重等条件。

配电线路的敷设应避免因环境温度、外部热源、浸水、灰尘聚集及腐蚀性或污染物质等外部环境影响带来的危害，并应防止在敷设和使用过程中因受撞击、振动、电线或电缆自重和建筑物的变形等各种机械应力作用而带来的损害。

在同一根导管或槽盒（俗称线槽）内有几个回路时，为保障线路的使用安全及低电压回路免受高电压回路的干扰，所有绝缘电线和电缆都应具有与最高标称电压回路绝缘相同的绝缘等级。

为保证线路运行安全和满足防火、阻燃要求，布线用塑料导管、槽盒及附件必须选用非火焰蔓延类制品。布线用各种电缆、电缆桥架、金属线槽及封闭式母线在穿越防火分区楼板、隔墙时，其空隙处应采用相当于建筑构件耐火极限的不燃烧材料填塞密实。

绝缘导线的布线方式有直敷布线、金属导管布线、可挠金属电线保护套管布线、金属槽盒布线、刚性塑料导管或槽盒布线等方式。

（1）直敷布线。直敷布线宜用于正常环境室内场所和挑檐下的室外场所。在建筑物顶棚内严禁采用直敷布线。为保证安全，应采用带有绝缘外护套的电线，工程设计中多采用铜芯塑料护套绝缘电线。

直敷布线主要用于居住及办公建筑物的室内电气照明及日用电器插座线的明敷布线。

（2）金属导管布线。金属导管布线宜用于室内外场所，不宜用于对金属导管有严重腐蚀的场所。建筑物顶棚内，宜采用金属导管布线。金属导管有管壁厚度不小于 1.5mm 的电线管、管壁厚度不小于 2.0mm 的钢导管之分。金属导管明敷于潮湿场所或埋地敷设时，会产生不同程度的锈蚀，为保障线路安全，应采用厚壁钢导管。

穿金属导管的交流回路，应将同一回路的所有相导体和中性导体穿于同一根导管内，否则会因管内存在的不平衡交流电流产生的涡流效应而使管材温度升高，导管内绝缘电线的绝缘迅速老化，甚至脱落，发生漏电、短路、着火等。

(3) 可挠金属电线保护套管布线。可挠金属电线保护套管（普利卡金属套管）布线宜用于室内外场所，也可用于建筑物顶棚内。对可挠金属电线保护套管有可能承受重物压力或明显机械冲击的部位，应采取保护措施。可挠金属电线保护套管以其优良的抗压、抗拉、防火、阻燃性能，广泛应用于建筑、机电和铁路等行业。

(4) 金属槽盒布线。金属槽盒布线宜用于正常环境的室内场所明敷，有严重腐蚀的场所不宜采用金属槽盒。具有槽盖的封闭式金属槽盒，可在建筑顶棚内敷设。同一配电回路的所有相导体和中性导体，应敷设在同一金属槽盒内。同一路径的不同回路可以共槽敷设，是金属槽盒布线较金属导管布线的一个突破。金属槽盒布线在大型民用建筑，特别是功能要求较高、电气线路种类较多的工程中的应用越来越普遍。

(5) 刚性塑料导管或槽盒布线。刚性塑料导管或槽盒具有较强的耐酸、碱腐蚀性能，且防潮性良好，应优先在潮湿及有酸、碱腐蚀的场所采用。由于刚性塑料导管材质较脆，高温易变形，故不应在高温和容易遭受机械损伤的场所明敷。

由于刚性塑料导管材质发脆、抗机械损伤能力差，故暗敷或埋地敷设的刚性塑料导管在引出地面或楼面的一定高度内，应穿钢管或采取其他防止机械损伤的措施。

2. 电力电缆布线

电力电缆布线方式有电缆埋地敷设、电缆在电缆沟或隧道内敷设、电缆在排管内敷设、电缆在室内敷设、电缆桥架布线等。电缆布线的敷设方式应根据工程条件、环境特点、电缆类型和数量等因素，按满足运行可靠、便于维护及技术、经济合理等原则综合确定。

电力电缆布线应符合《电力工程电缆设计规范》(GB 50217—2007) 的有关要求。

(1) 电缆直埋敷设。电缆直埋是一种投资少、易实施的电缆布线方式。当沿同一路径敷设的室外电缆较少且场地有条件时，宜优先采用电缆直埋布线方式。在城镇较易翻修的人行道下或道路边，也可采用电缆直埋敷设。直埋敷设的电缆宜采用有外护层的铠装电缆。在无机械损伤可能的场所，也可采用无铠装塑料护套电缆。在流沙层、回填土地带可能发生移位的土壤中，应采用钢丝铠装电缆。在有化学腐蚀或杂散电流腐蚀的土壤中，不得采用电缆直埋敷设。

(2) 电缆在电缆沟或隧道内敷设。电缆在电缆沟内布线是应用较为普遍的布线方式，在电缆与地下管网交叉不多、地下水位较低或道路开挖不便且电缆需分期敷设的地段，当同一路径的电缆根数较多时，宜采用电缆沟布线。当电缆很多时，宜采用电缆隧道布线。

(3) 电缆在排管内敷设。电缆在排管内敷设的方式宜用于电缆根数不多，不宜采用直埋或电缆沟敷设的地段。电缆排管可采用混凝土管、混凝土块、玻璃钢电缆保护管及聚氯乙烯管等。

(4) 电缆在室内敷设。室内电缆敷设包括电缆在室内沿墙及建筑构件明敷设、电缆穿金属导管直埋暗敷设等。

(5) 电缆桥架布线。电缆桥架布线适用于电缆数量较多或集中的场所。电缆桥架型式有金属托盘（无孔、有孔）和金属梯架。需屏蔽外部的电气干扰时，应选用无孔金属托盘加实体盖板；在有易燃粉尘的场所，宜选用梯架，最上一层架桥应设置实体盖板；高温、腐蚀性液体或油的溅落等需防护场所，宜选用托盘，最上一层架桥应设置实体盖板；需因地制宜组装时，可选用组装式托盘；除上述情况外，宜选用梯架。

(6) 预分支电缆布线。预分支电缆布线宜用于高层、多层及大型公共建筑物室内低压树干式配电系统。预分支电缆布线宜在室内及电气竖井内沿建筑物表面以支架或电缆架桥等构件明敷设。

3. 封闭式母线布线

封闭式母线适用于干燥和无腐蚀性气体的室内场所，不宜用在潮湿和有腐蚀气体的场所，否则封闭式母线在受到潮湿空气和腐蚀性气体长期侵蚀后，绝缘强度降低，导体的绝缘层老化，甚至发生损坏，将可能导致发生线路短路事故。为安全起见，封闭式母线终端无引线时，端头应封闭。当封闭式母线运行时，导体会随温度上升而沿长度方向膨胀伸长，为适应膨胀变形，保证封闭式母线正常运行，应按规定设置膨胀节。

4. 电气竖井布线

电气竖井布线是高层民用建筑中电力或配电及通信或信息垂直干线线路特有的一种布线方式。竖井内常用的布线方式为金属导管、金属线槽、各种电缆或电缆桥架及封闭式母线等布线。在电气竖井内除敷设干线回路外，还可以设置各层的电力、照明分配电箱及通信或信息线路的分线箱等电气设备。

电气竖井的数量和位置应根据建筑物规模、用电负荷性质、各支线供电半径及建筑物的变形缝位置和防火分区等因素确定，并应保证系统的可靠性和减少电能损耗。电气竖井的大小应根据线路及设备的布置确定，同时必须充分考虑布线施工及设备运行的操作、维护距离。为保证线路的安全运行，避免相互干扰，方便维护管理，电力或配电竖井和通信或信息竖井宜分别设置。

（二）导线截面的选择

为了保证供电系统的安全、可靠、优质、经济运行，选择导线截面时应满足发热条件、电压损失条件、机械强度条件和经济电流密度条件。

1. 按发热条件选择导线和电缆截面

发热条件即导线、电缆及母线在通过正常最大负荷电流时的温度，不超过正常运行时的最高允许温度。因此，要求按照敷设方式、环境温度及使用条件确定导体的截面，其额定载流量不应小于预期负荷的最大计算电流。

2. 按电压损失条件选择导线截面

由于供配电线路存在阻抗，因此当负载电流通过线路时，将引起一定的电压损失，从而在线路末端形成电压负偏差，而电压偏移对用电设备的工作特性和寿命均有很大的影响，所以按发热条件选择导线截面后，必须校验线路的电压损失是否在允许的范围之内。

3. 按机械强度选择导线截面

导线在敷设过程中或敷设后，都会受到拉力或张力的作用，因而需要有足够的机械强度。导线的截面不应小于最小允许截面，对于电缆，可不做机械强度校验。

4. 按经济电流密度选择导线和电缆截面

所谓经济电流密度，是指输送电能的线路投资最少而年运行费用最低时，其导线或电缆单位面积的载流量。

导线或电缆截面越大，电能损失越小，但同时有色金属耗量增加，施工费用增加。因此，从经济角度出发，导线或电缆应选择一个比较合理的截面，使得初投资和总运行费用之和为最小，此截面称为经济截面。

（三）线路保护

(1) 低压供配电线路的保护，应按规范设置。

(2) 所有照明线路均应设过负载保护。

(3) 具有延燃性的外护层绝缘导线明敷设时，应设过负载保护。

(4) 采用熔断器保护的线路，宜按过负载保护要求选择导线截面。

(5) 有可能引起导线或电缆长时间过负载的线路，应设过负载保护。

(6) 在TT或TN-S系统中，N线上不宜装设电器将N线断开；当需要断开N线时，应装相线与N线一起断开的保护电器。

当装设具有漏电保护的断路器时，应能将其所保护的回路所有带电导线断开。在TN系统中，如能可靠地保持N线为地电位时，N线不可断开。

在TN-C系统中严禁断开PEN线，不得装设断开PEN线的任何电器。

五、建筑施工用电

建筑施工现场的电力供应是保证高速度、高质量施工作业的重要前提。在施工组织计划中，必须根据施工现场用电的特点，综合考虑节约用电、节省费用以及保证安全、保证工程质量等因素，精心安排。

建筑施工现场的用电设备主要是塔式起重机、混凝土搅拌机、电动打夯机等动力设备以及照明设备，一般采用220/380V电压、TN-S或TN-C-S系统供电方式。用于建筑施工现场的环境较为恶劣，安全条件差，移动性用电设备较多，负荷随工程进度变化较大（一般是基础施工阶段负荷较小，主体施工阶段负荷较大，建筑装修和收尾阶段负荷较小），并多属于临时设施（由建筑施工工期决定，交工后，临时供电设施马上拆除），因此，建筑施工现场的供配电既要符合规范要求，又要考虑临时性的特点，应统筹兼顾、合理安排。

建筑施工现场的电源通常可采用下面几种途径解决：

(1) 先按工程图纸施工变电站，由此取施工电源。

(2) 就近借用已有的配电变压器供电。

(3) 向供电企业提出临时用电申请，设置临时变压器。

(4) 自建临时电站，例如柴油发电机等。

1. 建筑施工现场的供配电设计

在进行建筑施工现场的供配电设计时，应着重做好以下几个方面的工作：

(1) 计算建筑施工现场的用电量，选择配电变压器。

(2) 确定配电变压器的位置。

(3) 合理布置配电线路。

(4) 选择配电线路型号和截面。

(5) 绘制施工现场的电气平面布置图和系统接线图。

(6) 制定安全用电的技术措施。

2. 建筑施工现场的负荷计算

建筑施工现场用电量的大小是选择变压器容量的重要依据。建筑施工现场的用电量主要包括动力和照明两大部分。

计算建筑施工现场的总用电量，可采用前述负荷计算的方法，通常采用需要系数法，有时也可以按一些经验公式计算。

3. 施工现场的电气平面布置图

施工现场的电气平面布置图，主要包括变电站或变电站的位置、供配电线路的敷设方式和规格、电杆的位置、配电箱和主要用电设备的位置等。

例如，有一施工工地施工用电设备如下：混凝土搅拌机（400L）一台，电动机功率10kW；卷扬机一台，电动机功率7.5kW；塔式起重机一台，起重电动机功率22kW，行走电动机功率7.5kW，回转电动机功率3.5kW，暂载率$\varepsilon=25\%$；滤灰机一台，电动机功率2.8kW；电动打夯机三台，每台电动机功率2kW；振荡器四台，每台电动机功率2.8kW。以上电动机均为交流三相380V，照明用电约10kW，交流220V。

供电电源：供电电源由工地北侧公共10kV高压架空线路引入。根据建筑施工组织平面布置图和10kV线路的方位，并兼顾接近负荷中心、靠近电源侧、便于进出线、交通运输方便等因素，将施工用临时杆上变电站设置在施工现场的西北角。

变压器台数和容量：施工现场实际用电负荷即计算负荷，可以采用需用系数法来求得，也可采用更为简单的估算法来计算。首先计算出施工用电设备的总功率，即

$$\Sigma P_{N}=10+7.5+22+7.5+3.5+2.8+2\times3+2.8\times4+10=80.5\ (\mathrm{kW})$$

考虑到所有用电设备不可能同时使用，每台设备工作时也不可能是满负载，故取需用系数$K_{d}=0.56$，取电机的平均效率$\eta=0.85$，平均功率因数$\cos\phi=0.6$，则计算负荷为

$$S_{c}=\frac{K_{d}\Sigma P_{N}}{\eta\cos\phi}=\frac{0.56\times80.5}{0.85\times0.6}=88.4\ (\mathrm{kVA})$$

由于建筑施工用电一般为三级负荷，故选用一台S9-100/10型变压器。

施工现场的配电线路：施工现场的线路布置主要应考虑安全可靠、施工方便、节省投资、不碍交通等因素。一般采用绝缘导线架空敷设，便于向各负荷点供电，并尽量架设在道路一侧。

配电线路导线截面的选择：施工现场配电线路的导线截面，一般可先按发热条件选择，然后按允许电压损耗和机械强度条件进行校验。

4. 施工现场的电气安全

施工现场临时用电应严格执行《施工现场临时用电安全技术规范》（JGJ 46—2005）及国家现行有关强制性标准的规定。施工现场的电气安全条件差是建筑工程施工中发生电气事故的客观原因。建筑施工现场一般为多工种交叉作业，且到处有水泥砂浆的运输和灌注，建筑材料的水平和垂直运输增加了可能触碰电器线路的危险，施工现场一般都潮湿、多尘，且视觉条件较差。因此，除遵守一般的电气安全规定外，由于建筑施工现场的特殊性质，在电气安全方面应特别注意下列问题：

（1）架空线路不得使用裸线，应采用绝缘线；架空线路应有专用的电杆、横担、绝缘子等，不得成束架空敷设，严禁利用树木等作电杆使用。

（2）架空线路的挡距不得大于35m，线间距不得小于30mm；架空线路与施工建筑物的水平距离不得小于1m，与地面的垂直距离不得小于6m，跨越建筑物时与其顶部的垂直距离不得小于2.5m。

（3）配电箱应选用铁板或优质绝缘材料制作；配电箱、开关箱必须防雨、防尘；重要的配电箱应加锁；使用中的配电箱内严禁放置杂物。

(4) 施工现场中的安全距离按相关规范查得。

(5) 施工现场一般环境较差，有些属于多尘和潮湿场所，因此用电安全问题尤为重要，应妥善设置等电位连接并装设剩余电流保护装置。

(6) 根据建筑施工安全检查标准规定，施工现场配电一般应采用 TN－S 或 TN－C－S 型供电系统。若施工时采用的是 TN－S 系统，即可直接使用；若采用的是 TN－C 型，则应在施工现场总配电箱进线侧作重复接地，从总配电箱处将 PEN 线分开为 N 线和 PE 线，且其后的 N 线应对地绝缘，即形成 TN－C－S 系统；若采用的是 TT 型供电系统，则应在施工现场总配电箱进线侧作保护接地，同时从总配电箱引出专用的 PE 线至各用电设备。

(7) 施工现场专用变压器供电的 TN－S 接零保护系统中，电气设备的金属外壳必须与保护（PE）线连接。保护（PE）线应由工作接地线、配电室（总配电箱）电源侧零线处引出，如图 9－27 所示。

(8) 当施工现场与外电线路共用同一供电系统时，电气设备的接地、接零保护应与原系统保持一致，不得一部分设备做保护接零，另一部分设备做保护接地。

采用 TN 系统做保护接零时，工作零线采用（N 线）必须通过总剩余电流保护器，保护（PE）线必须由电源进线零线重复接地处或总剩余电流保护电源侧零线处引出，形成局部 TN－S 接零保护系统，如图 9－28 所示。

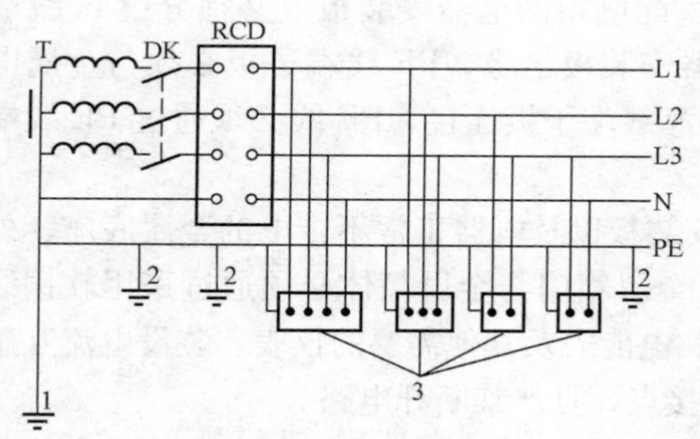

图 9－27　专用变压器供电时 TN－S 接零保护系统示意图
1—工作接地；2—PE 线重复接地；3—电气设备金属外壳（正常不带电的外露可导电部分）；L1、L2、L3—相线；N—工作零线；PE—保护（PE）线；DK—总电源隔离开关；RCD—兼有短路、过载、剩余电流保护功能的断路器；T—变压器

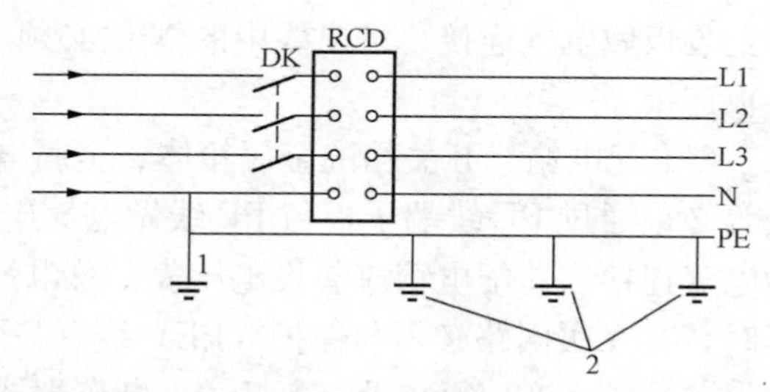

图 9－28　三相四线供电时局部 TN－S 接零保护系统保护（PE）线引出示意图
1—PEN 线重复接地；2—PE 线重复接地；L1、L2、L3—相线；N—工作零线；PE—保护（PE）线；DK—总电源隔离开关；RCD—兼有短路、过载、剩余电流保护功能的断路器

(9) 在 TN 系统中，手持式电动工具的金属外壳，以及城防、人防、隧道等潮湿或条件特别恶劣的施工现场的电气设备必须采用保护接零。保护（PE）线必须采用绝缘导线。配电装置和电动机械相连接的 PE 线应为截面不小于 $2.5mm^2$ 的绝缘多股铜线，手持式电动工具的 PE 线应为截面不小于 $1.5mm^2$ 的绝缘多股铜线。PE 线上严禁装设开关或熔断器。

(10) 单台容量超过 100kVA，或使用同一接地装置并联运行且容量超过 100kVA 的电力变压器或发电机，其工作接地电阻值不得大于 4Ω。单台容量不超过 100kVA，或使用同一接地装置并联运行且总容量不超过 100kVA 的电力变压器或发电机，其工作接地电阻值不得大于 10Ω。在土壤电阻率大于 1000Ω·m 的地区，当达到上述接地电阻值有困难时，工作接地电阻值可提高到30Ω。

(11) TN系统中的保护(PE)线除必须在配电室或总配电箱处做重复接地外，还必须在配电系统的中间处和末端处做重复接地。在TN系统中，保护(PE)线每一处重复接地装置的接地电阻值不应大于10Ω。在工作接地电阻值不允许达到10Ω的电力系统中，所有重复接地的等效电阻值不应大于10Ω。

5. 施工现场配电箱的设置

(1) 配电系统应设置配电柜或总配电箱、分配电箱、开关箱，实行三级配电。总配电箱以下可设若干分配电箱，分配电箱以下可设若干开关箱。总配电箱应设在靠近电源的区域，分配电箱应设在用电设备或负荷相对集中的区域，分配电箱与开关箱的距离不得超过30m，开关箱与其控制的固定式用电设备的水平距离不宜超过3m。

(2) 每台用电设备必须有各自专用的开关箱，严禁用同一个开关箱直接控制2台及2台以上用电设备(含插座)。动力配电箱与照明配电箱宜分别设置。当合并设置为同一配电箱时，动力和照明应分路配电；动力开关箱与照明开关箱必须分设。固定式配电箱、开关箱的中心点与地面的垂直距离应为1.4～1.6m。移动式配电箱、开关箱应装设在坚固、稳定的支架上，其中心点与地面的垂直距离宜为0.8～1.6m。

(3) 配电箱、开关箱内的电器(含插座)应先安装在金属或非木质阻燃绝缘电器安装板上，然后方可整体紧固在配电箱、开关箱箱体内。配电箱的电器安装板上必须分设N线端子板和PE线端子板。N线端子板必须与金属电器安装板绝缘，PE线端子板必须与金属电器安装板做电气连接。进出线中的N线必须通过N线端子板连接，PE线必须通过PE线端子板连接。

(4) 配电箱、开关箱的金属箱体、金属电器安装板以及电器正常不带电的金属底座、外壳等必须通过PE线端子板与PE线做电气连接。金属箱门与金属箱体必须通过采用软铜线做电气连接。总配电箱应装设电压表、总电流表、电能表及其他需要的仪表。装设电流互感器时，其二次回路必须与保护(PE)线有一个连接点，且严禁断开电路。

(5) 开关箱必须装设隔离开关、断路器或熔断器，以及剩余电流保护器。当剩余电流保护器是同时具有短路、过载、剩余电流保护功能的漏电断路器时，可不装设断路器或熔断器。开关箱中剩余电流保护器的额定漏电动作电流不应大于30mA，额定漏电动作时间不应大于0.1s。使用于潮湿或有腐蚀介质场所的剩余电流保护器应采用防溅型产品，其额定漏电动作电流不应大于15mA，额定漏电动作时间不应大于0.1s。

6. 施工现场的照明装置及照明供电

(1) 照明变压器必须使用双绕组型安全隔离变压器，严禁使用自耦变压器。

(2) 照明系统宜使三相负荷平衡，其中每一单相回路上，灯具和插座数量不宜超过25个，负荷电流不宜超过15A。

(3) 室外220V灯具距地面不得低于3m，室内220V灯具距地面不得低于2.5m。普通灯具与易燃物距离不宜小于300mm；聚光灯、碘钨灯等高热灯具与易燃物距离不宜小于500mm，且不得直接照射易燃物。达不到规定安全距离时，应采取隔热措施。碘钨灯及钠、铊、铟等金属卤化物灯具的安装高度宜在3m以上，灯线应固定在接线柱上，不得靠近灯具表面。

(4) 照明灯具的金属外壳必须与PE线相连接，灯具的相线必须经开关控制，不得将相线直接引入灯具。对夜间影响飞机与车辆通行的在建工程及机械设备，必须设置醒目的红色信号灯，其电源应设在施工现场总电源开关的前侧，并应设置外电线路停止供电时的应急自备电源。

第三节　电气照明

电气照明技术的发展是社会进步的一个窗口，照明技术不仅满足了采光的基本要求，而且美化了人们的生活空间。设计师们将现代化的技术应用于建筑照明系统中，为社会创造光明的同时，满足了人们对视觉的要求。目前国内的照度标准有《建筑照明设计标准》（GB 50034—2013）和《城市道路照明设计标准》（CJJ 45—2015）等。

一、照明技术相关参数

1. 光通量

光通量是指单位时间内光辐射能量的大小，是根据人眼对光的感觉来评价的，单位是流明（im）。在照明工程中，光通量是说明光源发光能力的基本量。例如，一只220V、40W的白炽灯发射的光通量为350lm，而一只220V、36W（T8管）荧光灯发射的光通量为2500lm，为白炽灯的7倍之多。

2. 照度

照度是用来表示被照面上光的强弱，它是以被照场所光通量的面积密度来表示的，即表面上一点的照度E定义为入射光通量与该单元面积dA之比。照度的单位为勒克斯（lx），数量上，$1lx=1lm/m^2$。晴朗的满月夜地面照度为0.2lx，白天采光良好的室内照度为100～500lx，阴天室内照度为5～10lx，晴天室外散射光（非直射）下的地面照度为1000lx，中午太阳光照射下的地面照度可达10 000lx。

3. 亮度

在某个方向上的光强与人眼所“见到”的光源面积之比，定义为光源在这个方向的亮度。亮度的单位为坎德拉每平方米（cd/m^2）或尼特（nt）。在数量上，$1nt=1cd/m^2$。

4. 色表、色温

色表即人眼所看到的光源所发出的光的颜色。在照明应用领域，常用色温定量描述光源的色表。当一个光源的颜色与黑体（完全辐射体）在某一温度时发出的光色相同时，黑体的温度就称为该光源的色温，符号为T_e，单位为开尔文（K）。在800～900K的温度下，黑体辐射呈红色，3000K呈黄白色，5000K左右呈白色，8000～10 000K呈淡蓝色。

5. 显色性

显色性即光源照射到物体上所显现出来的颜色。一般用显色指数（R_a）来表现光源的显色性，光源的显色指数越高，其显色性越好。$R_a=80～100$表示显色性优良，$R_a=50～79$表示显色性一般，$R_a<50$表示显色性较差。常见光源的色温及显色指数见表9-2。

表9-2　常见光源的色温及显色指数

光源	色温 T_e/K	显色指数 R_a
钨丝白炽灯（50W）	2900	95～100
荧光灯（日光色40W）	6500	70～80
荧光高压汞灯	5500	30～40

续表

光源	色温 T_e/K	显色指数 R_a
镝灯	4300	85～95
普通型高压钠灯	2000	20～25

6. 眩光

由于视野中的亮度分布或亮度范围的不适宜，或存在极端的对比，以致引起人眼的不舒适感觉或者降低观察细部（或目标）的能力，这种视觉现象统称为眩光。前者称为不舒适眩光，后者称为失能眩光。

7. 启燃与再启燃时间

电光源的启燃时间是指其接通电源到输出额定光通量所需要的时间，再启燃时间是指光源熄灭后再次点燃达到正常输出时所需要的时间。

8. 光效

即电光源的发光效率，是指光源输出的光通量与其消耗的电功率之比。

9. 寿命

这里指有效寿命，即光源的光通量自额定值衰减到一定程度（一般为70%～85%）时的累积时间。

10. 照明功率密度

单位面积上的照明安装功率，单位为 W/m^2。

二、照明方式与种类

1. 照明方式

按《建筑照明设计规范》，照明方式分为一般照明、分区一般照明、局部照明、混合照明四类。

2. 照明种类

照明种类按其功能分为正常照明、应急照明、值班照明、警卫照明、障碍照明五类。

三、电光源和照明灯具

(一) 常用电光源及选择

1. 常用照明电光源的类型

常用的照明电光源按工作原理可分为两类：一类是热辐射光源，如白炽灯、卤钨灯等；另一类是气体放电光源，如荧光灯、荧光高压汞灯、高压钠灯、金属卤化物灯等。

2. 常用照明电光源的选择

首先满足照明设施的使用要求（照度、显色性、色温、启动时间、再启动时间等），其次按环境条件选用，最后综合考虑初期投资与年运行费用。

(二) 照明灯具的选择与布置

1. 照明灯具的作用和分类

灯具一般分为吊灯、吸顶灯、落地灯、壁灯、台灯、筒灯、射灯等。

2. 照明灯具的选用

照明设计中选用灯具的基本原则为：

(1) 灯具要与光源配合，结构要与光源的种类配套，规格大小要与光源的功率配套。

(2) 灯具的选择应与使用环境、使用条件相适应。除有装饰需要外，应优先选用直射光通比例高、控光性能合理的高效灯具。根据使用场所不同，选用控光合理的灯具，如多平面反光镜定向射灯、蝙蝠翼式配光灯具、块板式高效灯具等。

(3) 在符合照明质量要求的原则下，选用光通利用系数高的灯具。

(4) 选用控光器变化速度慢、配光特性稳定、反射或透射系数高的灯具。

(5) 所选灯具配光应合理，以提高照明效率，减少电能损耗。

(6) 限制眩光。

(7) 灯具的结构和材质应易于维护清洁和更换光源。

(8) 采用功率损耗低、性能稳定的灯用附件。

3. 照明灯具的布置

照明灯具的布置是照明设计的重要组成部分，也是照度计算的基础。灯具的布置与照明种类和照明方式有关。

在工程设计中，首先根据建筑物层高及照明器的安装方式确定照明器的安装高度，再根据照度计算所需要的照明电功率，按均匀布灯的原则确定灯具数，按距高比要求核算照度均匀度是否满足要求。为了使整个照明场所的照度较均匀，照明器离墙不能太远，一般要求靠墙安装的照度器离墙不大于$\left(\frac{1}{3}\sim\frac{1}{2}\right)L$（$L$ 为照明器间的距离）。

为了避免或限制眩光并考虑到电气安全，一般照明器的安装高度不宜低于2.4m。

一般照明灯具的布置可以采用单一的几何形状，如直线成行、成列，方形，矩形，或菱形格子、满天星全面布灯等；也可以按建筑吊顶的风格采用成组、成团、周边式布灯，组成各种装饰性的图案。前者的布灯方式多用于视觉作业要求较高的场所，以满足要求较高的光照度和均匀度（明视照明）；后者的布灯方式多用于具有装饰性的高大餐厅（环境照明）。

应急照明是在发生火灾事故时，保证重要部位或房间能继续工作、保证人员安全及疏散通道上所需最低照度的照明。应急照明的设置位置及安装应满足相应的规范要求。

四、照度计算

照度计算方法有多种，其中最简单的是比功率法。

比功率法也称单位容量法。比功率就是单位面积的安装功率，用每单位被照水平面上所需要的安装灯的功率表示。其表达式为

$$W=P/A$$

式中：W 为单位容量，W/m^2；P 为灯具安装总容量，W；A 为被照面积，m^2。

单位容量取决于灯具的类型、照度、计算高度、室内使用面积、天棚、地板、墙壁的反射系数等因素。单位容量法适用于均匀照明的计算。利用比功率计算，可以节省时间，提高效率，只要利用有关表格就可以计算出安装容量。表9-3给出了带反射罩荧光灯的单位面积安装功率。

表9-3　带反射罩荧光灯的单位面积安装功率　W/m^2

计算高度（m）	房间面积（m^2）	平均照度（lx）					
		30	50	75	100	150	200
2～3	10～15	3.2	5.2	7.8	10.4	15.6	21
	15～25	2.7	4.5	6.7	8.9	13.4	18

续表

计算高度（m）	房间面积（m^2）	平均照度（lx）					
		30	50	75	100	150	200
2～3	25～50	2.4	3.9	5.8	7.7	11.6	15.4
	50～100	2.1	3.4	5.1	6.8	10.2	13.6
	150～300	1.9	3.2	4.7	6.3	9.4	12.5
	300 以上	1.8	3.0	4.5	5.9	8.9	11.8
3～4	10～15	4.5	7.5	11.3	15	23	30
	15～20	3.8	6.2	9.3	12.4	19	25
	20～30	3.2	5.3	8.0	10.8	15.9	21.2
	30～50	2.7	4.5	6.8	9.0	13.6	18.1
	50～120	2.4	3.9	5.8	7.7	11.6	15.4
	120～300	2.1	3.4	5.1	6.8	10.2	13.5
	300 以上	1.9	3.2	4.9	6.3	9.5	12.6

五、光照设计的步骤

照明光照设计一般按下列步骤进行：

(1) 收集原始资料。工作场所的设备布置、工作流程、环境条件及对光环境的要求。另外，对于已设计完成的建筑平剖面图、土建结构图、已进行室内设计的工程，应提供室内设计图。

(2) 确定照明方式和种类，并选择合理的照度。

(3) 确定合适的光源。

(4) 选择灯具的形式，并确定型号。

(5) 合理布置灯具。

(6) 进行照度计算，并确定光源的安装功率。

(7) 根据需要，计算室内各面亮度与眩光评价。

(8) 确定设计方案。

(9) 根据照明设计方案，确定照明控制的策略、方式和系统，实现照明效果。

六、照明设计软件

在传统的照明设计过程中，设计者在完成初步的设计方案后，往往对于方案的可实施性把握不是很强，例如灯具布置可否满足功能上的需求，灯光表现是否达到预期的效果，整个空间的照度和亮度分布的状况是否合适等。对于这些问题的传统解决方法就是通过一系列的公式，进行大量、繁冗的手工计算，得到计算结果。随着计算机技术的发展与应用，专业的照明计算软件得到了开发，照明计算从而省去了繁杂的手工计算过程，代之以计算机中进行的迅速、准确的计算过程。设计师通过这些软件，就可以专心致力于方案的设计，并利用软件得出的计算结果进行必要的方案调整，使得设计工作高效、准确。

目前的照明设计软件一般是由世界上著名的灯具厂商针对自己的产品进行开发的，如Philips的Calculux，Lithonia Lighting的Visual，IJghting Analysts的Agi32等。这些软件专业性强，计算结果准确，可以引入各个厂家的数据。另一类应用比较广泛的照明设计软件是由第三方软件公司开发，相对通用，数据库接口开放，更便于照明设计师的使用，其中包括 DIALux 系列照明软件、Relux 系列照明设计软件等。

照明设计软件在设计单位已获得了比较广泛的应用，而其技术特点也非常鲜明：

(1) 功能完整、系统，提供了建模、灯具布置、计算、效果图模拟等照明设计必需的功能步骤。

(2) 产品数据库支持十分完善，且开放接口，支持不同灯具光源公司自行开发完善。

(3) 面对对象的设计方法，提高了设计的速度，省去了大量烦琐、重复的过程。

(4) 计算绘图一体化，灯具布置完毕进行计算时，软件会自动完成包括逐点照度计算、等照度曲线绘制等过程。

(5) 设计结果表达方式丰富、实用，包括点照度值、等照度曲线、伪色图等，并生成计算报表。

七、照明电气设计注意事项

(1) 有利于人安全、舒适地活动和正确识别周围环境，防止人与光环境之间失去协调性。

(2) 重视空间的清晰度，消除不必要的阴影，控制光热和紫外线辐射对人和物产生的不利影响。

(3) 创造适宜的亮度分布和照度水平，限制眩光，减少烦躁和不安。

(4) 处理好光源色温与显色性的关系，以及一般显色指数与特殊显色指数的色差关系，避免产生心理上的不平衡与不和谐感。

(5) 有效利用天然光，合理地选择照明方式和控制照明区域，降低电能消耗指标。

八、照明电气设计的步骤

(1) 负荷计算。

(2) 管网的综合。

(3) 施工图的绘制。

(4) 照明控制策略、方式和系统的确定。

(5) 概算（预算）书的编制。

九、照明负荷分级、电压与供电方式

1. 负荷分级

分为一级负荷、二级负荷、三级负荷。

2. 电压和供电方式的选择

(1) 在正常环境中，我国灯用电压一般为 220V。

(2) 容易触及而又无防止触电措施的固定式或移动式灯具，以及在一些危险场合，使用电压不应超过 24V。

(3) 手提行灯的电压一般采用 36V，但在一些特定场合工作时，供电电压不应超过 12V。

(4) 由蓄电池供电时，可以采用 220、36、24、12V。

(5) 热力管道隧道和电缆隧道内的照明电压宜采用 36V。

十、照明配电及控制

(1) 一般照明光源的电源电压应采用 220V。1500W 及以上的高强度气体放电灯的电源电压宜采用380V。

(2) 移动式和手提式灯具应采用Ⅲ类灯具，用安全特低电压供电，其电压值在干燥场所不大于50V，在潮湿场所不大于25V。

(3) 照明灯具的端电压不宜大于其额定电压的105%，一般工作场所不宜低于其额定电压的95%，远离变电站的小面积工作场所不宜低于其额定电压的90%，应急照明和用安全特低电压供电的照明场所不宜低于其额定电压的90%。

(4) 供照明用的配电变压器的设置：当电力设备无大功率冲击性负荷时，照明和电力宜共用变压器；当电力设备有大功率冲击性负荷时，照明宜与冲击性负荷接自不同变压器；如条件不允许，需接自同一变压器时，照明应由专用馈电线供电，当照明安装功率较大时，宜采用照明专用变压器。

(5) 应急照明的电源，应根据应急照明类别、场所使用要求和该建筑电源条件，采用接自电力网有效地独立于正常照明电源的线路；蓄电池组，包括灯内自带蓄电池、集中设置或分区集中设置的蓄电池装置；应急发电机组；以上任意两种方式的组合。

(6) 疏散照明的出口标志灯和指向标志灯宜用蓄电池电源。安全照明的电源应和该场所的电力线路分别接自不同变压器或不同馈电干线。

(7) 照明配电宜采用放射式和树干式结合的系统。

(8) 三相配电干线的各相负荷宜分配平衡，最大相负荷不宜超过三相负荷平均值的115%，最小相负荷不宜小于三相负荷平均值的85%。

(9) 照明配电箱宜设置在靠近照明负荷中心便于操作维护的位置。

(10) 每一照明单相分支回路的电流不宜超过16A，所接光源数不宜超过25个；连接建筑组合灯具时，回路电流不宜超过25A，光源数不宜超过60个；连接高强度气体放电灯的单相分支回路的电流不应超过30A。

(11) 插座不宜和照明灯接在同一分支回路。

(12) 在电压偏差较大的场所，有条件时，宜设置自动稳压装置。

(13) 供给气体放电灯的配电线路宜在线路或灯具内设置电容补偿，功率因数不应低于0.9。

(14) 在气体放电灯的频闪效应对视觉作业有影响的场所，应采用高频电子镇流器，相邻灯具分接在不同相序。

(15) 当采用Ⅰ类灯具时，灯具的外露可导电部分应可靠接地。

(16) 安全特低电压供电应采用安全隔离变压器，其二次侧不应设置保护接地。

(17) 居住建筑应按户设置电能表，工厂在有条件时宜按车间设置电能表，办公楼宜按租户或单位设置电能表。

(18) 配电系统的接地方式、配电线路的保护，应符合国家现行相关标准的有关规定。

(19) 照明配电干线和分支线应采用铜芯绝缘电线或电缆，分支线截面不应小于$1.5mm^2$。

(20) 照明配电线路应按负荷计算电流和灯端允许电压值选择导线截面。

(21) 主要供给气体放电灯的三相配电线路，其中性线截面应满足不平衡电流及谐波电流的要求，且不应小于相线截面。

(22) 接地线截面选择应符合国家现行标准的有关规定。

(23) 公共建筑和工业建筑的走廊、楼梯间、门厅等公共场所的照明，宜采用集中控制，并按建筑使用条件和天然采光状况采取分区、分组控制措施。

(24) 体育馆、影剧院、候机厅、候车厅等公共场所应采用集中控制，并按需要采取调光或降低照度的控制措施。

(25) 旅馆的每间（套）客房应设置节能控制型总开关。

(26) 居住建筑有天然采光的楼梯间、走道的照明，除应急照明外，宜采用节能自熄开关。

(27) 每个照明开关所控光源数不宜太多。每个房间灯的开关数不宜少于2个（只设置1只光源的除外）。

第四节　接地与防雷

一、接地

接地是防雷技术最重要的环节，不管是直击雷、感应雷或其他形式的雷，最终都是把雷电流送入大地，因此，没有合理而良好的接地装置是不可能可靠地接地的。

1. 接地与接地装置

将电力系统或电气装置的某一部分经接地线连接到接地体称为接地。从避雷的角度讲，把接闪器与大地作良好的电气连接也叫接地。与土壤直接接触的金属物体称为接地体或接地极。专门为接地而装设的接地体称为人工接地体。人工接地体可采用扁钢、圆钢、角钢、钢管等组成的水平、垂直、放射式、环状等形式，钢材均应镀锌防腐，水平接地体的埋深一般为0.6～1.0m，垂直接地体的直径一般为19mm（圆钢）、28～50mm（钢管）、∟40mm×40mm×4mm或∟63mm×63mm×63mm（圆钢），长度一般为2.5mm。

兼作接地体用的直接与大地接触的各种金属构件、金属管道及建筑物的钢筋混凝土基础等，称为自然接地体。连接接地体及设备接地部分的导线，称为接地线。当需要专门的接地线时，铜或铝接地线的最小截面为：①裸导线，铜$4mm^2$、铝$6mm^2$；②绝缘导线，铜$1.5mm^2$、铝$2.5mm^2$。对于消防控制室，要求专用接地线为截面不小于$25mm^2$的铜绞线。

接地线和接地体合称接地装置。由若干接地体在大地中互相连接而组成的总体称为接地网。接地线又分为接地干线和接地支线。电气装置是一定空间中若干相互连接的电气设备的组合。电气设备是发电、变电、输电、配电、用电及其保护的任何设备，如电动机、变压器、测量仪表、保护装置、布线材料等。电气装置的接地部分则为外漏可导电部分，其容易被触及，正常工作时不带电，但在故障时可能带电，一般为金属外壳。为了安全保护设备，一般将装置外漏带电部分与接地线相连进行接地。装置外导电部分也称外部导电部分，不属于电气装置，一般水、暖气、煤气、空调的金属管道以及建筑物的金属结构，称为装置外导电部分。

2. 接地电阻

接地电流流入地下后自接地体向四周流散，该电流就叫做流散电流。流散电流在土壤中遇到的全部电阻叫做流散电阻。接地电阻是接地体的流散电阻、接地线电阻和接地体电阻的总和。由于接地线和接地体的电阻相对很小，可不计，于是接地电阻可近似认为是接地流散电阻。为了降低接地电阻，可以采用多根单一接地体与金属体并联连接而组成负荷接地体或接地体组，这样就降低了电阻值。

3. 接地的种类

常用的接地可分为防雷接地、等电位接地和电气系统接地三大类。

(1) 防雷接地。为了使雷电流安全地向大地释放，以及保护被击穿建筑物或电力设备而采取的接地，称为防雷接地。

(2) 等电位接地。建筑内各个外露可导电部分及装置外导电部分相互连接起来称为等电位体，并予以接地，称为等电位接地。包括放射式连接和树干式连接方式。等电位连接的作用：

1) 显著降低接触电压。电气装置内绝缘损坏所造成的接地故障，外露可导电部分带危险电压，会导致电击和其他电气事故。防止这种事故的两个途径就是：①依靠装设的熔断器、低压断路器、漏电保护开关等快速切断故障；②依靠接地和等电位连接来降低接触电压。

2) 防止因 TN 系统相线接地及其他原因所引起故障电压的电击。建筑物内设置等电位连接，则 PEN 线或 PE 线通过等电位连接与外部导电部分相连接，使人的手足能触及的各种金属可导电体和地面的电位都上升到与 PEN 或 PE 线基本相等的电位，就能达到防止电击的目的。

3) 防止因 TN 系统和 PEN 线断线而形成危险电压的电击。TN 系统的 PEN 线因某种原因发生断线故障后，如三相负荷不平衡，则会形成供电系统的中性点漂移，造成危险。

(3) 电气系统接地。电气系统接地分为功能性接地和保护性接地两类。电气功能性接地主要包括电气工作接地、直流接地、屏蔽接地、信号接地等；电气保护性接地主要包括防电击接地、防雷接地、防静电接地、防电化学腐蚀接地等。

4. 接地网结构

现代化的建筑物，在一座楼宇内可能有多种性质的电气装置，需要多个接地装置，如防雷接地、电气安全接地、交流电源工作接地、通信及计算机系统接地等。接地网结构通常包括独立接地、共用接地和混合接地。

(1) 独立接地。独立接地是指需要接地的系统分别独立地建立接地网。其优点是各系统之间避免互相干扰和“噪声”，适合于通信系统，实际应用中发现该接地系统在计算机通信网络和有线电视网络中易被雷击，所以这种接地方式基本被共用接地方式取代了。

(2) 共用接地。共用接地也称统一接地。它是把需要接地的各个系统统一接到一个地网上，或者把各系统原来的接地网在地下或地上用金属连接起来，使它们之间成为电气互通的统一接地网。

(3) 混合接地。混合接地是在一部分设备内的各电路板，以最短的导线与机壳连接，或者信号电路相关的设备以最短的导线与同一金属体连接接地，然后多台设备分别引金属线接到地网的同一点上。工程中最简单、最有效、最经济的办法是在交流电源送进房屋的总开关处，把中性线重复接地或把中性线接到房屋的结构主钢筋上，然后在电源中性线处引出一条 PE 线连接所有应该接地的点。

5. 各种接地的要求

(1) 低压配电系统接地。电气装置的外露导电部分应与保护线连接；能同时触及的外露导电部分应接至同一接地系统；建筑物电气装置应在电源进线处做总等电位连接；TN 系统与TT系统应装设能迅速反映接地故障的信号电器，IT系统应装设能迅速反映接地故障的信号电器，必要时可装设自动切除接地故障的电器；对于TN系统，N线与PE线分开后，N线不得再与任何“地”做电气连接。

（2）电气装置接地：

1）保护接地范围应接地或接保护线的电气设备外露导电部分及装置外导电部分有：开关屏、控制屏、继电器屏、配电箱及保护干线的钢架、配电设备的底座、电机的金属底板、启动控制设备、用电设备、金属架构和钢筋混凝土架构，以及靠近带电体的金属围栏和金属门；电缆的金属外皮，穿导线的钢管和电缆接线盒、终端盒的金属外盒。

2）一般要求功能性接地和保护性接地可采用共用和独立的接地系统，在建筑物的每个电源进线处应做总等电位连接。

（3）信息系统接地。建筑物内的信息系统（电子计算机、通信设备、控制装置）接地分信号地和安全地两种。除非另有规定，一般信息系统接地应采取单点接地方式。竖向接地干线采用35mm²的多芯铜线缆穿金属管、槽敷设，其位置宜设置在建筑物的中间部位，尤其不得与防雷引下线相邻平行敷设，以避强磁干扰，此外严禁再与任何“地”有电气连接。金属管、槽还必须与PE线连接。由设备至接地母线的连接导线应采用多股编制铜线，且应尽量缩短连接距离。

二、防雷

（一）民用建筑物的防雷分类

根据《建筑物防雷设计规范》（GB 50057—2010）的规定，建筑物根据其重要性、使用性质、发生雷电事故的可能性和后果，按防雷要求分为三类。

1. 第一类防雷建筑物

（1）凡制造、使用或贮存火、炸药及其制品的危险建筑物，因电火花而引起爆炸、爆轰，会造成巨大破坏和人身伤亡者。

（2）具有0区或20区爆炸危险场所的建筑物。

（3）具有1区或21区爆炸危险场所的建筑物，因电火花而引起爆炸，会造成巨大破坏和人身伤亡者。

2. 第二类防雷建筑物

（1）国家级重点文物保护的建筑物。

（2）国家级的会堂、办公建筑物、大型展览和博览建筑物、大型火车站和飞机场（不包含停放飞机的露天场所和跑道）、国宾馆、国家级档案馆、大型城市的重要给水水泵等特别重要的建筑物。

（3）国家级计算中心、国际通信枢纽等对国民经济有重要意义的建筑物。

（4）国家特级和甲级大型体育馆。

（5）制造、使用或贮存火、炸药及其制品的危险建筑物，且电火花不易引起爆炸或不致造成巨大破坏和人身伤亡者。

（6）具有1区或21区爆炸危险场所的建筑物，且电火花不易引起爆炸或不致造成巨大破坏和人身伤亡者。

（7）具有2区或22区爆炸危险场所的建筑物。

（8）有爆炸危险的露天钢质封闭气罐。

(9) 预计雷击次数大于0.05次/年的部、省级办公建筑物和其他重要或人员密集的公共建筑物以及火灾危险场所。

(10) 预计雷击次数大于0.25次/年的住宅、办公楼等一般性民用建筑物或一般性工业建筑物。

3. 第三类防雷建筑物

(1) 省级重点文物保护的建筑物及省级档案馆。

(2) 预计雷击次数大于或等于0.01次/年，且小于或等于0.05次/年的部、省级办公建筑物和其他重要或人员密集的公共建筑物，以及火灾危险场所。

(3) 预计雷击次数大于或等于0.05次/年，且小于或等于0.25次/年的住宅、办公楼等一般性民用建筑物或一般性工业建筑物。

(4) 在平均雷暴日大于15天/年的地区，高度在15m及以上的烟囱、水塔等孤立的高耸建筑物；在平均雷暴日小于15天/年的地区，高度在20m及以上的烟囱、水塔等孤立的高耸建筑物。

(二) 防雷措施

1. 总体原则

各类防雷建筑物应设防直击雷的外部防雷装置，并应采取防闪电电涌侵入的措施。第一类防雷建筑物和第二类防雷建筑物中的(5)～(7)所规定的建筑物，应采取防闪电感应的措施。各类防雷建筑物应设内部防雷装置，例如在建筑物的地下室或地面层处，建筑物金属体、金属装置、建筑物内系统、进出建筑物的金属管线应与防雷装置做防雷等电位连接。外部防雷装置与建筑物金属体、金属装置、建筑物内系统之间，尚应满足间隔距离的要求。

2. 防直击雷的措施

(1) 第一类防雷建筑物的防雷措施：

1) 应装设独立接闪杆或架空接闪线或网。架空接闪网的网格尺寸不应大于5m×5m或6m×4m。

2) 排放爆炸危险气体、蒸气或粉尘的放散管、呼吸阀、排风管等管口外的以下空间应处于接闪器的保护范围内：①当有管帽时，应按表9-4的规定确定；②当无管帽时，应为管口上方半径5m的半球体；③接闪器与雷闪的接触点应设在第①项或第②项所规定的空间之外。

表9-4 有管帽的管口外处于接闪器保护范围内的空间

装置内的压力与周围空气压力的压力差(kPa)	排放物对比于空气	管帽以上的垂直距离(m)	距管口处的水平距离(m)
<5	重于空气	1	2
5～25	重于空气	2.5	5
≤25	轻于空气	2.5	5
>25	重于或轻于空气	5	5

注 相对密度小于或等于0.75的爆炸性气体规定为轻于空气的气体，相对密度大于0.75的爆炸性气体规定为重于空气的气体。

3) 排放爆炸危险气体、蒸气或粉尘的放散管、呼吸阀、排风管等，当其排放物达不到爆炸浓度、长期点火燃烧、一排放就点火燃烧，以及发生事故时排放物才达到爆炸浓度的通风管、安全阀，接闪器的保护范围可仅保护到管帽，无管帽时可仅保护到管口。

4）独立接闪杆的杆塔、架空接闪线的端部和架空接闪网的每根支柱处应至少设一根引下线。对用金属制成或有焊接、绑扎连接钢筋网的杆塔、支柱，宜利用金属杆塔或钢筋网作为引下线。

5）独立接闪杆和架空接闪线或网的支柱及其接地装置至被保护建筑物及与其有联系的管道、电缆等金属物之间的间隔距离应按公式计算，但不得小于3m。

6）独立接闪杆、架空接闪线或架空接闪网应设独立的接地装置，每一引下线的冲击接地电阻不宜大于10Ω。在土壤电阻率高的地区，可适当增大冲击接地电阻，但在3000Ω·m以下的地区，冲击接地电阻不应大于30Ω。

（2）第二类防雷建筑物外部防雷的措施：

1）宜采用装设在建筑物上的接闪网、接闪带或接闪杆，也可采用由接闪网、接闪带或接闪杆混合组成的接闪器。接闪网、接闪带应按规范的规定沿屋角、屋脊、屋檐和檐角等易受雷击的部位敷设，并应在整个屋面组成不大于10m×10m或12m×8m的网格；当建筑物高度超过45m时，首先应沿屋顶周边敷设接闪带，接闪带应设在外墙外表面或屋檐边垂直面上，也可设在外墙外表面或屋檐边垂直面外。接闪器之间应互相连接。

2）突出屋面的放散管、风管、烟囱等物体，要按规范保护。排放爆炸危险气体、蒸气或粉尘的放散管、呼吸阀、排风管等管道应符合规范规定。排放无爆炸危险的气体、蒸气或粉尘的放散管、烟囱，1区、21区、2区和22区爆炸危险场所的自然通风管，0区和20区爆炸危险场所的装有阻火器的放散管、呼吸阀、排风管，以及规范所规定的管、阀及煤气和天然气放散管等，要按规范进行防雷保护。金属物体可不装接闪器，但应和屋面防雷装置相连。在屋面接闪器保护范围之外的非金属物体应装接闪器，并和屋面防雷装置相连。专设引下线不应少于两根，并应沿建筑物四周和内庭院四周均匀对称布置，其间距沿周长计算不宜大于18m。当建筑物的跨度较大，无法在跨距中间设引下线时，应在跨距两端设引下线并减小其他引下线的间距，专设引下线的平均间距不应大于18m。外部防雷装置的接地应和防雷电感应、内部防雷装置、电气和电子系统等接地共用接地装置，并应与引入的金属管线做等电位连接。外部防雷装置的专设接地装置宜围绕建筑物敷设成环形接地体。

（3）第三类防雷建筑物外部防雷的措施：

1）宜采用装设在建筑物上的接闪网、接闪带或接闪杆，也可采用由接闪网、接闪带或接闪杆混合组成的接闪器。接闪网、接闪带应按规范的规定沿屋角、屋脊、屋檐和檐角等易受雷击的部位敷设，并应在整个屋面组成不大于20m×20m或24m×16m的网格；当建筑物高度超过60m时，首先应沿屋顶周边敷设接闪带，接闪带应设在外墙外表面或屋檐边垂直面上，也可设在外墙外表面或屋檐边垂直面外。接闪器之间应互相连接。

2）突出屋面的物体的保护措施应符合规范的规定。专设引下线不应少于两根，并应沿建筑物四周和内庭院四周均匀对称布置，其间距沿周长计算不宜大于25m。当建筑物的跨度较大，无法在跨距中间设引下线时，应在跨距两端设引下线并减小其他引下线的间距，专设引下线的平均间距不应大于25m。防雷装置的接地应与电气和电子系统等接地共用接地装置，并应与引入的金属管线做等电位连接。外部防雷装置的专设接地装置宜围绕建筑物敷设成环形接地体。建筑物宜利用钢筋混凝土屋面、梁、柱、基础内的钢筋作为引下线和接地装置，当其女儿墙以内的屋顶钢筋网以上的防水和混凝土层允许不保护时，宜利用屋顶钢筋网作为接闪器；当建筑物为多层建筑，其女儿墙压顶板内或檐口内有钢筋且周围除保安人员巡逻外通常无人停留时，宜利用女儿墙压顶板内或檐口内的钢筋作为接闪器，并应符合规范要求。

3. 防雷电感应的措施

建筑物内的设备、管道、构架等主要金属物，应就近接至防直击雷接地装置或电气设备的保护接地装置上，可不另设接地装置。

平行敷设的管道、构架和电缆金属外皮等长金属物，当其净距小于 100mm 时应采用金属跨接线，跨接点间距不应大于 30m；交叉净距小于 100mm 时，其交叉处应跨接。

建筑物内防雷电感应的接地干线与接地装置的连接不应少于两处。

4. 防雷电波侵入的措施

当低压线路全采用埋地电缆或敷设在架空金属线槽内的电缆引入时，在入户端应将电缆金属外皮、金属线槽接地。当低压电源线路应采用架空线转换一段埋地金属铠装电缆或护套电缆穿钢管直接埋地引入时，在电缆与架空线连接处应装设避雷器。避雷器、电缆金属外皮、钢管和绝缘子铁脚、金具等应连接在一起接地。架空和直接埋地的金属管道在进出建筑物处应就近与防雷的接地装置相连或独自接地。

5. 防侧击和等电位的保护措施

从首层看起，每三层框架圈梁的底部钢筋与人工引下线或作为防雷引下线的柱内主筋连接一次，高度超过 45m 的二类建筑物和高度超过 60m 的三类建筑物钢筋混凝土结构、钢结构建筑物，应采取防侧击和等电位的保护措施，将其钢构架和混凝土的钢筋互相连接，并利用钢柱或柱子钢筋作为防雷装置引下线，上述高度及以上建筑物外墙上的栏杆、门窗等较大的金属物与防雷装置连接。竖直敷设的金属管道及金属物的底端和顶端也应有防雷装置连接。

6. 防雷装置

建筑物的防雷装置一般由接闪器、引下线、接地装置、电涌保护器及其他连接导体组成。防雷装置的材料及使用条件见表 9-5，做防雷等电位连接的各连接部件的最小截面见表 9-6。

表 9-5　防雷装置的材料及使用条件

材料	使用于大气中	使用于地中	使用于混凝土中	耐腐蚀情况		
				在下列环境中能耐腐蚀	在下列环境中增加腐蚀	与下列材料接触形成直流电耦合可能受到严重腐蚀
铜	单根导体、绞线	单根导体、有镀层的绞线、铜管	单根导体、有镀层的绞线	在许多环境中良好	硫化物有机材料	—
热镀锌钢	单根导体、绞线	单根导体、钢管	单根导体、绞线	敷设于大气、混凝土和无腐蚀性的一般土壤中受到的腐蚀是可接受的	高氯化物含量	铜
电镀铜钢	单根导体	单根导体	单根导体	在许多环境中良好	硫化物	—

续表

<table>
<tr><th rowspan="2">材料</th><th rowspan="2">使用于大气中</th><th rowspan="2">使用于地中</th><th rowspan="2">使用于混凝土中</th><th colspan="3">耐腐蚀情况</th></tr>
<tr><th>在下列环境中能耐腐蚀</th><th>在下列环境中增加腐蚀</th><th>与下列材料接触形成直流电耦合可能受到严重腐蚀</th></tr>
<tr><td>不锈钢</td><td>单根导体、绞线</td><td>单根导体、绞线</td><td>单根导体、绞线</td><td>在许多环境中良好</td><td>高氯化物含量</td><td>—</td></tr>
<tr><td>铝</td><td>单根导体、绞线</td><td>不适合</td><td>不适合</td><td>在含有低浓度硫和氯化物的大气中良好</td><td>碱性溶液</td><td>铜</td></tr>
<tr><td>铅</td><td>有镀铅层的单根导体</td><td>禁止</td><td>不适合</td><td>在含有高浓度硫酸化合物的大气中良好</td><td>—</td><td>铜、不锈钢</td></tr>
</table>

表 9-6 防雷装置各连接部件的最小截面

<table>
<tr><th colspan="3">等电位连接部件</th><th>材料</th><th>截面面积（mm²）</th></tr>
<tr><td colspan="3">等电位连接带（铜、外表面镀铜的刚或热镀锌钢）</td><td>Cu（铜）、Fe（铁）</td><td>50</td></tr>
<tr><td colspan="3" rowspan="3">从等电位连接带至接地装置或各等电位连接带之间的连接导体</td><td>Cu（铜）</td><td>16</td></tr>
<tr><td>Al（铝）</td><td>25</td></tr>
<tr><td>Fe（铁）</td><td>50</td></tr>
<tr><td colspan="3" rowspan="3">从屋内金属装置至等电位连接带的连接导体</td><td>Cu（铜）</td><td>6</td></tr>
<tr><td>Al（铝）</td><td>10</td></tr>
<tr><td>Fe（铁）</td><td>16</td></tr>
<tr><td rowspan="5">连接电涌保护器的导体</td><td rowspan="3">电气系统</td><td>Ⅰ级试验的电涌保护器</td><td rowspan="5">Cu（铜）</td><td>6</td></tr>
<tr><td>Ⅱ级试验的电涌保护器</td><td>2.5</td></tr>
<tr><td>Ⅲ级试验的电涌保护器</td><td>1.5</td></tr>
<tr><td rowspan="2">电气系统</td><td>D1 类电涌保护器</td><td>1.2</td></tr>
<tr><td>其他类的电涌保护器（连接导体的截面可小于 1.2mm²）</td><td>根据具体情况确定</td></tr>
</table>

（1）接闪器。接闪器是防直击雷保护，接收雷电流的金属导体，其形式可分为避雷针、避雷带和避雷网三类。避雷针宜采用圆钢或焊接钢管制成，避雷网和避雷带宜采用圆钢或扁钢，优先采用圆钢。

专门敷设的接闪器应由独立接闪杆、架空接闪线或架空接闪网和直接装设在建筑物上的接闪杆、接闪带或接闪网中的一种或多种组成。专门敷设的接闪器，其布置应符合表 9-7 的规定。布置接闪器时，可单独或任意组合采用接闪杆、接闪带、接闪网。

表 9-7 接闪器布置

建筑物防雷类别	滚球半径（m）	接闪网网格尺寸（m×m）
第一类防雷建筑物	30	≤5×5 或≤6×4
第二类防雷建筑物	45	≤10×10 或≤12×8
第三类防雷建筑物	60	≤20×20 或≤24×16

（2）引下线。引下线的作用是将接闪器承接的雷电流引下到接地装置。引下线宜采用圆

钢或扁钢，宜优先采用圆钢。

当独立烟囱上的引下线采用圆钢时，其直径不应小于 12mm；采用扁钢时，其截面不应小于 100mm²，厚度不应小于 4mm。专设引下线应沿建筑物外墙外表面明敷，并经最短路径接地；建筑外观要求较高者可暗敷，但其圆钢直径不应小于 10mm，扁钢截面不应小于 80mm²。

专设引下线应沿建筑物外墙外表面明敷，并经最短路径接地；建筑外观要求较高者可暗敷，但其圆钢直径不应小于 10mm，扁钢截面不应小于 80mm²。

（3）接地装置。由接地体和接地线两部分构成，其作用是：

1）将直击雷电流引入大地中去；

2）将引下线引流过程中对周围大型金属物体产生的感应电动势接地等。

埋于土壤中的人工垂直接地体宜采用角钢、钢管或圆钢，埋于土壤中的人工水平接地体宜采用扁钢或圆钢。表 9－8 给出了接地体的材料、结构和最小尺寸。

表 9－8　接地体的材料、结构和最小尺寸

材料	结构	最小尺寸			备注
		垂直接地体直径（mm）	水平接地体（mm²）	接地板（mm×mm）	
铜、镀锡铜	铜绞线	—	50	—	每股直径 1.7mm
	单根圆铜	15	50	—	—
	单根扁铜	—	50	—	厚度 2mm
	铜管	20	—	—	壁厚 2mm
	整块铜板	—	—	500×500	厚度 2mm
	网格铜板	—	—	600×600	各网格边截面 25mm×2mm，网格网边总长度不少于 4.8m
热镀锌钢	圆钢	14	78	—	—
	钢管	20	—	—	壁厚 2mm
	扁钢	—	90	—	厚度 3mm
	钢板	—	—	500×500	厚度 3mm
	网格钢板	—	—	600×600	各网格边截面 30mm×3mm，网格网边总长度不少于 4.8m
	型钢	—	—	—	—
裸钢	钢绞线	—	70	—	每股直径 1.7mm
	圆钢	—	78	—	—
	扁钢	—	75	—	厚度 3mm
外表面镀铜的钢	圆钢	14	50	—	镀铜厚度至少为 250μm，铜纯度 99.9%
	扁钢	—	90（厚 3mm）	—	
不锈钢	圆形导体	15	78	—	—
	扁形导体	—	100	—	厚度 2mm

参 考 文 献

[1] 龙天渝，蔡增基. 流体力学 [M]. 2版. 北京：中国建筑工业出版社，2013.
[2] 伍悦滨，朱蒙生. 工程流体力学：泵与风机 [M]. 北京：化学工业出版社，2006.
[3] 章熙民，朱彤，安青松，等. 传热学 [M]. 6版. 北京：中国建筑工业出版社，2014.
[4] 廉乐明，谭羽非，吴家正，等. 工程热力学 [M]. 5版. 北京：中国建筑工业出版社，2014.
[5] 朱颖心. 建筑环境学 [M]. 北京：中国建筑工业出版社，2010.
[6] 杨晚生. 建筑环境学 [M]. 武汉：华中科技大学出版社，2009.
[7] 王增长. 建筑给水排水工程 [M]. 6版. 北京：中国建筑工业出版社，2010.
[8] 陈耀宗，等. 建筑给水排水设计手册 [M]. 北京：中国建筑工业出版社，2005.
[9] 刘文镔. 给水排水工程快速设计手册：第3册 建筑给水排水工程 [M]. 北京：中国建筑工业出版社，1998.
[10] 李田，胡汉明. 给水排水工程快速设计手册：第5册 水力计算表 [M]. 北京：中国建筑工业出版社，1999.
[11] 郎嘉辉. 建筑给水排水工程 [M]. 重庆：重庆大学出版社，1997.
[12] 岳秀萍. 建筑给水排水工程 [M]. 北京：中国建筑工业出版社，2011.
[13] 贺平，孙刚，王飞，等. 供热工程 [M]. 4版. 北京：中国建筑工业出版社，2009.
[14] 陆耀庆. 实用供热空调设计手册 [M]. 2版. 北京：中国建筑工业出版社，2008.
[15] 黄翔. 空调工程 [M]. 2版. 北京：机械工业出版社，2014.
[16] 陆亚俊，马最良，邹平华. 暖通空调 [M]. 北京：中国建筑工业出版社，2007.
[17] 孙一坚，沈恒根. 工业通风 [M]. 北京：中国建筑工业出版社，2010.
[18] 王汉青. 通风工程 [M]. 北京：机械工业出版社，2007.
[19] 白莉. 建筑环境与设备概论 [M]. 长春：吉林大学出版社，2008.
[20] 吴味隆，等. 锅炉及锅炉房设备 [M]. 4版. 北京：中国建筑工业出版社，2006.
[21] 段常贵. 燃气输配 [M]. 4版. 北京：中国建筑工业出版社，2011.
[22] 俞丽华. 电气照明 [M]. 4版. 上海：同济大学出版社，2010.
[23] 北京建筑设计研究院. 建筑电气专业技术措施 [M]. 北京：中国建筑工业出版社，2005.
[24] 吴薛红，濮天伟，廖德利. 防雷与接地技术 [M]. 北京：化学出版社，2008.
[25] 杨金夕. 防雷接地及电气安全技术 [M]. 北京：机械工业出版社，2004.